全国电力行业"十四五"规划教材

高等工程热力学

主编　李慧君　王惠杰
参编　张炳东　杜亚荣　尹倩倩　范　伟
主审　王修彦

内 容 提 要

本书主要内容包括：基本概念及定律、变质量系统基本方程、瞬变流动的热力学分析、热力学第二定律、㶲及㶲分析法、循环的热力学分析、实际气体的热力性质及过程、热力学第三定律与负开氏温度和非平衡态热力学基础。针对各章节特点，配有一定典型例题求解过程及分析；各章节配有一定数量的习题。

本书可作为高等院校能源与动力工程专业本科、硕士及在职学员和电厂运行人员学习参考书。对从事透平机和热力系统设计、研究、运行、改造及节能管理的科技工作者，本书是一本有价值的参考书。

图书在版编目（CIP）数据

高等工程热力学/李慧君，王惠杰主编．—北京：中国电力出版社，2023.5

ISBN 978－7－5198－7226－7

Ⅰ.①高…　Ⅱ.①李…②王…　Ⅲ.①工程热力学－高等学校－教材　Ⅳ.①TK123

中国国家版本馆 CIP 数据核字（2023）第 087087 号

出版发行：中国电力出版社
地　　址：北京市东城区北京站西街 19 号（邮政编码 100005）
网　　址：http://www.cepp.sgcc.com.cn
责任编辑：吴玉贤　霍　妍
责任校对：黄　蓓　李　楠
装帧设计：张俊霞
责任印制：吴　迪

印　　刷：望都天宇星书刊印刷有限公司
版　　次：2023 年 5 月第一版
印　　次：2023 年 5 月北京第一次印刷
开　　本：787 毫米×1092 毫米　16 开本
印　　张：16.25
字　　数：401 千字
定　　价：56.00 元

主要符号

A　面积，m^2

B　磁感应强度，T

c　比热容，J/(kg·K)；浓度，mol/m^3；声速，m/s

c_f　流速，m/s

c_p　比定压热容，J/(kg·K)

c_V　比定容热容，J/(kg·K)

C_m　摩尔热容，J/(mol·K)

$C_{p,m}$　摩尔定压热容，J/(mol·K)

$C_{V,m}$　摩尔定容热容，J/(mol·K)

E　总能（储存能），J

E_x　㶲，J

$E_{x,Q}$　热量㶲，J

$E_{x,U}$　热力学能㶲，J

$E_{x,H}$　焓㶲，J

E_k　宏观动能，J

E_p　宏观位能，J

e_x　比㶲，J/kg

F　力，N；自由能，J

f　比自由能，kJ/kg；逸度，Pa

G　自由焓，J

H　焓，J；磁场强度，A/m

h　比焓，J/kg

I　做功能力损失（㶲损失），J；电流强度，A

J_q　单位面积热流密度，W/m^3

J_s　熵流强度，$W/(K \cdot m^2)$

K_p　以分压力表示的化学平衡常数

k　传热系数

k_e　电导率，1/(Ω·m)

M　摩尔质量，kg/mol

Ma　马赫数

m　质量，kg

$\dot{m}$　质量流量，kg/s

N_i　对应能级上的每个量子态的粒子数

n　多变指数；物质的量，mol

p　绝对压力，Pa

p_0　大气环境压力，Pa

p_b　背压，Pa

p_e　表压，Pa

p_i　分压力，Pa

p_s　饱和压力，Pa

p_v　真空度，Pa

Q　热量，J

q_v　体积流量，m^3/s

$\dot{Q}$　热流率，kW

R　摩尔气体常数，J/(mol·K)

R_g　气体常数，J/(kg·K)

S　熵，J/K

S_g　熵产，J/K

S_f　熵流，J/K

S_m　摩尔熵，J/(mol·K)

$\dot{S}_g$　熵产流率，W/K

s　比熵，J/(kg·K)

T　热力学温度，K

T_i　转回温度，K

t　摄氏温度，℃

t_s　饱和温度，℃

t_w　湿球温度，℃

U　热力学能，J

V　体积，m^3

V_m　摩尔体积，m^3/mol

W　膨胀功，J

W_{net}　循环净功，J

W_i　内部功，J

W_s　轴功，J

W_t　技术功，J

W_u　有用功，J

$\dot{W}$　功率，kW

x　干度

Z　压缩因子

α　抽汽量，kg；离解度；当地声速，m/s

α_v　体积膨胀系数，K^{-1}或$℃^{-1}$

γ　比热比；汽化潜热，J/kg

ε　制冷系数；压缩比；热电势；赛贝克系数

ε'　供暖系数

ε_i　微观粒子的能级数值

θ　负逆温度，1/K

η_c　卡诺循环热效率

η_{ex}　㶲效率

η_T　蒸汽轮机、燃气轮机的相对内效率

η_t　循环热效率

κ　绝热指数；玻耳兹曼常数

κ_T　等温压缩率，Pa^{-1}

λ　升压比；能质系数

λ_t　导热系数，W/(K・m)

μ　化学势

μ_{JT}　焦耳-汤姆逊系数（节流微分效应）

π　压力比（增压比）

ν　化学计量系数

ε_{cr}　临界压力比

ρ　密度，kg/m^3；预胀比

φ　相对湿度；喷管速度系数

ξ_j　㶲损系数

ξ_I　㶲损率

ξ_{s_g}　熵产率

τ　时间，s

下脚标

c　冷库参数

C　卡诺循环；压气机

CM　控制质量

cr　临界点参数；临界流动状况参数

CV　控制体积

in　进口参数

iso　孤立系

m　每摩尔物质的物理量

rev　可逆过程

s　饱和参数；相平衡参数

S　比轴功

out　出口参数

0　环境的参数；滞止参数

sur　环境

i　自然整数，i=1、2、3等

T　透平

TP　三相点参数

前　言

本书根据高等院校能源与动力工程专业高等工程热力学教学大纲编写而成，体现了该专业硕士研究生用书中高等工程热力学的特点、任务和培养目标。同时，充实、增加与拓展了相关内容，以适应对加深基本概念和定理的理解与拓宽知识面的要求。

为了便于掌握高等工程热力学中所涉内容，各章节给出了一定数量的思考题及习题。本书从基本概念和定律及推论为切入点，详细阐述了热力学第一、二定律，卡诺定理，C-A循环，克劳修斯不等式，孤立系熵增加原理，能质贬值原理及㶲减炕增原理等；并对热力学能、焓、熵、比热容、㶲、㶲损、热量及功等一些重要概念进行了详释；结合工程实际，增加了对变质量系统及瞬流动特性等的详细阐述；结合热力学第一、二定律对能量的传递与转换，阐述了焓、熵及㶲分析法，㶲损失法则及典型系统和过程的热力学分析；同时对工程中常见的循环，利用焓分析法和分析法进行热力学性能分析；由于实际工程中所使用的工质都为实际工质，因此对实际气体的热力性质及过程从理想气体与实际气体及其两者的偏差、实际气体相图和状态方程、麦克斯韦关系式和热系数、热力性质的一般表达式、对比态原理和通用压缩因子图、余函数方程和偏差函数及克拉贝龙方程和蒸气压方程几个方面进行详释；另外，详释了热力学第三定律并扼要地阐述了负开氏温度及目前低温技术的发展成果；最后，对非平衡态热力学基础从熵产流率、熵产流率的一般式、热力学的“流”与“力”、线性唯象方程与昂萨格倒易关系、最小熵产流率原理和定态的稳定性及㶲耗散极值原理等几个方面进行了扼要地阐述了。

本书具有一定的逻辑、科学性及教学的适应性，并符合“育人为根本、综合能力培养为重点、知识传授为中心、成效为标准”的教学理念；语言运用方面力图通俗易懂，深入浅出，体现所要阐述的相关内容。本书作为参考资料适用于热能与动力工程、透平机械、制冷及能源的利用与管理等专业学习的学士、硕士、博士、教师及相关的科研人员。

全书除绪论及附录外，共分9章：基本概念及定律、热力学第二定律、实际气体的热力性质及过程、变质量系统基本方程、瞬变流动的热力学分析、㶲及㶲分析法、循环的热力学分析、热力学第三定律与负开氏温度和非平衡态热力学基础。

本书由华北电力大学李慧君、王惠杰担任主编，张炳东、尹倩倩、杜亚荣、范伟担任参编。绪论、第2章、第6章、第8章、第9章由李慧君与杜亚荣编写；第1章由张炳东编写；第3章、第5章、第7章由王惠杰与范伟编写；第4章由尹倩倩编写。

在本书的编写过程中，得到钱江波和刘英光的帮助，在此表示感谢。全书由王修彦主审。感谢王教授对本书提出的意见和建议。

由于编者水平所限，书中不妥之处望读者批评指正。

编者

2023年5月

目　　录

0 绪 论

热力学（thermodynamics）是研究物质的热运动性质及其规律的科学。它属于物理学的分支，主要是以能量转化的观点来研究物质的热运动性质，揭示了能量转换时所遵循的规律，由此而得到的热学理论。由于热力学所研究的物系具有一定的属性，且能量的转换必须以物质为媒介，因此，描述该属性所采用的热学理论和方法也不同，且与如何处理媒介物质有关。

0.1 热力学研究的方法

如何处理媒介物质是划分热力学研究方法的关键一般。认为所需媒介物质是由连续介质组成的研究方法称为宏观方法；认为所需媒介物质是由大量分子、原子等微观粒子所组成的研究方法称为微观方法。因此，有宏观和微观热力学之分。

根据热力学所研究的物系属性，当无外界作用时，处于无任何势差而不随时间变化的状态称为平衡态；反之称为非平衡态。因此，对于平衡态或非平衡态的物系，均可以采用宏观或微观方法进行研究。

通常以宏观方法对平衡态物系进行研究的热力学称为平衡态热力学或经典热力学。用宏观方法对偏离平衡态不远的非平衡态物系进行研究的热力学称为非平衡态热力学或不可逆过程热力学。因此，有平衡态热力学和非平衡态热力学之分。用微观方法研究热现象的科学称为统计物理学。将其用于平衡态物系时称为统计热力学或统计力学。

宏观方法研究除了认为媒介物质是由连续介质组成的外，在研究热现象时，是以大量的实验或实践经验总结而得出的基本理论为依据的。而微观方法研究除了认为媒介物质是由大量分子、原子等微观粒子所组成的外，则以粒子运动遵守经典力学或量子力学原理为依据。所以，两种方法在研究热力学对象时，所采用的理论是有区别的。宏观方法因具有简单、可靠，以及其状态描述所用参数少等特点，同时基本理论又被实践检验具有普遍性和可靠性，在使用时，如果不做其他假设，所得结论同样极为可靠。但该方法因不涉及物质的内部结构，故不能解释热现象的微观特性和具体物质的性质。宏观方法的不足可由微观方法来弥补。微观方法是基于物质内部结构，通过一些合理假设，既可以得出宏观热现象的本质，又可以得到物质的特性。但其因粒子数众多，计算烦琐，故不如宏观方法使用广泛。但两种方法具有一定的互补性。

对于工程实际，简单、可靠是首要问题。因此，本书的内容主要是以宏观方法研究平衡态热力学为主。为解释某些宏观现象的实质和拓宽热力学知识，本书增加了非平衡态热力学的相关内容。

0.2 热力学研究对象的属性

对物系研究的目的不同，所采用的方法理论也是不同的。热力学所研究的对象——物系是在其热运动时，热能与机械能的转换或能量传递的关系。因此，作为热力学研究对象的物系具有方向、条件和界限的属性。

方向性是热能与机械能之间转换或能量之间传递所具有的属性。机械能转换成热能是自发的过程，而热能转换成机械能是非自发的过程。如一辆行驶的汽车刹车时，车辆所具有的动能通过摩擦转变成环境的热能。反之，将相同数量的环境热量加热给车辆，却不能使车辆回复到原来的行驶状态。组成物系的粒子做无序热运动时所具有的能量为热能；物系做宏观有序运动时所具有的相应能量为机械能。有序运动变为无序运动容易，反之则难。热量的传递从高温物体传向低温物体是自发过程，反之则为非自发过程。

热能与机械能之间转换或能量之间传递虽然具有方向性，但都是在一定条件下完成的，即存在一定的势差。如热量的传递必须存在一定的温差；无序运动变为有序运动亦是如此。热能转换成机械能，通过对气缸中的气体加热使其膨胀，在活塞运动的束缚下，建立起力的势差，使气体的无序运动转变成活塞的有序运动，并向外传输有序能量。

热能与机械能之间转换或能量之间传递不是无止境的，是有一定界限的。如能量转换或传递过程中，物系初、终状态相同，那么过程是无法实现的，即能量是无法转换或传递的。因此，若实现能量的转换或传递，物系初、终状态必须存在差异。但即使存在差异，热能也不能100%的转换。因此，能量除数量外还有转换能力的强弱或质的区别。即能量具有量和质的双重属性。在能量转换时，能量的双重属性遵循着不同的客观规律。即人类由自然现象总结出来的热力学第一定律和第二定律。第一定律体现出能量在转换过程中总是守恒的，即总的数量不变。而第二定律体现出能量是有一定品位的，在转换过程中其品位是下降的。因此，有时又把第二定律称为“能质贬值定理”。两个定理奠定了热力学的基本理论基础。在能量转换过程中，它们分别从能的量和质两方面，揭示与热现象有关的客观规律。但两个定律所描述的客观规律又有区别。第一定律的实质是能量守恒与转换定律，在研究热现象中的具体运用，为一普遍规律而不是热现象的特殊规律。第二定律是从能量质的方面研究与热现象有关的能量转换或传递客观规律。若与热无关的能量转换或传递，这一定律并非必要，可由其他定律进行解释。因此，若无第二定律揭示与热现象相关的能量转换或传递的自然规律，热力学也就没有独立成为一门科学的必要。

此外，在研究温度测量和低温领域时，可通过热力学零定律和第三定律揭示热现象的客观规律。前者又称为“热平衡定理”，而后者被称为“能斯特热定理”。

总之，以热力学第二定律为主导的热力学是以能量的质为主要研究内容，对具有一定属性的物系，揭示其能量转换与传递的一门科学。因此，在学习热力学时，应清楚地认识到各部内容之间的内在联系。

0.3 能量转换或传递的条件

热力学基本定律是人类长期实践总结出来的研究热现象运行规律的理论依据。它适用于任何条件下的能量转换或传递过程。但不意味着能量的转换或传递不需要一定的条件。前一个条件是指基本定律的普遍性；后一个条件是指能量转换或传递受具体的内、外部环境条件的影响。能量转换或传递普遍规律是客观存在的，并不以人类的意志而改变，只能被认识和运用而不能违反。因此，在不违反普遍规律的前提下，人类可以使之变化或创造，让能量转换或传递朝着有利于改造客观世界的方向发展。因此，能量转换或传递的内、外部条件是热力学的主要研究内容。

物质与能量转换或传递是密不可分的。因此，将在能量转换或传递过程中起媒介作用的物质称为工质。工程实践中，不同工质对能量转换或传递的效果有一定的影响。工质是实现能量转换或传递的内部条件。热能转换成机械能是利用工质体积膨胀来实现的。因此，加热后体积不易膨胀的物质不宜作为热功转换的工质。工质的种类较多，其中一般气体分两类，即易发生相变的汽体和不易用发生相变的气体。因此，工质物性的研究，即是热力学能量转换或传递的内部条件的研究。

然而仅满足内部条件还不能有效地实现能量转换或传递，必须还要满足外部条件，该条件甚至起关键性的作用。如在热变功过程中，即使工质为气（汽）相，若体积不能发生变化，该过程也无实现，即能量无法转换。若要使之实现，必须有允许工质体积发生变化的外部条件。不同的外部条件作用，工质的变化过程也不同，能量转换或传递的效果也不同。工质的变化主要体现在其状态的改变，这也是外部条件作用的结果。因此，热力学是通过工质的状态变化的热力过程来研究外部条件对能量转换或传递的影响。对于封闭系统，外界对工质的作用只有传热和做功两种方式。既不传热也不做功，工质的状态是不会发生变化，形成不了过程。但如果工质的体积不发生变化，对外界做功为零，该过程为定容过程。如果要使过程发生，那么，工质状态必须发生变化。若外界与工质既有热量交换又有功的交换，不同数量的功与热量的比值构成了不同性质的过程，表现出有多种外部条件。因此，热力学研究工质的热力过程，其实质是研究外部条件对能量转换或传递的影响。

因此，热力学基于热力学第一定律和热力学第二定律两个基本定律，通过工质和过程选择，以实现人类所期望的能量转换或传递的效果。

0.4 实际现象的一般简化方法

实际的能量转换或传递现象总是错综复杂的。要从实际能量转换或传递现象中抽象概括出理论，并用该理论去指导实践，没有科学处理问题的方法、手段是难以想象的。热力学理论的建立是通过抓住问题的主要矛盾，略去次要因素的一整套分析解决问题的方法来实现的。将该理论用于实践同样离不开这一方法。简化实际的能量转换或传递现象的方法始终贯穿在热力学的全部所要研究的内容之中。因此，不能深刻理解所研究的内容实质，不可能将所学到的理论知识在实践中得以应用。

经典热力学不考虑时间和空间因素的影响，只用少数几个热力学参数描述物系的状态。通常科学研究总是在一定条件下进行的，因此，会产生一定的局限性。经典热力学在研究热现象时，这种局限性就存在。而不可逆热力学所研究的物系，虽然考虑了时间和空间的影响，但要求偏离平衡态不太远，同样会产生一定的局限性。故研究热现象时，既要掌握正确建立模型的前提方法，也要注意到结果存在着一定的局限性。经典热力学对物系热现象的研究是通过工质状态变化来实现的，同时也反映了外部条件对物系的影响。这是一种简化问题的方法。通常以热和功代表外界条件，而描述工质的状态所采用的热力学参数代表内部条件。如描述工质状态的热力学参数压力 p、温度 T、比热力学能 u、比焓 h 和比熵 s 等。因此，工质状态变化规律确定后，就可以由此计算出外界的作用。

热现象都是由一些过程构成的，因此通过研究各个过程就可以得到所需求的结果。以热力过程为例，说明应用热力学理论分析和研究工程实际问题的思路和方法。

首先，明确研究热力过程的目的如下：

(1) 实现预期的能量转换。

(2) 工质达到预期的状态变化。

(3) 揭示过程中工质状态参数的变化规律以及能量转化情况，进而找出影响转化的主要因素。

其次，确定研究热力过程的一般方法。由于实际过程是一个复杂过程，很难确定其变化规律，一般需要做些假设，具体内容如下：

(1) 根据实际过程的特点，将实际过程近似地概括为几种典型过程：定容、定压、定温和绝热过程。

(2) 不考虑实际过程中的耗损，视为可逆过程。

(3) 工质视为理想气体。

(4) 比热容取定值。

最后，分析热力过程的一般步骤具体内容如下：

(1) 确定过程方程 $p=f(v)$。

(2) 确定初态、终态参数的关系及热力学能、焓和熵的变化量。

(3) 确定过程中系统与外界交换的能量。

(4) 在 p-v 图和 T-s 图上画出过程曲线，直观地表达过程中工质状态参数的变化规律及能量转换。

1 基本概念及定律

为了更好地掌握热力学中相关的理论知识，对热力学所涉及的基本概念、定律、定理及相应的推论必须要彻底理解和熟练应用。如热力系、状态参数、平衡态、热力学第零定律、热力学第一定律及功和热量等。

1.1 热力学的研究对象

热力学主要研究热能与机械能和其他能量之间相互转换的规律及其应用。实际用能设备往往十分庞大，能量的输入与输出的关系比较复杂。将复杂的问题抽象化，根据所研究问题的需要，人为地划定一个或多个任意几何面所围成的空间作为热力学研究对象。本节从划分研究对象的原则与方法出发，介绍了热力学系统，边界与外界，常质量、变质量系统，以及工质等基本概念。

1.1.1 热力学系统

热力学中，人为分割出来作为热力学分析对象的有限物质系统称为热力学系统，简称热力系或热力系统。热力系可以是定量的一种物质或者几种物质及相关设备的组合体，也可以是空间一定区域内的物质。

根据热力系与外界之间能量和物质的交换情况，典型的热力系分类如下：

闭口系：取一定量物质集合体为讨论对象的热力系为闭口系。闭口系与外界只有能量交换而无物质交换，又称封闭系或控制质量系统。例如，以气缸和活塞为封闭边界，以气缸内气体为讨论对象的热力系。

开口系：取一定体积内的物质集合体为讨论对象的热力系为开口系。开口系中能量和质量都可以变化，但这种变化通常在某一划定的范围内进行，又称控制容积系统。例如，以汽轮机进出口内的气体为讨论对象的热力系。

绝热系：与外界无任何热量交换的热力系。无论系统是开口系还是闭口系，只要没有热量越过边界（系统与外界无热量交换），就是绝热系。

孤立系：系统与外界既无能量交换又无物质交换的热力系。孤立系的一切相互作用都发生在系统内部，完全不受外界的影响。自然界中不存在孤立系，孤立系是热力学研究的抽象概念。

除了上述各类系统外，还可以根据系统内物质的均匀程度或存在相态，把系统分为均匀系、非均匀系、单相系及多相系等。其中，简单可压缩热力系在实际工程中最为常见，因此需要更好地加以理解。

可压缩系：由可压缩流体组成的热力系。

简单热力系：系统与外界只有热量与一种形式的准静功交换。

简单可压缩系：与外界只有热量和机械功交换的可压缩系统。

热力系的划分要根据具体要求而定，如内燃机在气缸进、排气门关闭时，取封闭于气缸内的工质为系统是闭口系；把内燃机进、排气及燃烧膨胀过程一起研究时，取气缸为划定的空间就是开口系。

1.1.2 边界与外界

包围热力系的控制面为边界。边界以外的一切物质和空间称为外界。

边界的选取可以是真实的也可以是假想的；可以是固定的也可以是移动的。作为系统的边界，可以是这几种边界的组合。闭口系的边界上不允许有工质流入流出，而开口系有进、出口边界和非进、出口边界之分，进、出口边界上允许工质流入流出；闭口系边界和开口系边界都允许系统与外界有能量交换；绝热边界只允许系统与外界有功量交换，没有热量交换；透热边界只允许热量交换。

可根据所关心的具体对象，划分不同的边界，组成相应的系统。而同一物理现象由于划分系统的方式不同可能成为不同的问题。

1.1.3 常质量系统

通常情况下，工程热力学研究对象为常质量系统，即认为热力过程和热力循环中系统的质量始终保持不变，而且每个工质微团经历的热力过程和热力循环相同。

以气缸和活塞组成的闭口系为例，工质膨胀对外做功时，系统的边界随活塞一起运动，没有任何物质穿越边界而进入或离开系统，故可认为是常质量系统。

对于开口系而言，常质量系统只研究稳定流动，进入和离开系统的质量流率时时相等，系统中工质的质量保持不变。对于常质量系统，可以取单位工质作为研究对象，而全部工质的整体效果就是单位工质的简单放大。

1.1.4 变质量系统

在工程实践中，往往系统中的工质质量也发生变化，即为变质量系统。其中一类典型的例子就是对固定容积容器进行充、放气过程，例如压缩机对固定容量容器的充灌或抽吸；另一类典型的变质量热力过程例子是工质在气缸中膨胀或压缩时工质的数量同时发生变化，例如活塞式内燃机中由于气门以及活塞环处的泄漏导致工质的质量不断发生变化。

1.1.5 工质

实现热能和机械能相互转化的媒介物质称为工质。

例如，在火电厂，水完成了从锅炉吸收热量而变成水蒸气，再通过汽轮机将水蒸气具有的热能转变为机械能。因此，水和水蒸气在火电厂实现将热能转换成机械能的过程中，起到了媒介的作用，故称为工质。热力学中涉及的工质一般有理想气体、实际气体以及水和水蒸气等几类，而研究工质的性质是热力学的重要任务之一。

1.2 热力状态和状态参数

对划定的热力系进行研究时，需要掌握系统内工质的热力学性质，本节介绍以宏观研究方法定义的有关工质性质的基本概念，如热力状态，相、组分和相律，状态参数，以及基本状态参数。

1.2.1 热力状态

构成热力系的工质在某一瞬间所呈现的宏观物理状况称为系统的热力状态，简称状态。热力系的工质可分为气态、液态和固态。

1.2.2 相、组分与相律

相就是系统中工质的物理性质和化学性质完全相同的均匀部分，如气相、液相、固相。相与相之间存在明显的相界面，超过此界面，一定有某个宏观性质（如密度，组成等）发生突变。物质在压力、温度等外界条件发生变化的情况下，从一个相转变为另一个相的过程称为相变。相变过程也就是物质结构发生突然变化的过程。

系统内的气体，无论是单组分气体还是混合气体，总是一个相。若系统里只有一种液体，不存在界面，无论这种液体是单组分物质还是混合溶液，也总是一个相。不相溶的油和水在一起存在界面，是两相系统；激烈振荡后油和水形成乳浊液，也仍然是两相。不同固体的混合物，是多相系统。

组分与相是不同的概念。热力系中的物质集合体以化学性质区分的组成种类称作组分。组分以原子或分子的种类来区分。一种原子或一种分子的物质称单组分物质，例如冰水混合物可以称作一种组分，但它是不同的相。

相律是确定一个有 γ 组分、φ 相的多组分体系需要多少个独立变量来描述的数学计算式。假设一个平衡系统中有 γ 个组分、φ 个相，对于每一个相来说，温度、压力及其相成分（即所含各组分的浓度）可变。由于 γ 个组分浓度之和为 100%，因此，为了确定每个相的成分，需要确定 $\gamma-1$ 个组分浓度。现有 φ 个相，故有 $\varphi(\gamma-1)$ 个浓度变量。加上温度和压力这两个参数的影响，所有描述整个系统的状态有 $\varphi(\gamma-1)+2$ 个变量。但这些变量并不是彼此独立的。由热力学可知，平衡时每个组分在各相中的化学势都必须彼此相等，因此对每个组可建立 $\varphi-1$ 个化学势相等的方程，γ 个组分在 φ 个相中共有 $\gamma(\varphi-1)$ 个关系式。因此，整个系统的自由度数 f 为

$$f=[(\gamma-1)\varphi+2]-\gamma(\varphi-1)=\gamma-\varphi+2 \tag{1-1}$$

式（1-1）即相律关系式。对于单组分单相系，其自由度为 2，单组分二相系的自由度为 1。

1.2.3 状态参数

描述热力系状态的宏观物理量称为状态参数。在热力学中，热力系的平均宏观行为有很多，如分子运动快慢、分子撞击力度的大小、分子占据的空间、分子内部的能量等，这些宏观状态都定义了通过专门的状态参数来描述。

依据状态参数的功能性来区分，可以分为强度量和广延量（又称尺度量）两大类。

强度量：凡与物质质量无关的物理量称为强度量，如压力 p 和温度 T。

广延量：与物质质量成比例的物理量称为广延量，如体积 V、热力学能 U、焓 H 和熵 S 等。

单位质量的广延量也可看作强度量，这样的状态参数对应在前面冠以“比”（单位：kg^{-1}），并用相应的小写字母表示，例如比体积 v、比热力学能 u、比焓 h 和比熵 s。

状态参数具有如下特性：

(1) 只从总体上研究工质所处的状态及其变化，不从微观角度研究个别粒子的行为和特性，因而所采用的物理量都是宏观的物理量。

(2) 状态参数的全部或一部分发生变化，即表明系统的状态发生变化。系统的状态变化也必然可由参数的变化标志出来。状态参数一旦确定，工质的状态也完全确定。因而状态参数是热力状态的单值函数，其值只取决于初、终态，与过程无关，即满足：$\oint dz=0$。

(3) 状态参数是点函数，其微分是全微分。设 $z=f(x,y)$，则有 $\mathrm{d}z=(\partial z/\partial x)_y\mathrm{d}x+(\partial z/\partial y)_x\mathrm{d}y$。反之，如能证明某物理量具有上述数学特征，则该物理量一定是状态参数，全微分是状态参数的充要条件。

一些可以用仪器直接测定或容易测定的参数，例如压力 p、温度 T 和比体积 v，称为基本状态参数；另一些状态参数，如热力学能 U、焓 H 和熵 S，则需要利用参数计算得到，称为计算状态参数。

1) 压力。通常将单位面积上所受的热力系物质的垂直作用力称为压力，符号为 p。压力定义式为

$$p=\frac{F}{A} \tag{1-2}$$

式中：F 为垂直作用力，N；A 为面积，m^2。

对于气体来说，分子运动学说认为，压力是大量气体分子撞击器壁的平均效果。

我国法定的压力单位是帕斯卡（简称帕），符号为 Pa，即 $1Pa=1N/m^2$。工程上可能遇到的其他压力单位还有：bar（巴）、atm（标准大气压，也称物理大气压）、at（工程大气压）、mmH_2O（毫米水柱）和 mmHg（毫米汞柱）等。

热力系都是处于一定的环境中的，对应一个基本不变的环境压力，称为背压，用 p_b 表示。背压是一个相对的概念，如果一个热力系处于压力为 1MPa 的高压容器中，它所对应的背压就是 $p_b=1MPa$。

作为工质状态参数的压力是工质真实的压力，常称为绝对压力，也用 p 表示。

压力的大小可以用仪器直接测量出来，但测得的是工质的绝对压力 p 与背压 p_b 的相对值。实际测量时，一般用弹簧式压力计或 U 形管压力计测量，其他的压力计还包括负荷式压力计和电测式压力测量仪表等。

当绝对压力高于背压（$p>p_b$）时，压力计指示或测得的数值称为表压，用 p_g 表示，显然

$$p=p_g+p_b \tag{1-3}$$

当绝对压力低于背压（$p<p_b$）时，压力计指示或测得的数值称为真空度，用 p_v 表示，显然

$$p=p_b-p_v \tag{1-4}$$

若以绝对压力为零时作为基线，则可将工质的绝对压力、表压、真空度和背压之间的关系用图 1-1 表示。

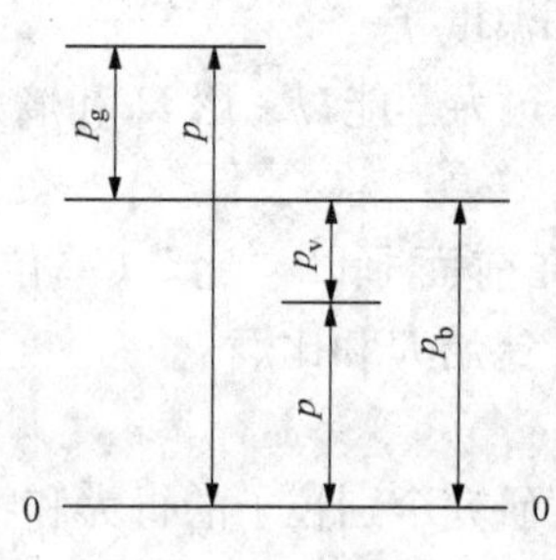

图 1-1 工质的绝对压力、表压、真空度和背压之间的关系

综上所述，若指明测量到的是真空度，则绝对压力一定是低于背压的；若指明测量到的是表压，则绝对压力是高于背压的。

2) 比体积和密度。将单位质量的物质所占的体积称为比体积，也称为质量体积，符号为 v，单位为 m^3/kg。比体积的倒数为密度，即物质单位体积的质量，符号为 ρ，单位为 kg/m^3。比体积与密度不是互相独立的参数，热力学中通常选用比体积 v 作为独立状态参数。

3) 温度。一般把温度定义为：温度是物体冷热程度的标志。热物体的温度高，冷物体

的温度低，冷热程度一样的物体温度相等。分子运动学说认为：温度是物质分子热运动剧烈程度的标志。

这种建立在人体器官感觉上的定义，用于日常生活等一般场合有其简单直觉的优点。然而，人的器官感觉并不十分可靠，用物体的冷热程度定义温度也欠确切，尤其是温度的这种一般性定义和热力学研究的热平衡问题并无直接联系。因此，在热力学中对何谓温度还有重新定义的必要，需要解决其测量方法，给定温度的基准与标定，这将在本章下一节给出详细说明。

4）热力学能。能量是物质运动的量度，运动有各种不同的形态，相应地就有各种不同的能量形式。力学中研究过物体的动能和位能。前者决定于物体宏观运动的速度，后者取决于物体在外力场中所处的位置。它们都是因为物体做机械运动而具有的能量，都属机械能。宏观静止的物体，其内部的分子、原子等微粒不停地做着热运动。据气体分子运动学说，气体分子在不断地做不规则的平移运动，这种平移运动的动能是温度的函数。若是多原子分子，则还有旋转运动和振动运动，根据能量按自由度均分原理和量子理论，这些能量也是温度的函数。总之，这种热运动而具有的内动能是温度的函数。此外，由于分子间有相互作用力存在，因此分子还具有内位能，它决定于气体的比体积和温度。内动能、内位能，维持一定分子结构的化学能和原子核内部的原子能以及电磁场作用下的电磁能等一起构成所谓的热力学能。在无化学反应及原子核反应的过程中，化学能、原子核能都不变化，可以不考虑，因此热力学能的变化只是内动能和内位能的变化。

热力学能用符号 U 表示，单位为 J；1kg 工质的热力学能称为比热力学能，符号为 u，单位为 J/kg。

根据气体分子运动学说，理想气体的热力学能是热力状态的单值函数。在一定的热力状态下，分子有一定的均方根速度和平均距离，就有一定的热力学能，而与达到这一热力状态的路径无关，因而热力学能是状态参数。

由于气体的热力学状态可由两个独立状态参数决定，因此热力学能一定是两个独立状态参数的函数，如：$u = f(T, v)$，$u = f(T, p)$，$u = f(p, v)$。

物质的运动是永恒的，要找到一个没有运动而热力学能为绝对零值的基点是不可能的。因此，热力学能的绝对值无法测定。工程实用中，关心的是热力学能的相对变化量 ΔU，所以实际上可任意选取某一状态的热力学能为零值，作为计算基准。

系统在两个平衡状态之间热力学能的变化量仅由初、终两个状态的热力学能的差值确定，与中间过程无关。

5）焓。有关热力计算中时常有 $U + pV$ 出现，为了简化公式和简化计算，把它定义为焓，即为物质热力学能与 pV 的代数和，符号为 H，单位为 J，表达式为

$$H = U + pV \tag{1-5}$$

1kg 工质的焓称为比焓，符号为 h，单位为 J/kg，表达式为

$$h = u + pv \tag{1-6}$$

在任一平衡状态下，u、p 和 v 都有确定的值，比焓 h 也有确定的值，而与达到这一状态的路径无关。这符合状态参数的基本性质，满足状态参数的特性，因而焓是一个状态参数，具备状态参数的一切特点。由式（1-6）可知，h 可以表示成 p 和 v 的函数，即 $h = u + pv = f(p, v)$。比焓也可以表示成另外两个独立状态参数的函数，即 $h = f(p, T)$，$h = f(T, v)$。

$u+pv$ 的合并出现并不是偶然的。u 为 1kg 工质的热力学能，也是储存于 1kg 工质内部的能量。由热力学第一定律可知，pv 为 1kg 工质的推动功。当 1kg 工质通过一定的界面流入热力系时，储存于它内部的热力学能也被带进了系统，同时还把从外部功源获得的推动功 pv 带进了系统。即焓是工质进出开口系时带入或带出的热力学能与推动功之和，是随工质一起转移的能量。因此，系统中因流入 1kg 工质而获得的总能量为热力学能与推动功之和 $(u+pv)$，即为比焓。在热力设备中，工质总是不断地从一处流到另一处，随着工质的流动而转移的能量不等于热力学能而等于焓。故在热力工程的计算中，焓更被广泛应用。同样，工程计算中关心的是焓的变化量 ΔH。

6）熵。熵的物理意义在热力学第二定律中会详细讲述。这里用一个类比来对熵的意义进行简单描述：在力学中，若存在力，并且在力方向上有位移，则这个力实现了做功的效果，即可叙述为位移是力借之以做功的物理量；在热力学中，如果有温度，那么应该能实现传热的效果，但如同位移一样，温度必须借助于某个量的改变才能达到传热的效果，该温度借之以传热的物理量称为熵，其表达式类比为

$$\delta W = F\mathrm{d}l, \quad \delta Q = T\mathrm{d}S \tag{1-7}$$

式中：S 为熵参数，单位：J/K。

7）自由能。自由能有时也称为亥姆霍兹函数，定义式为

$$F = U - TS, \quad f = u - Ts \tag{1-8}$$

式中：F 为自由能，单位：J；f 为比自由能，单位：J/kg；s 为比熵参数，单位：J/(kg·K)。

8）自由焓。自由焓有时也称为吉布斯函数，定义如下

$$G = H - TS, \quad g = h - Ts \tag{1-9}$$

式中：G 为自由焓，单位：J；g 为比自由焓，单位：J/kg。

1.3 热力学第零定律与温度

热力学第零定律由英国物理学家拉尔夫·福勒于 1939 年正式提出，比热力学第一定律和热力学第二定律晚了 80 余年，但是它是后面几个定律的基础。热力学第零定律的重要性在于它给出了温度的热力学定义和温度的测量方法。本节从热力学第零定律出发，给出了温度的热力学理解以及广泛应用的测量高低温的温度计。

1.3.1 热力学第零定律

对于恒定质量和组成的系统，使用符号 X 和 Y 来分别表示两个相对独立的坐标参数，即符号 X 表示广义的力（例如，气体的压力），符号 Y 表示广义的位移（例如，气体的体积）。

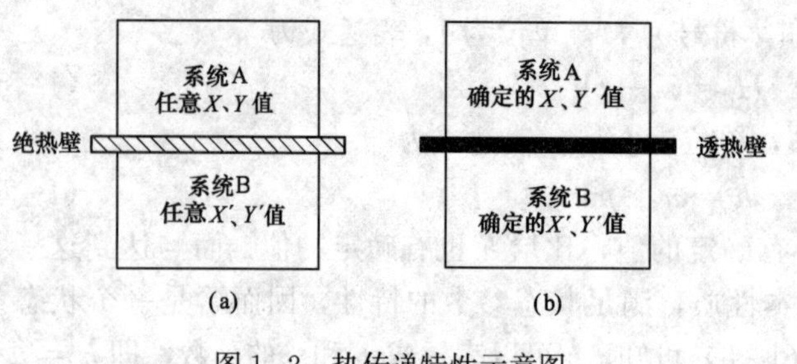

图 1-2 热传递特性示意图

（a）绝热；（b）透热

如果一堵墙是绝热的，如图 1-2（a）所示，系统 A 的平衡态可以与系统 B 的任何平衡态共存，它们互不干扰，X、Y、X'、Y' 所有数值都是可以达到的。只要墙能够承受这种热应力，平衡的状态就不会被破坏，例如厚层的木材、混凝土、石棉、毡和聚苯乙烯等，都是理想的绝热壁实验

材料。

如果两个系统由一个透热壁隔开，如图 1-2（b）所示。X、Y、X'、Y'的值将自发地改变，直到两个系统共同达到稳定，才被认为最终处于热平衡状态。最常见的实验性透热壁是金属薄片。

理想的绝热壁不传递热量，可防止两个系统相互影响，两个系统能够分别达到平衡。但是透热壁是一个可以进行热量传递的边界，通过这个边界，热量可以从一个系统传递到另一个系统，但不能进行物质的传递。

假设有两个系统 A 和 B，通过绝热壁彼此分离，但每一个系统都与第三个系统 C 通过透热壁进行接触，整个组件被绝热壁包围，如图 1-3（a）所示。实验表明，系统 A 和 B 将与系统 C 达到热平衡。然后，如果将分离系统 A 和 B 的绝热壁用一个透热壁取代，并将系统 C 与 A 和 B 分离的透热壁用绝热壁取代，如图 1-3（b），三个系统将不发生变化。

这些实验结果可以简洁地表述为：若两个热力系分别与第三个热力系热平衡，那么这两个热力系彼此也处于热平衡。这是热力学中的一个基本实验结果，称为热力学第零定律，简称第零定律。热力学第零定律是条公理，它给出了比较温度的方法，成为测量温度的理论依据。

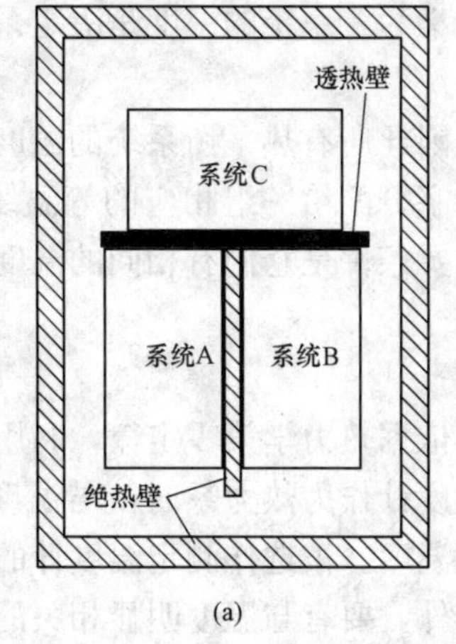

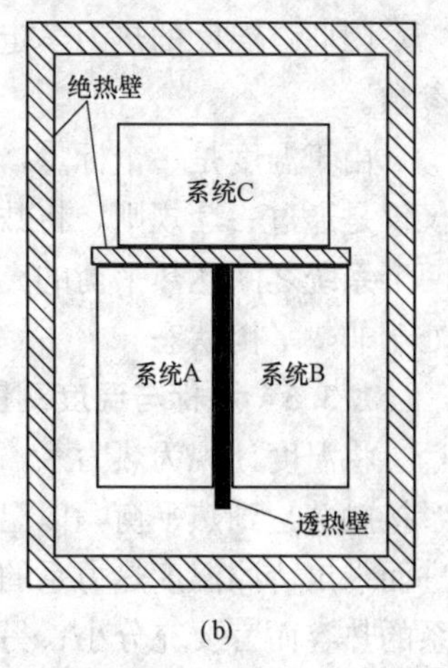

图 1-3 热力学第零定律

(a) 系统 A 和 B 绝热，分别与系统 C 透热；

(b) 系统 A 和 B 透热，分别与系统 C 绝热

1.3.2 温度的热力学理解

对温度的热力学理解是建立在热力学第零定律的热平衡之上。

系统 A 和系统 B 通过一个透热壁接触达到热平衡，系统 A 在热平衡状态时的参数为（X_1，Y_1），系统 B 在热平衡状态时的参数为（X_1'，Y_1'）。如果改变系统 A 的某一个参数，令系统 B 的初参数保持不变，两者达到热平衡时，系统 A 的参数改变为（X_2，Y_2）。通过不断进行实验，可以得到系统 A 的一组热平衡参数（X_1，Y_1）、（X_2，Y_2）、（X_3，Y_3）。根据热力学第零定律，每组参数都是通过与系统 B 热平衡得到的。因此，这些参数所描述的状态之间也处于热平衡。将这些参数在 X-Y 直角坐标上表示出来，连成一条曲线 I，称为等温线，两个不同系统的等温线如图 1-4 所示。等温线是指一个系统处于热平衡状态的所有点的轨迹的组合，它与另一个系统的状态相一致。尽管没有假设等温线的连续性，但在简单系统上的实验表明，等温线至少有一部分是连续的曲线。

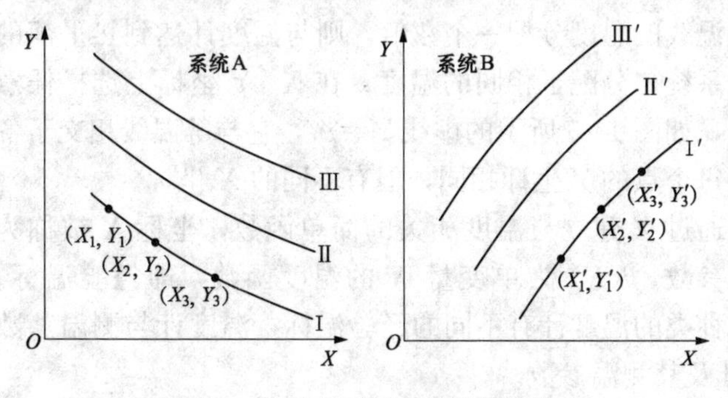

图 1-4 两个不同系统的等温线

同样，保持系统 A 的状态参数（X_1，Y_1）不变，可以得到系统 B 与

系统 A 热平衡时的一组热平衡参数（X_1'，Y_1'）（X_2'，Y_2'）（X_3'，Y_3'），在图 1-4 中连接为 I' 曲线。通过热力学第零定律可知，曲线 I 上的每一点所描述的状态都与曲线 I' 上每一点所描述的状态处于热平衡，称曲线 I 和曲线 I' 是两个系统对应的等温线。

如果在不同的起始条件下重复实验，可以得到另一条系统 A 达到热平衡时的曲线Ⅱ，曲线上的每一点所描述的状态都与系统 B 的曲线Ⅱ′处于相平衡。通过这种方法，可以找到系统 A 的其他等温线Ⅲ，或其他系统 C、D 的等温线。

所有系统的对应等温线的所有状态都有一个共同之处，即它们处于热平衡。在这些状态下，系统本身被认为可能拥有一种能确保它们处于热平衡的状态参数，称这种状态参数为温度。

因此，温度的热力学定义为：系统的温度是决定系统能否与其他系统处于热平衡的状态参数。

由于温度是一个标量，因此所有热平衡系统的温度可以用数字来表示。温度刻度的建立仅仅是通过一套规则，将数字分配给一组相应的等温线，另一组对应不同的等温线。这样，两个系统之间达热平衡的充要条件是它们有相同的温度。另外，温度不同时，可以确定系统处于非热平衡状态。

1.3.3　温标与温度测量

将温度计视为热力系，依据热力学第零定律，利用温度计热力系使其与待测温度的热力系接触并达到热平衡，以温度计作为热力系时，与温度相关的某物理量的变化量则被测定，进而求出待测温度热力系的温度。被选作测定温度计的热力系，其热容相对于待测温度热力系的热容而言要充分小；另外，要有与温度明显相关的可测的物理量，最好是单值线性明显相关的物理量。

通常，温度计热力系中与温度相关的物理量的变化，例如体积膨胀、压力变化、电阻变化、热电势变化、辐射量变化和颜色变化等特性都可用于温度测定。这些在温度计热力系中被选作测温的物理量称为测温参数，例如体积、压力、电阻、热电势、辐射量等。用相应原理研制出来的温度计有水银温度计、酒精温度计、气体温度计、铂电阻温度计、热敏电阻温度计、铜-康铜和铂铑-铂热电偶温度计、双色辐射温度计等。

1. 经验温标

表示温度数值的标准称为温标。

为了建立一个经验温标，先选择一个热力系，建立 X-Y 坐标作为标准，称之为温度计。通过一套规则来为每个等温线的温度分配一个数值，则与温度计达到热平衡的其他系统，分配了相同的温度。在 X-Y 坐标上选择任意路径，如图 1-5 所示的虚线 $Y=Y_1$，它与等温线相交于各点，每个点的 Y 坐标相同，但有不同的 X 坐标。

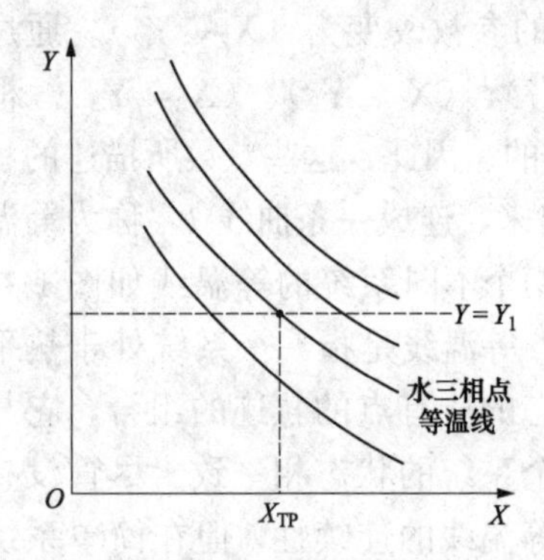

图 1-5　选定热力系中参数 X、Y 与等温线的对应关系（温度计）

通过 X 建立与温度相关的简单函数，坐标 X 被称为测温参数，$\theta(X)$ 为单变量 X 的温度函数，即经验温标。不同种类的温度计有不同的经验温标，温度计与测温参数见表 1-1，其中展示了 6 种现代温度计及其测温参数。

表1-1 温度计与测温参数

温度计	测温参数	符号	温度计	测温参数	符号
气体（恒定体积）	压力	p	氦蒸气（饱和的）	压力	p
铂电阻（恒定拉力）	电子电阻	R'	顺磁性盐	磁化率	χ
热电偶（恒定拉力）	热电势	ε	黑体辐射	辐射度	R_{bb}

如表1-1中所列的任何一个温度计测温参数值表示为X。任意取定温度范围，使经验温度T_θ与X建立等式。历史上第一个水银温度计选择线性函数建立温度刻度。因此，温度计和热平衡中的所有系统的温度都可以由温度计函数给出，即

$$T_\theta(X) = aX \quad (Y\text{ 为定值}) \tag{1-10}$$

式中：a为常数。

当坐标X趋于0时，温度也趋于零。实际上，式（1-10）中的线性函数也定义了绝对温标，如开尔文温标或兰金刻度。

应该进一步指出，在假定了一种物质的某一参数与温度呈线性关系后，其他物质的这一参数或者同一物质的其他参数就不一定也和温度呈线性关系。例如，如果规定了汞的体积与温度呈线性关系，那么酒精的体积就不一定与温度呈线性关系。如果仍要用线性关系来制作酒精温度计，那么这两种温度计测量同一温度时，除固定点以外，在其他点将测得不同温度。

因此，必须最终以合理的方式选择一种温度计。例如恒定体积的气体温度计，以及一种特殊的系统，例如氢气，作为标准的温度计，这就是1887年第一个国际温标建立的方式。但无论选择什么标准，都必须确定式（1-10）中系数a的值，只有这样，在经验温度$T_\theta(X)$和测温参数X之间有一个数值关系。

在1954年之前，国际制温标是摄氏温标，符号为t；单位为℃。摄氏温标是基于两个定点的温度区间，即：

（1）在1标准大气压下，纯冰与饱和空气中水共存时的温度（冰点）；

（2）1标准大气压下纯水与纯蒸汽的平衡温度（沸点）。

这两个定点之间的温度间隔被规定为100℃。许多人试图精确测量冰点的温度，但没有取得成功。主要的困难是无法实现饱和空气水（即水中所溶解的空气达到饱和状态）和纯冰之间的平衡。当冰融化时，它周围的液态水可防止冰和饱和空气水之间直接接触。精确测量沸点的过程也存在问题。因为沸点的温度对压力非常敏感。

欧美国家还习惯使用一种以氯化铵（NH_4Cl）和冰的混合物的温度为0℉，以人体正常体温为100℉的华氏温度。符号为t_F；单位为℉。两种温标的换算关系为

$$t(℃) = \frac{5}{9}[t_F(℉) - 32] \tag{1-11}$$

在1954年，一个单一的固定点被选为新的国际温标——开尔文温标，确定了水的三相点作为温度计的标准定点。在三相点处，冰、液态水和水蒸气共存于平衡状态的状态，其温度规定为273.16K。

因此，可以解出方程（1-10）中的系数a，即

$$a = \frac{273.16\text{K}}{X_{TP}} \tag{1-12}$$

式（1-12）中的X_{TP}表示物性X在三相点时的参数值。考虑到式（1-12），一般的式（1-10）可以被改写为

$$T_{\theta}(X) = 273.16\frac{X}{X_{TP}} \quad (Y\text{为定值}) \tag{1-13}$$

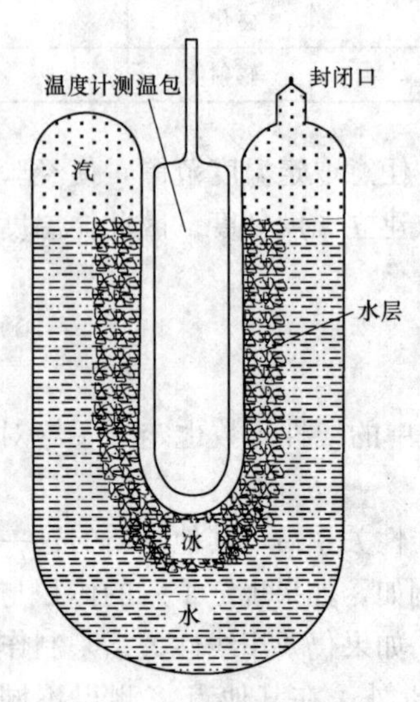

图1-6 三相点容器

为了达到三相点，将与海洋水具有大体一致同位素的高纯度蒸馏水放入容器中，三相点容器如图1-6所示。当所有的空气都被移走后，该容器处于封闭状态。在内壁的冷冻混合物的帮助下，内壁周围形成了一层冰。当冷冻混合物被温度计测温包取代时，内壁附近一层薄薄的冰就会融化。只要固体、液体和蒸汽在平衡中共存，系统就处于三相点。

2. 理想气体温标

在19世纪，没有任何类型的温度计比气体温度计更有效。它于1887年被国际度量衡委员会正式采用，作为标准的温度计取代了水银温度计。

理想气体状态方程是描述理想气体在处于平衡态时，压力、体积、物质的量和温度间关系的状态方程，即

$$pV = nRT \tag{1-14}$$

实际气体温度和理想气体的经验温度用T_{θ}表示。理想气体温度是用恒定体积的气体温度计测量的。将式（1-13）初始化为273.16K的指定温度下的气体，再到未知的经验温度下的气体，可按比例进行转换，即比例表达式为

$$\frac{p}{p_{TP}} = \frac{T_{\theta}}{273.16} \quad \text{或} \quad T_{\theta} = 273.16\frac{p}{p_{TP}} \quad (V\text{为定值}) \tag{1-15}$$

需要指出，实际气体只有在其极为稀薄，即$p\to 0$时，可视为接近理想气体。若使用不同气体的温度计测定同一热力系同一温度，其测定值也是有差别的。但任何气体温度计均不能在极稀薄而几乎没有压力的情况下测定压力，但可以采用趋近的方式进行测量，以下为详细过程。

利用理想气体温度计测量蒸汽标准沸点的温度时，将一定量的气体引入到一个恒定体积的气体温度计的感温泡中，当感温泡插入到如图1-6所示的三相点容器时，测量p_{TP}。假设p_{TP}等于120kPa。保持体积V不变，执行以下步骤：

（1）在标准大气压下用蒸汽包围感温泡，测量气体实际压力p_{NBP}，并用式（1-15）计算经验温度，$T_{\theta}(p_{NBP}) = 273.16\dfrac{p_{NBP}}{120}$。

（2）移除部分气体，使p_{TP}的测量值更小，比如60kPa。测量p_{NBP}的新值并计算经验温度，$T_{\theta}(p_{NBP}) = 273.16\dfrac{p_{NBP}}{60}$。

（3）继续减少感温泡中气体的数量，使p_{TP}和p_{NBP}的值越来越小，如p_{TP}的值为20、40kPa等。p_{TP}每换一个值，计算对应的$T_{\theta}(p_{NBP})$。

（4）画出$T_{\theta}(p_{NBP})$-p_{TP}曲线，并将曲线延伸到$p_{TP}=0$的轴上。即$\lim_{p_{NBP}\to 0} T_{\theta}(p_{NBP})$。

为测量水的标准沸点$T_{\theta}(p)$，从不同工质定容气体温度计测得水沸点与压力的关系图（见图1-7）中可以看到绘制的He、H_2、N_2三种不同气体的测试结果。可以发现，不同气

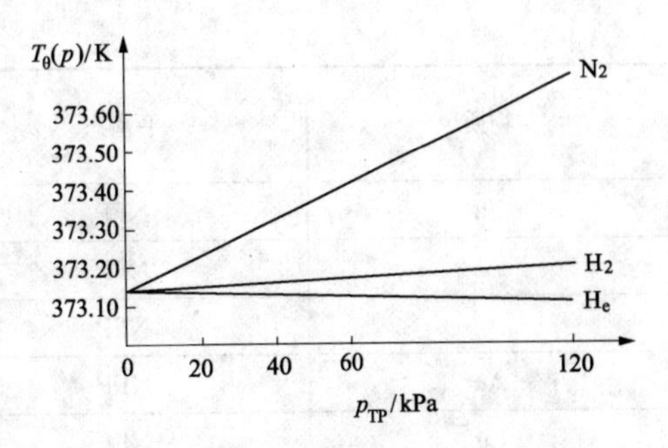

图 1-7 不同工质定容气体温度计测得水沸点与压力的关系图

体温度计测得的实验连线的斜率虽然不同，但是不同气体在 $p_{TP}\to 0$ 时，测得的在标准大气压下水的沸点都是 373.124K。

因此，用 T 表示理想气体温度，其表达式为

$$T = 273.16 \lim_{p_{TP}\to 0}\left(\frac{p}{p_{TP}}\right) \quad (V\ 为定值) \tag{1-16}$$

虽然理想气体温标与任何一种特定气体的性质无关，但在实际应用中，它仍然取决于实际气体的性质。氦是用于制作温度计最有用的气体，有以下两个原因：在高温下，氦不会通过铂扩散，而氢则会扩散；氦的临界温度比其他任何气体都要低。因此，氦温度计可以用来测量低于其他气体温度计的温度。

国际度量衡委员会确定了两种温标：①理论热力学温标；②在任何给定的时间内，现行实用温标。使用定容式气体温度计进行常规校准或通常的热力学温度测量是不切实际的。第一个国际温标是 1927 年第七届国际计量大会决定采用的国际实用温标，为科学和工业仪器的快速校准提供了方法。但其标准仍用理想气体温度计进行标定。实际温标在 1948 年、1960 年、1968 年、1976 年和 1990 年分别被进行了修订和完善。

1990 年的国际温标（ITS-90）采用在不同的温度区域规定若干易于复现的固定点温度。两固定点温度间的分度采用线性插值法，并规定其间选用与气体温标有较好线性关系的测温物质的温度计。但是 ITS-90 并不能取代热力学温标，它是用来提供一个非常接近的热力学温标的大致数值；实际温标 T90 与热力学温标之间的差异满足了测量精度的要求。1990 年国际温标制定的基准点，如表 1-2 所示。

表 1-2　　1990 年国际温标制定的基准点

物质	平衡态	温度	
		T_{90}(K)	t_{90}(℃)
^{3}He 及 ^{4}He	VP	3～5	−270.15～−268.18
e-H_2	TP	13.8033	−259.3467
e-H_2（或 He）	VP（或 CVGT）	≈17	≈256.15
e-H_2（或 He）	VP（或 CVGT）	≈20.3	≈25 285
Ne	TP	24.5561	−248.5939
O_2	TP	54.3584	−218.7916
Ar	TP	83.8058	−189.3442
Hg	TP	234.3156	−38.8344
H_2O	TP	273.16	0.01
Ga	NMP	302.9146	29.7646
In	NFP	429.7485	156.5985
Sn	NFP	505.078	231.928

续表

物质	平衡态	温度	
		T_{90}(K)	t_{90}(℃)
Zn	NFP	692.677	419.527
Al	NFP	933.473	660.323
Ag	NFP	1234.93	961.78
Au	NFP	1337.33	1064.18
Cu	NFP	1357.77	1084.62

ITS-90 的低温极限为 0.65K。低于此温度时，标准温度计的刻度没有定义，但研究仍在继续。

3. 温度测量

(1) 气体温度计。气体温度计可以是定容式也可以是定压式。定容式气体温度计采用得更为广泛，简易定容气体温度计如图 1-8 所示。由于材料、结构和尺寸各不相同，决定了气体的性质和温度计适用的测温范围。测量温度时把感温泡 B 放置在测温区，感温泡 B 通过毛细管与 U 形压力计相连。水银柱 M 的高度保持不变，以保证测量不同温度时气体的体积保持恒定。在 M 上端，水银柱高度达到容器尖端（基准点）称为死区。为保证死区的存在，通过升高或降低水银罐的位置来实现。水银柱 M′的高度随着气体压力不同有不同的值。对应温度的气体压力由 U 形压力计的左右两端管的水银柱高度差 h 读出。在实际测量时，应分别让感温泡与待测温系统接触，再与处于三相点的水接触。

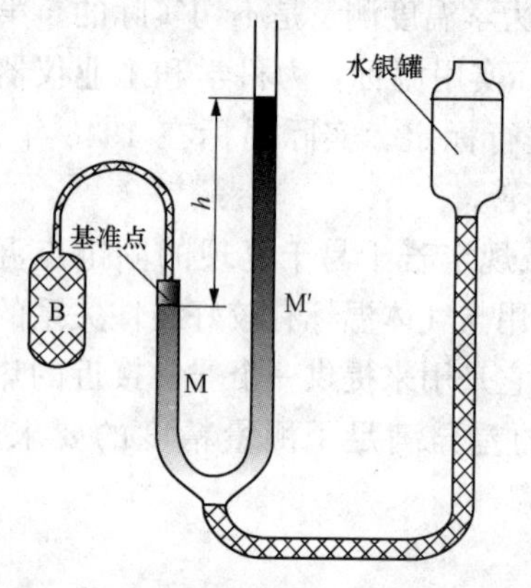

图 1-8 简易定容气体温度计

(2) 铂电阻温度计。虽然气体温度计可以测量热力学温度，但在许多应用场景下并不方便。一个更实用的温度计是铂电阻温度计。它比气体温度计更容易复制，使用更简单，而且通常可以应用于更大范围的操作。标准铂电阻温度计是根据金属铂的电阻随温度变化的规律来测量温度。温度计的感温元件是由高纯铂丝以无应力结构绕制而成的四端电阻器。当温度变化时感温铂丝能自由膨胀和收缩。通过测量温度计感温元件的电阻，利用温标的内插公式，计算获得相应的温度值。

电阻测量电路可以分为两类：电位型和桥接电路。20 世纪 60 年代末以前，桥接电路在设定温度标准方面没有应用，之后，有两个因素改变了这种情况：在桥接电路中发展了感应式分压器或变比变压器；电子器件有很大改进，具有高灵敏度的锁定放大器、自平衡系统和极好的信噪比特性。

铂电阻温度计可精确测量在 13.8033～1234.93K（−259.3467～961.78℃）的温度。该仪器的校准涉及各种已知的定义温度下的 $R'(T)$ 的测量，以及现有的经验公式表示的结果。在限定范围内，常使用以下二次方程：

$$R'(T) = R'_{TP}(1 + aT + bT^2) \tag{1-17}$$

式中：$R'(T)$ 为铂丝在温度 T 处的电阻，Ω；R'_{TP} 为铂丝置于处于三相点容器中时的电阻，

Ω；a、b 为常数。

为了精确测量电阻，温度计总是以 $R'(T)/R'_{TP}$ 比率进行校准。该比率标记为 $W(T)$。相对来说，$W(T)$ 对金属丝的应变或污染的影响不敏感。

(3) 热电偶温度计。热电偶温度计的原理图如图 1-9 所示。其中测量的温度位于测试连接处。热电动势是在连接导线 A 和导线 B 的点处产生的。这两根热电偶导线连接在位于熔融冰的温度下的基准结的铜线上。

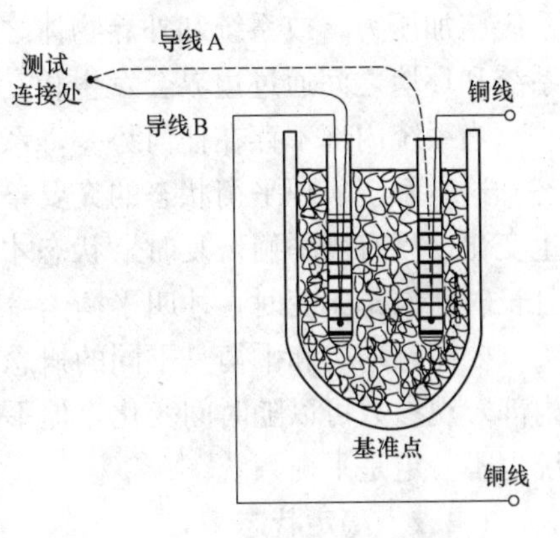

图 1-9 热电偶温度计原理图

通过在各种已知温度的环境中测量热电势进行热电偶的校核，此时基准点保持在 0℃。大多数热电偶的测量结果通常可以用如下三次方程表示：

$$\varepsilon = c_0 + c_1 T_\theta + c_2 T_\theta^2 + c_3 T_\theta^3 \qquad (1-18)$$

式中：ε 为热电势的值，V；c_0、c_1、c_2、c_3 为常数，不同热电偶，其值不同。

通常在有限的温度范围内，二次方程已经足够精确。热电偶的温度范围取决于它的组成。例如，K 型热电偶，由铬镍铁丝（90%Ni 和 10%Cr）和铝镍丝（95%Ni，2%Al，2%Mn，1%Si）组成，温度范围为−270～1372℃。

热电偶的优点是它处于可以测温的环境中能很快地达到热平衡。这是因为它的质量很小。此外，热电偶的电动势能适应电路环境，能够在许多工业、商业和住宅的熔炉、烤箱和冷却装置中监测和控制温度。就热力学温度测量而言，其缺点是精确度约为 0.2K，比高温下铂电阻温度计的精度值大 5～10 倍。因此，热电偶温度计不再是 1990 年国际温标中使用的标准温度计。

(4) 热辐射测量温度。光学测高温法、辐射测高温法、红外测高温法、光谱或全辐射测高温法都是基于热辐射测量温度的一些方法，热辐射即为黑体辐射。

在辐射测温中，利用了一个已建立的方程——普朗克辐射定律，将热力学温度与测量的光谱辐射联系起来。在闭合腔内的热辐射只取决于壁的温度，而不取决于它们的形状或组成。前提是空腔的尺寸比热辐射的波长要大得多。从空腔里的一个小孔流出的辐射会被该孔的存在所扰乱，因此，需要通过仔细的设计，减小这种扰动的影响，这样平衡黑体辐射就可以测量了。这样，在理论上，可以通过辐射测温来精确测量热力学温度。

为测量高温（大于 1100℃）而开发的辐射温度计具有非接触式温度计的优点。全辐射高温计的精确度低于光学高温计，但可以测量更低的温度，包括水的三相点。

1.4 平衡状态与状态方程

用状态参数描述系统状态特性时，如果系统各部分状态不同就不可能用确定的参数值描述整个系统的特性，只有系统在平衡状态下才有实现对系统的状态描述。因此，平衡状态的概念是热力学的基本概念。本节对平衡状态、稳定状态及状态方程等概念进行阐述。

1.4.1 平衡状态

在不受外界影响的条件下，系统的宏观性质不随时间改变的状态称为平衡状态，简称平衡态。这种平衡态，必须是系统内部之间平衡及系统与外界的平衡，也称稳定平衡态。热力学中所用的状态参数都是平衡态的状态参数。

在工程热力学中，通常需要研究一个受到周围环境影响的系统。一般来说，环境可能对系统施加压力，或系统和外界物体之间的接触存在一定的温差。当系统的状态发生变化时，系统和环境之间通过边界会发生相互作用。

当系统内部不存在任何势差，系统与周围环境之间没有任何作用时，系统就处于平衡状态。这是系统实现平衡状态的充要条件。当这些条件不满足时，系统本身或周围环境都将发生变化。只有当平衡恢复时，状态才会停止变化。换句话说，只有系统的状态参数处处相同且长时间维持不变时，才叫平衡。

要注意均匀和平衡是不同的概念。处于均匀状态的系统内部空间各点的状态均匀，系统内部宏观参数可以随时间变化，但不随空间变化。不均匀一定是不平衡，处于均匀状态的系统也不一定是平衡系统。

1.4.2 稳定状态

在受外界影响的条件下，运动系统的宏观性质处于不随时间改变的状态，称为稳定状态。与平衡状态的不同是，系统内部各微元的状态参数可以是不同的，但截面上所有的参数不随时间变化。

例如，一个金属棒的两端分别与恒定温度的冷源和热源接触，在不变的温差作用下，热量通过热传导，稳定地从高温端流入，低温端流出。金属棒上的温度分布不随时间变化，但系统与外界仍存在温差作用，系统内部温度分布不均。

1.4.3 状态方程

实际工程中，大多是简单可压缩热力系，由工程热力学可知，可以用两个独立的状态参数来确定热力系的状态。例如，一种恒定质量的气体在一个封闭的系统中，这样就可以很容易地测量压力 p、体积 V 和温度 T。如果把体积固定在某个任意值上，并给温度假设一个某值，那么压力值可以确定。即一旦 V 和 T 被选定为独立状态参数，p 值便可由 V 和 T 两个参数表示。同样，若 p 和 T 被选定为独立状态参数，那么 V 便可由 p 和 T 两个参数表示。也就是说，在三个热力学坐标参数 p、V 和 T 中，只有两个是独立自变量。这就意味着存在一个平衡方程，并且各热力学参数所确定的状态点可以在二维坐标系中表示。这样基本状态参数之间关系的方程称为状态方程。例如，气体热力系状态方程的形式为

$$F(p,v,T)=0,\quad p=p(v,T),\quad T=T(p,v),\quad v=v(p,T) \tag{1-19}$$

对于实际气体在非常低的压力下组成的系统，气体分子之间的相互作用力微乎其微，分子体积相对系统占比微小，两者均可忽略，则气体可视为理想气体，其状态方程为

$$pv=R_{g}T \tag{1-20}$$

式中：R_g 为气体常数，只与气体种类相关而与气体状态无关，kJ/(kg·K)；p 为压力，Pa；v 为比体积，m^3/kg；T 为热力学温度，K。

在较高的压力下，实际气体的状态方程更加复杂，可建立一些经验状态方程，该部分内容将在第三章介绍。

就热力学而言，重要的是状态方程的存在，而不是能否存在简单的数学函数表达式。每种实际气体都有它自己的状态方程。但实际情况下，气体的状态方程关系很复杂，以至于不能用简单的数学函数来表示。寻求实际工质的状态方程是热工技术工作者长期而重要的

工作。

对于一个系统的描述可以是宏观的也可以是微观的。在热力学中，更加关注系统的内部变化。采用宏观的观点，并着重于那些对系统内部状态有影响的宏观量。通过使用状态参数建立二维直角坐标系来表示工质热力学状态及其变化的图，称为热力学图，选择不同的参数有不同的意义。

1.5 热力过程及循环

处于平衡态的系统，当受到外界作用影响时，平衡将被破坏，系统的状态也将随之改变。热力过程就是指系统从一个平衡态到另一个平衡态所经历的全部状态变化。热力过程的初始状态和终止状态都是稳定状态，但中间过程比较复杂，无法用少数几个状态参数来描述，给热功转换分析计算带来很大困难。为简化计算，在引用平衡概念的基础上，将热力过程理想化为准静态过程和可逆过程。热力过程的初、终态一致，就构成热力循环。本节主要介绍准静态过程、可逆过程以及热力循环相关知识。

1.5.1 准静态过程

一旦系统处于热力平衡状态，环境保持不变，就不会发生运动，也不会有任何转换与传递。若系统与外界或系统内部存在某个力差，那么，热力平衡的条件就不再满足，可能出现以下情况。

(1) 在系统内可能产生不平衡的力或力矩。因此，可能会出现湍流、波浪。同时，整个系统可以执行某种加速运动。

(2) 由于这种湍流加速作用，系统内会产生不均匀的温度分布，或系统与周围环境产生有限温差。

因此，处于不平衡状态的系统没有确定的状态参数值，不能使用热力学坐标描述其不平衡状态。为了讨论其状态，假设作用于该系统的外力只是稍有变化，认为不平衡力趋于无穷小，则该过程无限缓慢地进行着。同样的，如果存在一个有限的温差，热平衡的条件就不再满足。因此，无论是力差还是温差，都是引起系统状态变化的势差。若认为不平衡的势差无穷小，则过程就可无限地缓慢进行。

系统由平衡被破坏到建立新平衡所需时间称为弛豫时间。弛豫时间和物性有关，气体的弛豫时间比液体短，黏性大的流体又比黏性小的流体长。弛豫时间短，平衡的恢复率大，二者成倒数关系。只有当平衡的恢复率大于外界条件的变化率时，新平衡才能建立。

若过程进行得很缓慢，工质在平衡被破坏后自动恢复平衡所需要的时间（即所谓的弛豫时间）又短，工质有足够的时间来恢复平衡，随时都不至于显著偏离平衡状态，这样的过程称为准静态过程。处于准静态过程的系统可以用热力学坐标系来描述其准平衡状态，状态方程也是有效的。

准静态过程是理想化的实际过程，是实际过程进行得非常缓慢时的极限。某些实际过程在通常情况下可以被视为准静态过程。例如：在气缸-活塞系统中，气体内部的压力传播速度很大，达每秒几百米，而活塞移动速度则通常不足每秒十米，即系统和外界一旦出现不平衡，系统也有足够时间得以恢复平衡。因而工程中的许多热力过程，看似很快，但实际上按热力学的时间标尺来衡量，过程的变化还是比较慢的，并不会出现明显的偏离平衡态。

1.5.2 可逆过程

如果系统完成某一热力过程后，再沿原来路径逆向运行时，能使系统和外界都返回到原来的状态，而不留下任何变化，则这一过程称为可逆过程，否则为不可逆过程。

实现可逆过程的条件：首先应是准平衡过程；其次过程中不存在任何耗散效应。在这里耗散效应指通过摩擦、电阻、磁阻等使功变成热的效应。

不可逆损失即有效能变为无效能或能量的品质降低。就其产生的原因，可以分为与系统状态相关的非平衡损失和与物性有关的耗散损失两大类。

非平衡损失是因系统的非平衡态引起的。其中包括力、热和化学的三种非平衡损失。不平衡会自发地变为平衡，而所有自发过程都是不可逆的（因为存在着不平衡势差）。因此，当系统由不平衡变到平衡时便有了不可逆损失。

耗散损失是因为机械摩擦阻力、流体的黏性阻力以及电阻、磁阻等的作用而产生的不可逆损失。对于不涉及电磁等其他现象的功热转换而言，最重要的不可逆损失是系统做宏观运动时产生的黏性摩擦生成的热能。

如既无非平衡损失又无耗散损失，过程就是可逆的。准静态是没有非平衡损失的，因此，准静态过程与可逆过程的差别就在于有无耗散损失。一个非平衡的过程（如绝热节流）肯定是不可逆的，但是准静态过程也并不一定是可逆过程。因此，要实现可逆过程，必定要求其正向过程和反向过程均是准静态过程，同时，热力系和外界之间不能存在耗散效应。否则，当过程逆行时，不可能使热力系和外界全部回到原始状态。因此，可逆过程与准静态过程的关系如下：

（1）可逆过程必定是准静态过程，而准静态过程不一定都是可逆过程。

（2）只有热力系和外界无耗散效应情况下的准静态过程才是可逆过程。

（3）可逆过程具有准静态过程的一切特点，准静态过程却不具备可逆过程所有的特点。

（4）准静态过程主要着眼于热力系内工质状态参数的变化，而可逆过程不仅涉及热力系的状态参数变化，还涉及热力系和外界能量交换时外界的变化。

（5）当热力系和外界有能量交换时，采用可逆过程或不可逆过程进行分析计算。若仅涉及热力系内工质状态的变化，则采用准静态过程和非准静态过程进行分析计算。

（6）可逆过程是热力学中的一个假想概念，它是没有任何能量损失的理想过程。准静态过程允许热力系和外界甚至热力系内部存在耗散效应，许多实际过程在一定条件下皆可近似地简化，抽象为准静态过程。

1.5.3 热力循环

系统实施循环的目的是实现预期的能量转换。工质从某一初始平衡状态，经过一系列的中间热力过程又回到初始态的过程称为热力循环，简称循环。即热力循环就是封闭的热力过程。

在蒸汽动力厂中，水在锅炉中吸热，生成高温高压蒸汽，进入汽轮机中膨胀做功，做完功的乏汽排入凝汽器，被冷却水冷却成为凝结水，凝结水经过给水泵升压后再一次进入锅炉吸热，工质完成一个循环。

工质通过不断的循环，连续向外界输出功量的过程称为正向循环。

在制冷装置中，循环消耗功而使热量由低温物体传输至高温外界，使冷库保持低温。这是一种耗功的循环，这种由外界向系统输入功的循环称为逆向循环。

在 p-V 图和 T-S 图上表示的两种循环，正向循环、逆向循环分别如图 1-10、图 1-11 所示。

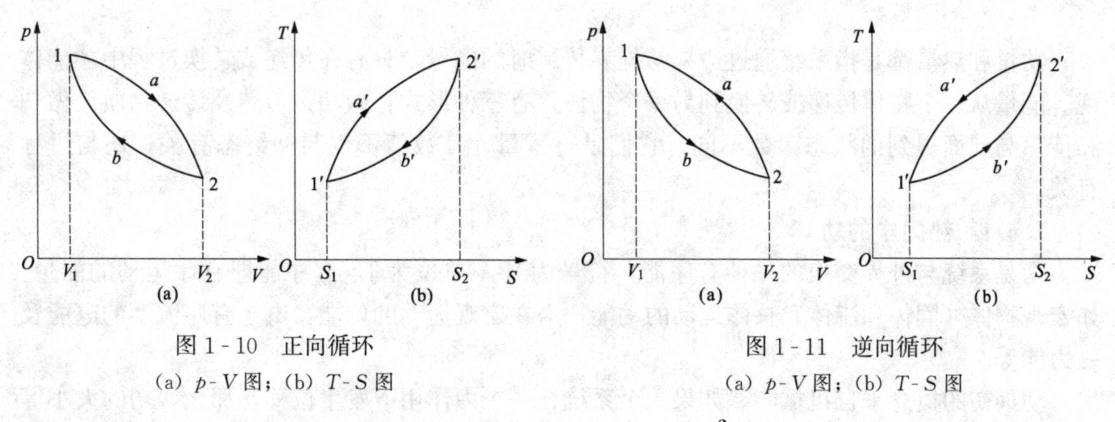

图 1-10 正向循环

(a) p-V 图；(b) T-S 图

图 1-11 逆向循环

(a) p-V 图；(b) T-S 图

循环中各过程功的代数和称为循环净功 W_0，即 $W_0=\oint\delta W=\sum W_i$；循环中各过程热量的代数和称为循环净热 Q_0，即 $Q_0=\oint\delta Q=\sum Q_i$。工质经过一个循环后，回到原始状态，其本身的储存能无变化，根据能量守恒原理，则有

$$\oint\delta W=\oint\delta Q \tag{1-21}$$

循环的热力性能指标用工作系数表示。其一般定义为

工作系数 = 循环得到的收益 / 循环花费的代价

不同循环有不同种类的工作系数，正向循环的工作系数称为热效率。即循环中得到的净功 W 与加入循环的热量 Q_1 之比，表示输入热力系热量的有效利用程度（用 η_t 表示），其表达式为

$$\eta_t=\frac{W}{Q_1} \tag{1-22}$$

式中：Q_1 为加入循环的热量，J；W_0 为循环得到的净功，J。

对于逆向循环的工作系数也有不同名称。制冷机循环，其工作系数称为制冷系数，用 ε 表示，其表达式为

$$\varepsilon=\frac{Q_2}{W_0} \tag{1-23}$$

式中：Q_2 为从冷库中提取的热量，J；W_0 为制冷循环消耗的净功，J。

热泵循环，用热泵系数 ε' 表示，其表达式为

$$\varepsilon'=\frac{Q_1}{W_0} \tag{1-24}$$

式中：Q_1 为向高温环境输出的热量，J；W_0 为热泵循环消耗的净功，J。

以实现热变功为目的循环称为动力循环。动力循环从高温热源吸热，在对外输出功的同时向低温热源放热。动力循环是顺时针正向循环。研究循环的组成和工作系数，对更好地实现能量转换过程、改进循环的热力性能有重要意义，是工程热力学的一项重要任务。

1.6 功量与热量

功量和热量都是指系统通过边界与外界传递时的能量，只有在传递或转换过程中才能体现。能量从一个物体传递或转换到另一个物体，有三种形式：做功、传热及传递物质。做功和传热与前面提到的状态参数不同，它们是过程量，其数值不仅与初终态有关，还与过程有关。

1.6.1 热力学的功

功是系统与外界交换的一种有序能，符号为 W，单位为 J。有序能即有序运动的能量。如宏观物体（固体和流体）整体运动的动能，潜在宏观运动的位能，电子有序流动的电能及磁力能等。

功最初的概念来自机械能。如果一个系统在一个力作用下发生位移，那么，功的大小等于力与力方向上的位移的乘积。后来，功又有了其他的概念。例如，系统对抗外压而体积增大时，做了膨胀功；系统克服表面张力而使表面积增大时做了表面功；当电池的电动势大于外界的对抗电压时做出了电功。

力学中，在外力的作用下，主要分析研究对象的行为。当施加在研究对象上的合力与系统的位移方向一致时，力做的功是正的。为了使工程热力学与力学一致，采用相同的符号约定。因此，当系统对外界做功时，功的数值规定为正，$W>0$。相反地，当外界对系统做功时，功的数值规定为负，$W<0$。

通常系统抵抗外力所做功为

$$\delta W = \sum X_i \mathrm{d}x_i \quad (i \geqslant 1) \tag{1-25}$$

式中：δ 为过程量的微量，用以区别状态参数的微量“d”；W 为功，J；X_i 为某种力（或势），统称广义力；x_i 为系统在 X_i 广义力作用下发生相应变化的某种热力学的广延参数，统称为广义位移量。

热力学中功的定义：功是热力系通过边界而传递的能量，且其全部效果可表现为举起重物。这里“举起重物”是指过程产生的效果相当于举起重物，并不要求真的举起重物。显然，由于功是热力系通过边界与外界交换的能量，因此与系统本身具有的宏观运动动能和宏观位能不同。

简单可压缩系统抵抗外力所做的功主要是体积变化功，也称膨胀功或压缩功，微元体积的功为

$$\delta W = p\mathrm{d}V \tag{1-26}$$

式中：W 为简单压缩系统中的体积功，J；p 为系统的压力，Pa；V 为系统的体积，m^3。

系统气体由 V_1 状态可逆膨胀到 V_2 状态时做功为

$$W = \int_{V_1}^{V_2} p\mathrm{d}V \tag{1-27}$$

当系统的工质为理想气体，且温度恒定，根据状态方程 $p=nRT/V$，则式（1-27）可以表示为

$$W = \int_{V_1}^{V_2} \frac{nRT}{V}\mathrm{d}V = nRT\ln\frac{V_2}{V_1} \tag{1-28}$$

绝热气缸-活塞系统准静态压缩过程如图 1-12 所示。在装有无摩擦活塞的封闭气缸系统中，活塞在气缸内运动，活塞在任意时刻的位置与体积成正比。$p-V$ 示功图如图 1-13 所示。在图 1-13（a）中，膨胀过程中气体的压力和体积变化由曲线Ⅰ表示。这个过程的积分 $\int_{V_1}^{V_2} p\mathrm{d}V$ 显然是曲线下的阴影部分。同样，对于气体的压缩，图 1-13（b）中曲线Ⅱ下的阴影面积表示功。注意，曲线Ⅰ和Ⅱ的方向是相反的。在图 1-13（c）中，曲线Ⅰ和Ⅱ被连接到一起构成两个过程，使气体回到初始状态。这样的两个热力过程构成了热力循环。图 1-13（c）中封闭图的面积，显然是如曲线Ⅰ和曲线Ⅱ所表示的功之间的差值，即循环中完成的净功量。因此，热力学定义的功所具有的特征如下：

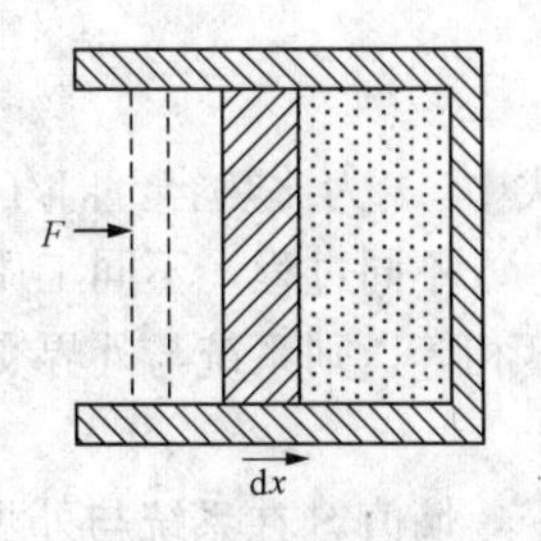

图 1-12 绝热气缸-活塞系统准静态压缩过程图

(1) 功只有在传递中才有意义。一旦越过边界，就成为外界的不同形态的能。

(2) 功是过程量，与初终态有关，还与过程有关。

(3) 系统对外做功为正，外界对系统做功为负。

(4) 功的单位：J（焦耳）；功率单位：W（瓦特）=J/s。

(5) 热力系通常是通过体积变化来实现功的传递的。

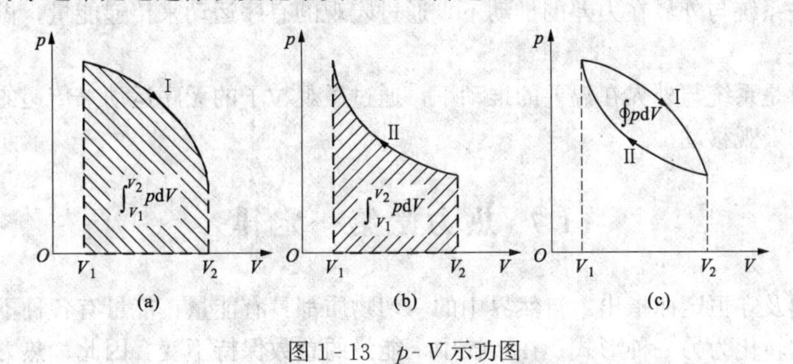

图 1-13 $p-V$ 示功图

(a) 曲线Ⅰ，膨胀；(b) 曲线Ⅱ，压缩；(c) 曲线Ⅰ和曲线Ⅱ构成一个循环

1.6.2 热量

热量是系统以分子无规则运动的热力学能的形式与外界交换的能量，是一种无序能量。其符号为 Q；单位为 J。热量是过程量，即在过程中传递的能量，而不是储存在系统中的能量。在加热过程中，由于温度的不同，热量从系统的高温工质处传向低温工质，或从高温热源传向低温热源。当传递停止时，不再使用热量及符号 Q，而是用热力学能或焓来表示。加热完成后系统达到另一种状态，即有新的热力学能或焓值。因此，说“物体的热量”是错误的。就像说“物体里的功”是不正确的一样。

热量带有方向性。热量的方向由系统与外界的温差决定。当外界的温度高于系统的温度时，外界对系统传热。在工程热力学中，把这种外界对系统传热，即系统吸热量规定为正值，系统对外放热规定为负值。

通过工质比热容来计算微元过程的热量可表述为

$$\delta Q = mc\mathrm{d}T \tag{1-29a}$$

过程热量为

$$Q_{1-2} = \int_1^2 mc\mathrm{d}T \tag{1-29b}$$

式中：c 为比热容，kJ/(kg·K)。

不同过程，不同工质，比热容的数值不同。对于可逆过程，外界热源温度时时与系统温度相等，则系统与外界交换的微小热量可以表示为

$$\delta Q = T\mathrm{d}S \tag{1-30a}$$

熵值 S 在系统与外界温差的作用下会发生改变。系统吸收外界热量，熵值增大。系统从 1 状态可逆变化到 2 状态时与外界交换的热量为

$$Q_{1-2} = \int_1^2 T\mathrm{d}S \tag{1-30b}$$

过程中传递的热量多少，类似于功在 p-V 图表示的那样，将 p-V 坐标换成 T-S 坐标即可，即用过程线及两端的定熵线与坐标 S 轴围成的面积表示。

在等温过程中，有

$$Q = T\Delta S = T(S_2 - S_1) \tag{1-31}$$

功与热量异同之处：

(1) 功与热量都是系统与外界通过边界交换的能量，功与热量均为过程量。

(2) 功是系统与外界在力差的推动下，通过宏观的有序运动来传递能量，做功与物体的宏观位移有关。

(3) 热量是系统与外界在温差的推动下，通过微观粒子的无序运动来传递的能量，传热量无须物体的宏观移动。

1.7 热力学第一定律

能量转换及守恒定律指出：自然界中的一切物质都具有能量；能量有各种不同形式，并能从一种形式转化为另一种形式；在转换中，能量的总数保持不变。因此，热力学第一定律可表述为：热可以变为功，功也可以变为热，在相互转变时能量的总量是不变的。

热力学第一定律的实质是能量守恒与转换定律在热现象上的应用，它确定了热力过程中各种能量在数量上的相互关系。

把热力学第一定律的原则应用于系统中的能量变化时，可写成如下形式：

进入系统的能量 − 离开系统的能量 = 系统中储存能量的增加

能量是物质运动的量度。一切物质都有能量，没有能量的物质和没有物质的能量都是不可想象的。物质的运动形态是多样化的，故能量也有不同的形式。在一定条件下，可以从一种形式转换到另一种形式。辩证唯物主义认为，物质是某种既定的东西，它既不能创造也不能消灭，所以能量也是不能创造和消灭的，在能量形式的转换中能量总是守恒的。

对于孤立系，无论其内部如何变化，它的总能量保持不变。此时，热力学第一定律可以简单表示为

$$\Delta E_{\mathrm{iso}} \equiv 0 \tag{1-32}$$

式 (1-32) 为能量转换及守恒定律的普遍叙述，但并未体现热现象的特殊性。在热力学中，如将系统及与其有关的外界取成孤立系，式 (1-32) 可写为

$$\Delta E_{\mathrm{iso}} = \Delta E_{\mathrm{sys}} + \Delta E_{\mathrm{sur}} \equiv 0 \tag{1-33}$$

式中：ΔE_{sys}、ΔE_{sur}分别为系统和外界的能量变化，J。

因物质和能量不可分割，系统和外界不管是进行了物质的交换还是能量的交换，都可使它们的能量发生改变。因此，在ΔE_{sys}和ΔE_{sur}中，理论上都可以包含因物质交换而引起的能量变化。在建立热力学第一定律一般表达式时，为表达简单起见，可以不考虑物质交换问题，认为ΔE_{sys}和ΔE_{sur}中都不包括因物质交换而引起的能量变化。因引起能量传递与转换的原因不同，因此在没有物质交换引起的能量变化外，系统和外界交换的能量分为传热与做功两种形式。无论是外界对系统加热或做功，都可改变系统的能量。功的形式不仅有体积功，还有其他各种形式的功，它们都可使系统的能量发生改变。如以W_{tot}代表一切形式的总功。当以Q与W_{tot}代替式（1-33）中的ΔE_{sur}，能量方程为

$$\Delta E_{sys}-(Q-W_{tot})=0$$

省略下标 sys，移项最后得到

$$Q=\Delta E+W_{tot} \tag{1-34a}$$

微分式为

$$\delta Q=\mathrm{d}E+\delta W_{tot} \tag{1-34b}$$

1kg 工质的热力学第一定律表达式为

$$q=\Delta e+w_{tot} \tag{1-34c}$$

式（1-34a）～式（1-34c）为不同形式的热力学第一定律的一般表达式。故热力学第一定律可叙述为：加给热力系的热量，等于热力系的能量增量与热力系对外做功之和。即“不消耗能量的第一类永动机是不能造成的”。

热力学第一定律是进行热力分析、建立能量平衡方程的理论依据，奠定了能量在数量上分析计算的基础。不同的热力系，能量平衡方程可有不同形式，然其实质且是相同的，无非是热力系能量收支平衡而已，即系统储存能量的增量等于系统吸收的能量与释放的能量的差值。

系统储存的能量有内部储存能和外部储存能之分。除内部储存能——热力学能外，系统做整体运动时还可有其他能量，这类能量要由系统外的参考坐标确定，故称为系统的外部储存能。热力学中常见的外部储存能有系统做宏观运动时的宏观动能（用E_K表示）；在重力场中的重力势能（用E_P表示）。因此，系统的储存能表达式为

$$E=U+E_K+E_P=U+\frac{1}{2}mc_f^2+mgz$$

式中：m为工质的质量，kg；c_f为工质的速度，m/s；g为重力加速度，m/s^2；z为工质在重力场中的高度，m。

其变化量表达式为

$$\Delta E=\Delta U+\frac{1}{2}m\Delta c_f^2+mg\Delta z \tag{1-35}$$

系统的能量E确定于系统的状态，故为状态参数。

1.8 闭口系能量方程

对闭口系或开口系进行热力分析时，是用选定控制质量或控制体积的方法进行的。但不

管是闭口系或开口系，系统的形状、体积和位置可以是固定的，也可是变化的。置于固定位置刚性容器内的气体，是一种形状、位置和体积都不变的闭口系；如不是刚性容器，而是气缸与活塞构成的容器，系统就是体积变化的闭口系；当在汽轮机的流通通道内取一微团工质为闭口系时，那么，不但体积改变，而且系统的形状和位置也都会变；当取汽轮机进出口截面及其机壳为边界构成开口系时，则是一个形状、体积和位置都是固定的系统。

不考虑因系统和外界进行物质交换而产生的能量变化的热力学第一定律数学表达式，即式（1-34a），其为闭口系的能量平衡一般方程。此式普遍适用于任何能量的转换，也不受过程是否可逆的限制。但付诸应用时，要求闭口系变化的初、终状态均为平衡态，否则式中的 ΔE 是无法计算的。

应用于不同场合时，式（1-34a）还可推导成其他形式。例如，气体在气缸内膨胀推动活塞做功，式中的 W_{tot} 应写成膨胀功，同时撇开不可逆性的影响，具体写成可逆膨胀功 $W=\int p\mathrm{d}V$。如不计 $mg\Delta z$，根据式（1-35），ΔE 应分为 ΔU 与 $\frac{1}{2}m\Delta c_{\mathrm{f}}^{2}$ 两项。若系统为静止状态，则外部动能 $\frac{1}{2}m\Delta c_{\mathrm{f}}^{2}=0$。另外，若不涉及化学反应，$\Delta U$ 内不计化学能，故闭口系热力学第一定律的能量方程由式（1-34a）可改写为

$$Q=\Delta U+W \tag{1-36a}$$

因闭口系质量为定值，若过程可逆（不可逆时，不能用积分求功），则 1kg 工质的能量方程及微分式（过程可逆与否都适用）可写为

$$q=\Delta u+\int p\mathrm{d}V \tag{1-36b}$$

$$\delta q=\mathrm{d}u+p\mathrm{d}v \tag{1-36c}$$

式（1-36a）又称为热力学第一定律的第一解析式。给定工质及初、终态后，式（1-36a）中 ΔU 为定值，Q 的数值随过程的性质而定。如改变过程使 W 增加，因 Q 与 W 的差值 ΔU 不变，Q 将增加与 W 增加相同的数量。这时增加的热量 Q 全部变为功，说明改变后的过程对热功转换是有利的。同样，如过程的性质及工质初、终态给定后，Q 与 ΔU 随工质有数量相同的变化，也可以判断所选工质和过程性质对热功转换是否有利。通过式（1-36c）可分析过程的性质对热功转换的影响。

【例题 1-1】 一封闭系统如图 1-14 所示，工质沿 acb 变化时吸热 84kJ，做功 32kJ。试计算：

（1）若沿 adb 变化时做功 10kJ，则系统吸热量是多少？

（2）若工质沿 ba 返回时，外界对系统做功 20kJ，则系统与外界交换的热量是多少？

（3）若 $U_a=0$，$U_d=42\text{kJ}$ 时，过程 ad 和 db 中交换的热量又是多少？

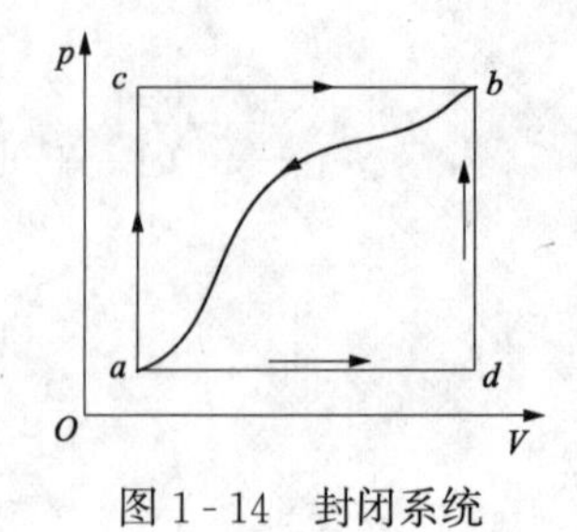

图 1-14 封闭系统

解 （1）根据题意，因系统为一封闭系统，故认为是闭口系。工质沿 ba 变化时，系统的热力学能的变化为

$$U_b-U_a=Q_{acb}-W_{acb}=84-32=52(\text{kJ})$$

根据闭口系能量方程，则工质沿 adb 变化时系统的吸热量为

$$Q_{adb}=U_b-U_a+W_{adb}=52+10=62(\text{kJ})$$

(2) 若工质沿 ba 返回时，与外界交换的热量为

$$Q_{ba}=-(U_b-U_a)+W_{ba}=-52+(-20)=-72(\mathrm{kJ})$$

(3) 工质沿 adb 变化时，系统输出的功为

$$W_{adb}=W_{ad}+W_{db}=W_{ad}=10(\mathrm{kJ})$$

则工质沿过程 ad 和 db 中交换的热量分别为

$$Q_{ad}=(U_b-U_a)+W_{ad}=42-0+10=52(\mathrm{kJ})$$

$$Q_{db}=U_b-U_d+W_{db}=U_b-U_a-(U_d-U_a)+W_{db}=52-42+0=10(\mathrm{kJ})$$

通过计算可知，对于闭口系，只要工质的初、终态为已知，即通过能量守恒就可以确定其他参数。

1.9 开口系能量方程

开口系的特点为除与外界有能量交换外，还有物质的交换。如汽轮机、压气机、换热器等设备，在运行过程中有工质的流入与流出。开口系通常选取控制体积进行分析。

工质流入流出开口系时，将其本身所具有的各种形式的能量带入或带出系统，存在能量的交换，即借助物质的流动来转移能量。

1.9.1 推动功和流动功

功的形式除了通过系统的边界移动传递的体积功外，还有因工质在开口系中流动而传递的推动功。对开口系进行功的计算时需要考虑这种功。

开口系推动功如图 1-15 所示。工质经管道进入气缸的过程，如图 1-15 (a) 所示。设工质的状态参数为 p、v、T，工质移动过程中的状态参数不变，用 1-15 (a) 中的点 C 表示。工质作用在面积为 A 的活塞上的力为 pA，当工质流入气缸时推动活塞移动了距离 Δl，所做的功为 $pA\Delta l=pV=mpv$。其中 m 为进入气缸的工质质量。称该功为推动功。1kg 工质的推动功等于 pv。

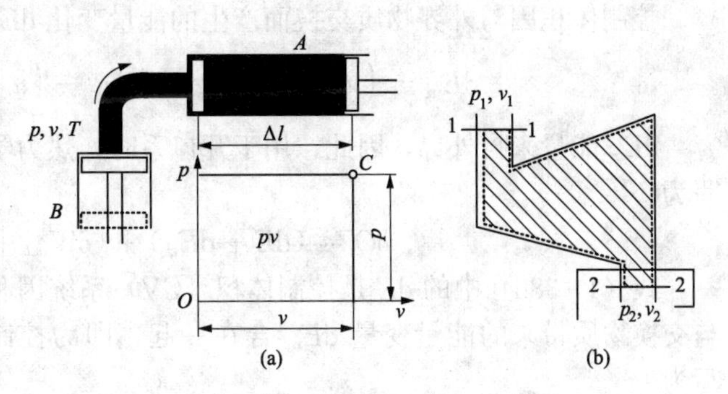

图 1-15 开口系推动功

(a) 工质进入气缸过程；(b) 开口系简图

在做推动功时，工质的状态没有改变，因此，推动功不是来自系统的热力学能，而是系统以外的物质系，这样的物质系称为外部功源。

工质在传递推动功时，只是单纯地传递能量，像传输带一样，能量的形态不发生变化。因此，取透平机为一开口系，分析开口系和外界之间功的交换，如图 1-15 (b) 所示。当 1kg 工质从截面 1-1 流入该热力系时，工质带入系统的推动功为 p_1v_1，工质在系统中进行膨胀，由状态 1 膨胀到状态 2，做膨胀功 w，然后从截面 2-2 流出，带出系统的推动功为 p_2v_2。由两截面处的推动功差维持工质在系统中流动所需的功，称为流动功，符号为 w_f，单位为 J，其表达式为

$$w_f=\Delta(pv)=p_2v_2-p_1v_1 \tag{1-37}$$

因此，在不考虑工质的动能及位能变化时，开口系与外界交换的功量为膨胀功与流动功之差$[w-(p_2v_2-p_1v_1)]$；若计及工质的动能及位能变化，则还应计入动能差及位能差。

对推动功的说明：①与宏观流动有关，流动停止，推动功不存在；②推动功与所处状态有关，是状态量；③并非工质本身的能量（动能、位能及热力学能）变化引起，而是由外界功源提供的，为工质流动所携带的能量。

因此，对推动功可理解为：对开口系，由于工质的进、出，外界与系统之间所传递的一种机械功，表现为流动工质进、出系统时所携带和传递的一种能量。推动功是通过流动功表示出来的。

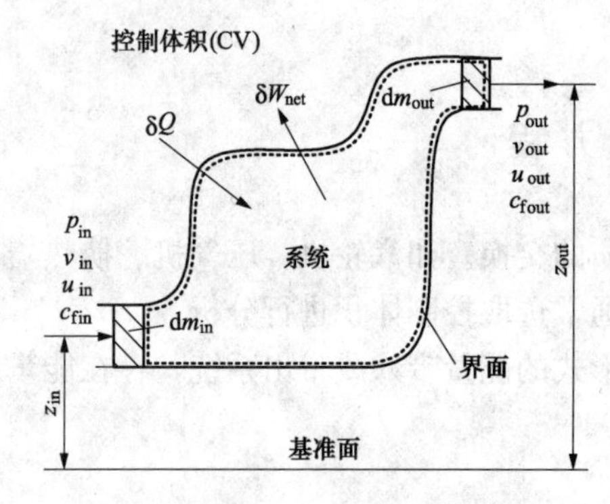

图 1 - 16　开口系能量形式示意图

1.9.2　开口系能量方程

开口系能量形式示意图如图 1 - 16 所示，研究对象为一开口系，其边界由虚线表示。系统与外界之间有热量、质量和功量的交换。如在 $\mathrm{d}\tau$ 时间间隔内进出控制体积的质量为 $\mathrm{d}m_{\mathrm{in}}$ 和 $\mathrm{d}m_{\mathrm{out}}$，流体流动所消耗的流动功 δW_{f} 为

$$\delta W_{\mathrm{f}}=(pv)_{\mathrm{out}}\mathrm{d}m_{\mathrm{out}}-(pv)_{\mathrm{in}}\mathrm{d}m_{\mathrm{in}} \tag{1-38a}$$

流动功是总功 δW_{tot} 的一部分。若仅有膨胀功而没有其他形式的功，则 $\delta W_{\mathrm{tot}}=\delta W$。此时膨胀功将是系统与外界交换的功 δW_{net} 与流动功之和，即

$$\delta W_{\mathrm{tot}}=\delta W=\delta W_{\mathrm{net}}+\delta W_{\mathrm{f}} \tag{1-38b}$$

控制体积因与外界物质交换而产生的能量变化 $\mathrm{d}E_{\mathrm{m}}$（忽略重心的变化）为

$$\mathrm{d}E_{\mathrm{m}}=\left(u+\frac{1}{2}c_{\mathrm{f}}^2+gz\right)_{\mathrm{in}}\mathrm{d}m_{\mathrm{in}}-\left(u+\frac{1}{2}c_{\mathrm{f}}^2+gz\right)_{\mathrm{out}}\mathrm{d}m_{\mathrm{out}} \tag{1-38c}$$

$\mathrm{d}E_{\mathrm{m}}$ 能量来自外界，因此，用于开口系时，热力学第一定律的一般表达式（1 - 34b）改写为

$$\delta Q=(\mathrm{d}E+\mathrm{d}E_{\mathrm{m}})+(\delta W_{\mathrm{net}}+\delta W_{\mathrm{f}}-\mathrm{d}E_{\mathrm{m}}) \tag{1-38d}$$

式（1 - 38d）中的 $\mathrm{d}E$ 是控制体积（CV）系统因和外界热功交换而引起的能量变量，若与交换物质带来的能量变量 $\mathrm{d}E_{\mathrm{m}}$ 合在一起，即为控制体积的全部能量变量 $\mathrm{d}E_{\mathrm{CV}}$，则可改写为

$$\delta Q=\mathrm{d}E_{\mathrm{CV}}+\delta W_{\mathrm{net}}+\left(u+pv+\frac{1}{2}c_{\mathrm{f}}^2+gz\right)_{\mathrm{out}}\mathrm{d}m_{\mathrm{out}}-\left(u+pv+\frac{1}{2}c_{\mathrm{f}}^2+gz\right)_{\mathrm{in}}\mathrm{d}m_{\mathrm{in}} \tag{1-38e}$$

以 $h=u+pv$ 代入，并将上式两边除以 $\mathrm{d}\tau$，并以瞬时热流率 $\dot{Q}=\lim\limits_{\mathrm{d}\tau\to 0}\frac{\delta Q}{\mathrm{d}\tau}$，瞬时功率 $\dot{W}_{\mathrm{net}}=\lim\limits_{\mathrm{d}\tau\to 0}\frac{\delta W_{\mathrm{net}}}{\mathrm{d}\tau}$ 及瞬时质量流率 $\dot{m}=\lim\limits_{\mathrm{d}\tau\to 0}\frac{\delta m}{\mathrm{d}\tau}$ 代入，最后得到开口系的一般瞬时能量平衡方程为

$$\dot{Q}=\frac{\mathrm{d}E_{\mathrm{CV}}}{\mathrm{d}\tau}+\dot{W}_{\mathrm{net}}+\left(h+\frac{1}{2}c_{\mathrm{f}}^2+gz\right)_{\mathrm{out}}\dot{m}_{\mathrm{out}}-\left(h+\frac{1}{2}c_{\mathrm{f}}^2+gz\right)_{\mathrm{in}}\dot{m}_{\mathrm{in}} \tag{1-38f}$$

如进出控制体积的流体不是单股而是多股，也可写成

$$\dot{Q}=\frac{\mathrm{d}E_{\mathrm{CV}}}{\mathrm{d}\tau}+\dot{W}_{\mathrm{net}}+\sum\left(h+\frac{1}{2}c_{\mathrm{f}}^2+gz\right)_{\mathrm{out}}\dot{m}_{\mathrm{out}}-\sum\left(h+\frac{1}{2}c_{\mathrm{f}}^2+gz\right)_{\mathrm{in}}\dot{m}_{\mathrm{in}} \tag{1-38g}$$

式（1-38f）、式（1-38g）适用于各种不同场合下的能量转换，与过程是否可逆无关。

稳态流动能量平衡方程是开口系一般能量平衡方程的特例。如控制体积内各处的状态包括热力参数及流速在内都不随时间变化，则称为稳态流动，简称稳定流动，流体力学中称之为恒定流动。

稳态流动中，影响控制体积内状态的各种因素都不应随时间变化。因此，必然是各种流率（如热流率 $\dot{Q}$、功率 $\dot{W}_{net}$ 及质量流率 $\dot{m}$）是恒定不变化的，即进、出口的质量流率必须相等，$\dot{m}_{in}=\dot{m}_{out}=\dot{m}$。若不相等，控制体积内的质量将不断增加或减少，而导致各处的密度 ρ 随时变化，那么就不是稳态流动了。此外，进、出口截面上流体的状态（p、h、c_f）也必定不随时间改变。总之，在稳态流动中，不管是进、出口截面上的状态，或者控制体积内各处的状态都是稳定的，同时各种流率也是稳定的。状态或流率中有任一项不满足稳定的要求，就不能称为稳态流动。

稳态流动时，$\frac{dE_{CV}}{d\tau}=0$，代入式（1-38g），并将两边除以 $\dot{m}$ 就可得到稳态流动能量平衡方程如下：

$$q=w_{net}+\left(h+\frac{1}{2}c_f^2+gz\right)_{out}-\left(h+\frac{1}{2}c_f^2+gz\right)_{in} \tag{1-39a}$$

$$\delta q=\delta w_{net}+d\left(h+\frac{1}{2}c_f^2+gz\right) \tag{1-39b}$$

稳态流动中，因控制体积中各处状态不变，每单位质量流体流经开口系经历的情况完全相同。因此，能量平衡方程才可用单位质量表达，如式（1-39a）。

式（1-39b）中，δw_{net} 与 $d\left(\frac{c_f^2}{2}+gz\right)$ 均属机械能项，都是工程技术上可资利用的功，合称为技术功 δw_t，其表达式为

$$\delta w_t=\delta w_{net}+d\left(\frac{c_f^2}{2}+gz\right)$$

代入式（1-39b），整理得

$$\delta q=dh+\delta w_t \tag{1-40a}$$

$$q=\Delta h+w_t \tag{1-40b}$$

$$Q=\Delta H+W_t \tag{1-40c}$$

式（1-40a）～式（1-40c）对任何热力系，无论过程是否可逆均成立，同时又称为热力学第一定律的第二解析式。

以 $dh=d(u+pv)$ 代入式（1-40a），因有 $\delta q=du+pdv$，故技术功 δw_t 为

$$\delta w_t=\delta q-dh=\delta q-d(u+pv)=-vdp$$

对于可逆过程，对上式积分得

$$(w_t)_{rev}=-\int vdp \tag{1-41}$$

无论是第一解析式、第二解析式，还是稳定流动能量方程，实质上都是一样的，都可以由其中一个公式推导出另一个公式，并且均能适用于闭口系和开口系。热力学第一定律的一般数学式适合任何热力系。针对各种热力系，选用其中最合适的一种，只是为了使用方便而已。

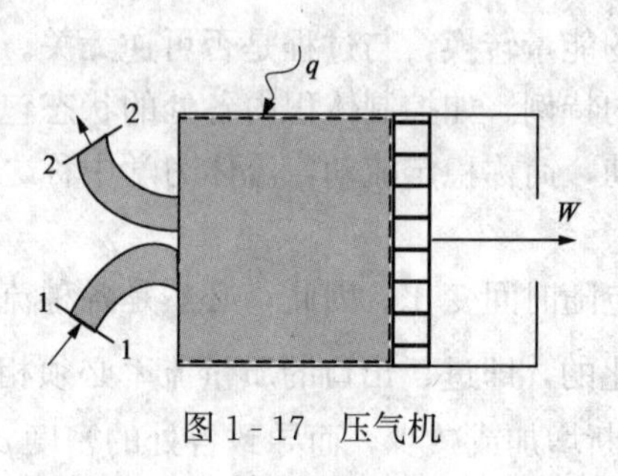

图 1-17 压气机

【例题 1-2】 空气在某压气机中被压缩。压气机如图 1-17 所示。压缩前空气参数是 $p_1=0.1\text{MPa}$，$v_1=0.845\text{m}^3/\text{kg}$；压缩后的参数是 $p_2=0.8\text{MPa}$，$v_2=0.175\text{m/kg}$。假定在压缩过程中，1kg 空气的热力学能增加 146kJ，同时向外放出热量 50kJ，压气机每分钟生产压缩空气 10kg。求：

（1）压缩过程中对每千克气体所做的功；

（2）每生产 1kg 的压缩气体所需的功；

（3）带动此压气机至少要多大功率的电动机？

解 （1）根据题意，压缩机压缩过程做功为

$$w=q-\Delta u=-50-146=-196(\text{kJ/kg})$$

（2）生产压缩空气所需的功，即压缩机功耗 w_c 为

$$w_c=-w_t=-q+\Delta h=-q+\Delta u+\Delta(pv)$$

$$=50+146+0.8\times10^3\times0.175-0.1\times10^3\times0.845=251.5(\text{kJ/kg})$$

（3）电动机的功率 P_e 为

$$P_e=\dot{m}w_c=\frac{10}{60}\times251.5=41.9(\text{kW})$$

可见计算过程中，热力学第一解析式、第二解析式是可以相互利用的。

思考题

1. 热力学研究的对象是什么？
2. 根据热力系与外界之间能量和物质的交换情况，热力系可以分为哪几类？
3. 什么是状态参数？具有哪些特性？
4. 状态参数中，什么是广延量和强度量？
5. 相和组分的区别是什么？
6. 平衡状态与稳定状态的关系是什么？
7. 平衡的条件是什么，稳定高速旋转的透平膨胀机是处于平衡状态吗？
8. 什么是热力学第零定律？其实质是什么？
9. 热力学温度是如何定义的？其实质是什么？
10. 什么是准静态过程和可逆过程？两者的关系是什么？可逆过程的充要条件是什么？
11. 功和热量的关系是什么？
12. 热力学能是热量吗？
13. 热力学第一定律的实质是什么？闭口与开口系的热力学第一定律能量方程适用的条件是什么？两个系统的能量方程的区别是什么？
14. 请总结出膨胀功、净功、流动功、技术功、轴功、有用功的定义以及他们的关系式。
15. 对于以下各例，说明所描述的系统做的功是正、负或零，并说明能量 E 及热力学能 U 是如何变化的，以及过程中能量传递的性质。

（1）一有质量的物体在真空重力场中下落。

（2）一个人（系统）匀速登上刚性楼梯。

（3）一个人（系统）在向上均匀运动的电动扶梯上向上走（①相对于地面坐标；②相对于自动电梯）。

习 题

1. 假设有一个新的线性温度标尺的单位为牛顿度，用符号°N 表示温度单位，水的冰点和汽点分别为 100°N 和 200°N。请问：①导出用牛顿度表示的温度 T_N 与相应的热力学绝对温标上读出的温度 T_K 之间的关系式；②热力学绝对温标上的绝对零度在新的标尺上是多少°N？

2. 若用摄氏温度计和华氏温度计测量同一物体的温度。有人认为这两种温度计的读数不可能出现数值相同的情况，对吗？若可能，读数相同的温度应是多少？

3. 现代发电机组中，用压力测量仪表在 4 个地方测量，读数分别为：表压 23.5MPa、表压 0.65MPa、表压 3kPa、真空度 98kPa，当地的大气压力为 101.3kPa，求所测 4 个地方的绝对压力。

4. 有一橡皮气球，当它处于自由状态时，内外压力相同，为 0.1MPa，体积为 $0.2m^3$。当气球受到太阳照射而膨胀时，其体积膨胀一倍压力上升为 0.15MPa。设气球压力的增加与体积成正比，求：①该过程中气体做的功；②用于克服橡皮气球弹力做的功。

5. 一系统发生状态变化，压力随容积的变化关系为 $pV^{1.3}$＝常数。若系统初态压力为 600kPa，容积为 $0.3m^3$，求系统容积膨胀至 $0.5m^3$ 时对外所做的膨胀功。

6. 现有一定量气体在气缸内由体积 $1m^3$ 可逆膨胀到 $1.2m^3$。过程中气体的压力保持恒定，且 p＝0.15MPa。若此过程中气体热力学能增加 10 000J，试求：①此过程中气体吸收或放出多少热量；②若活塞质量为 20kg，且初始活塞静止，求终态时活塞的速度。设环境压力为 0.1MPa。

7. 有一 $1m^3$ 真空刚性储气罐，现连接一输气管道对其充气，整个系统保持绝热。已知输气管内气体参数为 p_1＝4MPa，t_1＝30℃，h_1＝303kJ/kg，且状态始终保持稳定。设该气体为理想气体，$\{u\}_{kJ/kg}=0.72\{T\}_K$，气体常数 R_g＝287J/(kg·K)。当储气罐内压力达 4MPa 时，充入气体的量为多少？

8. 某车间，在冬季每小时经过墙壁和玻璃窗等传给外界环境的热量为 3×10^5kJ。已知该车间各种工作机器所消耗动力中有 50kW 将转化为热量，室内经常亮着 50 盏 100W 的电灯。问该车间在冬季为了维持合适的室温，还是否需要外加采暖设备？要多大的外供热量？

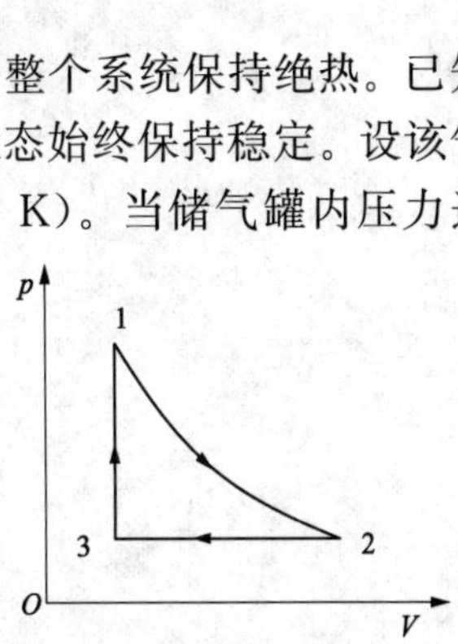

p
1
3
2
O
V

图 1-18 循环图

9. 某封闭系统进行如图 1-18 所示的循环，1—2 过程中系统和外界无热量交换，但热力学能减少 50kJ；2—3 过程中压力保持不变，$p_3=p_2$＝100kPa，容积分别为 $V_2=0.2m^3$，$V_3=0.02m^3$；3—1 过程中保持容积不变，求：①各过程中工质所做的容积功以及循环的净功量；②循环中工质的热力学能变化以及工质和外界交换的热量。

10. 申能某热力发电厂二期工程项目被称为“251工程”，预期发1kW·h的电，耗标准煤251g，若标准煤的热值是29308kJ/kg，试求此热力发电厂热效率是多少？

11. 某蒸汽动力厂加入锅炉的每1MW能量要从冷凝器排出0.58MW能量，同时水泵要消耗0.02MW功，求汽轮机的输出功率和电厂的热效率。

12. 热泵供热装置，供热量为10^5kJ/h，消耗功率为7kW，试求：①热泵供热系数；②从外界吸取的热量；③如改用电炉供热，需要用多大功率的电炉？

13. 某电厂一台国产50 000kW汽轮发电机组，锅炉蒸汽量为220t/h，汽轮机进口处压力表上的读数为10.0MPa，温度为540℃。汽轮机出口处真空表的读数为0.095 4MPa。当时当地的大气压为0.101 3MPa，汽轮机进、出口的蒸汽焓分别为3483.4kJ/kg和2386.5kJ/kg。试求：①汽轮机发出的轴功率为多少千瓦？②若考虑到汽轮机进口处蒸汽速度为70m/s，出口处速度为140m/s，则对汽轮机功率的计算有多大影响？③如已知凝汽器出口的凝结水的焓为146.54kJ/kg，而1kg冷却水带走41.87kJ的热量，则每小时需多少吨冷却水？是蒸汽量的几倍？

2 热力学第二定律

热力学第一定律将不同形式的能量在数量上建立了联系。它指出不同形式的能量可以互相转换，而且在转换过程中数量的总量保持不变。自然界中违反第一定律的过程是不可能发生的。但不违反该定律的过程是否一定能发生？若能发生，那么发生的条件、方向及限度是什么？这些问题是热力学第一定律无法解决的。自然界中有很多现象是自发进行的，具有一定的方向性，不需要外界干预。而非自发过程的发生，需要外界付出代价或进行补偿。由于人们对这些现象的理解和认识的不断加深，发现自然界现象过程的方向性表现在不同的方面，找出共同的规律性，便产生了热力学第二定律。它解决了热力学第一定律所不能解决的问题，并揭示了自然界中与热相关的问题，甚至是一些与热无关的问题。

2.1 热力学第二定律的实质及表述

热力学第二定律是人们在长期的生产活动和实践中的经验总结。它既不涉及物质的微观结构，也不能用数学关系式来推导和证明，但其正确性已被无数次的实验结果所证实。从热力学严格推导出的结论都是非常精确和可靠的。那么，热力学第二定律的实质是什么？它是如何表述的？

2.1.1 热力学第二定律的实质

为了提高热能与机械能的转换效率，必须掌握能量转换的相关规律。不满足热力学第一定律的过程肯定不能发生，但是满足热力学第一定律的过程也不一定能够发生。哪些过程能够发生，如何进行判别？热力学第二定律能说明实际过程进行的方向性问题。它独立于热力学第一定律。

热力学第二定律描述关于热能与机械能相互转化的规律。这个规律的主要内容为：凡牵涉到热现象的过程都是不可逆的。可逆过程是进行得无限缓慢且无耗散效应的过程。而实际过程既不能进行得无限缓慢，也不能完全免除耗散效应。因此，可逆过程是一种理想的极限情形。实际过程只能无限接近，而不可能完全达到。保证可逆性的充要条件可表述为：没有耗散现象的准静态过程就是可逆过程。

热力学中一个基本现象是趋向平衡态，它是一个显著的不可逆过程。例如，当两个温度不同的物体相互接触必然会有高温物体的热量传向低温物体，这是物质导热的固有属性。这个过程不需要任何其他附加条件就能发生。但是，其反过程，即低温物体的热量自动的传向高温物体，虽然满足热力学第一定律，但是这个过程是不可能自动发生的，需要附加补偿过程（功变热）。因此，热传导过程是不可逆的。

某刚性密闭容器被隔板分成两部分，一部分是 a 工质，一部分 b 工质。如果把隔板抽掉，两部分工质会自动混合，不需要其他条件。但是其反过程，在没有其他附加条件的情况下两种工质的混合物不可能自动分开。

摩擦生热的现象也是不可逆过程的重要例子。这类过程的一个重要的特殊情形是焦耳测量热功当量的实验。在这个实验中，一个重物下降，同时搅动容器里的水，使其温度可以升高。但是其相反的过程是不可能发生的，即不可能让水自动冷却而把重物举起。石块克服摩擦阻力而滑动，同样是不可逆过程。因为外界对热力系做的功最终是以热的形式传入该平面或者散失于环境大气中。也不能倒转这种情况，期望给石块加热使其移动。管内流体摩擦是另一种不可逆过程的例子。流体在管内流动时需要克服壁面摩擦阻力而耗功，使功变为热，同样不能将这部分热以加热的方式而使流体反向流动。其他不可逆过程的例子有：气体的自由膨胀过程、多孔塞试验中的节流过程及各种爆炸过程等。

不可逆过程不能直接反向进行而保持外界情况不变，而且不可逆过程所产生的效果，不论用任何曲折与复杂的方法，都不可能完全恢复原状而不引起其他变化。在用曲折与复杂的方法的过程中，当然会引起许多新的变化，即消耗一定的能量。在全部过程终了时，若把所有这些新的变化全部消除，而唯一的效果是把一个不可逆过程所产生的改变完全恢复原状，这是不可能的。

因此，无论什么情况通过有限温差的热传递或者存在着摩擦作用，过程便存在一定程度的不可逆。所有实际过程都是不可逆的，只是不可逆程度不同。不可逆过程不是不能向相反的方向进行的过程，而是在向相反的方向进行时，外界的情况与可逆过程进行时不同。假如相同，就成为可逆过程。在对外界条件做适当的改变（即外界必须对过程做功进行补偿）之后，是可以让一个自发过程向相反的方向进行的。

因此，上述说明了在自然界中有些过程能够自动发生，有些过程不能够自动发生。能够自动发生的过程称为自发过程；不能自动发生的过程称为非自发过程。非自发过程要想发生必须有一个附加条件，即附加过程。附加的过程称为补偿过程，补偿过程一般都是自发过程。

为实现能量转换并能连续不断地获得所需要的能量，引入过程和热力循环的概念。可逆过程是能量转换的理想过程，也是最优过程。在设备和费用所允许的条件下，要尽可能使工程设计更加接近理想过程。工质从初始状态出发经历一系列可逆热力过程后，又恢复至原初始状态的封闭热力过程称为可逆热力循环，简称可逆循环。功是一种应用广泛的能量形式，可适应多种用途。电功可以适用许多装置，机械功能够驱动汽车或机器等，但热能未必如此。热机的作用就是将热能转换成机械能。内燃机就是一种循环热机，通过对吸入的空气进行压缩后，将喷入的燃料点燃加热空气，再通过气体膨胀对外输出功，而把燃烧产物排向环境。热机的工作原理是工质从高温热源吸热，膨胀对外做功，同时将其余一部分热量传给低温热源，而制冷循环则是将低温热源的热量传向高温热源，在这个过程中消耗外界功。只要将进、出热力系热量和功的方向反向进行，可逆热机就能变成可逆制冷循环。

这些经验事实是热力学第二定律的基础。它的正确性被无数的自然现象所验证。自发过程都具有方向性（自发过程进行中存在一定势差）、条件（自发过程进行中不需要任何外界作用）和限度的问题，这都无法用热力学第一定律加以说明。故需要根据经验总结得到一个新的定律说明并表达这一类问题，即热力学第二定律的实质。

热力学第二定律的意义在于：说明了能量不但有数量关系还有品质的高低，是“量”“质”的统一；表达了能量在传递和转化过程中的不可逆性，能量可以相互转化，但不同能量的转换能力是不同的。因此，热力学第二定律解决了哪些过程能够发生，哪些不能发生，发生的限度问题等。

自然界不可逆过程的种类是无穷的，而引起不可逆的因素也是不同的。因此，针对不同的具体问题或从不同的角度，热力学第二定律的表述方法可以有多种不同的方式，但实质是相同的。最基本的、广为应用的热力学第二定律的表述是克劳修斯（1850 年）表述与开尔文（1851 年）表述。克劳修斯说法相当于热传导过程的不可逆性，开尔文说法相当于摩擦生热过程的不可逆性。

2.1.2 热力学第二定律表述

英国物理学家开尔文在研究卡诺和焦耳的工作时发现了问题：按照能量守恒与转换定律，热和功应该是等价的，可是根据卡诺定律，热和功并不是完全相同的。因为功可以完全转成热并不需要任何条件，而热产生功却必须伴随有热量从高温传向低温的过程。相关文献中记载开尔文在 1849 年的一篇论文中说，热的理论需要进行认真的修改，必须寻找新的实验事实。同时克劳修斯通过认真的研究，发现问题存在于卡诺定理的内部。他指出卡诺定理中，关于热产生功必须伴随着热量从高温向低温物质传递的结论是正确的，而热的量（卡诺认为热的量即质量，即热质）不发生变化则是不正确的。因此，克劳修斯在 1850 年发表的论文中提出：在热的理论中，除了能量守恒定律以外，还必须补充相应条件，即“没有其他变化，不可能使热从低温转移到高温”。该条件被称为热力学第二定律，即克劳修斯说法。

克劳修斯表述为：热不可能自发地、不付代价地从低温物体传至高温物体。从热量传递方向性的角度解释了将热量从低温物体传送给高温物体，肯定会导致某些改变（消耗能量），否则这个过程不可能发生。

开尔文说法其表述为：不可能制造出从单一热源吸热、使之全部转化为功而不留下其他任何变化的热机。该说法中不留下其他任何变化包括对热机内部、外界都不留下其他任何变化（消耗能量）且热力发动机为循环发动机。从热功转换的角度，开尔文的表述还可以表述成：第二类永动机不可能实现。

所谓第二类永动机是指：制造某种从单一热源（如海水）吸取热量，并将之转换功的热机。这种想法，并不违背能量守恒与转换定律，因为它消耗的能量是海水的热力学能。大海是如此广阔无边，整个海水的温度只要降低一点，释放出的热量就非常大。对于人类来说，海水所蕴含的能量是取之不尽、用之不竭的。而从海水吸收热量做功，就是从单一热源吸取热量使之完全变成有用功并且不产生其他影响。开尔文的说法指出了这是不可能实现的，也就是第二类永动机是不可能实现的。

克劳修斯与开尔文表述分别如图 2-1 和图 2-2 所示，这些过程不可能在没有引起外界变化的情况下发生。

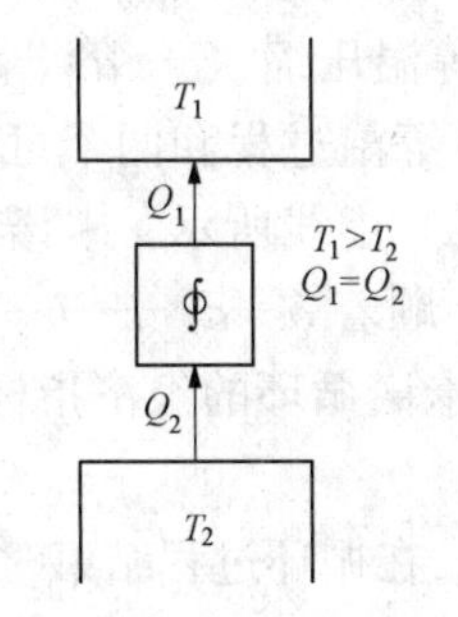

图 2-1 克劳修斯表述

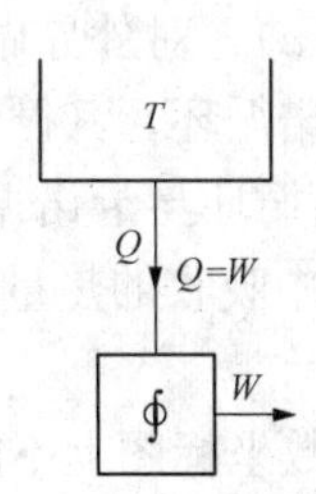

图 2-2 开尔文表述

开尔文和克劳修斯说法虽然描述角度或现象不同，但它们是相辅相成的，违反其中一种说法必然会违反另外一种说法。

克劳修斯和开尔文说法的等价性证明如图 2-3 所示。

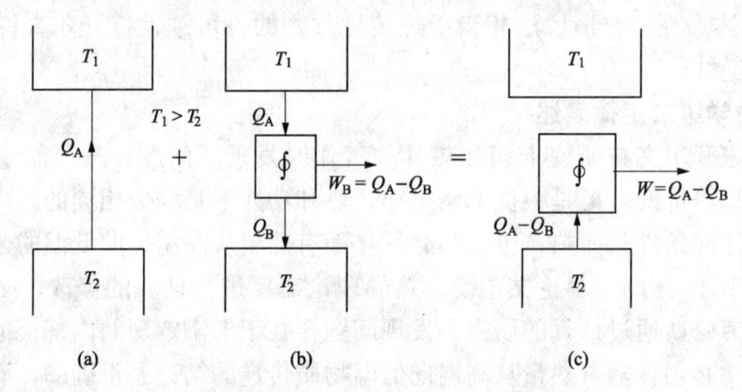

图 2-3　克劳修斯和开尔文说法的等价性证明

(a) 传热过程；(b) 可逆热机热变动；(c) 单热源热变动

假设：违反克劳修斯说法的传热是可能的，如图 2-3（a）所示。现在将如图 2-3（b）所示的可逆热机接到图 2-3（a）传热过程中，该组合装置等价于如图 2-3（c）所示的单热源热变功的热机。根据能量守恒定律，如图 2-3（c）所示的热机，输出功 $W=Q_A-Q_B$，这不违反热力学第一定律；但是与热源温度 T_1 不发生净热量的交换，违反开尔文说法。由此可以证明违反克劳修斯说法的结果也必然违反开尔文说法。

2.2 卡诺循环及定理

早在热力学第一定律和第二定律建立之前，卡诺定理在 1824 年就已经被发表了。而克劳修斯是在卡诺定理的基础上进行了研究。

根据热力学第二定律，卡诺定理表述为：所有工作在相同高温热源和相同低温热源之间的热机，可逆热机的热效率最高。

为帮助了解卡诺定理，假设单位质量工质经历由两个可逆等温过程和两个可逆绝热过程所组成的正向循环对外做功，该循环称为卡诺循环，其循环简图如图 2-4（a）实线所示。它是 19 世纪法国工程师卡诺提出的，因而得名，表示于 p-V、T-s 图上，分别如图 2-4（b）、图 2-4（c）所示。工质经历的四个过程分别为：①等温膨胀（$a\to b$），从高温热源中吸收热量 q_1；②绝热膨胀（$b\to c$），对外界做功；③等温压缩（$c\to d$），向环境中放出热量 q_2；④绝热压缩（$d\to a$），对外界做负功。由两个可逆等温过程和两个可逆绝热过程所组成的逆向循环称为逆卡诺循环，其循环简图如图 2-4（a）虚线所示。卡诺循环的热效率用符号 η_C 来表示。逆卡诺循环与卡诺循环方向是相反的，顺着 a—d—c—b—a 方向进行，所以 q_2 为工质从低温热源中吸收的热量，称为制冷量。逆卡诺循环的经济指标可以用制冷系数 ε 表示或热泵系数 ε' 表示。

不可逆过程在参数坐标图上不能用过程曲线表示。在循环过程结束时，单位质量工质恢复原状，而对外界做净功 w（w 的数值是正的），并且从高温热源吸收了热量 q_1。

热机的循环热效率 η_t 定义为

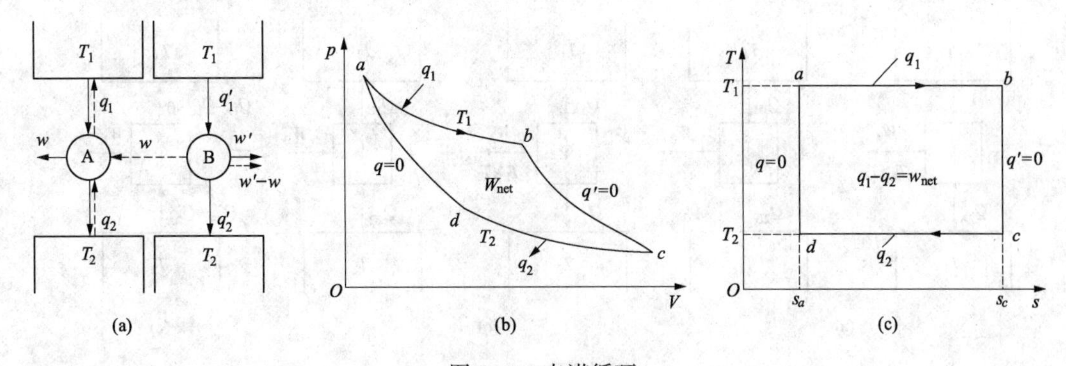

图 2-4 卡诺循环

(a) 循环简图；(b) p-V 图上的卡诺循环；(c) T-s 图上的卡诺循环

$$\eta_t = \frac{\text{收益}}{\text{代价}} = \frac{\text{输出功}}{\text{输入的热量}} \tag{2-1}$$

“花费的代价”是高温热源输入的热量，这部分热量须由燃料来补充。因此，热机的循环热效率计算式为

$$\eta_t = \frac{w}{q_1} = \frac{W}{Q_1} \tag{2-2}$$

式中：W 为工质对外界所做的净功，J；Q_1 为工质从高温热源吸收的热量，J。

卡诺指出热机必须工作于两个温度不同的热源之间，把热量从高温热源传到低温热源而做功。犹如水轮机做功是水从高处流到低处的结果。卡诺循环具有极为重要的理论和实际意义。虽然完全按照卡诺循环工作的装置是难以实现的，但是卡诺循环却为提高各种循环热效率指明了方向和给出了极限值。因此，卡诺总结出两个重要的分定理。即：

定理一：在相同温度的高温热源和相同温度的低温热源之间工作的一切可逆循环，其热效率都相等，与可逆循环的种类无关，与采用哪一种工质也无关。

定理二：在温度同为 T_1 的热源和温度同为 T_2 的冷源间工作的一切不可逆循环，其热效率必小于可逆循环。

卡诺定理证明如下：

假设有热机 A 和热机 B，它们从相同的高温热源和低温热源之间工作，吸收的热量和对外界所做的功分别为 Q_{1A}、Q_{1B}、W_A、W_B，如图 2-5 (a) 所示，则热效率为

$$\eta_{CA} = \frac{W_A}{Q_{1A}}, \quad \eta_{CB} = \frac{W_B}{Q_{1B}} \tag{2-3}$$

如果热机 A 和热机 B 是可逆热机，根据卡诺定理，若热机 A 是可逆的，必有 $\eta_{CA} \geqslant \eta_{CB}$；若热机 B 是可逆的，必有 $\eta_{CB} \geqslant \eta_{CA}$；因此有 $\eta_{CB} = \eta_{CA}$，即卡诺定理一。

对于热机 A 和热机 B 是可逆热机，其热效率是否相同？为了分析这个问题，假定热机 A 的热效率比热机 B 大，并令热机 A 和热机 B 从高温热源 T_1 吸收相同的热量即 $Q_{1A} = Q_{1B}$，则有对外做功 $W_A > W_B$ 和放给低温热源 T_2 的热量 $Q_{2A} < Q_{2B}$。

既然两台热机是可逆的，将热机 B 构成的循环改为逆向循环，并和热机 A 联合运行，如图 2-5 (b) 所示。由于 $Q_{1A} = Q_{1B}$，则有 $W_A - W_B = Q_{2B} - Q_{2A}$，该组合装置等价于如图 2-5 (c)所示的热机。它违反了第二定律的开尔文说法。因此，热机 A 的热效率比热机 B 高的假设必然是错误的。同理可以证明热机 B 的热效率比热机 A 高的假设也必然是错误

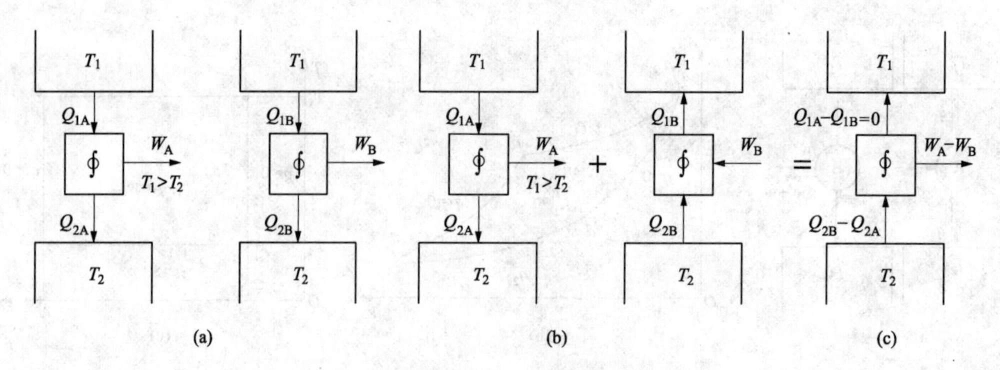

图 2-5 运行于相同温限之间的热机

(a) 热机 A 和热机 B；(b) 热机 A 和制冷组合装置；(c) 热机

的。因此，卡诺定理一的表述是正确的。其热效率的计算式为

$$\eta_t = \frac{W}{Q_1} = 1 - \frac{Q_2}{Q_1} \tag{2-4}$$

根据卡诺定理一可知：工作于两个定温热源之间的可逆热机，其热效率只能与高温热源和低温热源的温度有关，而与工质的性质、吸热量及做功的多少无关。因此，循环热效率应当是两个热源温度 θ_1 和 θ_2（任意温标下的温度用 θ 表示）的普适函数，这个函数是对一切可逆热机都适用的，可得

$$\eta_C = \frac{W}{Q_1} = 1 - \frac{Q_2}{Q_1}$$

故

$$\frac{Q_2}{Q_1} = F(\theta_1, \theta_2) \tag{2-5}$$

假设另有一可逆热机，工作于温度为 θ_3 与 θ_1 两热源之间，在热源温度 θ_3 吸收热量 Q_3，在热源温度 θ_1 放出热量 Q_1。根据式（2-5）可得

$$\frac{Q_1}{Q_3} = F(\theta_1, \theta_3) \tag{2-6}$$

现在把这两个可逆热机联合起来工作，由于第二个热机在温度 θ_1 放出的热量被第一个热机所吸收了，总的效果相当于某单一的可逆热机，它工作于温度 θ_2 与 θ_3 之间，在温度 θ_3 吸收热量 Q_3，在温度 θ_2 放出热量 Q_2。应用式（2-5），则该联合热机有

$$\frac{Q_2}{Q_3} = F(\theta_3, \theta_2) \tag{2-7}$$

从式（2-6）和式（2-7）中消去 Q_3，得

$$F(\theta_1, \theta_2) = \frac{F(\theta_3, \theta_2)}{F(\theta_3, \theta_1)} \tag{2-8}$$

式（2-8）又可表示为

$$\frac{Q_2}{Q_1} = F(\theta_1, \theta_2) = \frac{f(\theta_2)}{f(\theta_1)} \tag{2-9}$$

式（2-9）中 $f(\theta)$ 函数的形式与温度 θ 是否为经验温标有关，与工质的性质无关。引进热力学绝对温标 T，令它与 $f(\theta)$ 成正比，则式（2-9）变为

$$\frac{Q_2}{Q_1}=\frac{T_2}{T_1} \tag{2-10}$$

将式（2-10）代入式（2-5）得

$$\eta_t=\frac{W}{Q_1}=1-\frac{Q_2}{Q_1}=1-\frac{T_2}{T_1} \tag{2-11}$$

因此，卡诺循环的热效率只与两个热源的热力学温度有关。若热源的温度 T_1 越高，热源的温度 T_2 越低，则卡诺循环的热效率越高。因为不能获得 T_1 趋向于无穷大的高温热源或 $T_2=0\text{K}(-273.15℃)$ 的低温热源，所以卡诺循环的热效率必定小于1。

定理二证明如下：

假设热机A、热机B是工作在相同的高温热源和相同的低温热源之间，且热机A为可逆热机，得 $\eta_{CA}\geqslant\eta_{CB}$，如图2-5（a）所示。

假设 $Q_{1A}=Q_{1B}$，若定理二不为真，即 $\eta_{CA}<\eta_{CB}$，则由 $Q_{1A}=Q_{1B}$ 得 $W_B>W_A$。现在热机A是可逆热机，而 W_B 又比 W_A 大，可以利用热机B对外做功 W_B 使热机A反向进行。那么热机A在接受热机B所提供的功 W_A 的作用下，向高温热源放出热量 Q_{1A}。在两个热机的联合循环过程终了时，两机的工作物质都恢复原状，高温热源放出的热量与其吸收的热量相等（因为 $Q_{1A}=Q_{1B}$），因而高温热源没有变化。但是有净功 W_B-W_A 多出来了。在错误的热质说指导之下，卡诺认为热量由高温热源传到低温热源时保持数量不变，即 $Q_{2A}=Q_{1A}$，$Q_{2B}=Q_{1B}$。因此，他认为在两热机的联合循环结束时，低温热源也没有变化。由此得出结论为：所多做出的净功 W_B-W_A 是无中生有的。根据热力学第一定律可知上述循环是不可能实现的。这表明 $\eta_{CB}>\eta_{CA}$ 的假设不成立，那么必有 $\eta_{CA}\geqslant\eta_{CB}$。

但上述卡诺定理二的证明是不正确的。因为根据热力学第一定律，由于工质在循环过程结束时恢复原状，它的热力学能一定恢复原值，所以应有

$$W_A=Q_{1A}-Q_{2A} \tag{2-12}$$

同样有

$$W_B=Q_{1B}-Q_{2B} \tag{2-13}$$

因此可得

$$W_B-W_A=(Q_{1B}-Q_{1A})-(Q_{2B}-Q_{2A}) \tag{2-14}$$

已知 $Q_{1B}=Q_{1A}$，故

$$W_B-W_A=Q_{2A}-Q_{2B} \tag{2-15}$$

式（2-15）表明净功 W_B-W_A 是由低温热源所放出的净热量 $Q_{2B}=Q_{2A}$ 转化来的，并不是如卡诺所想象的那样，即无中生有。因此，卡诺定理不可能用热力学第一定律证明，它的证明需要一个新的原理。克劳修斯与开尔文因受此启发，表述了关于热力学第二定律的相关说法，证明了假设是错误的。

在上述卡诺定理的证明过程中，利用开尔文关于第二定律的说法证明了卡诺定理。假如要用克劳修斯说法来证明卡诺定理，只需把原来的假设 $Q_{1A}=Q_{1B}$ 换为 $W_B=W_A$。在改变假设之后，式（2-15）转化为

$$Q_{1A}-Q_{1B}=Q_{2A}-Q_{2B} \tag{2-16}$$

若 $\eta_{CB}>\eta_{CA}$，则 $Q_{1A}>Q_{1B}$。由式（2-16）可知，在两热机的联合循环结束时，唯一的效果是把热量 $Q_{2A}-Q_{2B}$ 由低温热源传到高温热源。这违背了第二定律的克劳修斯说法，因

此，不能有 $\eta_{CB}>\eta_{CA}$，必须是 $\eta_{CB}\leqslant\eta_{CA}$。

卡诺定理是在热变功过程中所遵循的基本规律。这对于如何提高实际循环热效率有一定的指导意义。

【例题 2-1】 某卡诺热机工作在800℃和20℃的两热源间，试求：

（1）卡诺热机的热效率；

（2）若卡诺热机每分钟从高温热源吸收1000kJ热量，此卡诺机净输出功率为多少千瓦？

（3）每分钟向低温热源放出的热量。

解 （1）由题意，高温热源温度 $T_1=1073\text{K}$，低温热源 $T_2=293\text{K}$，根据式（2-11）得卡诺热机的热效率为

$$\eta_C = 1-\frac{T_2}{T_1} = 1-\frac{293}{1073} = 72.7\%$$

（2）从高温热源吸收热量 $Q_1=1000\text{kJ}$，卡诺热机净输出功率为

$$P_e = \frac{W_{net}}{60} = \frac{\eta_C Q_1}{60} = \frac{0.727\times 1000}{60} = 12.12(\text{kW})$$

（3）由卡诺热机的热效率得到向低温热源放出的热量 Q_2 为

$$Q_2 = Q_1(1-\eta_C) = 1000\times(1-0.727) = 273(\text{kJ})$$

2.3 C-A 循环

卡诺循环在热力学中具有极为重大的理论意义。但是，由于卡诺循环是可逆循环，因此在能量传递或转换过程中，要传热无温差，做功无摩擦。如果无温差传热，那么过程的进行将无限缓慢，该过程需要很长的时间，而热力系对外做出的功非常有限。因此，虽然在一定温度区间卡诺循环热效率最高，但是其功率几乎为零。因而，没有实际应用价值。

1975年柯曾和阿尔博恩最先注意到这个问题，并考虑了工质与热源之间存在的热阻，对内部可逆的情况，提出了有限时间热力学和C-A循环。有限时间热力学是采用了比经典热力学更实际的物理模型，把经典热力学方法推广到不可逆的准静态过程，得出了一些有益的结果。

2.3.1 C-A 循环的基本假设

（1）假设循环为内可逆循环，假设工质在内部所经历的过程为准静态过程，并且不考虑内部耗散效应引起的不可逆性。

（2）如果在有限时间内传递一定的热量，需要工质与热源存在一定的温差，且传热过程存在热阻。即工质的吸热温度 T_1 低于高温热源温度 T_H，工质的放热温度 T_2 高于低温热源温度 T_L，工质与热源间的传热是不可逆的。

（3）绝热膨胀或压缩过程时间相对于传热过程短得多，可以忽略。

（4）工质与热源之间的传热量可以根据传热方程计算，即

$$\left.\begin{aligned} Q_1 &= \alpha_1(T_H-T_1)\tau_1 \\ Q_2 &= \alpha_2(T_L-T_2)\tau_2 \end{aligned}\right\} \tag{2-17}$$

式中：τ_1、τ_2 分别为工质吸收、放出热量所需要的时间，s；Q_1、Q_2 分别为工质从高温热源吸收、从低温热源放出的热量，kJ；α_1、α_2 分别为工质吸热与放热过程中传热系数与传热面

积的乘积，kW/K。

因此，工质经历一个循环所需要的时间 $\tau=\tau_1+\tau_2$。

2.3.2 最大输出功率时的热效率

在高温热源 T_H 和低温热源 T_L 之间工作的热机，卡诺循环热效率最高。但是卡诺循环换热无温差，所需要的时间无限长。因此，功率趋于零。如果热机的热效率为零，其功率也必为零。因此，热机热效率在零到最高值之间，存在着对应最大功率的某一效率值。

柯曾和阿尔博恩用上述假设推导出对应最大功率的某一热效率值为

$$\eta_m = 1-\left(\frac{T_L}{T_H}\right)^{1/2} \tag{2-18}$$

卡诺循环热效率为

$$\eta_C = 1-\frac{T_L}{T_H} \tag{2-19}$$

对热机问题进行优化时，根据具体实际情况设定不同的目标函数，可以把功率最大作为一种目标函数。目前常用的目标函数有最大功率、最高热效率等。采用单一目标函数并不科学，甚至会产生顾此失彼的结果。因此，采用多目标函数进行优化。例如，若以热机的热效率作为目标函数，那么卡诺循环被视为最终目标，但其输出功率几乎为零，没有实际应用价值。而采用多目标函数进行优化处理，则更有实际意义。对于热机可以采用热效率与功率的加权乘积 $\eta^\lambda P$ 作为目标函数，其中权重参数 λ 不同，目标函数也就不同。当 $\lambda=0$ 时，相当于用最大功率作为目标函数，此时热机不一定具有最大热效率；当 $\lambda\to\infty$ 时，相当于用效率最高作为目标函数，此时热机的热效率与实际差距较大；当 $\lambda=1$ 时，相当于用 $(\eta P)_{max}$ 作为目标函数，此时热效率接近于实际且又高于实际热效率。

2.4 熵参数及克劳修斯不等式

热力学第二定律指出所有热过程都是不可逆的，它们的变化是有方向性的。不同的热过程有不同的不可逆性；不同的不可逆性不是孤立的，彼此是相互联系的，它们有共同的本质特征。即由于一切热力学变化（包括相变化和化学变化）的方向和限度都可归结为热和功之间的相互转化及其转化限度的问题，那么就一定能找到一个普遍的热力学函数来判别自发过程的方向和限度。因此，可用同一物理量描述这一本质特征，这个物理量就是熵参数。

2.4.1 熵参数

熵参数是用来描述所有不可逆过程共同特征的热力学参数，是一个状态参数。它反映了热力系的混乱程度，可定量说明自发过程的趋势大小。

1. 熵参数的导出和意义

克劳修斯利用卡诺循环及卡诺定理导出了熵参数。分析任意工质进行的一个任意可逆循环 1—A—2—B—1，如图 2-6 所示。为了保证循环可逆，需要与工质温度变化相对应的无穷多个热源。

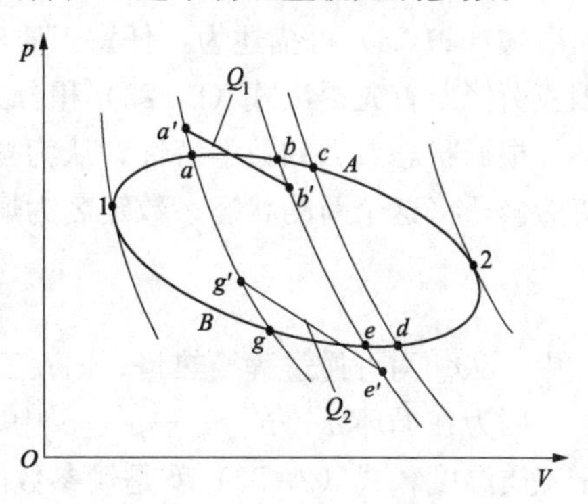

图 2-6 任意可逆循环

用一组可逆绝热过程线将它分割成许多个微元

循环。这些微元循环的总和构成了循环 1—A—2—B—1。由于可逆过程 a—b 可以用可逆等温过程 a'—b' 取代。同样，过程 e—g 也可用等温过程 e'—g' 取代。这样微元循环 a—b—e—g—a 就可以用 a'—b'—e'—g'—a' 替代。而微元循环 a'—b'—e'—g'—a' 为微卡诺循环。同理，循环 b—c—d—e—b 等都可用相应的微卡诺循环替代。两个相邻的微元循环有共同的可逆绝热过程线，但是两个过程的方向是相反的。因而，若相邻两个微元循环叠加，则中间的可逆绝热过程对外效果互相抵消。这些微卡诺循环的总和也构成了循环 1—A—2—B—1。

在任一微卡诺循环如 a'—b'—e'—g'—a' 中，a'—b' 是定温吸热过程，工质与热源温度均为 T_{r1}，吸热量为 δQ_1；e'—g' 是定温放热过程，工质与冷源温度均为 T_{r2}，放热量为 δQ_2，则循环热效率为

$$\eta_C = 1 - \frac{\delta Q_2}{\delta Q_1} = 1 - \frac{T_{r2}}{T_{r1}} \tag{2-20}$$

整理式（2-20）得

$$\frac{\delta Q_1}{T_{r1}} = \frac{\delta Q_2}{T_{r2}} \tag{2-21}$$

式（2-21）中 δQ_2 为绝对值。若改用代数值，δQ_2 为负值，式右边加“−”号，则得

$$\frac{\delta Q_1}{T_{r1}} + \frac{\delta Q_2}{T_{r2}} = 0 \tag{2-22}$$

令可逆绝热过程线数量趋向无穷大，则任意相邻两根可逆绝热过程线之间相距无穷小（即图 2-6 中 ab 和 ge 段），故所有微循环都可用微卡诺循环替代。对全部微元卡诺循环积分求和，则得

$$\int_{1-A-2} \frac{\delta Q_1}{T_{r1}} + \int_{2-B-1} \frac{\delta Q_2}{T_{r2}} = 0 \tag{2-23}$$

式中：δQ_1、δQ_2 为工质与热源间的换热量，kJ。

既然采用了代数值，工质与热源间的换热量可以统一用 δQ_{rev} 表示；T_{r1}、T_{r2} 为换热时热源温度，统一用 T_r 表示。则式（2-23）改写为

$$\int_{1-A-2} \frac{\delta Q_{rev}}{T_r} + \int_{2-B-1} \frac{\delta Q_{rev}}{T_r} = 0 \tag{2-24}$$

对于整个循环，式（2-24）可以写成

$$\oint \frac{\delta Q_{rev}}{T_r} = 0 \quad 或 \quad \oint \frac{\delta Q_{rev}}{T} = 0 \tag{2-25}$$

式（2-25）可描述为：任意工质经任一可逆循环，微元量 $\delta Q_{rev}/T$ 沿循环的积分为零。因克劳修斯首先提出式（2-25）积分式，故称为克劳修斯积分式。

根据状态参数的数学特性，认为被积函数 $\delta Q_{rev}/T$ 是某个状态参数的全微分。1865 年，克劳修斯将这个新的状态参数定名为熵，以符号 S 表示，单位为 J/K，即

$$dS = \frac{\delta Q_{rev}}{T} \tag{2-26}$$

式中：δQ_{rev} 为可逆过程换热量，kJ；T 为热源温度，K。

因为在循环 a'—b'—e'—g'—a' 中，微元换热过程可逆，无传热温差，故热源温度也等于工质温度，式（2-26）就是熵参数的定义式。1kg 工质的比熵变为

$$ds = \frac{\delta q_{rev}}{T} \tag{2-27}$$

式中：δq_{rev}为1kg工质可逆过程换热量，kJ/kg。

因为循环1—A—2—B—1是可逆的，过程1—B—2与2—B—1是在同一途径不同方向的两个可逆过程，所对应微元段的数值相等，符号相反，故有$\int_{2-B-1}\delta Q_{rev}/T_r = -\int_{1-B-2}\delta Q_{rev}/T_r$，带入式（2-26）有

$$\int_{1-A-2}\frac{\delta Q_{rev}}{T_r}=\int_{1-B-2}\frac{\delta Q_{rev}}{T_r}=\int_1^2\frac{\delta Q_{rev}}{T_r}=\int_1^2\frac{\delta Q_{rev}}{T} \tag{2-28}$$

1—A—2、1—B—2是任意的两个可逆过程，式（2-28）表明：从状态1到状态2，无论沿哪一条可逆路线，$\delta Q_{rev}/T$的积分值都相同，故可写作$\int_1^2\delta Q_{rev}/T_r$或$\int_1^2\delta Q_{rev}/T$，这正是状态参数的特征。即可得$\oint dS=0$。

熵参数的物理意义：可逆过程中，工质吸热其熵增大；工质放热其熵减小；绝热时熵不变。因此，在该条件下，熵参数的变化可作为吸、放热的判据。根据熵的定义式［见式（2-26)］可知，当工质吸收热量且热力学能增加时，其温度增高，分子热运动更加激烈，因该热运动为无序，故无序程度也增加。因此，熵参数的实质是衡量热力系能量混乱程度的物理量。

假如热力系是一个可以用两个独立状态参数p和V描写的均匀物质系，则由热力学第一定律得

$$\delta Q = dU + \delta W = dU + p dV \tag{2-29}$$

根据式（2-28）与式（2-29）得$\oint(dU+pdV)/T=0$。循环积分为零，满足状态参数的积分特征。

如果该热力系的性质比较复杂，仍满足$\delta Q = dU+\delta W$，但δW将不等于pdV，故应由普遍式代替，即

$$\delta W = \sum F dx \tag{2-30}$$

式中：F为广义力；x为广义坐标。

$$S-S_0=\int_{p_0}^{p}\frac{dU+pdV}{T} \tag{2-31}$$

式（2-31）中p_0与p为线积分的起点与终点。S_0等于S在p_0点之值。积分路线代表可逆过程。

式（2-31）的微分式为

$$TdS = dU + pdV \tag{2-32}$$

式（2-32）是热力学第二定律的基本方程。对于比较复杂的热力系，熵的微分方程式［见式（2-32)］应推广为

$$TdS = dU + Fdx \tag{2-33}$$

2. 熵的性质

（1）熵是广延参数。熵是广延量，具有可加性，单位是kJ/K。单位工质的熵称为比熵，是比参数，具有强度量的性质，单位是kJ/(kg·K)。

热力系的熵为各部分熵的总和。与热力学能或焓一样，可以用热力系的单位质量或单位

摩尔的比熵来计算，于是有 $S=ms$ 或 $S=ns_m$。

对于纯物质，比热容的值可以和焓、比体积以及其他一些重要的热力学参数一起制成表格。在湿饱和蒸汽区，比熵与其他参数的情况一样，也是由饱和液的熵 s' 和干饱和蒸汽的熵 s'' 及干度 x 确定，计算式为 $s=xs''+(1-x)s'$。

如果以 T、V 为参量，选择 p_0、T_0 为基准状态，$m$kg 理想气体熵的计算式为

$$S=\int_{T_0}^{T} C_V\,\frac{dT}{T}+R_g\ln\frac{V}{V_0}+S_0 \tag{2-34}$$

式（2-34）中，C_V 为 $m$kg 理想气体的定容热容量；V 为气体的总体积；S_0 为与质量成正比的常数，$S_0=ms_0$。

对 1kg 理想气体，由式（2-34）得熵计算式为

$$s=\int_{T_0}^{T} c_V\,\frac{dT}{T}+R_g\ln\frac{V}{V_0}+s_0 \tag{2-35}$$

将式（2-34）写成下列形式

$$S=m\int_{T_0}^{T} c_V\,\frac{dT}{T}+mR_g\ln\frac{V}{V_0}+ms_0 \tag{2-36}$$

即 $m$kg 理想气体熵应是 1kg 气体熵的 m 倍。

（2）理想气体熵变。对于一可逆绝热过程，$(\delta Q)_{rev}=0$，由 $dS=(\delta Q/T)_{rev}$ 可知，$dS=0$ 或者熵保持不变。因此，可逆绝热过程是等熵过程。同样，可逆等温过程可以通过对 $dS=(\delta Q/T)_{rev}$ 积分，得到 $Q_{rev,T}=T\Delta S$。

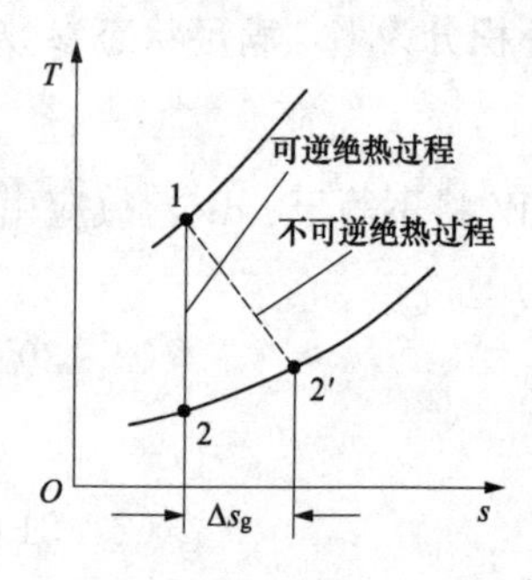

图 2-7　可逆和不可逆的绝热过程

可逆过程能够在参数坐标图上用过程曲线表示出来。但由于不可逆因素的存在（传热有温差，做功有摩擦），导致过程为不可逆过程。比如，将两块温度不同的金属接触，使之达到热平衡状态，这个过程是不可逆过程。应该指出：不可逆过程是一系列不平衡态，所以也就不能在平衡态的热力学参数图上严格地给以表示，故将其画成虚线。对于不可逆绝热过程，其熵必然增加，并且增加的量值是不确定的，与不可逆程度有关。在不可逆过程中，熵的变化可以通过在给定的初、终状态不变的条件下，按某一可逆过程进行计算。可逆和不可逆的绝热过程如图 2-7 所示。不可逆过程的熵增加得越多，即该过程的“不可逆度”就越大。

对于可逆过程，以 1kg 工质为例，分析理想气体经历某热力过程后熵的变化计算式为 $ds=\frac{\delta q}{T}$。根据热力学第一定律 $\delta q=du+pdv$，理想气体性质 $du=c_VdT$ 及 $pv=R_gT$。因此，可逆过程

$$ds=\frac{\delta q}{T}=\frac{du+pdv}{T}=\frac{c_VdT+pdv}{T}=\frac{c_VdT}{T}+R_g\frac{dv}{v} \tag{2-37}$$

同理，可逆过程 $ds=\frac{\delta q}{T}$，根据热力学第一定律 $\delta q=dh-vdp$，理想气体 $dh=c_pdT$ 及 $pv=R_gT$。因此，可逆过程

$$ds=\frac{\delta q}{T}=\frac{dh-vdp}{T}=\frac{c_p dT-vdp}{T}=\frac{c_p dT}{T}-R_g\frac{dp}{p} \tag{2-38}$$

根据理想气体状态方程，得其微分式为$\frac{dp}{p}+\frac{dv}{v}=\frac{dT}{T}$，可得

$$ds=\frac{\delta q}{T}=\frac{c_p dv}{v}+c_V\frac{dp}{p} \tag{2-39}$$

比热容为真实比热容时

$$\Delta s=\int_1^2\frac{c_V dT}{T}+R_g\ln\frac{v_2}{v_1} \tag{2-40}$$

$$\Delta s=\int_1^2\frac{c_p dT}{T}-R_g\ln\frac{p_2}{p_1} \tag{2-41}$$

$$\Delta s=\int_1^2\frac{c_V dp}{p}+\int_1^2\frac{c_p dv}{v} \tag{2-42}$$

比热容为定值比热容时

$$\Delta s=c_V\ln\frac{T_2}{T_1}+R_g\ln\frac{v_2}{v_1} \tag{2-43}$$

$$\Delta s=c_p\ln\frac{T_2}{T_1}-R_g\ln\frac{p_2}{p_1} \tag{2-44}$$

$$\Delta s=c_p\ln\frac{v_2}{v_1}+c_V\ln\frac{p_2}{p_1} \tag{2-45}$$

状态函数的变化与过程无关，其改变量可通过任意过程来计算。由于熵是状态参数，熵的变化只与初终状态有关，与过程无关。因此，对于不可逆过程熵的变化值仍可以利用式(2-40)～式(2-45)进行计算。

2.4.2　克劳修斯不等式

热力学第二定律的表述对于自然过程的方向性给出了定性的判据。但是在分析热现象过程中，若找到与热力学第二定律表述等价的数学判据，则更加便于计算分析。

1. 克劳修斯不等式介绍

前面已经讨论了克劳修斯如何根据卡诺定理引进一个新的状态参数——熵。若某热力系经过一个任意的可逆循环过程，则有

$$\oint\frac{\delta Q}{T}=0 \tag{2-46}$$

如果循环为不可逆循环，可以用一组可逆绝热曲线即定熵线，将不可逆循环划分成无数多个微卡诺循环和不可逆微元循环去代替所讨论的任意不可逆循环，如图2-8所示。两个相邻的微元循环叠加，则中间的可逆绝热过程对外效果互相抵消。以此类推把所有微元循环累加起来相当于消除了共同可逆绝热过程之后的锯齿形的回路，这个回路可以与所讨论的任意循环无限接近。对于每一个微卡诺循环而言，都可以应用式(2-46)。如果循环是不可逆微元循环，根据卡诺定理可知

$$\eta_t=1-\frac{Q_2}{Q_1}<\eta_C=1-\frac{T_2}{T_1} \tag{2-47}$$

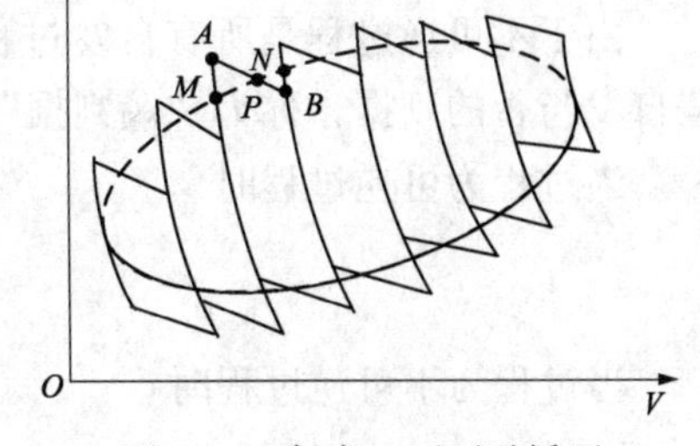

图2-8　任意一不可逆循环

式中：Q_1 为工质从热源温度 T_1 吸收的热量，kJ；Q_2 为工质放给热源温度 T_2 的热量，kJ。

对于若干个微不可逆循环而言，考虑到热量正、负问题（吸热为正，放出热为负），Q_2 为放热，即为 $-Q_2$，根据式（2-47）可得

$$\sum \frac{\delta Q}{T} < 0 \tag{2-48}$$

令微元循环数目趋于无穷大，以可逆过程表示不可逆过程，则式（2-48）变为循环积分而改写为

$$\oint \frac{\delta Q}{T} < 0 \tag{2-49}$$

由此可知，循环为可逆循环时，$\oint \frac{\delta Q}{T} = 0$；循环为不可逆循环时，$\oint \frac{\delta Q}{T} < 0$；任何循环的克劳修斯积分都不会大于零。即对于任意循环有

$$\oint \frac{\delta Q}{T} \leqslant 0 \tag{2-50}$$

式（2-50）是著名的克劳修斯积分不等式，为热力学第二定律的数学表达式之一，可以直接被用来判断循环是否可能以及是否可逆。

2. 过程可逆性的判别

熵是热力学中一个有特殊重要意义的状态参数。它反映了工质所处状态的均匀程度，可以定量说明自发过程的趋势变化。用此状态参数可以对过程的方向性进行数学分析，判定过程进行的方向与限度。如果某循环 $1a2b1$ 为任意不可逆循环，循环由不可逆过程 $1a2$ 和可逆过程 $2b1$ 所组成。根据克劳修斯积分不等式可得

$$\oint \frac{\delta Q}{T} < 0 \Rightarrow \int_{1a2} \frac{\delta Q}{T} + \int_{2b1} \frac{\delta Q}{T} < 0$$

则有

$$\int_{1a2} \frac{\delta Q}{T} < -\int_{2b1} \frac{\delta Q}{T} \tag{2-51}$$

由于 $2b1$ 是可逆过程，由此可得

$$\int_{2b1} \frac{\delta Q}{T} = -\int_{1b2} \frac{\delta Q}{T} = -\Delta S_{12} \tag{2-52}$$

因 $\int_{1a2} \frac{\delta Q}{T} < -\int_{2b1} \frac{\delta Q}{T} = \int_{1b2} \frac{\delta Q}{T} = S_{12}$，则有

$$\Delta S_{12} \geqslant \int_1^2 \frac{\delta Q}{T} \tag{2-53}$$

由于不可逆过程是所有自发过程的共同特征。因此，式（2-53）也可作为判断这一过程自发与否的判据，称为“熵判据”。

当过程为可逆过程时

$$\Delta S_{12} = \int_1^2 \frac{\delta Q}{T} \tag{2-54}$$

当过程为不可逆过程时

$$\Delta S_{12} > \int_1^2 \frac{\delta Q}{T} \tag{2-55}$$

如果 $\Delta S_{12} < \int_1^2 \frac{\delta Q}{T}$，说明过程不能实现。这种情况之所以不能实现，其原因后续加以说明。

【例题 2-2】 若 1kg 工质从同一初态，分别经可逆 R 和不可逆 IR 过程，到达同一终态，已知两过程热源相同，问传热量是否相同？做功是否相同？

解 相同初、终态，Δs 相同，热源 T 相同，根据 $\Delta s_{12} \geqslant \int_1^2 \frac{\delta q}{T}$，可知 $\delta q_R > \delta q_{IR}$。

根据 $q = \Delta u + w$ 可知，$w_R > w_{IR}$。

由本题计算结果可知，可逆过程对外输出的功和传热量大于不可逆过程的。

【例题 2-3】 若工质从同一初态出发，从相同热源吸收相同热量，问终态熵可逆 R 与不可逆 IR 谁大？

解 相同热量，热源 T 相同。根据 $\Delta S_{12} \geqslant \int_1^2 \frac{\delta Q}{T}$ 可知，$\Delta s_R < \Delta s_{IR}$。

相同初态 S_1 相同，因此，$S_{2,R} < S_{2,IR}$。

通过本题计算结果可知，工质不可逆过程与具有相同初始状态的可逆过程相比，不可逆过程的终态的熵增加。其实增加的部分就是不可逆因素造成的，即为熵产。

2.5 孤立系熵增原理

孤立系熵增原理同样揭示了自然过程方向性的客观规律，是热力学第二定律的又一数学表达式。它比开尔文和克劳修斯表述更为概括地指出了过程的进行方向。

孤立系熵的总量只会增加不会减少，孤立系会不断趋向无序。即熵增指出了孤立系的演化方向，解释了孤立系不可能自动变得有序。同时，更深刻地指出了熵增原理是大量分子无规则运动所具有的统计规律。因此，只适用于大量分子构成的系统，而不适用于单个或少量分子构成的系统。

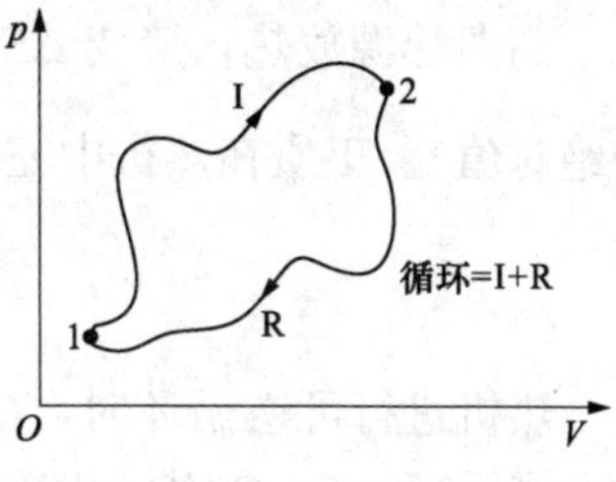

不可逆循环如图 2-9 所示，即两个状态点（1 和 2 点），以及在这两点之间运行所形成某循环的两个过程。若 R 为可逆过程，I 为不可逆过程，因此，整个热力循环是不可逆的。

图 2-9 不可逆循环

式（2-53）中，对于可逆过程为等号，不可逆过程为大于号。将不等式可以改写成等式，即

$$\Delta S = S_g + S_{f,Q} \tag{2-56}$$

式中：$S_{f,Q}$为热力系与外界换热变化引起系统熵的变化，称为热熵流，其正负和大小与系统吸放热情况有关，$S_{f,Q} = \int_1^2 \frac{\delta Q}{T_r}$，kJ/K；$S_g$ 为由不可逆因素（或耗散效应）所引起的熵的增加量，即为熵产，kJ/K。

因此，各种不可逆因素不是独立的，它们的实质是相同的，故熵产是所有不可逆性大小的共同量度。对于绝热过程，$Q=0$。式（2-56）可写成 $\Delta S = S_g \geqslant 0$。

若过程为可逆绝热过程，熵的变化量为零，则称为熵不变过程或者等熵过程。如果过程为不可逆的绝热过程，那么熵必然增加。

孤立系内可由任何热力系、与它相关边界和外界所组成。孤立系当然是闭口绝热系，而

反过来则不一定。原因请自行分析。根据熵的可加性，该孤立系总熵变等于系统各个部分熵变的代数和，即可得到熵产，则得

$$\Delta S_{iso} = S_g \geqslant 0 \tag{2-57}$$

式（2-57）表明孤立系内部发生不可逆变化时，孤立系的熵增大，$\Delta S_{iso}>0$；极限情况（发生可逆变化）熵保持不变，$\Delta S_{iso}=0$；使孤立系熵减小的过程不可能出现。简言之，孤立系的熵可以增大或保持不变，但不可能减少。这一结论即熵增原理。

任何自发的过程都是使孤立系熵增加的过程。即对于不可逆绝热过程，其熵必然增加。不过，增加的数值是不确定的。

下面以几个常见的热力过程具体说明孤立系熵增原理。

示例一：单纯的传热过程

孤立系中有两个温度不同的热源 A 和 B，温度分别为 T_A 和 T_B，进行热量交换，这时孤立系的熵增 $dS_{iso}=dS_A+dS_B$。

微元过程中热源 A 放热，故熵变为 $dS_A=-\delta Q/T_A$；热源 B 吸热，故熵变为 $dS_A=\delta Q/T_B$；则孤立系熵变为

$$\Delta S_{iso} = S_g = \frac{\delta Q}{T_B} - \frac{\delta Q}{T_A}$$

若为有限温差传热，$T_A>T_B$，有 $\delta Q/T_B>\delta Q/T_A$，$\Delta S_{iso}>0$；若为无限小温差传热，可以近似认为 $T_A=T_B$，有 $\delta Q/T_B=\delta Q/T_A$，故 $\Delta S_{iso}=0$。可见，有限温差传热，孤立系总熵变大于 0；等温传热，$\Delta S_{iso}=0$。

示例二：单纯热能转化为功

可以通过两个温度为 T_1、T_2 的恒温热源间工作的热机实现热能转化为功。这时孤立系熵变包括高温热源、低温热源的熵变和循环热机中工质的熵变，即

$$\Delta S_{iso} = S_g = \Delta S_{T_1} + \Delta S + S_{T_2}$$

高温热源放热，熵变 $\Delta S_{T_1}=-Q_1/T_1$；低温热源吸热，熵变 $\Delta S_{T_2}=Q_2/T_2$（Q_1、Q_2 均为绝对值）。工质在热机中完成循环，$\Delta S=\oint dS=0$，则有

$$\Delta S_{iso} = -\frac{Q_1}{T_1} + 0 + \frac{Q_2}{T_2} = \frac{Q_2}{T_2} - \frac{Q_1}{T_1}$$

热机进行可逆循环时，$Q_1/T_1=Q_2/T_2$，故 $\Delta S_{iso}=0$；进行不可逆循环时，因热效率低于卡诺循环，$1-Q_2/Q_1<1-T_2/T_1$，故 $Q_1/T_1<Q_2/T_2$，且 $\Delta S_{iso}>0$。再次验证了孤立系中进行可逆变化总熵不变；进行不可逆变化，则孤立系总熵必增大。

示例三：单纯耗散功转化为热

由于摩擦等耗散效应而损失的做功能力称耗散功，以 W_1 表示。孤立系内部因耗散效应，耗散功转化为热量称为耗散热，以 Q_g 表示。在耗散功转化为热时，有 $W_1=Q_g$，它被孤立系内某个（或某些）物质吸收，引起物质的熵增大，即为熵产 S_g。可逆过程无耗散热，故熵产为零。设吸热时物体温度为 T，则 $dS=\delta Q_g/T=\delta W_1/T=\delta S_g>0$，这是孤立系内部存在耗散损失而产生的唯一效果。因而，孤立系的熵增等于熵产，且不可逆时恒大于零，即 $\Delta S_{iso}=S_g>0$ 或 $dS_{iso}=\delta S_g>0$。可见，孤立系内只要有机械功转化为热量，系统的熵必定增大。

必须指出，耗散功转化的热能如果全部被某温度与环境温度 T_0 相同的热源吸收，它将

不再具有作出有用功的能力，或者说做功能力丧失殆尽。做功能力损失以 I 表示，$dI=\delta W_1$。因而得出孤立系的熵增与做功能力损失的关系为 $dS_{iso}=\delta S_g=dI/T_0$。

上述示例概括了大多数热力过程，尤其示例三有着极其深刻的内涵。因为任何一种不可逆变化，都意味着做功能力损失，也都可以归结于示例三。不可逆循环，显然有做功能力损失；有温差传热也意味着做功能力损失。因为低温热源与大气环境间做功能力要比高温热源与环境间做功能力低，热量直接从高温热源不可逆地传给了低温热源，同样意味着做功能力损失。因此，孤立系中的各种不可逆因素，都表现为做功能力损失，最后的效果总可以归结为机械能不可逆地转化为热能，使孤立系的熵增大。

至于非孤立系，或者孤立系中某个子系统，它们在过程中可以吸热也可以放热；因此其熵增可能增大，可能不变，也可能减小。

热力系的熵变只取决于系统的初、终态，可正可负，与过程是否可逆无关；但熵流和熵产不只取决于系统的初、终态，与过程有关，因此，两者均为过程量。

熵产是非负的。任何可逆过程中均为零，不可逆过程中永远大于零；熵流取决于系统与外界的换热情况。系统吸热为正，放热为负，绝热为零。

熵增原理指出：凡是使孤立系总熵减小的过程都是不可能发生的；可逆（理想）情况也只能实现总熵不变。实际过程都是不可逆过程，故实际过程总是朝着使孤立系总熵增大的方向进行。即 $dS_{iso}>0$。熵增原理解释了实际过程进行的方向。

熵增原理给出了系统达到平衡状态的判据。孤立系内部存在的势差是过程自发进行的推动力。随着过程进行，孤立系内部由不平衡向平衡发展，总熵增大。当孤立系总熵达到最大值时，过程停止，热力系达到相应的平衡状态，这时 $dS_{iso}=0$。即为平衡判据。因而，孤立系熵增原理指出了过程进行的限度。

孤立系熵增原理还指出：若某一过程的进行，会使孤立系中各子系统的熵同时减小，或者虽然各有增减但其总和使热力系的熵减小，则这种过程不能单独进行，除非有熵增大的过程作为补偿，使孤立系总熵增大，或保持不变。因此，熵增原理指出了过程进行的条件。

例如，热转化为功，或热量由低温传向高温，这类过程会使孤立系总熵减小，故不能单独进行，必须有能使熵增大的过程作为补偿；而功转化为热，或热量由高温传向低温，这类过程使孤立系总熵增大（如示例一和示例二），故不需要补偿，能单独进行，并且还可以用作补偿过程。这就是非自发过程必须有自发过程相伴而行的原因。

孤立系熵增原理详细地、透彻地说明了过程进行的方向、限度和条件，这正是热力学第二定律的实质。即方向性：自发过程进行中存在一定势差；条件：自发过程进行中不需要任何外界作用；限度：自发过程最终达到某一状态。

由于第二定律的各种说法都可以归结为孤立系熵增原理，因此可以得到一种最基本的热力学第二定律数学表达式的形式为 $dS_{iso}\geqslant 0$。这种“熵只能增加而不能减少”的原理有个重要的前提条件，即热力系必须是孤立的。如果热力系不是孤立的，而是伴随着能量的输入，那么熵减就有可能发生了。如吉布斯佯谬（或吉布斯悖论）和麦克斯韦妖就是很好的诠释。

示例四：吉布斯佯谬

问题背景：在相同环境下，两种不同的气体混合会产生混合熵增，其值大小与气体种类无关，而混合同种气体不会产生混合熵增。

问题提出：将两种混合气体的分子换成黑白两色的球，其混合必然产生混合熵增，如图2-10所示。设想将黑球一次一次漂白，使其颜色逐渐变浅，但只要其与白球仍有区别，则混合熵增不变；设想当漂白至与白球无法分辨时，究竟混合是有熵增还是没有熵增？

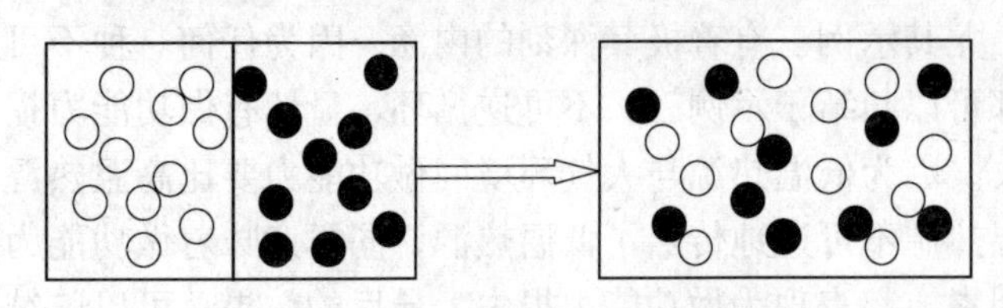

图2-10 两种不同气体混合

物理解释：微观世界里粒子的全同性是由物质结构的离散性来保证的，在现实世界里不可能存在由一种物质连续变化成另一种物质的可能性；如氧气分子不可能连续转变为氮气分子。因此，吉布斯佯谬这种现象是不可能发生的。吉布斯佯谬问题的解决，是量子统计理论成功地解释了某些经典理论无法解释的问题的典型例子。

示例五：麦克斯韦妖

问题背景：温度不同的气体混合会逐步达到温度均匀的平衡态，这是个熵增加的不可逆过程，其相反过程即处于温度均匀的平衡态的气体自发地分成温度不同的部分而使熵减少是不可能的。

问题提出：麦克斯韦妖把守住气体容器内隔板上的一个小门，假设隔板绝热，小门没有摩擦，麦克斯韦妖通过小门判断分子运动速度和轨迹如图2-11所示。麦克斯韦妖可以判断分子运动速度和轨迹，他只允许左侧运动速度高的分子到右侧，这样无须做功，经过一段时间可达到使左侧温度降低并使右侧温度升高的效果。孤立系的熵减少了。

图2-11 麦克斯韦妖通过小门判断分子运动速度和轨迹

物理解释：1929年，匈牙利物理学家西拉德（L. Szilard）发现，麦克斯韦妖至少需要一个温度与环境不同的光源照亮分子，才能获得所需的分子速度和位置信息。正由于获取信息时的能量付出，即负熵的流入，才达到了热力系熵减少的效果。但这种有能量输入的热力系就不再是孤立系了，当然就不再适用于热力学第二定律了。

可见，熵增原理只适用于孤立系。

【例题2-4】 将0.8kg温度为1000℃的碳钢放入盛有6kg、温度为18℃的水的绝热容器中，最后达到热平衡。试求此过程中不可逆引起的熵产。已知：碳钢和水的比热容分别为$c_c=0.47\text{kJ/(kg}\cdot\text{K)}$和$c_w=4.18\text{kJ/(kg}\cdot\text{K)}$。

解 根据题意可知：碳钢的质量$m_c=0.8\text{kg}$，碳钢初始温度$t_c=1000℃$或$T_c=1273\text{K}$，水的质量$m_w=6\text{kg}$，水的初始温度$t_w=18℃$或$T_w=291\text{K}$，假设达到热平衡时温度为t_m℃或T_mK，碳钢在此过程中熵变为ΔS_w，水在此过程中熵变为ΔS_c。

根据热平衡原理得

$$m_c c_c(t_c-t_m)=m_w c_w(t_w-t_m)$$

代入数据解得

$$t_m = 32.48℃$$

$$\Delta S_w = \int_{T_w}^{T_m} \frac{\delta Q}{T} = \int_{T_w}^{T_m} \frac{m_w c_w \mathrm{d}T}{T} = m_w c_w \ln \frac{T_m}{T_w} = 6 \times 4.187 \times \ln \frac{32.48 + 273}{18 + 273} = 1.23(\mathrm{kJ/K})$$

$$\Delta S_c = \int_{T_c}^{T_m} \frac{\delta Q}{T} = \int_{T_c}^{T_m} \frac{m_c c_c \mathrm{d}T}{T} = m_c c_c \ln \frac{T_m}{T_c} = 0.8 \times 0.47 \times \ln \frac{32.48 + 273}{1000 + 273} = -0.54(\mathrm{kJ/K})$$

$$\Delta S_g = \Delta S_w + \Delta S_c = 1.23 - 0.54 = 0.69(\mathrm{kJ/K})$$

【例题 2-5】 一可逆热机（如图 2-12 所示）完成循环时与 A、B、C 三个热源交换热量，从热源 A 吸收热量 $Q_A=1500\mathrm{kJ}$，对外输出净功 $W=860\mathrm{kJ}$。试求：

(1) 热机与热源 B、C 交换的热量 Q_B、Q_C 分别是多少？

(2) 热机从热源 B 吸热还是向热源 B 放热？

(3) 各热源及热机的熵变。

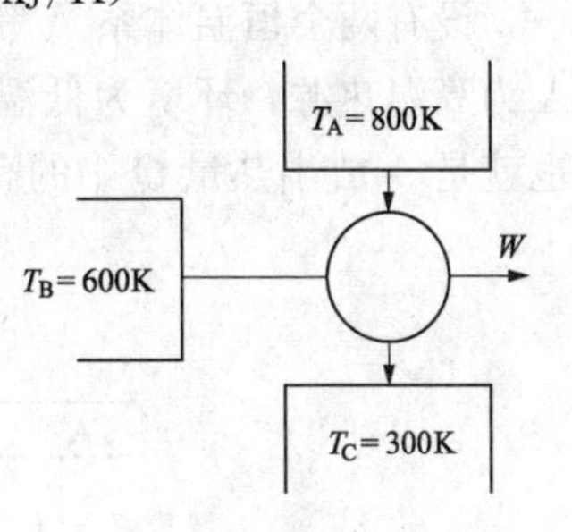

图 2-12 可逆热机

解 (1) 设热机向 B 热源放热，由热力学第一、第二定律得

$$\begin{cases} Q_A - Q_B - Q_C - W = 0 \\ \Delta S_{iso} = -\dfrac{Q_A}{T_A} + \dfrac{Q_B}{T_B} + \dfrac{Q_C}{T_C} = 0 \end{cases}$$

即

$$\begin{cases} Q_B + Q_C = 1500 - 860 \\ \dfrac{Q_A}{600} + \dfrac{Q_B}{300} = \dfrac{1500}{800} \end{cases}$$

解得

$$\begin{cases} Q_B = 155(\mathrm{kJ}) \\ Q_C = 485(\mathrm{kJ}) \end{cases}$$

(2) 从以上求得的结果看出，假设正确，即热机向热源 B 放热。

(3) 三个热源及热机的熵变为

$$\Delta S_A = -\frac{Q_A}{T_A} = -\frac{1500}{800} = -1.875(\mathrm{kJ/K})$$

$$\Delta S_B = \frac{Q_B}{T_B} = \frac{155}{600} = 0.2583(\mathrm{kJ/K})$$

$$\Delta S_C = \frac{Q_C}{T_C} = \frac{485}{300} = 1.617(\mathrm{kJ/K})$$

$$\Delta S_J = 0$$

可逆热机完成循环时与 A、B、C 三个热源交换热量所产生的总熵变为零。

2.6 能质贬低原理及有效能损失

自然过程进行的结果，都使能量的做功能力持续的减小。这指出了进行过程能量转换或传递的方向，是热力学重要的理论基础。热力学第二定律的另一种说法可称为能质贬低原理或能量降级原理。其表述为：自然过程进行的结果，都使能量的做功能力不断地减小（即所有自发过程都是不同程度的不可逆过程，都伴有能量品位的降级）。

能质贬低原理指出，只有能质贬低的过程才能自发进行。众所周知，热量由低温物体传给高温物体，或热能变为同数量的机械能，都属于能质提升的过程，都不能自发进行。能质贬低原理与克劳修斯或开尔文叙述实质是等效的。人们采用从特殊到一般的方法，并以工程中普遍存在的孤立系中发生不可逆传热所引起热力系的熵增与有效能损失为例进行分析。

设有两个恒温体系 A 和 B，$T_A > T_B$，孤立系的熵增与有效能损失如图 2-13 所示。以 A 为高温热源，环境为低温热源，其温度区间工作的可逆机做出的最大循环净功 $W_{max(A)}$，也就是 A 放出热量 Q 中的有效能，即

$$W_{max(A)} = \left(1 - \frac{T_0}{T_A}\right)Q \tag{2-58}$$

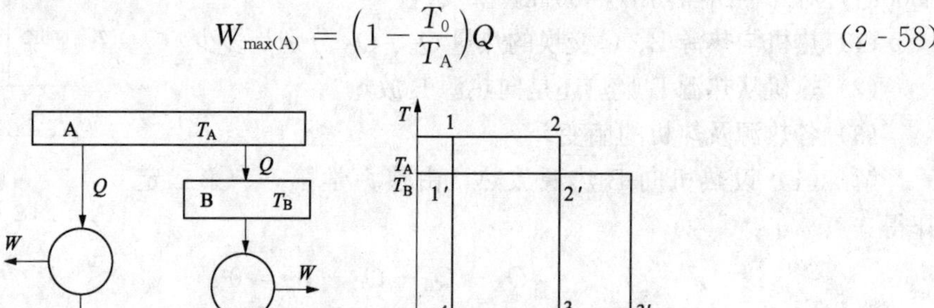

图 2-13 孤立系的熵增与有效能损失

以 B 为高温热源，环境为低温热源，B 放出热量 Q 所包含的有效能为

$$W_{max(B)} = \left(1 - \frac{T_0}{T_B}\right)Q \tag{2-59}$$

此时，孤立系中因发生了不可逆传热而引起的有效能损失为 $W_{max(A)} - W_{max(B)}$，若以 I 为有效能损失，则

$$I = W_{max(A)} - W_{max(B)} = T_0\left(\frac{1}{T_B} - \frac{1}{T_A}\right)Q \tag{2-60}$$

由于不可逆传热引起的孤立系熵增加为

$$\Delta S_{iso} = \delta S_g = \Delta S_B + \Delta S_A = \frac{Q}{T_B} - \frac{Q}{T_A} = \left(\frac{1}{T_B} - \frac{1}{T_A}\right)Q > 0$$

将 ΔS_{iso} 代入式（2-60），并且注意到孤立系熵增等于熵产，可得

$$I = T_0 \Delta S_{iso} = T_0 S_g \tag{2-61}$$

式（2-61）表明：环境温度 T_0 一定时，孤立系有效能损失与其熵产成正比。式（2-61）虽由特例导出，但它是个普适公式，适用于计算任何不可逆因素引起的有效能损失。也不仅限于孤立系，即开口系或闭口系一般不可逆过程均适用。

在如图 2-13 所示的 T-S 图上，有效能损失以图中阴影面积 33′5′53 表示。由于 $T_A > T_B$，高温热源 A 放热，$\Delta S_A = -Q/T_A < 0$，可用线段 56 表示；高温热源 B 吸热，$\Delta S_B = Q/T_B > 0$，为线段 65′。因此，线段 55′表示孤立系的熵增 ΔS_{iso}，矩形面积 33′5′53 表示有效能损失 $T_0 \Delta S_{iso}$。又因为

$$W_{\max(A)} - W_{\max(B)} = Q_0' - Q = T_0 S_{iso} \tag{2-62}$$

孤立系的有效能损失等于面积33′5′53。

由此可见，热量Q由A传入B，其数量并未减少，但Q中的有效能减少，使热量的“质量”降低，这一现象称为能量贬值。孤立系中进行热力过程时，有效能只会减小不会增大，极限情况（可逆过程）下有效能保持不变，这就是能量贬值原理，即孤立系的有效能只减不增，即

$$dW \leqslant 0 \tag{2-63}$$

由于实际过程总有不可逆因素存在，不可避免地将能量中的一部分有效能将转化为不能转化能量，而且一旦转化为不能转化能量就再也无法转变为有效能。因此，有效能损失是真正意义上的能量损失。减少有效能的损失（有限度地）是合理用能及节能的指导方向。

【例题 2-6】 设炉膛中火焰的温度t_r恒为1500℃，炉内蒸汽的温度t_s恒为500℃，环境温度t_0为25℃，求火焰每传出1000kJ热量引起的熵产和做功能力损失。

解 孤立系的熵增等于各个部分熵变之和，即

$$\Delta S_{iso} = S_g = \frac{1000}{500+273} - \frac{1000}{1500+273} = 0.73(\text{kJ/K})$$

做功能力损失为

$$I = T_0 \Delta S_{iso} = T_0 S_g = (273+25) \times 0.73 = 217.5(\text{kJ})$$

【例题 2-7】 某热机工作在800K和285K两个热源之间，工质从高温热源吸收的热量为600kJ/kg，环境温度为285K，求：

（1）热机为卡诺机时，循环的做功量及热效率；

（2）若高温热源传热存在50K温差，绝热膨胀不可逆性引起熵增$\Delta s_{不可逆} = 0.25$kJ/(kg·K)，低温热源传热存在15K温差，这时循环做功量、热效率、孤立系熵增和做功能力损失。

解 （1）根据卡诺定理可知

$$\eta_C = 1 - \frac{T_2}{T_1} = 1 - \frac{285}{800} = 0.644$$

$$w_1 = \eta_C q_1 = 0.644 \times 600 = 386(\text{kJ/kg})$$

（2）由题意得：与高温热源热交换引起的熵变$\Delta s_1 = \frac{q_1}{800}$；与高温热源热交换存在温差引起的熵增$\Delta s_{高温差} = \frac{q_1}{750} - \frac{q_1}{800}$；与低温热源热交换存在温差引起的熵增$\Delta s_{低温差} = \frac{q_2}{285} - \frac{q_2}{300}$；与低温热源交换的热量为$q_2 = 285(\Delta s_1 + \Delta s_{高温差} + \Delta s_{低温差} + \Delta s_{不可逆})$。

联立以上四式并将工质从高温热源吸收的热量q_1值代入可得与低温热源交换的热量$q_2 = 315$kJ/kg，则循环做功量等于循环净吸热量

$$w = q_1 - q_2 = 600 - 315 = 285(\text{kJ/kg})$$

热机热效率为

$$\eta_t = \frac{w}{q_1} = \frac{285}{600} = 0.475$$

孤立系的熵增为

$$\Delta s_{iso} = \Delta s_{高温差} + \Delta s_{低温差} + \Delta s_{不可逆} = 600\left(\frac{1}{750} - \frac{1}{800}\right) + 315\left(\frac{1}{285} - \frac{1}{300}\right) + 0.25$$
$$= 0.355\text{kJ/(kg·K)}$$

做功能力损失为

$$i = T_0 \Delta s_{iso} = 285 \times 0.355 = 101.2(\text{kJ/kg})$$

通过以上计算结果可知，当工质与高温热源、低温热源有温差换热时，必然要造成做功能力损失。这都是因为存在不可逆因素造成的。

2.7 熵方程

做功能力损失在进行计算时涉及熵产，但由于熵产的定义是由于不可逆因素所造成的熵的增加量，无法通过定义来计算具体数值的大小，但是可以借助熵方程计算得出。

2.7.1 闭口系熵方程

热力系与外界相互作用形式有三种：质量交换、热量交换和做功。热力系与外界没有质量交换的系统称为闭口系。由于熵是状态参数，而热力系没有质量的流入与流出，因此熵没有随质量的进、出而变化。任意一闭口系的熵变由热熵流 $S_{f,Q}$ 和熵产两部分组成，微分式为

$$dS = \delta S_{f,Q} + \delta S_g \tag{2-64}$$

2.7.2 开口系熵方程

若热力系为开口系，则热力系与外界不但可能会有热量交换、做功，同时还会有质量交换。任意一非孤立系加上它的相关边界都可以转化为一个孤立系，开口系熵方程导出模型如图 2-14 所示。对于孤立系，有 $dS_{iso} = \delta S_g$。

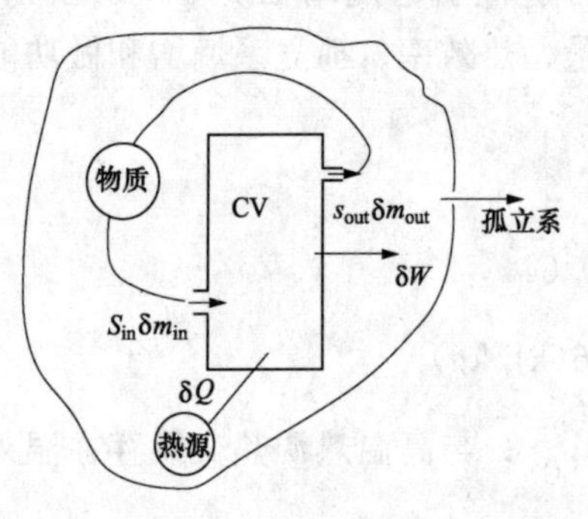

图 2-14 开口系熵方程导出模型

根据熵的广延性可知

$$dS_{iso} = dS_{CV} + \delta S_{f,Q} + dS_{f,m} + dS_{W,R} \tag{2-65}$$

式 (2-65) 中，$dS_{W,R}$ 为功源引起的熵变，即 $dS_{W,R} = 0$；dS_{CV} 代表某一时间间隔 $\delta\tau$ 控制体 CV 内熵的变化；$\delta S_{f,Q}$、$dS_{f,m}$ 分别为热量源与质量源在时间间隔 $\delta\tau$ 内的熵变，其中 $\delta S_{f,Q} = -\delta Q/T_R$，$T_R$ 为热源温度。

假设流入开口系的质量为 δm_{in}，带入的熵为 $(\delta ms)_{in}$，流出开口系的质量为 δm_{out}，带走的熵为 $(\delta ms)_{out}$，则质量源的熵变称为质熵流，计算式为

$$dS_{f,m} = (\delta ms)_{out} - (\delta ms)_{in}$$

因此，在某一时间间隔 $\delta\tau$ 内孤立系熵变

$$dS_{iso} = dS_{CV} - \delta S_{f,Q} + (\delta ms)_{out} - (\delta ms)_{in} = \delta S_g \tag{2-66}$$

开口系的熵方程为

$$dS_{CV} = \delta S_{f,Q} + (\delta ms)_{in} - (\delta ms)_{out} + \delta S_g \tag{2-67}$$

若进出口有若干股，则

$$dS_{CV} = \delta S_{f,Q} + \sum(\delta ms)_{in} - \sum(\delta ms)_{out} + \delta S_g \tag{2-68}$$

分析表明，在 $\delta\tau$ 时间内，开口系的熵的变化等于该段时间内工质进、出口所携带的熵

差、传热引起的熵流以及内、外不可逆原因所造成的熵产之和。

思考题

1. 什么是循环?

2. 为什么热是一种不同于功的能量形式?

3. 什么是第二类永动机?

4. 热力学第二定律能否表达为:“机械能可以全部变为热能,而热能不可能全部变为机械能”。这种说法有什么不妥当的?

5. 热力学第二定律的实质是什么?并写出熵增原理的数学表达式。

6. 热量不可能从低温热源传向高温热源,对不对?

7. 什么是可逆过程?实施可逆过程的条件是什么?

8. 熵流和熵产的大小取决于哪些因素?为什么?

9. 孤立系的熵与能量的总量都是保持不变的吗?

10. 如果熵的变化对可逆过程有定义,那么怎样能计算出不可逆过程熵的变化?

11. 热力系经历一个可逆定温过程,由于温度没有变化,因此该热力系工质与外界没有热量交换,这种说法是否正确?为什么?

12. 为什么可逆绝热过程是等熵过程?

13. 什么是卡诺循环?不可逆循环的热效率一定小于可逆循环热效率,这种说法是否正确?为什么?

14. 工质进行一熵增大的过程之后,能够采用绝热过程恢复到原来的状态吗?

15. 工质经历了一个不可逆循环后,其熵改变量是多少?

16. 请问以下几种说法正确吗?为什么?

(1) 工质进行不可逆循环后其熵必定增加;

(2) 使热力系熵增加的过程必为不可逆过程;

(3) 工质从状态 1 到状态 2 进行了一个可逆吸热过程和一个不可逆吸热过程,后者的熵增必定大于前者的熵增;

(4) 循环净功 W_{net} 越大,则循环热效率越高;

(5) 不可逆循环的热效率一定小于可逆循环的热效率;

(6) 可逆循环的热效率都相等,$\eta_t=1-T_2/T_1$;

(7) 熵增大的过程必为不可逆过程;

(8) 熵产 $S_g>0$ 的过程必为不可逆过程。

17. 循环热效率公式 $\eta_t=1-q_2/q_1$ 和 $\eta_t=1-T_2/T_1$ 是否完全相同?各适用于哪些场合?

18. 试证明热力学第二定律各种说法的等效性:若克劳修斯说法不成立,则开尔文说法也不成立。

19. 什么是克劳修斯不等式,它与熵有何关系?

20. 若工质从同一初态分别经可逆和不可逆过程到达同一终态,已知两过程热源相同,问传热量是否相同?

21. 理想气体绝热自由膨胀,熵变如何变化?

习 题

1. 水蒸气从压力为700kPa、干度为75%的初始状态绝热节流到压力为100kPa，求该过程比熵的变化量。

2. 10kg、350kPa、420K的空气与5kg、200kPa、530K的空气混合，且混合在绝热容器中进行。如终压是170kPa，求熵的变化量。

3. 水蒸气在150kPa、160℃条件下进入绝热的毛细管。由于流体摩擦，其压力降到100kPa。求每千克质量蒸汽熵的变化量。

4. 在一个绝热的容器里用电加热器加热110L的水，加热器的温度是常数（370K），水从15℃加热到50℃。求由这加热过程所引起的宇宙熵的变化量。

5. 某燃气轮机排气1.20kg/s，温度$T_1=576K$，定压排入温度$T_0=283K$的环境；设排气的比定压热容$c_p=1.021kJ/(kg\cdot k)$。试求每小时燃气轮机的排气热量中的有效能和无效能。

6. 一个1kW的电加热器放在8500L绝热的房间里；房间里的空气为1atm，温度为22℃；加热器运行15min。求空气熵的变化量。

7. 质量为0.1kg、温度为283.2K的水与质量为0.2kg、温度为313.2K的水混合，求ΔS。设水的平均比热容为4.184kJ/(kg·K)。

8. $m=2.26kg$理想气体的气体常数$R_g=430J/(kg\cdot K)$，比热比$k=1.35$。初温$T_1=477K$，经可逆定容过程后终温$T_2=591K$。求Q、ΔU、W、ΔS。

9. 某循环在700K的热源及400K的冷源之间工作，热变功简图如图2-15所示。请问：①用克劳修斯积分不等式判别循环是热机循环还是制冷循环，可逆还是不可逆？②用卡诺定理判别循环是热机循环还是制冷循环，可逆还是不可逆？

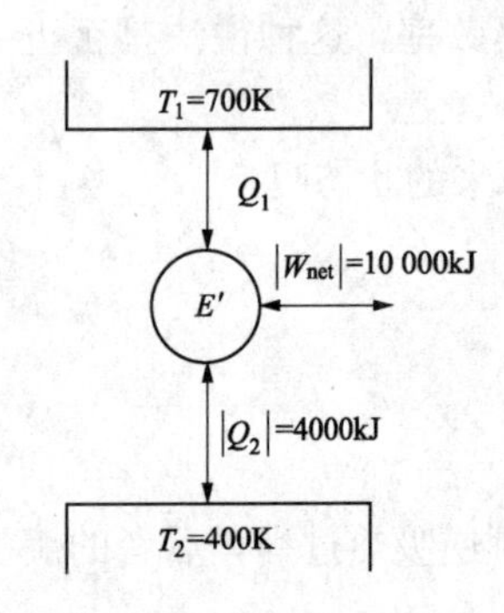

图2-15 热变功简图

10. 有人声称已设计成功一种热工设备，不消耗外功，可将65℃的热水中的20%提高到95℃，而其余80%的65℃的热水则降到环境温度15℃，分析是否可能？若能实现，则65℃热水变成95℃水的极限比率为多少？已知水的比热容为4.1868kJ/(kg·K)。

3 实际气体的热力性质及过程

在实际工程中，比如研究动力工程和制冷工程中的实际工质，理想气体的状态方程、比热容及其他参数的各种关系式并不再适用，所以实际工质的各种热力参数不能用理想气体的各种表达式来表示。部分状态参数的数值可以直接确定，比如 p、v、T 和 c_p，而对于 u、h 和 s 可以根据他们与可测量参数的一般关系式由可测参数值计算得到。根据热力学第一定律和热力学第二定律建立热力学一般关系式，并用偏微分的形式进行表示。本章将会主要讨论实际气体状态变化的特点，根据各状态参数之间存在的热力学一般关系式，可以建立热力学能函数、焓函数、熵函数和比热容的一般关系式；建立实际气体的状态方程；明确热力学普遍关系和近似计算的方法等。所讨论的内容对于实际工程的实验和计算都有普遍的指导意义和实用价值。

3.1 理想气体与实际气体及其两者的偏差

理想气体是物理学上为了简化问题而引入的一个理想化模型，在现实中并不存在。一般状况下，只要实际气体的压强不是很高、温度不是很低，都可以近似地当成理想气体来处理。当实际气体的状态变化规律与理想气体比较接近时，在计算中常把它看成是理想气体。这样，可使问题大为简化而不会发生大的偏差。但如果不能按理想气体处理时，那么衡量两种气体间的差距指标是什么？将是下面讨论的内容。

3.1.1 理想气体与实际气体

理想气体是一种经过科学抽象的假想气体模型，在热力学中占有很重要的地位。一般把它假设为气体分子是不占有体积的弹性质点，同时分子相互之间没有作用力（引力和斥力）。

通过两个假设条件，气体分子运动规律会大大简化。不但可以定性分析气体某些热力学现象，而且可定量导出状态参数间存在的简单函数关系。但是经过这样的简化后，能否符合实际情况，则需要由气体所处状态确定。例如某种气体分子本身的体积很小，同时该气体分子活动的空间也非常大，那么分子本身的体积可以忽略；而分子间平均距离很大，分子间相互吸引力小到可以忽略不计时，这种状态的气体便基本符合理想气体模型。因此，理性气体实质上是实际气体的压力 $p\to0$，或比体积 $v\to\infty$ 时的极限状态的气体。在现实的生活中是不存在这样的气体，所以理想气体是假想气体。

对于双原子和单原子气体，压力降到 1～2MPa，温度在常温以上，理想气体状态方程式通常是很好的近似方程。在准确度方面，其误差不会超过百分之几。

如果气体的状态处于很高的压力或很低的温度，气体就会有很高的密度，以致分子本身的体积及分子间的相互作用力不能忽略不计，在这个情况下，就不能作为理想气体看待了，这样的气体称为实际气体。比如锅炉中产生的水蒸气、制冷剂蒸气、石油气等都属于实际气体。但是，若继续对蒸气加热提高其温度，则温度越高，比体积就越大，就越接近理性气体。空气及烟气中的水蒸气，因其含量很少，比体积大，所以可当理想气体看待。因此，理想气体与实际气体并没有明显的界限。在某种状态下，应视为何种气体为理想气体，要根据工程计算所允许的误差范围来确定。

3.1.2 实际气体与理想气体的偏差

在研究实际气体的性质时，主要在于寻求各热力参数间的关系，其中最重要的是建立实际气体的状态方程。因为不仅 p、v、T 这几个参数本身就是过程和循环分析中必须确定的量，而且在状态方程基础上利用热力学一般关系式可导出 u、h、s 及比热容的计算式，以便于进行过程和循环的热力分析。下面将分析理想气体状态方程用于实际气体时的偏差。

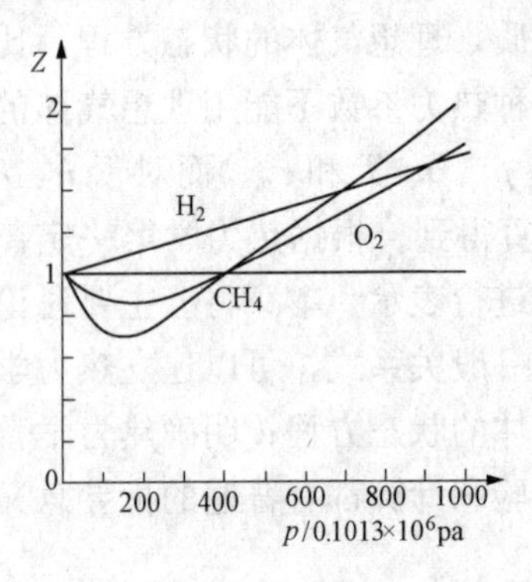

图 3-1 气体压缩因子随压力的变化趋势

按照理想气体的状态方程 $pv=R_gT$，可得出 $Z=pv/R_gT=1$。故对于理想气体，Z 恒为1。$Z\sim p$ 的关系在图 3-1（气体压缩因子随压力的变化趋势）上应该是一条通过 1 的水平线。但实验结果显示出实际气体并不符合这样的规律，特别是在高压低温下偏差会明显增大。

将实际气体的这种偏离通常采用压缩因子或压缩系数 Z 表示为

$$Z=\frac{pv}{R_gT}=\frac{pV_m}{RT} \quad 或 \quad pV_m=ZRT \tag{3-1}$$

理想气体的 Z 恒为 1；实际气体的 Z 可大于 1，也可小于 1。Z 值偏离 1 的大小，反映了实际气体对理想气体性质偏离的程度。Z 值的大小不仅与气体的种类有关，而且同种气体的 Z 值还随压力和温度而变化。因此，Z 是状态的函数。临界点的压缩因子 $Z_{cr}=p_{cr}v_{cr}/R_gT_{cr}$，称为临界压缩因子。

为了方便理解压缩因子 Z 的物理含义，可以将式（3-1）改写为

$$Z=\frac{pv}{R_gT}=\frac{v}{R_gT/p}=\frac{v}{v_i}$$

式中：v 为实际气体在 p、T 时的比体积，m^3/kg；v_i 为在相同的 p、T 下，把实际气体当做理想气体时计算的比体积，m^3/kg。

因此，压缩因子 Z 即为温度、压力相同时的实际气体比体积与理想气体比体积之比。$Z>1$，说明该气体的比体积比将之作为理想气体在同温同压下计算而得的比体积大，也说明实际气体较理想气体更难压缩；反之，若 $Z<1$，则说明实际气体可压缩性大。故 Z 是从比体积的比值或从可压缩性大小来描述实际气体对理想气体的偏离。

产生这种偏离的原因是理想气体模型中忽略了气体分子之间的作用力和气体分子所占据的体积。在实际上，当气体被压缩时，分子之间的间距会缩小，因而分子之间的相互作用会增强。气体的体积在分子引力作用下要比不考虑引力时小。因此，在一定温度下，大多数实际气体的压缩因子 Z 值先随着压力增大而减小，即其比体积比作为理想气体在同温同压下的比体积小。随着压力增大，分子间距离减小，分子间斥力影响增大，故实际气体的比体积比作为理想气体的比体积大。同时，分子本身占有一定的体积，导致分子的活动空间变小。因此，极高压力时气体 Z 值将大于 1。Z 值随压力的增大而增加。氮气的压缩因子 Z 与压力及温度的关系如图 3-2 所示。

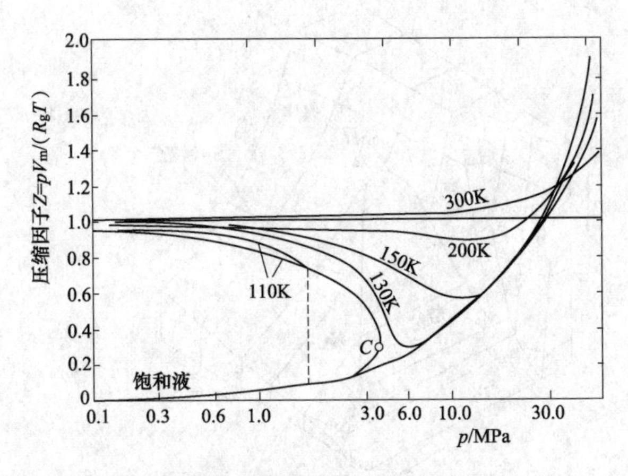

图 3-2 氮气的压缩因子 Z 与压力及温度的关系

因此，实际气体只有在高温低压状态下，其性质和理想气体相近。实际气体是否能作为理性气体处理，与气体的种类和气体所处的状态有关。由于 $pv=R_gT$ 不能准确反映实际气体 p、v、T 之间的关系，因此必须对其进行修正和改进来满足实际情况，或通过其他途径建立实际气体的状态方程。

3.2 实际气体的相图

相与相之间有明显的界面，该界面称为相界面。在界面上宏观性质的改变是飞跃的。在一定的外界条件下，物质某种状态的能量最低，它就是热力学的平衡相。有时两个或两个以上的相同时存在，把平衡相的界限用图表示出来即为相图。即表达多相体系的状态如何随压力、温度和组成等性质变化而改变的几何图形。可用 p-v-T 直角坐标系内的三维热力学曲面表示单元系的平衡态。相图通常是以组分、压力和温度为变量绘制的。相图是研究一个多组分（或单组分）多相体系的平衡状态随压力、温度和组分浓度等变化而改变的规律。

为了确定质量和成分固定的纯净物质的热力学平衡态，通常需要两个独立的参数。凝固时体积收缩物质的热力学曲面和相图，如图 3-3 所示。像水那样的凝固时体积膨胀的物质的热力学曲面和相图，如图 3-4 所示。在 p-v-T 曲面上的点代表的是物质的平衡态。在气相（v）、液相（l）和固相（s）三个单相区，热力学面是曲面，在各单相区之间是两相共存区：气-液（v-l）、固-液（s-l）、气-固（v-s），在两相区的等压线即为等温线，热力学面与等压截面的交线和 v 轴（比体积轴）平行。气-液-固三相共存的平衡态是一条直线，三相线各点的压力和温度则是固定的，但三相平衡的比体积却因各相的组成有一定的关系。

单相区和两相区的分界线称为饱和线，在饱和线上的点代表饱和状态。液相和气相两相共存的分界线叫饱和液态线；而气相与液-气两相共存的分界线叫饱和气态线。由饱和液态线上的点代表的状态是饱和液态，由饱和气态线上的点代表的状态是饱和气态。在蒸气和液体共存的两相区，蒸气和液体分别处在饱和液态和饱和气态。对于饱和固态线和饱和固相也有类似的情况。

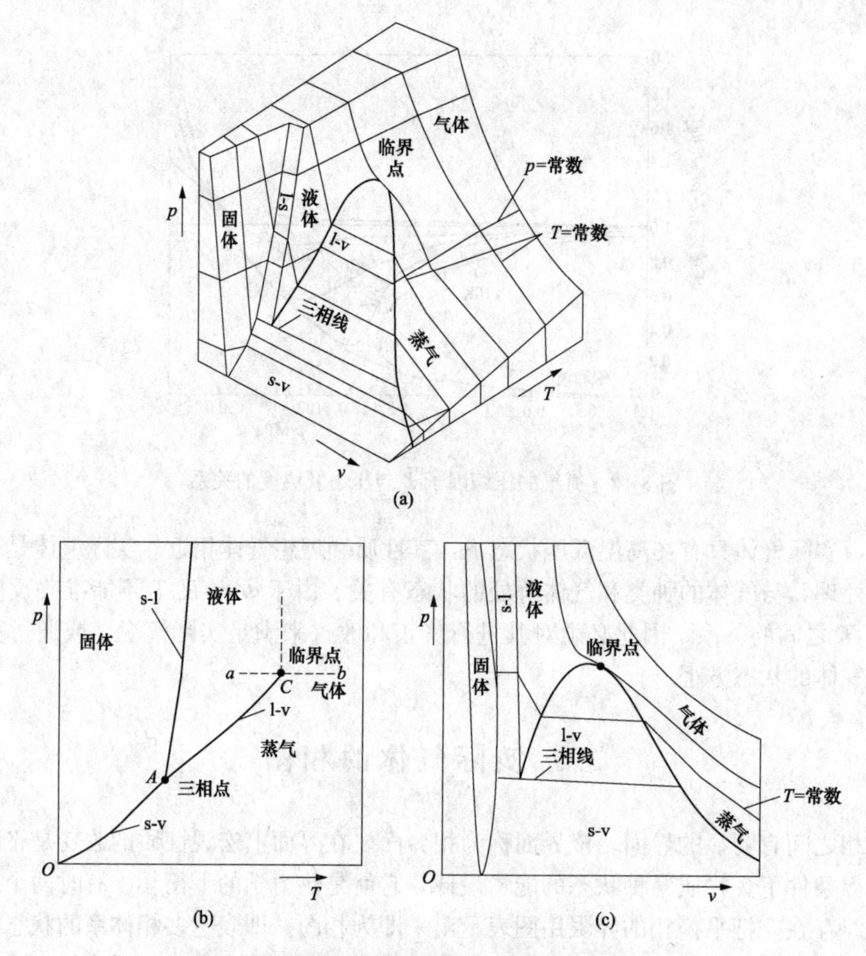

图 3-3 凝固时体积收缩物质的热力学曲面和相图

(a) 三维热力学曲面和相图；(b) p-T 相图；(c) p-v 相图

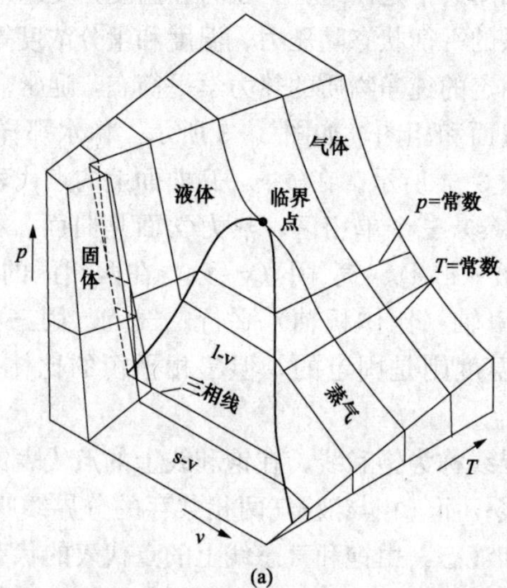

图 3-4 凝固时体积膨胀物质的热力学曲面和相图（一）

(a) 三维热力学曲面和相图

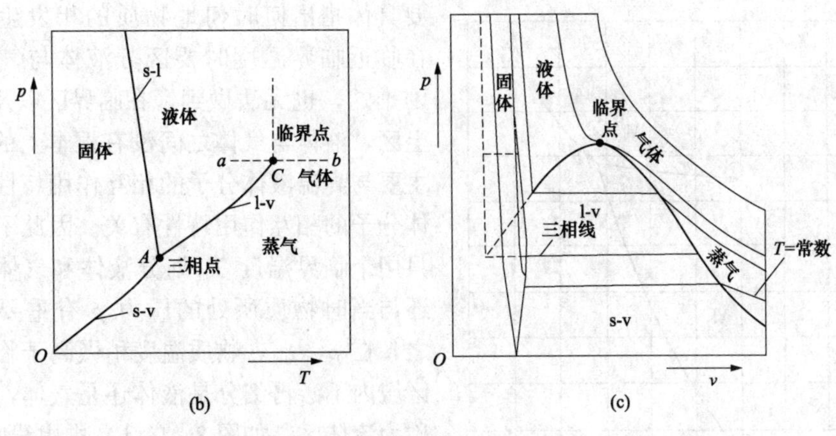

图 3-4　凝固时体积膨胀物质的热力学曲面和相图（二）

(b) p-T 相图；(c) p-v 相图

以压力和温度为两个直角坐标所组成的坐标系被称为 p-T 相平衡图或 p-T 相图。图 3-3 和图 3-4 中三相共存态为一个确定的点。一些物质的三相点数据，如表 3-1 所示。

表 3-1　　一些物质的三相点数据

物质	T(K)	p(Pa)	物质	T(K)	p(Pa)
氦-4（λ点）	2.177	5035	氮	63.15	12 500
氢（正常）	13.97	7040	氨	195.40	6075
氘（正常）	18.63	17 100	二氧化硫	216.55	167.5
氖	24.56	43 200	二氧化碳	197.68	517 000
氧	54.36	152	水	273.16	611

代表固相和气相共存的点处于升华曲线上边，它在图 3-3（b）和图 3-4（b）中起始点为原点 O，终止在三相点 A；代表液相和气相共存的点处于气化曲线上边，在图 3-3（b）和图 3-4（b）中起始点为三相点 A，终点在临界点 C；代表固相和液相共存的点位于熔化曲线上，它在图 3-3（b）和图 3-4（b）中起点在三相点 A 而没有终点。升华线和气化线的斜率总为正值。不同的是，熔化线的斜率可正可负，大多数物质的熔化线斜率是正的。图 3-3（b）和图 3-4（b）中标出了固、液和气相区，由升华、熔化和气化三条曲线分隔开。当物质的压力低于三相点压力时，不存在液相。物质的压力高于三相点压力时，固液两项可以平衡存在，但是不能和气相平衡共存。代表液相和气相共存的气化曲线是有限长度的曲线，它终止于临界点。该点的温度和压力分别称为物质的临界温度 T_{cr} 和临界压力 p_{cr}。对于给定的已知物质，T_{cr} 和 p_{cr} 这两点是确定的值。在临界点上，两相的参数相同，表示液相和气相之间状态没有差别；在临界点附近，液相和气相的参数彼此很接近。

对压力高于临界压力的液体在压力一定的条件下继续加热，液体的温度会升高，同时体积将增大，密度将减小。继续加热液体直到全部变为气体，在如图 3-3（b）中 a—b 线之上的加热过程满足这种条件。在压力 $p>p_{cr}$ 的情况下，液体转变为气体不经过相变这一阶段，不存在相变潜热，整个过程中物质始终处在均匀（即单相）的连续改变的状态。

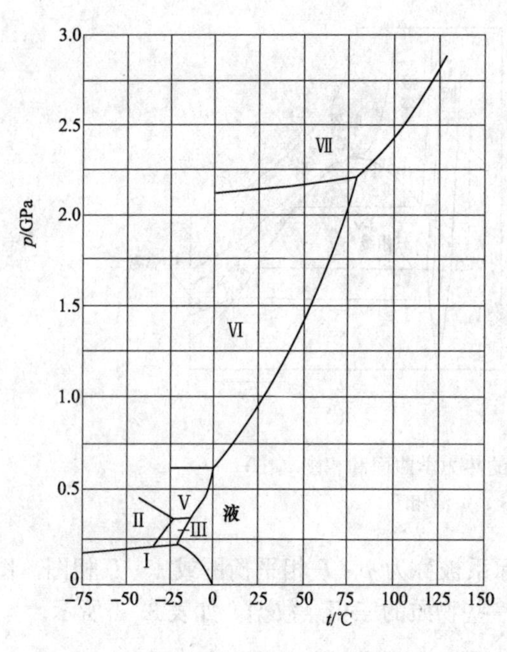

图 3-5 水在高压时的相图

要具体指出何时何地物质的相发生转变，或在临近临界温度时要区分液体与气体是非常困难的，也无法做到。在临界区以及临界点以上区，液体与气体之间没有根本上的差别。这主要与高温液体分子的相互作用特性和高温气体分子的相互作用特性有关。因此不能简单地只用个临界温度 T_{cr} 划分液体和气体，实际上还与当时物质所处的压力 p 有重要关系。总之，在 $p \geqslant p_{cr}$，物质温度稍微高于临界温度的区域内不必再细分是液体还是气体，而笼统地称为流体区，如图 3-4（b）中虚线区所示。

Bridgman 和 Tammann 在研究很高压力水的凝固线时，发现了冰的 5 种新变态，并称之为冰Ⅱ、Ⅲ、Ⅴ、Ⅵ、Ⅶ，而把普通冰称为冰Ⅰ，冰Ⅵ和冰Ⅶ是不稳定的。水在高压时的相图如图 3-5 所示。图 3-5 中没有画出气相，是因为气相的压力太小，以致气相缩挤到横轴（t 轴）上。图 3-5 中由这些形态的冰和水平衡共存组成的另外 6 个三相点，这 6 个三相点和由汽、水及冰Ⅰ组成的三相点（基本的三相点）相关参数如表 3-2 所示。

表 3-2　由汽、水及冰Ⅰ组成的三相点（基本的三相点）相关参数

平衡时的相	T(K)	p(Pa)	平衡时的相	T(K)	p(Pa)
冰Ⅰ、液相、气相	273.16	611.2	冰Ⅲ、液相、冰Ⅴ	256.15	3.463×10^{8}
冰Ⅰ、液相、冰Ⅲ	251.15	2.075×10^{8}	冰Ⅴ、液相、冰Ⅵ	273.13	6.258×10^{8}
冰Ⅰ、冰Ⅱ、冰Ⅲ	238.45	2.129×10^{8}	冰Ⅵ、液相、冰Ⅶ	354.75	2.197×10^{9}
氖冰Ⅱ、冰Ⅲ、冰Ⅴ	248.85	3.443×10^{8}			

氦是迄今发现的最难以固化的物质，它有两种稳定的同位素 ^{4}He 和 ^{3}He。^{4}He 的 p-T 相图，如图 3-6（a）所示。当压力低于 2.53MPa，即使 $T<1$K，仍保持液态，只有在低温下同时压力增加到 2.53MPa 以上才能固化。2.53MPa 比 ^{4}He 的临界压力 $p_{cr}=118$kPa 高很多，因此氦没有气、液、固三相共存的三相点。液氦有两种液相：液氦Ⅰ和液氦Ⅱ，液氦Ⅱ具有“超流体”这种特性，λ 线是液氦Ⅰ和液氦Ⅱ的分界线，液氦Ⅰ、液氦Ⅱ和气相共存的点为下三相点（又被称为 λ 点），液氦Ⅰ、液氦Ⅱ和固体共存的点为上三相点。在 λ 线上的各点从液氦Ⅰ到液氦Ⅱ的相变，包括上三相点，但不包括 λ 点，都有相变潜热和体积变化。但在 λ 点从液氦Ⅰ到液氦Ⅱ的相变却无相变潜热和体积变化。^{3}He 的相图如图 3-6（b）所示。^{3}He 的正常沸点（101.325kPa 时的沸点）达到 3.2191K。将 ^{3}He 的蒸气压抽到 3.2Pa 可以达到 0.4K 的低温，^{3}He 没有三相点（由于数据较小，在坐标图上无法显示）。

图 3-7 详细地表示出液相和气相的 p-v 平面图。图中 f 点代表饱和液态，g 点代表饱和气态。这些饱和态的温度和压力逐一对应。饱和汽线右边的区域是过热蒸汽区，饱和液线左边的区域是过冷液区。

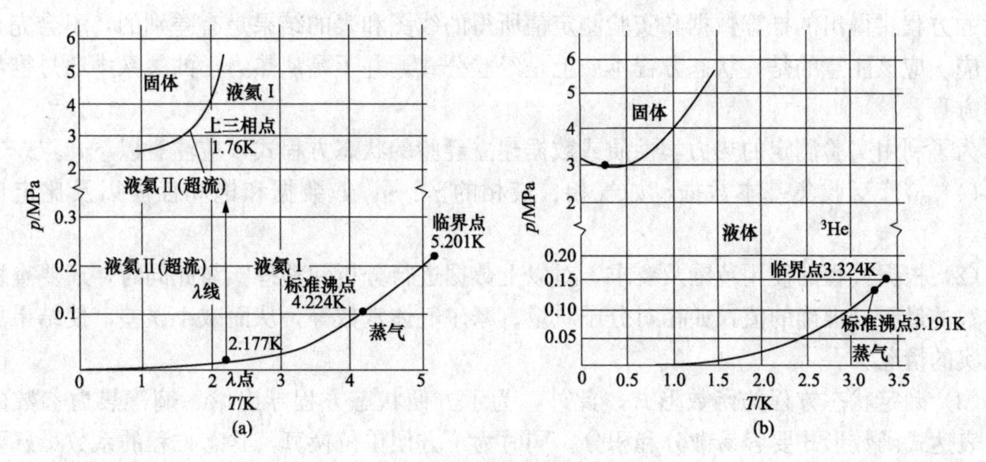

图 3-6　氦的相图

(a)^{4}He 的 p-T 图；(b)^{3}He 的 p-T 图

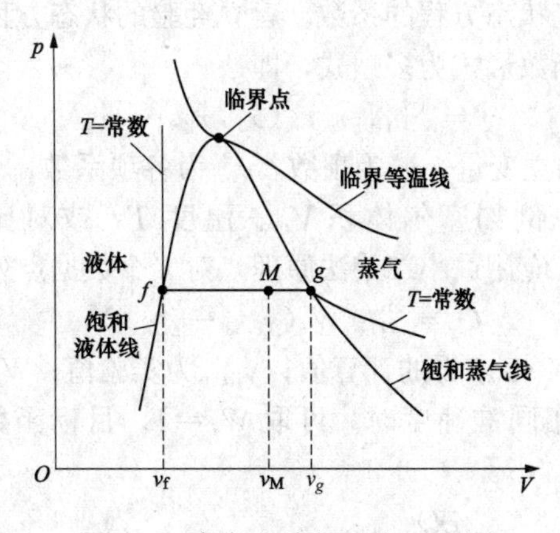

图 3-7　气相和液相区的 p-v 图

超流体是超低温下具有奇特性质的理想流体，即流体内部完全没有黏滞。超流体所需温度比超导还低，它们都是超低温现象，许多人想研究室温超导，违背自然规律，也是永动机式的幻想。

3.3　实际气体状态方程

为了正确反映实际气体的性质，很多研究者做了大量的工作，提出了许多经验的或半经验的气体状态方程式。工程上已经根据各种实际气体的实验数据并利用某种状态方程式制成各种计算用的图和表。按照图和表所给出的各种实际气体在不同状态下各状态参数的数据，可以方便地对实际气体的状态方程变化进行分析和计算。

3.3.1　建立实际气体状态方程的基本办法

可以用简单的代数方程来描述气体。除此之外，为了表示气体的状态，还可用线图或用 p-v-T 的关系来表示。首先通过假定液体或蒸汽的微观构造，就可能导出预测性的方程的形式。即便如此，必须依据各种物质的试验数据或者是测定值确定其未定常数值。因此，预测性的方程式得出的推算数据和实验测定值所得的线图和表的结果是有差别的，不会完全一一对应。应该注意的是，状态方程本质上是经验公式，并不是从热力学的关系中通过推导得出的方程。

为了利用实验测定的热力学性质或数据建立经验的状态方程式，应注意以下几点。

(1) 应广泛收集基本数据，如气相、液相的 p、v、T 数据和饱和性质以及比定压热容等。

(2) 根据方程的使用范围及要求，对以上数据进行分析和整理。与此同时，还要查取物理常数的最新最准确的值，如相对分子质量、摩尔气体常数等，从而减小误差，使结果更接近真实的情况。

(3) 确定状态方程的函数形式。此外，为了方便状态方程导出焓、熵等热力参数的解析，表达式函数形式要容易微分和积分。同时为了方便单位换算，状态方程的系数最好要根据对应态原理无量纲化。一般来说，状态函数的形式可在维里方程、多参数方程（如B-W-R方程或M-H方程)、相近物质的经验方程等基础上进行修正。

(4) 按最小二乘法确定状态方程的系数。建立经验的状态方程式的一般步骤为：

假如选定状态方程的函数形式为多项式，即

$$y=\sum_{m=0}a_m f_m(x_1,x_2,\cdots,x_\gamma) \tag{3-2}$$

式（3-2）中 y 为非独立变量，m 为项数，a_m 为各项系数，例如压力 p 或压缩因子 Z；$x_1,x_2,\cdots,x_\gamma$ 为独立变量，例如摩尔体积 V_m、温度 T，或对比参数 p_r、T_r 等；$f_m(x_1,x_2,\cdots,x_\gamma)$ 为 m 次多项式。应用最小二乘法原理，对 n 个数据点列出目标函数，有

$$Q=\sum_{i=1}^{n}W_i(y_{i,\mathrm{cal}}-y_{i,\mathrm{exp}})^2 \tag{3-3}$$

式中：$y_{i,\mathrm{cal}}$为按式 $T_B/T_C\approx2.5$ 求得的计算值；$y_{i,\mathrm{exp}}$为实验值；W_i 为各项的权重。

当所采用的实验值有相同准确度时，可取 $W_i=1$。目标函数 Q 取极小值时，满足条件为

$$\frac{\partial Q}{\partial a_m}=0 \quad (m=0,\cdots,k)$$

由此导出正规方程组。它是以系数 a_m（即 a_0，…，a_k）为自变量的线性方程组，一般可采用高斯-约当消去法求解，从而确定式（3-2）的各系数。

接下来，检验新建立的状态方程式。可以从两个方面进行：一是将新建立方程的计算结果与实验值相比较，在各种坐标图（如 p-V、p-T、T-ρ 图等）上进行，可以直观、更全面地弄清楚新方程的特点及适用范围；二是对新方程热力学一致性的检验，主要是对一阶和二阶的导函数的检验。

下面介绍一些状态方程需要满足的热力学条件：

(1) 压力趋于零时，任何真实气体的状态方程都应该趋于理想气体状态方程 $pv=R_gT$。这一特点在通用压缩因子图上表现为压力等于零时所有对比等温线都集中到 $Z=1$ 的一点，而当温度趋于无穷大时对比等温线趋近于 $Z=1$ 的直线。

(2) 状态方程预测的临界等温线在临界点处应为一拐点，也就是满足压力对体积的一阶和二阶偏导数为零。

(3) 状态方程预测的第二维里系数的准确度是检验方程的重要条件，而在 $p=0$ 时有 $\lim\limits_{p\to0}\left(\frac{\partial Z}{\partial p}\right)_T=0$，应能预测定出波意耳温度 T_B。

（4）在蒸发曲线上应满足气液平衡条件 $g^{(l)}=g^{(v)}$，并能预测出汽化潜热。

（5）在 p-T 图上，临界等体积线应接近于直线，在临界点其斜率等于蒸发曲线在临界点的斜率，即应有

$$\frac{\mathrm{d}p_s}{\mathrm{d}T}=\left(\frac{\partial p}{\partial T}\right)_{v_{cr}}$$

式中：下角标“s”表示饱和；“v_{cr}”表示临界点比体积，m^3/kg。

此外，还可以利用通用压缩因子图或其他试验资料提供的各种信息，例如焦耳-汤姆逊系数、摩尔热容、音速等状态方程进行验证。对于一个经验方程要使所有条件统统满足是难做到的，实际上往往只能根据使用的目的照顾到一些条件。

3.3.2 范德瓦尔方程

最早成功修正理想气体状态方程的是范德瓦尔（Vander Waals），在1873年范德瓦尔在提出实际气体的物理模型时，因为考虑了实际气体分子本身的体积及分子之间引力的影响，对理想气体状态方程式引进两项修正，从而提出了第一个具有实际意义的实际气体状态方程，即著名的范德瓦尔方程式。该方程式开拓了一条研究状态方程的新方法，为后续状态方程的研究奠定了一个重要的基础。

方程式的导出如下：

（1）考虑分子本身体积的修正项：对于给定的一定体积的气体，由于气体分子本身也会占用一定的空间，使分子的运动空减少间，碰撞器壁的次数会增多，实际压力大于理想气体状态方程计算所得的值。令 b 为气体分子体积影响的修正值，分子自由运动空间减小为（$v-b$），则实际气体由于分子运动而引起的动压力 p_a 变为

$$p_a=\frac{R_g T}{v-b}$$

（2）考虑到分子间相互作用力的修正项：分子之间存在着引力，使分子作用于壁面上的压力减小。压力的减小正比于气体密度的平方；此外还与分子类型有关。若以 a 表示气体分子间作用力强弱的特性常数，则压力减少量（也称聚内压力）p_i 为

$$p_i=a\rho^2=\frac{a}{v^2}$$

由动压力减去内聚压力即得到实际的静压力，得到范德瓦尔方程式为

$$p=\frac{R_g T}{v-b}-\frac{a}{v^2} \tag{3-4}$$

或写成

$$\left(p+\frac{a}{v^2}\right)(v-b)=R_g T \tag{3-5}$$

对于1kmol实际气体，有

$$\left(p+\frac{a}{V_m^2}\right)(V_m-b)=RT \tag{3-6a}$$

式中：a 与 b 这两个数是与气体种类有关的正常数，称为范德瓦尔常数，根据实验数据予以确定；a/V_m^2 称为内压力，其中 V_m 为气体的摩尔容积。

通过与理想气体的状态方程进行比较可知，因为范德瓦尔考虑到气体分子具有一定的体积，分子可自由活动的空间用 V_m-b 来取代理想气体状态方程中的体积；气体分子间存在

引力作用，所以气体对容器壁面所施加的压力相比于理想气体的小，用内压力修正压力项。由于由分子间引力引起的分子对器壁撞击力的减小与单位时间内和单位壁面积碰撞的分子数成正比，同时还与吸引这些分子的其他分子数成正比，因此内压力与气体的密度的平方（即比体积平方的倒数）成正比，用 a/V_m^2 来表示。将范德瓦尔方程按 V_m 的降次幂排列，可改写成

$$pV_m^3-(bp+RT)V_m^2+aV_m-ab=0$$

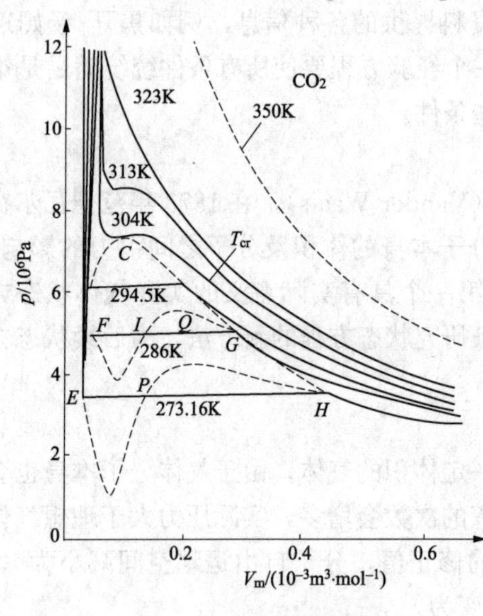

图 3-8　CO_2 的等温线

方程是 V_m 三次方程式。随着 p 和 T 不同，V_m 可以有三个不等的实根，三个相等实根或一个实根、两个虚根。工程和实验也说明了这个现象。在各种温度下定温压缩某种工质，例如 CO_2，测定 p 与 V_m，在 p-V_m 图上画出 CO_2 的等温线，CO_2 的等温线如图 3-8 所示。由图可知，和对水的描述一样。当温度低于临界温度 T_{cr}(304K) 时，等温线中间有一段是水平线。这些水平线段实际上和 CO_2 气体凝结成液体的过程是相类似的。在点 H、G 等处开始凝结，到点 E、F 等处则凝结完毕。温度等于 304K 时等温线上不再有水平线段，而在 C 处有一转折点。那么点 C 的状态即临界状态，当温度大于临界温度时，等温线中不再有水平段，也就说明压力再怎么升高，气体也不能变为液态。

由图 3-8 可知，当温度高于临界温度时，对于每个确定的压力 p，只有一个确定的 V_m 值，也就是只有一个实根。当温度低于临界温度时，对于一个确定的压力值对应的有三个 V_m 值，其中最小值为饱和液的摩尔体积，最大值为干饱和蒸汽的摩尔体积。因为图中 P-I-Q 违反了稳定平衡态判据，所以中间的那个 V_m 值是没有意义的。当温度等于临界温度时，三个实根就会变为一个实根，即相对于 p_{cr}，V_m 有三个相等的实根。

将范德瓦尔方程式与理想气体状态方程式 $pV_m=RT$ 进行对比，可知：当摩尔体积 V_m 逐渐增大的时候，那么两者之间的差别就会逐渐减少。而压力降低和温度升高会使比体积增大。当压力越低，温度越高时，实际气体的性质和理想气体的性质就会非常接近。因此，温度远高于临界温度的区域，范德瓦尔方程与实验结果符合较好；但在较低压力和较低温度时，范德瓦尔方程与实验结果符合不好。

临界点是临界等温线的极值点及拐点，其压力对比体积的一阶偏导数和二阶偏导数均为零，即

$$\left(\frac{\partial p}{\partial V_m}\right)_{T_{cr}}=0,\quad \left(\frac{\partial^2 p}{\partial V_m^2}\right)_{T_{cr}}=0$$

将范德瓦尔方程求导后代入可得

$$\left(\frac{\partial p}{\partial V_m}\right)_{T_{cr}}=-\frac{RT_{cr}}{(V_{m,cr}-b)^2}+\frac{2a}{V_{m,cr}^3}=0$$

$$\left(\frac{\partial^2 p}{\partial V_m^2}\right)_{T_{cr}}=\frac{2RT_{cr}}{(V_{m,cr}-b)^3}-\frac{6a}{V_{m,cr}^4}=0$$

联立求解上述两式得

$$p_{cr}=\frac{a}{27b^2},\quad T_{cr}=\frac{8a}{27Rb},\quad V_{m,cr}=3b \tag{3-6b}$$

$$a=\frac{27(RT_{cr})^2}{64p_{cr}},\quad b=\frac{RT_{cr}}{8p_{cr}},\quad R=\frac{8p_{cr}V_{m,cr}}{3T_{cr}} \tag{3-6c}$$

因此，气体的范德瓦尔常数 a 和 b 除了可以根据气体 p、V_m 及 T 的实验数据，用曲线拟合法确定外，还可由临界压力 p_{cr}和临界温度 T_{cr}由式（3-6c）计算。由式（3-6c）计算可以得出，所有物质的临界状态的压缩因子即临界压缩因子 $Z_{cr}(=p_{cr}V_{m,cr}/RT_{cr})$ 均等于0.375。

但是事实上，不同物质的 Z_{cr}拥有不同的值，并对于大多数物质来说，它们远小于0.375，一般在0.23～0.29，所以在临界区域或附近应用范德瓦尔方程会产生较大的误差，按式（3-6c）计算的 a、b 值也是近似的。一些物质的临界参数和由实验数据拟合得出的范德瓦尔常数，如表3-3所示。

表3-3　一些物质的临界参数和由实验数据拟合得出的范德瓦尔常数

物质	T_{cr} / K	p_{cr} / MPa	$V_{m,cr}\times10^3$ / $m^3\cdot mol^{-1}$	$Z_{cr}\left(=\frac{p_{cr}V_{m,cr}}{RT_{cr}}\right)$	a / $m^6\cdot Pa\cdot mol^{-2}$	$b\times10^3$ / $m^3\cdot mol^{-1}$
空气	132.5	3.77	0.088 3	0.302	0.135 8	0.036 4
一氧化碳	133	3.50	0.093 0	0.294	0.146 3	0.039 4
正丁烷	425.2	3.80	0.254 7	0.274	1.380	0.119 4
氟利昂12	384.7	4.01	0.217 9	0.273	1.078	0.099 8
甲烷	191.1	4.64	0.099 3	0.290	0.228 5	0.042 7
氮	126.2	3.39	0.089 9	0.291	0.136 1	0.038 5
乙烷	305.5	4.88	1.148 0	0.284	0.557 5	0.065 0
丙烷	370	4.26	0.199 8	0.277	0.931 5	0.090 0
二氧化硫	430.7	7.88	0.121 7	0.268	0.683 7	0.056 8

范德瓦尔方程是结合理论分析和实验数据统计分析得到的半经验状态方程，它虽可以较好地定性描述实际气体的基本特性，但是在定量上不够准确，不宜作为定量计算的基础。

【例题3-1】　实验测得氮气在温度 $T=175K$、比体积 $v=0.003\ 75m^3/kg$ 时压力为10MPa，分别根据理想气体状态方程和范德瓦尔方程计算压力值，并与实验值进行比较。

解　(1) 利用理想气体状态方程有

$$p=\frac{R_gT}{v}=\frac{297\times175}{0.003\ 75}=13.86\times10^6=13.86(MPa)$$

与实验值误差约为38.6%。

(2) 结合范德瓦尔方程，查表3-3可得

$$a=0.136\ 1m^6\cdot Pa/mol^2,\quad b=0.038\ 5m^3\cdot mol^{-1}$$

考虑到比体积以质量为基础，对范德瓦尔常数进行单位转换

$$a=\frac{0.1361}{(M_{NO_2})^2}=173.5(m^6\cdot Pa/kg^2)$$

$$b = \frac{0.0385}{M_{NO_2}} = 0.001375(\mathrm{m^3/kg})$$

式中：M_{NO_2}为氮气的摩尔质量。

将其代入到范德瓦尔方程有

$$p = \frac{R_g T}{v-b} - \frac{a}{v^2} = \frac{297 \times 175}{0.00375 - 0.001375} - \frac{173.5}{0.00375^2} = 9.546(\mathrm{MPa})$$

与实验值的误差约为−4.5%。

3.3.3 维里方程

维里方程指的是按比体积把压缩因子展开成幂级数表达式的方程式，即

$$Z = \frac{pv}{R_g T} = 1 + \frac{B}{v} + \frac{C}{v^2} + \frac{D}{v^3} + \cdots \tag{3-7}$$

式中：系数B、C、D等分别称为第二维里系数、第三维里系数、第四维里系数。

"维里"（virial）来源于拉丁文，意思是"力"。在上述级数中，因为分子间相互作用力的存在，各个维里系数实际上就是修正的结果。1901年，卡莫凌·昂尼斯（Kammerlingh Onnes）首先将维里方程用于拟合p、V、T实验数据以得到解析方程式。在统计力学中，维里系数与不同大小集团中的分子间相互作用力有关。如第二维里系数与两个分子间的作用有关，第三维里系数与三个分子间的作用有关等。气体的密度越高，维里方程中需要考虑的项数也就会越多。

维里方程也可用密度的幂级数表示为

$$Z = \frac{pV}{R_g T} = 1 + B'\rho + C'\rho^2 + D'\rho^3 + \cdots \tag{3-8}$$

式中：系数B'、C'、D'等也称为维里系数。

将式（3-7）改写为$p = R_g T\rho + R_g TB\rho^2 + R_g TC\rho^3 + \cdots$，代入式（3-8）可得

$$Z = 1 + B'(R_g T\rho + R_g TB\rho^2 + \cdots) + C'(R_g T\rho + R_g TB\rho^2 + \cdots)^2 + \cdots$$

将ρ的同幂次项合并，并与式（3-7）相比较，可得出密度级数展开式与压力级数展开式中维里系数之间的关系：

$$B = B'R_g T,\quad C = R_g^2 T^2 (B'^2 + C')$$

维里展开式仅适用于低密度和中等密度的气体。对于临近液体的密度区时，级数是发散的。密度级数式（3-8）与比体积级数式（3-7）收敛得慢，故主要用在低压区。低密度或低压区的界限并不是固定的，最主要的是取决于目的方程所要求的准确度。当采用维里级数来建立某种气体的状态方程时，方程项数的选定取决于要求达到的准确度和方程应用的温度、密度（或压力）范围。通常，当气体温度高于临界温度100K时，略去式（3-7）及式（3-8）中三阶及以上所导致的误差为：在1.01325×10^5Pa压力下小于0.001%，在1.01325×10^6Pa压力下小于0.1%。

若有精确的低压下的p、V及T实验数据，就可以求得维里系数。将式（3-7）移项后可得

$$V(Z-1) = B + \frac{C}{V} + \cdots \tag{3-9}$$

以$V(Z-1)$对$1/V$做等温线，$1/V$趋于零时的截距与斜率即分别为B和C，由p、V及T数据求出的B和C如图3-9所示。在求得B后，再以$V[V(Z-1)-B]$对$1/V$作图，

$1/V$ 趋于零时的截距就是 C。事实上，这种办法相当于把实验所得的压缩因子数据拟合成如式（3-9）似的多项式。其系数就是所对应的维里系数。按此法确定的第二维里系数的误差较小，但第三维里系数的不确定性就会很大。一般气体的第二维里系数 B、第三维里系数 C 与温度关系的示意图如图 3-10 所示。在低温下，第二维里系数 B 为负且数值很大，然而在高温下它又成为一个小的正值。第二维里系数 B 有着特殊的含义，即在某一温度时 $B=0$。这时如果 C、D 等都能忽略，那么这种气体就可被压缩到很大的压力而仍不会与波意耳定律有较大的偏离。这个温度称为波意耳温度，是气体的一个特征温度。在此温度下，$\lim\limits_{p\to 0}(\partial Z/\partial p)=0$ 是以 $(1/V)^2$ 或 p^2 的速度逼近的。这意味着，在压力由零开始到某个值这个范围内，理想气体状态方程有很高的准确度。

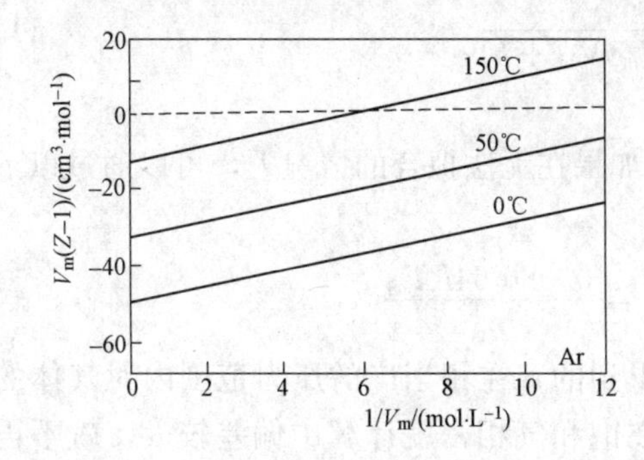

图 3-9　由 p、V 及 T 数据求出的 B 和 C

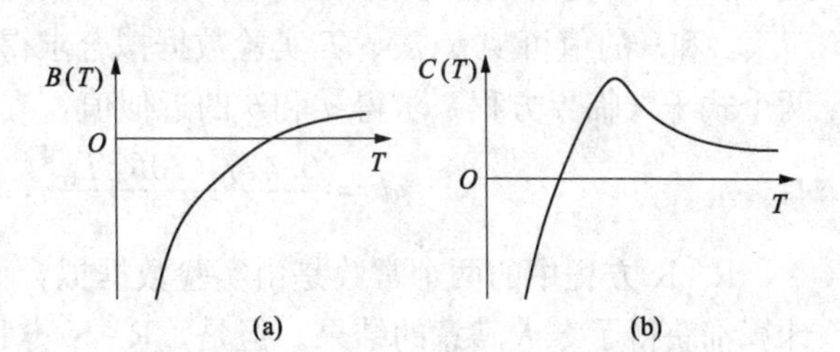

图 3-10　一般气体的第二维里系数 B、第三维里系数 C 与温度的关系示意图

（a）系数 B 与温度关系；（b）系数 C 与温度关系

利用三参数对比态原理计算第二维里系数的方法比较简单，即

$$B=\frac{RT_{cr}}{p_{cr}}[B^{(0)}+\omega B^{(1)}] \tag{3-10}$$

式中：$B^{(0)}=0.083-\dfrac{0.422}{T_r^{1.6}}$；$B^{(1)}=0.139-\dfrac{0.172}{T_r^{4.2}}$；$\omega$ 为偏心因子；T_r 为对比态温度。

维里方程在中、低密度区有着广泛的应用。这种多项式的函数形式对一切流体都是通用的，因而可以作为改进状态方程的出发点。很多状态方程也都可以展开成维里表达式。

【例题 3-2】　试将范德瓦尔方程展开成维里形式。

解　范德瓦尔方程为

$$\left(p+\frac{a}{v^2}\right)(v-b)=R_gT$$

移项后变为

$$Z=\frac{pv}{R_gT}=\left(1-\frac{b}{v}\right)^{-1}-\frac{a}{R_gT}\frac{1}{v}$$

因为 b/V 是一个很小的数值，将 $\left(1-\dfrac{b}{V}\right)^{-1}$ 展开为幂级数的形式，可以得到

$$Z=\left(1+\frac{b}{v}+\frac{b^2}{v^2}+\frac{b^3}{v^3}+\cdots\right)-\frac{a}{R_gT}\frac{1}{v}$$

也就是

$$Z=1+\frac{b-a/(R_gT)}{v}+\frac{b^2}{v^2}+\frac{b^3}{v^3}+\cdots$$

这就是范德瓦尔方程的维里形式，其系数为

$$B = b - \frac{a}{R_g T},\quad C = b^2,\quad D = b^3$$

3.3.4 其他状态方程

1. R-K 方程

在1949年，里德立（Redlich）和匡（Kwong）在范德瓦尔方程基础上提出R-K方程。该方程含有两个常数，它保留了体积的三次方程的简单形式。该方程对内压力项 a/V_m^2 进行了修正，使方程的准确度有了很大的提升。因为该方程应用起来非常简便，尤其是在气液相平衡和混合物的计算中又彰显出自己的优势。该方程的表达形式为

$$p = \frac{RT}{V_m - b} - \frac{a}{T^{0.5} V_m (V_m + b)} \tag{3-11}$$

式中：a 和 b 是各种物质的固有的常数。

a 和 b 的值可从 p、v、T 实验数据拟合求得。如果在无法拟合的情况下，可以通过以下两个式子（临界方程）求得 a 和 b 的近似值：

$$a = \frac{0.427\,480 R^2 T_{cr}^{2.5}}{p_{cr}},\quad b = \frac{0.086\,64 RT_{cr}}{p_{cr}}$$

R-K方程中的两个常数是由实验数据拟合而得到的，在相当广的压力范围内对气体的计算都获得了令人满意的结果。但是，R-K方程在饱和气相密度计算中偏差较大，就不再适用。在液相中应用该方程的难度会变得更大，因此不能用它来预测饱和蒸汽压和气液平衡。

2. R-K-S方程

1972年，索弗（Soave）对R-K方程进行了修正，具体为索弗用一个通用的温度函数 $a(T)$ 代替了 $a/T^{0.5}$，得到通用R-K-S方程，具体方程为

$$p = \frac{RT}{V_m - b} - \frac{a(T)}{V_m (V_m + b)} \tag{3-12}$$

应用临界点等温线拐点条件式可得：$a = \Omega_a \dfrac{R^2 T_{cr}^2}{p_{cr}}$，$b = \Omega_b \dfrac{RT_{cr}}{p_{cr}}$，其中 Ω_a 和 Ω_b 为常系数。

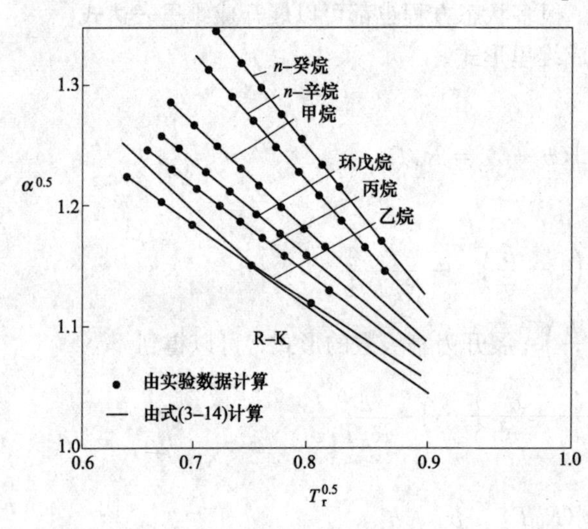

图3-11 R-K-S方程的温度函数 α 和 T_r 的关系

其他温度时，令 $a(T) = a(T_{cr})\alpha(T)$。其中，$\alpha(T)$ 是一个无量纲的温度函数，当 $T = T_{cr}$ 时，$\alpha(T_{cr}) = 1$。索弗将几种碳氢化合物的温度及饱和蒸汽压数据代入临界点等温线拐点条件式，并利用饱和线上气液相平衡时的吉布斯函数相等的条件，可得

$$G^{(l)} = G^{(v)} \tag{3-13}$$

求解后，发现 $\alpha^{0.5}$ 对 $T_r^{0.5}$ 作图几乎都是直线，R-K-S方程的温度函数 α 和 T_r 的关系如图3-11所示。由于这些直线必定通过同一点（$T_r = 1$，$\alpha = 1$），故可写为

$$\alpha^{0.5}=1+m(1-T_r^{0.5}) \tag{3-14}$$

直线的斜率 m 可以直接与偏心因子 ω 相关联。事实上，偏心因子 α 是按 $T_r=0.7$ 时的饱和蒸汽压定义的，即

$$p_r^s\big|_{T_r=0.7}=10^{-(1+\omega)} \tag{3-15}$$

相对于每一对 $T_r=0.7$ 及 $p_r^s=10^{-(1+\omega)}$，可以求得相应的 $\alpha(0.7)$ 及 m 值，所以下边的关系式就可以拟合出来，即

$$m=0.480+1.574\omega-0.176\omega^2 \tag{3-16}$$

索弗修正的 R-K-S 式，可以很准确地计算出轻烃类化合物的饱和蒸汽压，应用在气液平衡计算时有较好的准确性，该方程相对来说很简单，在工业生产中也得到了广泛的应用。

3. P-R 方程

R-K-S 方程在预测饱和液相摩尔体积时，对氯、甲烷等分子小的物质都有很高的准确性，但是对于较大分子的烃类化合物时就会出现很大的误差。对 n-丁烷在 $T_r<0.65$ 时相对误差约为 7%，而对比温度接近于临界温度时偏差约为 27%。所以为了解决这个问题，Peng 和 Robinson 在 1976 年提出的新方程为

$$p=\frac{RT}{V_m-b}-\frac{a(T)}{V_m(V_m+b)+b(V_m-b)} \tag{3-17}$$

该式也可以称 P-R（Peng-Robinson）方程。将式（3-13）用到临界点，得到

$$a(T_{cr})=0.457\,24\frac{R^2T_{cr}^2}{p_{cr}},\quad b=0.077\,80\frac{RT_{cr}}{p_{cr}},\quad Z_c=0.307$$

对于临界点以外的其他温度

$$a(T)=a(T_{cr})\alpha(T,\omega) \tag{3-18}$$

分析所有物质的 α 与 T_r 的关系，可以得出两者关系符合以下线性方程

$$\alpha^{0.5}=1+K(1-T_r^{0.5}) \tag{3-19}$$

式中：K 为决定于物质种类的特性常数。

K 的拟合步骤与 R-K-S 方程很相似的，但是有不同的地方，对于各种物质要采用自正常沸点至临界点的蒸汽压数据，并与偏心因子关联，得

$$K=0.376\,4+1.542\,26\omega-0.269\,92\omega^2 \tag{3-20}$$

P-R 方程在预测液体的摩尔体积时较 R-K-S 方程有所改善，并给出了较接近实际的临界压缩因子 0.307，R-K-S 方程为 0.333。

以上讨论的 R-K 及 P-R 方程都可转化为摩尔体积或压缩因子的三次方程式，故常称作立方型方程。例如，式（3-18）可转化为

$$Z^3-(1-B)z^2+(A-3B^2-2B)z-(AB-B^2-B^3)=0 \tag{3-21}$$

式（3-21）中的 A、B 和 Z 的计算式为

$$A=0.457\,24\alpha(T_r,\omega)\frac{p_r}{T_r},\quad B=0.077\,80\frac{p_r}{T_r},\quad Z=\frac{pV_m}{RT}$$

立方型方程求解时一般在饱和区可以得到三个实根，最大的一个实根就是饱和气相摩尔体积，最小的一个实根就是饱和液相摩尔体积。在临界点处，三个根重叠到一起，也就是三个相等的实根，在气相区则选取最大实根。

在利用这类方程求解摩尔体积时，可以应用卡尔丹（Cardan）计算式进行求解，故就免除了迭代带来的困难。当需要多次求解体积时，可以很大程度上节约时间。

4. B-W-R 方程

B-W-R（Benedict-Webb-Rubin）方程是能够把应用范围拓展到液相区，也是最好的方程之一。该方程在1940年被提出，其表达式为

$$p=\rho RT+\left(B_0RT-A_0-\frac{C_0}{T^2}\right)\rho^2+(bRT-\alpha)\rho^3+a\alpha\rho^6+C\frac{\rho^3}{T^2}(1+\gamma\rho^2)\mathrm{e}^{-\gamma\rho^2}\quad(3-22)$$

实验值可以确定式中的8个经验常数A_0、B_0、C_0、a、b、C、α、γ，不同气体的值是不相同的。由于拟合人员所用的实验点数、选定精度目标等因素是不相同的，从而导致不同文献提供的B-W-R方程中常数的数值也是不同的。使用方程的常数时，应找到同一文献的数值计算，以满足准确度。该方程对于烃类物质，在即使比临界压力高1.8～2.0倍的高压条件下，摩尔体积的平均误差也只在0.3%左右。

1970年，斯塔林（K. E. Starling）等又提出一个和B-W-R方程相似的、包含了11个常数的状态方程，称为B-W-R-S方程，其应用范围比B-W-R方程有所扩大。

5. M-H 方程

M-H（Martin-Hou）方程是马丁（J. J. Martin）与我国的侯虞钧教授在1955年对不同化合物的p-v-T数据分析研究后共同开发的多常数经验方程，简称M-H55型方程，其原型为

$$p=\frac{R_gT}{V-b}+\frac{A_2+B_2T+C_2\mathrm{e}^{-kT/T_{cr}}}{(V-b)^2}+\frac{A_3+B_3T+C_3\mathrm{e}^{-kT/T_{cr}}}{(V-b)^3}+\frac{A_4}{(V-b)^4}+\frac{B_5T}{(V-b)^5}\quad(3-23)$$

式中：$k=5.475$。

方程中共包含A_2、B_2、C_2、A_3、B_3、C_3、A_4、B_5、b 9个与物质特性有关的常数。该方程是适用于极性物质和非极性质的，故该方程为通用状态方程。只要确定了纯物质的临界常数（T_{cr}、p_{cr}和V_{cr}）和该物质在某一温度时的蒸气压数据，就可以计算出这些常数的数值。其应用范围可以达到$\rho=1.50\rho_{cr}$。M-H方程最显著的特点是用最少实验数据就可求得所有常数的多常数状态方程。该方程式在气相的偏差通常在1%以内，但在饱和液相时摩尔体积的计算值产生的偏差就会增大。

M-H方程向高密度区的发展，主要依靠增加方程的项数和常数。方程的普遍形式为

$$p=\frac{RT}{V-b}+\sum_{n=2}^{5}\frac{f_n(T)}{(V-b)^n}\quad(3-24)$$

式（3-24）中的温度函数

$$f_n(T)=A_n+B_nT+C_n\mathrm{e}^{-kT/T_{cr}}\quad(3-25)$$

1959年，马丁等在把此方程用于CO_2时，在式（3-24）中增加了A_5及C_5两个常数，提高了在高密度区的准确度，但由计算结果可知，在饱和液相区摩尔体积的偏差仍大（最高有38%）。1963年，马丁将式（3-24）扩展成

$$p=\frac{R_gT}{V-b}+\sum_{n=2}^{5}\frac{f_n(T)}{(V-b)^n}+\frac{f_6(T)}{\mathrm{e}^{aV}}+\frac{f_7(T)}{\mathrm{e}^{2aV}}\quad(3-26)$$

式（3-26）增加了小体积时更加敏感的两个指数函数项，使方程直至$\rho=2.3\rho_{cr}$仍能很好地拟合实验数据。

为了使M-H方程能用于液相而又不降低在气相区的准确度，1981年原方程的提出人之一侯虞钧指出，在该方程原型的基础上增加一个常数B_4可以达到较高的准确度，即

$$p=\frac{R_g T}{V-b}+\frac{A_2+B_2T+C_2e^{-5.475T/T_c}}{(V-b)^2}+\frac{A_3+B_3T+C_3e^{-5.475T/T_c}}{(V-b)^3}+\frac{A_4+B_4T}{(V-b)^4}+\frac{B_5T}{(V-b)^5}$$
(3-27)

式（3-27）中的常数 B_4 可由纯物质在某一温度 T_0 及对应的饱和压力 p_0 下的气液两相平衡条件给出。即根据等温、等压情况下饱和气相与饱和液相的摩尔自由焓相等 $G^{(l)}=G^{(v)}$，也就是按麦克斯韦法则得到，即 $\int_{V^{(l)}}^{V^{(v)}} p\mathrm{d}V=p_0[V^{(v)}-V^{(l)}]$，其中 $V^{(v)}$ 及 $V^{(l)}$ 分别表示饱和蒸汽及饱和液体的摩尔体积。5 种物质的 M-H 方程的常数，如表 3-4 所示。

表 3-4　5 种物质的 M-H 方程的常数

常数	A_2	B_2	C_2	A_3	B_3
CO_2	−4 519 295.4	4676.0096	−79 266 871	327 671 590	−380 994.25
$n\text{-}C_4H_{10}$	−16 071 382	10 300.151	−317 638 660	3 188 433 400	−2 390 783.7
A_r	−1 623 333.6	2720.0966	−13 606 549	82 743 301	−136 568.71
CH_4	−2 557 372.5	2826.2230	−28 565 946	183 601 675	−240 624.01
N_2	−1 534 374.3	2698.6630	−21 158 347	98 724 974	−199 300.77

常数	C_3	A_4	B_4	B_5	b
CO_2	585 559 6400	−1 296 697 200	15 508 608	374 367 850	20.188 074 00
$n\text{-}C_4H_{10}$	63 704 174 000	−364 028 480 000	316 673 580	20 414 378 000	54.164 518
A_r	760 898 844	−2 019 983 906	2 204 528.8	116 251 450	18.653 484
CH_4	2 127 249 700	−6 497 391 900	7 591 701.6	367 300 175	24.361 969
N_2	1 433 229 500	−3 492 450 800	8 029 134.9	246 110 971	24.401 742

注　表内各常数单位根据 T_{cr}(K)、p_{cr}(atm) 及 $V_{m,cr}$(cm^3/mol) 的单位及所在项的量纲组成。

对不同的方程有不同的解法，一般说来，立方型方程可用直接法，幂级数型方程（维里方程、M-H 方程等）可用牛顿-拉夫森（Newton-Raphson）法，超越函数方程（B-W-R 方程等）可用牛顿法、弦截法或对分法。

将实际气体状态方程的适用范围及计算精度等进行了总结整理，内容如下：

（1）范德瓦尔斯方程在计算压力比较低且离液态比较远的气体状态时较为准确。

（2）维里方程一般只适用于密度小于临界密度以内的低压及中等压力下的气体。

（3）R-K 方程在很大压力范围内对气体的计算都获得了令人满意的结果，误差不超过 5%；但在其他情况时只能粗略概算。

（4）B-W-R 方程可用于气相、液相、气液相平衡计算；对烃类气体及包括氟利昂在内的非烃类气体的计算，误差均较小，在 1%～2%以内；但对极强性流体、氢键流体和临界点附近区域，误差较大。

（5）R-K-S 方程和 P-R 方程可用于气相、液相、气液相平衡计算；R-K-S 方程和 P-R 方程在计算烃类气体的准确性与 B-W-R 方程相当，可获得较高的精度；但在液态及临界点附近 P-R 方程的计算精度要高于 R-K-S 方程；这两个经验方程均不适用于量子气体及强极性气体。

（6）M-H 方程不仅可适用于烃类气体，对 H_2O、NH_3 及氟利昂制冷剂的 p-V-T 计算都有比较精确的结果，也可应用于极性气体的计算。近些年修正后的 M-H 方程又把应用范围扩大到液相、相平衡及混合物的计算。

6. MBWR方程

将B-W-R方程改进，可以得到MBWR（Modified benedict-Webb-Rubin）状态方程式，该方程在1973年由Jacobsen和Stewart提出。该方程有32个参数，适用于不同种类的流体，包括烃类低温流体、制冷剂，精确度很高，能够在广泛的温度、压力和密度区间以实验数据的精度再现工质的热力学性质，其方程形式是压力的显函数，方程形式如下：

$$p=\sum_{n=1}^{9}a_n\rho^n+\exp(-\sigma^2)\sum_{n=10}^{15}a_n\rho^{2n-17} \tag{3-28}$$

式中：$\sigma=\dfrac{\rho}{\rho_{cr}}$；$a_1=RT$；$a_2=b_1T+b_2T^{1/2}+b_3+\dfrac{b_4}{T}+\dfrac{b_5}{T^2}$；$a_3=b_6T+b_7+\dfrac{b_8}{T}+\dfrac{b_9}{T^2}$；$a_4=b_{10}T+b_{11}+\dfrac{b_{12}}{T}$；$a_5=b_{13}$；$a_6=\dfrac{b_{14}}{T}+\dfrac{b_{15}}{T^2}$；$a_7=\dfrac{b_{16}}{T}$；$a_8=\dfrac{b_{17}}{T}+\dfrac{b_{18}}{T^2}$；$a_9=\dfrac{b_{19}}{T^2}$；$a_{10}=\dfrac{b_{20}}{T^2}+\dfrac{b_{21}}{T^3}$；$a_{11}=\dfrac{b_{22}}{T^2}+\dfrac{b_{23}}{T^4}$；$a_{12}=\dfrac{b_{24}}{T^2}+\dfrac{b_{25}}{T^3}$；$a_{13}=\dfrac{b_{26}}{T^2}+\dfrac{b_{27}}{T^4}$；$a_{14}=\dfrac{b_{28}}{T^2}+\dfrac{b_{29}}{T^3}$；$a_{15}=\dfrac{b_{30}}{T^2}+\dfrac{b_{31}}{T^3}+\dfrac{b_{32}}{T^4}$；$\rho_{cr}$为临界密度，$m^3/kg$；$R$为理想气体常数，kJ/(mol·K)；$b_i(i=1, 2, 3, \cdots, 32)$为所要拟合的参数值。

为了拟合该方程，收集了某工质的p、V及T数据，用维里方程的计算值进行比较，除去一些误差较大的数据点；其次，把初次拟合结果误差明显较大的数据点剔除，用剩余组数据进行拟合。所用数据应包括气相区、液相区、饱和区、临界区以及超临界区。因为这些数据能够覆盖较大的范围，拟合的方程也能够适用于较大的温度和压力范围，提高其适用性。

3.4 麦克斯韦关系式和热系数

实际气体的热力学能、焓和熵等无法直接测量得到，利用理想气体简单关系计算也无法得出结果。因此，它们的值必须依据这些热力参数与可测参数间的微分关系，由可测参数的值加以确定。

在推导热力学一般关系式时常用到二元函数的一些微分性质，先介绍二元函数有关的性质，然后利用这些有关性质推导出麦克斯韦关系。

3.4.1 全微分条件和循环关系

如果状态参数z是有关两个独立参数x、y的函数$z=z(x, y)$，将其全微分可以表示如下：

$$dz=\left(\frac{\partial z}{\partial x}\right)_y dx+\left(\frac{\partial z}{\partial y}\right)_x dy \tag{3-29}$$

或

$$dz=Mdx+Ndy \tag{3-30}$$

式中：$M=\left(\dfrac{\partial z}{\partial x}\right)_y$，$N=\left(\dfrac{\partial z}{\partial y}\right)_x$，并且若$M$和$N$也是$x$、$y$的连续函数，则

$$\left(\frac{\partial M}{\partial y}\right)_x=\frac{\partial^2 z}{\partial x\partial y},\quad \left(\frac{\partial N}{\partial x}\right)_y=\frac{\partial^2 z}{\partial y\partial x}$$

当二阶混合偏导数均连续时，其混合偏导数与求导次序无关，所以

$$\left(\frac{\partial M}{\partial y}\right)_x=\left(\frac{\partial N}{\partial x}\right)_y \tag{3-31}$$

式（3-31）为全微分的条件，也叫全微分的判据。简单可压缩系的每个状态参数都必定满足这一条件。

在 z 保持不变（$dz=0$）的条件下，式（3-30）可以写成

$$\left(\frac{\partial z}{\partial x}\right)_y dx + \left(\frac{\partial z}{\partial y}\right)_x dy = 0 \tag{3-32}$$

式（3-32）两边除以 dy 后，移项处理即可得

$$\left(\frac{\partial x}{\partial y}\right)_z \left(\frac{\partial z}{\partial x}\right)_y \left(\frac{\partial y}{\partial z}\right)_x = -1 \tag{3-33}$$

式（3-33）称为循环关系，利用这一关系可将一些变量转换为已知的变量。

另一个状态参数偏导数的重要关系就是链式关系。如果有四个参数 x、y、z、w，独立变量为两个。则对于函数 $x=x(y,w)$ 可得

$$dx = \left(\frac{\partial x}{\partial y}\right)_w dy + \left(\frac{\partial x}{\partial w}\right)_y dw \tag{3-34}$$

同理，对于函数 $y=y(z,w)$ 可得

$$dy = \left(\frac{\partial y}{\partial z}\right)_w dz + \left(\frac{\partial y}{\partial w}\right)_z dw \tag{3-35}$$

将式（3-35）代入到式（3-34），当 w 取定值（$dw=0$），即可得链式关系：

$$\left(\frac{\partial x}{\partial y}\right)_w \left(\frac{\partial y}{\partial z}\right)_w \left(\frac{\partial z}{\partial x}\right)_w = 1 \tag{3-36}$$

3.4.2 亥姆霍兹函数和吉布斯函数

根据热力学第一定律解析式，简单可压缩系的微元过程中有 $\delta q=du+\delta w$。若过程可逆，则 $\delta q=Tds$，$\delta w=pdv$，则有

$$du = Tds - pdv \tag{3-37}$$

考虑到 $u=h-pv$，代入并整理后可得

$$dh = Tds + vdp \tag{3-38}$$

定义亥姆霍兹函数 F 和比亥姆霍兹函数 f（即 1kg 物质的亥姆霍兹函数）表达式为

$$F = U - TS \tag{3-39}$$

$$f = u - Ts \tag{3-40}$$

因为 U、T、S 均为状态参数，所以 F 也是状态参数。亥姆霍兹函数又称为自由能，其单位与热力学能单位相同。

同理，定义吉布斯函数 G 和比吉布斯函数 g，其表达式为

$$G = H - TS \tag{3-41}$$

$$g = h - Ts \tag{3-42}$$

吉布斯函数又称自由焓，也是状态参数。其单位与焓的单位相同。

对式（3-40）和式（3-42）分别取微分，得

$$df = du - Tds - sdT \tag{3-43}$$

$$dg = dh - Tds - sdT \tag{3-44}$$

把式（3-37）和式（3-38）分别代入式（3-43）及式（3-44），得

$$df = -sdT - pdv \tag{3-45}$$

$$dg = -sdT + vdp \tag{3-46}$$

在可逆定温过程，$dT=0$，可以得知 $df=-pdv$，$dg=vdp$。可见，亥姆霍兹函数的减少量即为可逆定温过程对外所做的膨胀功；吉布斯函数的减少量即为可逆定温过程中对外所做的技术功。因此，在以可逆定温条件为前提下，亥姆霍兹函数的变量等于热力学能变化量中可以自由释放转变为功的那部分，而 $T\Delta s$ 是可逆定温条件下热力学能变化量中可以转变为功的剩余那一部分能量，称为束缚能。同样，吉布斯函数在可逆定温条件下的变量是焓改变量中能够转变为功的那部分，$T\Delta s$ 是束缚能。

式（3-40）、式（3-42）、式（3-45）和式（3-46）可以由热力学第一定律和第二定律直接导出，它们将简单可压缩系平衡态各参数的变化成功地联系了起来，在热力学中占有重要的位置，通常称为吉布斯方程。式（3-45）和式（3-46）取可测参数（T，v）和（T，p）作自变量，故有很重要的应用价值。应用于任意两平衡态间参数的变化时，不必考虑其中间过程是否可逆。在研究能量转换过程时，只适用于可逆过程。

3.4.3 特性函数

由一个热学参数（T 或 s）和一个力学参数（p 或 v）作为独立变量的热力学函数，若该函数确定之后，系统的平衡状态就会完全确定，那么具有这种特性的热力学函数称为特性函数。

特性函数最主要的特点就是能够完全确定其他的热力学函数，并且能够很完整正确地表示出系统的热力性质。因此，特性函数必会包含系统的热学参数的同时还包括力学参数。反之，并不是同时包含热学参数及力学参数的热力学函数都是特性函数。例如，状态方程 $p=p(T, v)$ 的确定并不能完全确定其他的热力学函数。因此，它并不具备特性函数的性质，它就不是特性函数。

具有上述性质的特性函数共有四个，这些特性函数及其全微分可表示为

$$u=u(s, v), \quad du=\left(\frac{\partial u}{\partial s}\right)_v ds+\left(\frac{\partial u}{\partial v}\right)_s dv \tag{3-47}$$

$$h=h(s, p), \quad dh=\left(\frac{\partial h}{\partial s}\right)_p ds+\left(\frac{\partial h}{\partial p}\right)_s dp \tag{3-48}$$

$$f=f(T, v), \quad df=\left(\frac{\partial f}{\partial T}\right)_v dT+\left(\frac{\partial f}{\partial v}\right)_T dv \tag{3-49}$$

$$g=g(T, p), \quad dg=\left(\frac{\partial g}{\partial T}\right)_p dT+\left(\frac{\partial g}{\partial p}\right)_T dp \tag{3-50}$$

根据全微分的性质可知，这四个特性函数的全微分就是吉布斯方程组中相应的四个微分方程。特性函数中的各一阶偏导数恰好等于吉布斯方程组中相应的状态参数。根据这两组微分方程中参数的相对位置，不难得出

$$T=\left(\frac{\partial u}{\partial s}\right)_v=\left(\frac{\partial h}{\partial s}\right)_p \tag{3-51}$$

$$-p=\left(\frac{\partial u}{\partial v}\right)_s=\left(\frac{\partial f}{\partial v}\right)_T \tag{3-52}$$

$$-s=\left(\frac{\partial f}{\partial T}\right)_v=\left(\frac{\partial g}{\partial T}\right)_p \tag{3-53}$$

$$v=\left(\frac{\partial h}{\partial p}\right)_s=\left(\frac{\partial g}{\partial p}\right)_T \tag{3-54}$$

已知其中的一个特性函数后，就可以推得体系所有其他的状态参数，系统的平衡状态也

随之就完全确定了。现以亥姆霍兹函数为例来证明特性函数的性质。

假定亥姆霍兹函数为 $f=f(T,v)$，根据式（3-46）及式（3-50），有

$$\mathrm{d}f=\left(\frac{\partial f}{\partial T}\right)_v \mathrm{d}T+\left(\frac{\partial f}{\partial v}\right)_T \mathrm{d}v=-s\mathrm{d}T-p\mathrm{d}v$$

根据偏导数的性质，一个二元函数的一阶偏导数仍然是该函数的自变量的函数，因此，可以得出

$$p=-\left(\frac{\partial f}{\partial v}\right)_T=p(T,v),\quad s=-\left(\frac{\partial f}{\partial T}\right)_v=s(T,v)$$

式中的偏导数，可根据已知函数 $f=f(T,v)$ 来求取。这说明函数 $p=p(T,v)$ 及 $s=s(T,v)$ 均可求得。同理可得出下列热力学函数：

$$u=f+Ts=f(T,v)+Ts(T,v)=u(T,v)$$
$$h=u+pv=u(T,v)+p(T,v)v=h(T,v)$$
$$g=f+pv=f(T,v)+p(T,v)v=g(T,v)$$

因此，$f=f(T,v)$ 确定后，就可求出它的偏导数，其他状态参数与自变量 (T,v) 之间的关系也很容易解出。

其他特性函数与 $f=f(T,v)$ 一样，都具有上述特性，读者可自行证明。

3.4.4　麦克斯韦关系

为了便于分析，可以将吉布斯方程组与特性函数的全微分写在同一个表达式中，则有

$$\mathrm{d}u=T\mathrm{d}s-p\mathrm{d}v=\left(\frac{\partial u}{\partial s}\right)_v \mathrm{d}s+\left(\frac{\partial u}{\partial v}\right)_s \mathrm{d}v$$

$$\mathrm{d}h=T\mathrm{d}s+v\mathrm{d}p=\left(\frac{\partial h}{\partial s}\right)_p \mathrm{d}s+\left(\frac{\partial h}{\partial p}\right)_s \mathrm{d}p$$

$$\mathrm{d}f=-s\mathrm{d}T-p\mathrm{d}v=\left(\frac{\partial f}{\partial T}\right)_v \mathrm{d}T+\left(\frac{\partial f}{\partial v}\right)_T \mathrm{d}v$$

$$\mathrm{d}g=-s\mathrm{d}T+v\mathrm{d}p=\left(\frac{\partial g}{\partial T}\right)_p \mathrm{d}T+\left(\frac{\partial g}{\partial p}\right)_T \mathrm{d}p$$

因此，吉布斯方程组中的状态参数量 p、v、T、s 都是相应的特性函数的一阶偏导数。根据二元函数的二阶偏导数与求导次序无关的性质，不难得出

$$\left(\frac{\partial T}{\partial v}\right)_s=-\left(\frac{\partial p}{\partial s}\right)_v \tag{3-55}$$

$$\left(\frac{\partial T}{\partial p}\right)_s=\left(\frac{\partial v}{\partial s}\right)_p \tag{3-56}$$

$$\left(\frac{\partial s}{\partial v}\right)_T=\left(\frac{\partial p}{\partial T}\right)_v \tag{3-57}$$

$$-\left(\frac{\partial s}{\partial p}\right)_T=\left(\frac{\partial v}{\partial T}\right)_p \tag{3-58}$$

以上四式都是表示不可测参数 s 与可测参数 p、v、T 之间的转换关系，称为麦克斯韦关系。

麦克斯韦关系在推导各种热力学函数关系的过程中起着非常重要的作用。

有关特性函数的几点结论如下：

（1）四个特性函数的全微分就是吉布斯方程组；

（2）特性函数的一阶偏导数分别代表状态参数 p、v、T 及 s；

（3）特性函数的二阶偏导数满足麦克斯韦关系，它表示 p、v、T 与 s 之间的转换关系；

（4）已知四个特性函数中的任何一个，其他的热力学函数都可确定，系统的平衡状态也就完全确定；

（5）每个特性函数本身都包含着不可测的状态参数，因而，不可能采用实验的方法直接得出这些特性函数。

尽管如此，特性函数的理论意义以及它们在建立各种热力学函数关系的过程中所起的作用都是不可低估的。

3.4.5 热系数

在状态函数众多偏导数中，由基本状态参数 p、v、T 构成的 3 个偏导数 $\left(\frac{\partial v}{\partial T}\right)_p$、$-\left(\frac{\partial v}{\partial p}\right)_T$ 和 $\left(\frac{\partial p}{\partial T}\right)_v$ 有着明显的物理意义，它们的数值可以由试验测定，这样的偏导数被称为热系数。3 个偏导数构成表达式如下：

$$\alpha_v = \frac{1}{v}\left(\frac{\partial v}{\partial T}\right)_p \tag{3-59}$$

式中：α_v 称为体积膨胀系数，单位为 K^{-1}，表示物质在定压下比体积随温度的变化率。

$$\kappa_T = -\frac{1}{v}\left(\frac{\partial v}{\partial p}\right)_T \tag{3-60}$$

式中：κ_T 称为等温压缩率，单位为 Pa^{-1}，表示物质在定温下比体积随压力的变化率。

$$\alpha = \frac{1}{P}\left(\frac{\partial p}{\partial T}\right)_v \tag{3-61}$$

式中：α 称为定容压力温度系数或压力的温度系数，单位为 K^{-1}，表示物质在定体积下压力随温度的变化率。

上述 3 个热系数是由三个可测的基本状态参数 p、v、T 构成的，可以由实验测定，也可以由状态方程求得。它们之间的关系可由循环关系导出，故

$$\frac{1}{v}\left(\frac{\partial v}{\partial T}\right)_p = -p\frac{1}{p}\left(\frac{\partial p}{\partial T}\right)_v \frac{1}{v}\left(\frac{\partial v}{\partial p}\right)_T$$

除上述 3 个热系数外，常用的偏导数还有等熵压缩率和焦耳-汤姆逊系数等，等熵压缩率 κ_s 表征在可逆绝热过程中膨胀或压缩时体积的变化特性，定义为

$$\kappa_s = -\frac{1}{v}\left(\frac{\partial v}{\partial p}\right)_s \tag{3-62}$$

另外，通过实验测得热系数，然后再通过积分的方式得到状态方程式也是由实验得出状态方程式的一种基本的方法。

【例题 3-3】 试求气体的膨胀系数 α_v 及等温压缩率 κ_T。气体遵守：①理想气体状态方程；②范德瓦尔方程。

解 （1）对于理想气体，$pv=R_gT$，因此有

$$\alpha_v = \frac{1}{v}\left(\frac{\partial v}{\partial T}\right)_p = \frac{1}{v}\frac{\partial}{\partial T}\left(\frac{R_gT}{p}\right)_p = \frac{1}{v}\frac{R_g}{p} = \frac{1}{T}$$

$$\kappa_T = -\frac{1}{v}\left(\frac{\partial v}{\partial p}\right)_T = -\frac{1}{v}\frac{\partial}{\partial p}\left(\frac{R_gT}{p}\right)_T = -\frac{1}{v}\left(-\frac{R_gT}{p^2}\right) = \frac{1}{p}$$

（2）对于遵守范德瓦尔方程的气体，$\left(p+\frac{a}{v^2}\right)(v-b) = R_gT$，由于在方程中直接求

$\left(\frac{\partial T}{\partial p}\right)_T\left(\frac{\partial v}{\partial T}\right)_p$ 不方便，故利用循环关系，可得 $\left(\frac{\partial v}{\partial T}\right)_p=-\frac{(\partial p/\partial T)_v}{(\partial p/\partial v)_T}$。将范德瓦尔方程写成 $p=\frac{R_g T}{v-b}-\frac{a}{v^2}$，则

$$\left(\frac{\partial p}{\partial T}\right)_v=\frac{R_g}{v-b},\ \left(\frac{\partial p}{\partial v}\right)_T=-\frac{R_g T}{(v-b)^2}+\frac{2a}{v^3}$$

因此膨胀系数 α_v 为

$$\alpha_v=\frac{1}{v}\left(\frac{\partial v}{\partial T}\right)_p=-\frac{1}{v}\frac{\frac{R_g}{v-b}}{\frac{-R_g T}{(v-b)^2}+\frac{2a}{v^3}}=\frac{R_g v^2(v-b)}{R_g T v^3-2a(v-b)^2}$$

用类似的方法可得等温压缩率 κ_T 为

$$\kappa_T=-\frac{1}{v}\left(\frac{\partial v}{\partial p}\right)_T=\frac{v^2(v-b)^2}{R_g T v^3-2a(v-b)^2}$$

【例题 3-4】 在 273K 附近，水印的体积膨胀系数和等温压缩率可取 $\alpha_v=0.1819\times10^{-3}$ K^{-1}、$\kappa_T=3.75\times10^{-5}\mathrm{MPa}^{-1}$，试计算液态水银在定体积下由 273K 增加到 274K 时的压力增加值。

解 由题意在 273K 到 274K 时，有

$$\alpha_v=\frac{1}{v}\left(\frac{\partial v}{\partial T}\right)_p=0.018\,19\times10^{-3}(\mathrm{K}^{-1})$$

$$\kappa_T=-\frac{1}{v}\left(\frac{\partial v}{\partial p}\right)_T=3.87\times10^{-5}(\mathrm{MPa}^{-1})$$

$$\left(\frac{\partial p}{\partial T}\right)_v=\frac{\alpha_v}{\kappa_T}=\frac{0.181\,9\times10^{-3}}{3.87\times10^{-5}}=4.70(\mathrm{MPa/K})$$

由此可见，液态水银在定体积下从 273K 升到 274K，压力将增加 4.70MPa，因此维持物系定体积过程，体积压力变化将非常之大。

【例题 3-5】 假设物质的体积膨胀系数和等温压缩率分别为 $\alpha_v=\frac{v-a}{Tv}$，$\kappa_T=\frac{3\ (v-a)}{4pv}$，其中 a 为常数。试推导该物质的状态方程。

解 将物质的 p、T 作为状态方程中的独立变量，$v=v(p,T)$，于是

$$\mathrm{d}v=\left(\frac{\partial v}{\partial p}\right)_T\mathrm{d}p+\left(\frac{\partial v}{\partial T}\right)_p\mathrm{d}T$$

据 $\alpha_v=\frac{1}{v}\left(\frac{\partial v}{\partial T}\right)_p$ 和 $\kappa_T=-\frac{1}{v}\left(\frac{\partial v}{\partial p}\right)_T$，得 $\mathrm{d}v=-\kappa_T v\mathrm{d}p+\alpha_v v\mathrm{d}T$，将 κ_T 及 α_v 代入，则有

$$\mathrm{d}v=-v\frac{3(v-a)}{4pv}\mathrm{d}p+v\frac{v-a}{Tv}\mathrm{d}T$$

分离变量得 $\frac{\mathrm{d}v}{v-a}=-\frac{3}{4p}\mathrm{d}p+\frac{1}{T}\mathrm{d}T$，进行积分，则有 $\ln(v-a)=\ln p^{-3/4}+\ln T+\ln C$，即 $p^{\frac{3}{4}}(v-a)=CT$（C 为常数）。

由于题目没有给出其他条件，因此不能确定其积分常数 C。若题目改成“某气态物质的体积膨胀系数和等温压缩率”，则可根据在压力趋向于零时气体服从理想气体的规律，补充一个方程，确定积分常数 C。

3.5 热力性质的一般表达式

理想气体的状态方程比较简单，只有温度对比热容产生影响，求得理想气体的比熵、比焓及比热力学能也是很简单的。实际气体的比热力学能 u、比熵 s 和比焓 h 也能从状态方程和比热容求得，但是实际气体的表达式比理想气体的烦琐，而且这些表达式的形式随所选独立变量的变化而变化。

3.5.1 热力学能、焓和熵的一般关系式

1. 熵的一般关系式

如果取 T、v 为独立变量。即 $s=s(T,v)$，则

$$\mathrm{d}s=\left(\frac{\partial s}{\partial T}\right)_v\mathrm{d}T+\left(\frac{\partial s}{\partial v}\right)_T\mathrm{d}v$$

根据麦克斯韦关系

$$\left(\frac{\partial s}{\partial v}\right)_T=\left(\frac{\partial p}{\partial T}\right)_v$$

又根据链式关系及比热容定义

$$\left(\frac{\partial s}{\partial T}\right)_v\left(\frac{\partial T}{\partial u}\right)_v\left(\frac{\partial u}{\partial s}\right)_v=1$$

$$\left(\frac{\partial s}{\partial T}\right)_v=\frac{\left(\frac{\partial u}{\partial T}\right)_v}{\left(\frac{\partial u}{\partial s}\right)_v}=\frac{c_V}{T}$$

得到

$$\mathrm{d}s=\frac{c_V}{T}\mathrm{d}T+\left(\frac{\partial p}{\partial T}\right)_v\mathrm{d}v \tag{3-63}$$

式（3-63）称为第一 ds 方程。已知物质的状态方程及比定容热容，积分式（3-63）即可求取过程的熵变。

若以 p、T 为独立变量，则

$$\mathrm{d}s=\left(\frac{\partial s}{\partial T}\right)_p\mathrm{d}T+\left(\frac{\partial s}{\partial p}\right)_T\mathrm{d}p$$

因

$$\left(\frac{\partial s}{\partial p}\right)_T=-\left(\frac{\partial v}{\partial T}\right)_p,\quad \left(\frac{\partial s}{\partial T}\right)_p=\frac{\left(\frac{\partial h}{\partial T}\right)_p}{\left(\frac{\partial h}{\partial s}\right)_p}=\frac{c_p}{T}$$

故可得第二 ds 方程

$$\mathrm{d}s=\frac{c_p}{T}\mathrm{d}T-\left(\frac{\partial v}{\partial T}\right)_p\mathrm{d}p \tag{3-64}$$

类似可得以 p、v 为独立变量的第三 ds 方程

$$\mathrm{d}s=\frac{c_V}{T}\left(\frac{\partial T}{\partial p}\right)_v\mathrm{d}p+\frac{c_p}{T}\left(\frac{\partial T}{\partial v}\right)_p\mathrm{d}v \tag{3-65}$$

在 ds 的一般方程中，第二 ds 方程相比于其他更为实用。因为比定压热容 c_p 与比定容热

容 c_V 相比较，c_p 易于在实验测定。由于 $\mathrm{d}s$ 导出过程中没有对工质作任何假定，因此对任何工质都适用，也包括理想气体。

2. 比热力学能的一般关系式

取 T、v 为独立变量，即 $u=u(T,v)$，则 $\mathrm{d}u=T\mathrm{d}s-p\mathrm{d}v$。将第一 $\mathrm{d}s$ 方程代入并整理可得微分关系式

$$\mathrm{d}u=c_V\mathrm{d}T+\left[T\left(\frac{\partial p}{\partial T}\right)_v-p\right]\mathrm{d}v \tag{3-66}$$

式（3-66）称为第一 $\mathrm{d}u$ 方程。若将第二 $\mathrm{d}s$ 方程、第三 $\mathrm{d}s$ 方程分别代入式 $\mathrm{d}u=T\mathrm{d}s-p\mathrm{d}v$，则可得到以 p、T 和 p、v 为独立变量的第二、第三 $\mathrm{d}u$ 微分式。一般而言，对于实际气体，比体积和温度是影响热力学能的两个因素。因此，如果已知实际气体的状态方程式和比热容，对式（3-66）或其他两个 $\mathrm{d}u$ 方程积分可求取热力学能在过程中的变化量。

3. 比焓的一般关系式

与导得 $\mathrm{d}u$ 的方程相同，通过把 $\mathrm{d}s$ 方程代入 $\mathrm{d}h=T\mathrm{d}s+v\mathrm{d}p$，可得到相应的 $\mathrm{d}h$ 方程，其中最常用的是以第二 $\mathrm{d}s$ 方程代入而可得的以 T 和 p 为独立变量的 $\mathrm{d}h$ 方程：

$$\mathrm{d}h=c_p\mathrm{d}T+\left[v-T\left(\frac{\partial v}{\partial T}\right)_p\right]\mathrm{d}p \tag{3-67}$$

另两个分别以 T、v 和 p、v 为独立变量的 $\mathrm{d}h$ 方程请读者自行推导。

由式（3-67）可以知道，温度和压力是影响实际气体的焓的两个因素，比如已知气体的状态方程式和比热容，通过积分可求取过程中焓的变化量。

【例题 3-6】 设气体遵守的状态方程式 $v=\frac{R_gT}{p}-\frac{c}{T^3}$，式中 c 为常数。试推导这种气体在等温过程中焓变化的表达式。

解　焓的一般关系式为

$$\mathrm{d}h=c_p\mathrm{d}T+\left[v-T\left(\frac{\partial v}{\partial T}\right)_p\right]\mathrm{d}p$$

在等温过程中 $\mathrm{d}T=0$，因此

$$\mathrm{d}h=\left[v-T\left(\frac{\partial v}{\partial T}\right)_p\right]\mathrm{d}p_T$$

两边积分得

$$(h_2-h_1)_T=\int_1^2\left[v-T\left(\frac{\partial v}{\partial T}\right)_p\right]\mathrm{d}p_T$$

据题中给出状态方程式

$$\left(\frac{\partial v}{\partial T}\right)_p=\frac{R_g}{p}+\frac{3c}{T^4}$$

因此

$$(h_2-h_1)_T=\int_1^2\left[v-T\left(\frac{R_g}{p}+\frac{3c}{T^4}\right)\right]\mathrm{d}p_T$$

$$=\int_1^2\left[\left(\frac{R_gT}{p}-\frac{c}{T^3}\right)-T\left(\frac{R_gT}{p}+\frac{3c}{T^3}\right)\right]\mathrm{d}p_T=\int_1^2-\frac{4c}{T^3}\mathrm{d}p_T$$

$$(h_2-h_1)_T=-\frac{4c}{T^3}(p_2-p_1)_T$$

【例题 3-7】 1kg 水由 $t_1=50℃$、$p_1=0.1\text{MPa}$ 经定熵增压过程到 $p_2=15\text{MPa}$。已知：50℃时水的 $v=0.001\,012\,1\text{m}^3/\text{kg}$，$\alpha_v=465\text{K}^{-1}$，$c_p=4.186\text{kJ/(kg}\cdot\text{K)}$，并可以将他们视为定值。试确定水的终温及焓的变化量。

解 由第二熵方程

$$ds=\frac{c_p}{T}dT-\left(\frac{\partial v}{\partial T}\right)_p dp=\frac{c_p}{T}dT-v\alpha_v dp$$

根据状态参数特性，选择先沿 $T_1=50+273.15=323.15$（K），等温由 p_1 到 p_2，再在 p_2 下定压地由 T_1 到 T_2 进行积分，即

$$\Delta s_{12}=\left(-\int_{p_1}^{p_2}v\alpha_v dp\right)_{T_1}+\left(\int_{T_1}^{T_2}\frac{c_p}{T}dT\right)_{p_2}=\left(c_p\ln\frac{T_2}{T_1}\right)_{p_2}-[v\alpha_v(p_2-p_1)]_{T_1}$$

因为等熵增压，所以 $\Delta s_{12}=0$，于是 $(c_p\ln T_2/T_1)_{p_2}=[v\alpha_v(p_2-p_1)]T_1$，即

$$\ln\frac{T_2}{T_1}=\frac{v\alpha_v(p_2-p_1)}{c_p}=\frac{0.001\,012\,1\times465\times10^{-6}\times(15\times10^6-0.1\times10^6)}{4.186\times10^3}$$

$$=0.001\,675$$

解得

$$T_2=323.69\text{K}\quad 或\quad t_2=50.54℃$$

由焓的一般关系式可得

$$dh=c_p dT+\left[v-T\left(\frac{\partial v}{\partial T}\right)_p\right]dp=c_p dT+(v-Tv\alpha_v)dp=c_p dT+(1-T\alpha_v)v dp$$

积分得

$$\Delta h_{12}=\left[\int_{p_1}^{p_2}(1-T\alpha_v)v dp\right]_{T_1}+\left[\int_{T_1}^{T_2}c_p dT\right]_{p_2}$$

$$=[v(1-T\alpha_v)(p_2-p_1)]_{T_1}+[c_p(T_2-T_1)]_{p_2}$$

所以

$$\Delta h_{12}=(1-323.15\times465\times10^{-6})\times0.001.121\times(15-0.1)\times10^6$$

$$+4.186\times10^3\times(323.69-323.15)$$

$$=15.07\times10^3(\text{J/kg})$$

3.5.2 有关比热容的热力学关系式

1. 比定压热容的一般关系式

在热力学中比定压热容的定义为

$$c_p\equiv\frac{\delta q_p}{dT}=\left(\frac{\partial h}{\partial T}\right)_p=c_p(T,p)$$

式中：q_p 为定压过程吸热量，kJ。

这说明温度和压力是影响比定压热容的两个因素，是一个强度参数。以（T，p）为独立变量时，已经导得熵的一般关系式［式（3-65）］为

$$ds=\frac{c_p}{T}dT-\left(\frac{\partial v}{\partial T}\right)_p dp$$

根据全微分的性质，二阶偏导数与求导次序无关，可以得出

$$\left[\frac{\partial(c_p/T)}{\partial p}\right]_T=-\left(\frac{\partial^2 v}{\partial T^2}\right)_p$$

$$\left[\frac{\partial c_p}{\partial p}\right]_T = -T\left(\frac{\partial^2 v}{\partial T^2}\right)_p \tag{3-68}$$

式（3-68）为比定压热容普遍关系式的微分形式。说明比定压热容会随着压力的变化而变化，这种关系和工质的状态方程有很大的关系。对式（3-68）积分可以得出

$$c_p = c_{p_0} - T\int_{p_0}^{p}\left(\frac{\partial^2 v}{\partial T^2}\right)_p \mathrm{d}p \tag{3-69}$$

式（3-69）建立了比定压热容与可测参数之间的一般关系。其中 c_{p_0} 代表的是基准态压力下的比定压热容，它只受温度的影响，具体的函数形式取决于工质的性质，这个可以由实验来测得。同样，状态方程的函数形式 $v=v(T,p)$ 可由工质的性质决定；另一种方法是由实验测定，它的二阶偏导数及定积分都可用数学工具求得。因此，c_p 的数值可以通过式（3-69）计算得到。

式（3-69）在工程上有广泛的应用。因为只要在 p_0 不变的条件下测定比定压热容与温度的关系 $c_{p_0}(T)$，就可应用该式计算出其他压力下的比定压热容值 c_p。故就不用再做不同压力下的比定压热容实验。同样，如果已经积累了大量的比较精确的有关比定压热容的实验数据，就可以结束数学工具和方法，利用该式来导出状态方程，或判断现有状态方程的精确程度。

2. 比定容热容的一般关系式

比定容热容的定义为

$$c_V \equiv \frac{\delta q_v}{\mathrm{d}T} = \left(\frac{\partial u}{\partial T}\right)_v = c_V(T,v)$$

式中：q_v 为定容过程吸热量，kJ。

比定容热容是以（T，v）为独立变量的热力学函数，也是一个强度参数。以（T，v）为独立变量时，对于熵的一般关系式［式（3-63）］，根据全微分的性质，由式（3-63）可以得出

$$\left[\frac{\partial(c_V/T)}{\partial v}\right]_T = -\left(\frac{\partial^2 p}{\partial T^2}\right)_v$$

$$\left[\frac{\partial c_V}{\partial v}\right]_T = T\left(\frac{\partial^2 p}{\partial T^2}\right)_v \tag{3-70}$$

对式（3-70）积分可以得出

$$c_V = c_{V0} + T\int_{v_0}^{v}\left(\frac{\partial^2 p}{\partial T^2}\right)_v \mathrm{d}v \tag{3-71}$$

式（3-70）及式（3-71）分别表示比定容热容普遍关系式的微分形式及积分形式。虽然这两个式子的物理意义及功能与比定压热容的一般关系是相似的，但是比定容热容的测定是比较困难的，对比之下，比定压热容的测定较为容易。因此平时通常先测定比定压热容，再根据 c_p 与 c_V 之间的关系，比定容热容的值就会很方便地计算出。

3. 比热容差的一般关系式

将式（3-63）及式（3-64）联立，可得

$$\mathrm{d}T = \frac{T\left(\frac{\partial v}{\partial T}\right)_p}{c_p - c_V}\mathrm{d}p + \frac{T\left(\frac{\partial p}{\partial T}\right)_v}{c_p - c_V}\mathrm{d}v$$

若以（p，v）为独立变量，状态方程 $T=T(p,v)$ 的全微分为

$$\mathrm{d}T=\left(\frac{\partial T}{\partial p}\right)_v \mathrm{d}p+\left(\frac{\partial T}{\partial v}\right)_p \mathrm{d}v$$

比较两式，其中对应的系数必定相等。因此有

$$c_p-c_V=T\left(\frac{\partial p}{\partial T}\right)_v\left(\frac{\partial v}{\partial T}\right)_p \tag{3-72}$$

应用偏导数的循环关系

$$\left(\frac{\partial v}{\partial T}\right)_p=-\left(\frac{\partial v}{\partial p}\right)_T\left(\frac{\partial p}{\partial T}\right)_v$$

式（3-72）可进一步写成

$$c_p-c_V=-T\left(\frac{\partial p}{\partial T}\right)_v^2\left(\frac{\partial v}{\partial p}\right)_T \tag{3-73}$$

式（3-73）为比热容差的一般关系式。利用这个关系式可以根据已知的比定压热容计算出相应的比定容热容，前边也叙述到了这一点。由式（3-73）可以得出以下结论：

（1）对于气体，$\left(\frac{\partial v}{\partial p}\right)_T$ 恒为负值，因此有 $c_p>c_V$；

（2）由于液体及固体的压缩性很小，$\left(\frac{\partial v}{\partial p}\right)_T\approx 0$，因此有 $c_p\approx c_V$；

（3）当 $T\to 0$ 时，$c_p\approx c_V$。

【例题 3-8】 试根据焓、热力学能及比热容的一般关系式证明理想气体的比热容、热力学能及焓都仅是温度的函数，并证明比热容差等于气体常数。

证明 理想气体状态方程可写成对于压力的显函数形式，有

$$p=\frac{R_g T}{v},\quad \left(\frac{\partial p}{\partial T}\right)_v=\frac{R_g}{v}$$

理想气体状态方程写成对于比体积的显函数形式时，有

$$v=\frac{R_g T}{p},\quad \left(\frac{\partial v}{\partial T}\right)_p=\frac{R_g}{p}$$

将上述各显函数式分别代入 3.5.1 和 3.5.2 中的焓、热力学能以及比热容计算式的一般表达式，可以得出

$$\left(\frac{\partial u}{\partial v}\right)_T=\left[T\left(\frac{\partial p}{\partial T}\right)_v-p\right]_T=0$$

$$\left(\frac{\partial h}{\partial p}\right)_T=\left[v-T\left(\frac{\partial v}{\partial T}\right)_p\right]_T=0$$

$$\mathrm{d}h=c_p\mathrm{d}T,\quad \mathrm{d}u=c_V\mathrm{d}T$$

$$\left(\frac{\partial c_p}{\partial p}\right)_T=0,\quad \left(\frac{\partial c_V}{\partial v}\right)_T=0,\quad c_p-c_V=R_g$$

这些证明了理想气体的比热容、热力学能及焓都仅是温度的函数。

3.5.3 焦耳-汤姆逊系数

焦耳-汤姆逊系数（Joule Thomson coefficient）简称焦汤系数。焦汤系数参数可以测定，在工质热物性的研究中发挥着很重要的作用。焦汤系数是根据绝热节流原理建立起来的一种参数之间的一般关系式，因此，它与绝热节流过程关系密切。

1. 绝热节流过程的基本性质

流体流经通道中的阀门、孔板或多孔塞等障碍物时，由于局部阻力而使流体的压力降

低，这种现象称为节流现象。通常，节流现象在管道内的发生距离是非常短的，因此节流现象一个重要的特点是热量交换及动能、位能的变化都可忽略不计，因此这个过程可以看作是绝热节流过程。

在孔板前、后的适当距离内，分别选取 in 及 out 作为假想的进、出口界面，并以 in-out 之间的一段管长作为研究对象，绝热节流过程如图 3-12 所示。

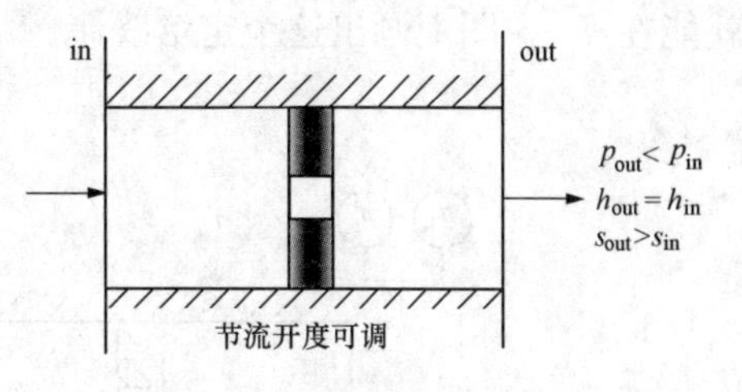

图 3-12　绝热节流过程

对于稳定的绝热节流过程，热力学第一定律的能量方程可以简化成

$$(\Delta E)_M = E_{in} - E_{out} = m(h_{in} - h_{out}) = 0, \quad h_{in} = h_{out}$$

式中：E_{in}、E_{out}为孔板前后的能量，kJ；h_{in}和h_{out}为孔板前后的比焓，kJ/kg。

热力学第二定律的熵方程可以简化成

$$\Delta S = -(\Delta S)_M = m(s_{out} - s_{in}) > 0, \quad s_{out} > s_{in}$$

由此可知，在稳定绝热节流过程中节流前后流体的压力会下降，熵值会增大，但是焓值保持不变。此外，稳定绝热节流过程是个不可逆过程。在节流元件附近的流体处于非平衡状态，状态参数是无法确定的，更谈不上定焓。流体出口熵的增大完全由内部不可逆性的熵产所引起的。最重要的一点是稳定绝热节流过程的这些基本性质对于任何工质都是适用的。

2. 绝热节流的温度效应

温度效应是指节流前后流体的温度变化。绝热节流后流体的温度可能升高，可能降低，也可能保持不变。决定因素为节流之前的状态、节流程度及流体的性质。在相同的入口状态及节流程度的条件下，节流后的温度效应完全取决于流体的性质。因此，绝热节流的温度效应是流体物性的一种表现。

焦汤系数又称为绝热节流系数，它是表征绝热节流温度效应的热物性参数。若以 μ_{JT} 代表焦汤系数，则其定义式可写成

$$\mu_{JT} \equiv \left(\frac{\partial T}{\partial p}\right)_h \tag{3-74}$$

式（3-74）说明焦汤系数是状态的单值函数，且是一个强度参数，在数值上等于定焓下温度对压力的偏导数。因为绝热节流过程中压力总是下降的，dp 恒为负值，所以焦汤系数的正负号有明显的物理意义。即有

当 $\mu_{JT}>0$，$dT<0$，节流冷效应。

当 $\mu_{JT}<0$，$dT>0$，节流热效应。

当 $\mu_{JT}=0$，$dT=0$，节流零效应。

焦汤系数可以通过实验来测定，测定绝热节流温度效应的实验装置，温度效应及转变曲线示意图如图 3-13 所示。实验时，在保持入口焓值一定的情况下改变节流程度或入口状态（比焓不变），待稳定后再测出相应的出口参数。这样，就可以得出一组从相同的初焓出发的、代表不同绝热节流过程的出口参数。如果把这些出口参数表示在 T-p 图上，它们必定落在同一条定焓（h_1）线上。绝热节流前后的焓值不变，但绝热节流过程不是定焓过程，这条定焓线不是绝热节流的过程线。不难理解，这条定焓线是在相同初态焓值的条件下所有绝热节流过程的终态的轨迹，它代表着许多不同的绝热节流过程。

如果在不同的入口焓值的条件下重复进行该实验，就可以得出一组不同焓值的定焓线，就能在 T-p 图上画出这个定焓线簇。

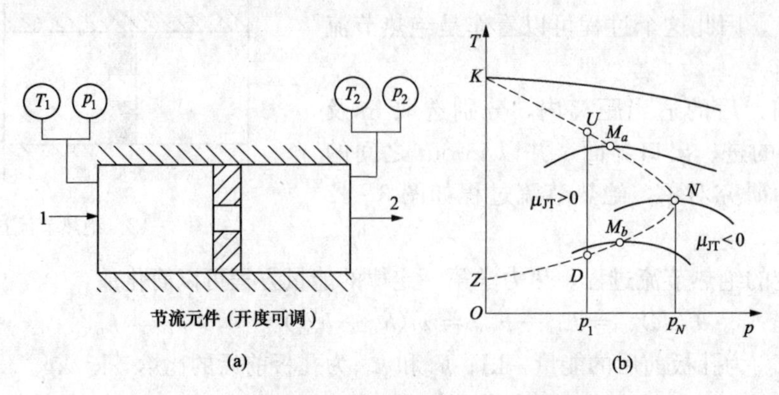

图 3-13 节流装置及温度效应及转变曲线示意图

(a) 节流装置简图；(b) 温度效应及转变曲线图

由图 3-13 可知，在一定的焓值范围内，每条定焓线上都有一个温度最高的点，用 M 表示。这个点满足该定焓线的极值条件，有

$$\mu_{JT} \equiv \left(\frac{\partial T}{\partial p}\right)_h = 0 \tag{3-75}$$

M 点（如 M_a、M_b）称为转变点，标志着 μ_{JT} 值将由负转变成正。如果把不同焓值的定焓线上的转变点连起来就形成了一条转变曲线，如图 3-13 中虚线所示。式（3-75）为这条转变曲线的方程。转变曲线将 T-p 图分成两个区域：在转变曲线与纵坐标所围的区域内，焦汤系数恒为正值，即有 $\mu_{JT}>0$，$\mathrm{d}T<0$，节流后温度降低，是绝热节流的制冷区；在该区域之外焦汤系数恒为负值即有 $\mu_{JT}<0$，$\mathrm{d}T>0$，绝热节流呈现热效应。转变曲线上有一个压力最大的 N 点，这一点的相应压力称为最大转变压力，用 p_N 表示。当流体出口压力高于 p_N 时，不可能与转变曲线有任何交点，因此，$p>p_N$ 是只能出现节流热效应 μ_{JT} 的压力范围；低于 p_N 的定压线与转变曲线之间都有两个交点。如 $p_1<p_N$，相应的两个交点为 U 及 D，它们的温度 T_U 及 T_D 分别称为对应压力 p_1 的上转变温度及下转变温度。显然，这是该压力下可能出现节流冷效应（$\mu_{JT}>0$，$\mathrm{d}T<0$）的温度范围；超过这个温度范围只能出现节流热效应（$\mu_{JT}<0$，$\mathrm{d}T>0$）。

3. 焦汤系数的一般关系式

根据绝热节流的性质：节流前后焓值不变，在初焓不变的情况下所有节流过程的终态都落在同一条定焓线上。根据焓函数的普遍表达式，绝热节流过程在 $\mathrm{d}h=0$ 的条件下有 $\mathrm{d}h=c_p\mathrm{d}T+\left[v-T\left(\frac{\partial v}{\partial T}\right)_p\right]_T\mathrm{d}p=0$，对其整理得

$$\mu_{JT}=\left(\frac{\partial T}{\partial p}\right)_h=\frac{[T(\partial v/\partial T)_p-v]_T}{c_p} \tag{3-76}$$

根据热膨胀系数的定义式 $\alpha_v=\frac{1}{v}\left(\frac{\partial v}{\partial T}\right)_p$ 及式（3-76）还可写成

$$\mu_{JT}=\frac{v(T\alpha_v-1)}{c_p} \tag{3-77}$$

式（3-76）及式（3-77）是焦汤系数的两种表达形式，建立了焦汤系数与其他可测参数之间的一般关系式。

根据式（3-76）在转变曲线上每个转变点的焦汤系数均等于零。将转变曲线方程式（3-76）代入式（3-77）就可得出转变曲线方程的一般表达式，即

$$T\left(\frac{\partial v}{\partial T}\right)_p - v = 0 \tag{3-78}$$

式（3-78）说明转变曲线方程仅与可测参数（p，v，T）有关，转变曲线的形状取决于流体的性质，焦汤系数是流体的一种热物性参数。

3.5.4　逸度及逸度系数的一般表达式

逸度的概念是1901年路易斯（G. N. Lewis）提出的。他从分析定温下摩尔自由焓变化的计算式出发引入了这个概念。逸度又被称为非理想混合气体的化学势。逸度在实际气体计算中，特别是溶液和相平衡计算中是很有用的热力性质。对单相简单可压缩闭口系，在定温下有 $\mathrm{d}g_T = (v\mathrm{d}p)_T$。对于理想气体，则可写成

$$\mathrm{d}g_T = \frac{R_g T}{p}\mathrm{d}p = R_g T\mathrm{d}(\ln p)_T \tag{3-79}$$

对于实际气体有

$$\mathrm{d}g_T = \frac{ZR_g T}{p}\mathrm{d}p = ZR_g T\mathrm{d}(\ln p)_T \tag{3-80}$$

为了使实际气体自由焓的计算式保持和理想气体一样的简单形式，用逸度 f 代替式（3-79）中的压力 p。逸度 f 定义式为

$$\left.\begin{aligned} &\mathrm{d}g_T = R_g T\mathrm{d}(\ln f)_T \\ &g_T = R_g T(\ln)_T + g(T) \\ &\lim_{p\to 0}\frac{f}{p} = 1 \end{aligned}\right\} \tag{3-81}$$

根据定义，逸度也是一个强度性状态参数。它在实际气体定温过程中的作用，和理想气体定温过程中压力 p 的作用一样。实际气体可逆定温技术功 $\int (v\mathrm{d}p)_T$ 的计算，引用了逸度 f 之后，则保持了理想气体热力学关系所具有的同样简单的数学表达式。即逸度可以理解为假想压力。它和压力有着相同的量纲，是一真实系统中，$(v\mathrm{d}p)_T$ 和理想气体有同样作用时应有的压力。

气体逸度和压力一样，表示物质的逃逸势。系统中如有压力差，高压力处的物质总是向低压力处移动；系统如有逸度差，逸度大处的物质总是向逸度小处移动。

随着实际气体接近理想气体，f 在数值上接近于 p。当系统的 $p\to 0$ 时，逸度等于压力。令

$$\phi = \frac{f}{p} \tag{3-82}$$

ϕ 为逸度系数，它也是度量气体非理想性的标尺之一。在高压低温系统中，实际气体的 f 和 p 有时相差几倍。逸度系数是无量纲参数。

积分式（3-81），可得出任意两状态间逸度和自由焓的关系为

$$g_2 - g_1 = R_g T\ln\frac{f_2}{f_1} \tag{3-83}$$

如果两个状态中一个状态的压力很低，所处状态可视为理想气体态，则

$$\int_{g^*}^{g} \mathrm{d}g_T = \int_{f^*=p^*}^{f} R_g T\mathrm{d}(\ln f)_T \quad 或 \quad g - g^* = R_g T\ln\frac{f}{p^*} \tag{3-84}$$

式中：上角标“*”表示处于理想气体态。在理想气体态下，$f^* = p^*$。

如何利用状态方程推算逸度系数呢？比较式（3-81）和式（3-82）后得出：$Z\mathrm{d}(\ln p)_T = \mathrm{d}(\ln f)_T$，两边减去 $\mathrm{d}(\ln p)_T$ 并整理得：$(Z-1)\mathrm{d}(\ln p)_T = \mathrm{d}\left(\ln\frac{f}{p}\right)_T$，从压力 $p_0 \to 0$ 到压力 p 积分，可得

$$\ln\phi = \int_{p_0 \to 0}^{p} (Z-1)\mathrm{d}(\ln p)_T \tag{3-85}$$

求得逸度系数后，根据逸度系数的定义式［式（3-82）］就可以算出逸度。

3.6 对比态原理和通用压缩因子图

在实际气体的状态方程中，包含着与物质固有性质有关的常数，然而为了得到这些常数，就需要将该物质的 p、v、T 实验数据进行拟合。如果将这些物性常数消除，使方程具有普遍性，在没有足够的 p、v、T 实验数据和缺乏状态方程中经验系数数据的情况下，对计算将带来极大的简便。

3.6.1 对比态原理

对多种流体的实验数据进行分析，可以发现，在接近各自的临界点时，所有流体都将显示出相似的性质，因此产生了用相对于临界参数的对比值，从而代替了压力、温度和比体积的绝对值，并用它们导出普遍适用的实际气体状态方程的想法。这样的对比值分别被定义为对比压力 p_r、对比温度 T_r、对比比体积 v_r。

$$p_r = \frac{p}{p_{cr}}, \quad T_r = \frac{T}{T_{cr}}, \quad v_r = \frac{v}{v_{cr}}$$

以范德瓦尔方程为例说明对比态原理。将对比参数代入范德瓦尔方程，并利用以临界参数表示的物性常数 a 和 b 的关系，可导得

$$\left(p_r + \frac{3}{v_r^2}\right)(3v_r - 1) = 8T_r \tag{3-86}$$

式（3-86）即范德瓦尔对比态方程。由方程可知，没有任何与物质固有特性有关的常数，所以是通用的状态方程式。范德瓦尔方程式本身具有一定的近似性，也就决定了范德瓦尔对比态方程也仅是个近似方程，最重要的一点就是：在低压时就不再适用。

对于具体的对比状态方程，都有不同的形式。对于能满足同一对比状态方程式的同类物质，若它们的对比参数 p_r、T_r、v_r 中有两个相同，则第三个对比参数就一定相同，物质也就处于对应状态中。这一结论称为对比态定律（或称对比态原理）。服从对比态定律，并能满足同一对比状态方程的一类物质称为热力学上相似的物质。经验指出，凡是临界压缩因子相近的气体，可视作彼此热相似。

由范德瓦尔对比态方程和对应态原理可知：虽然在相同的压力与温度下，不同气体的比体积是不同的，但是只要它们的 p_r 和 T_r 分别相同，它们的 v_r 必定相同，说明各种气体在对应状态下有相同的对比性质。数学上，对应态定律可以表示为

$$f(p_r, T_r, v_r) = 0 \tag{3-87}$$

式（3-87）虽然是根据两常数的范德瓦尔方程导出的，但它可以推广到一般的实际气体状态方程。对不同流体的试验数据的详细研究表明，虽然对应态原理并不是十分精确，但总体上是正确的。它可以使在缺乏详细资料的情况下，可以凭借某些资料具体参考流体的热力性质来估算其他流体的性质。若采用理想对比体积 $V'_m$$\left(\text{定义为 } V'_m=\dfrac{V_m}{V_{m,i,cr}}\right)$，也就是实际气体的摩尔体积 V_m，其中 $V_{m,i,cr}$ 为临界点的理想比体积。下面简单介绍另外两个对比态方程。

3.6.2　L-K 方程

由于 B-W-R 方程在计算非极性和微极性气体，尤其是计算烃类气体体积方面非常适用。许多学者试图把它转化为通用对比态方程，其中较为成功的是 L-K 方程（Lee-Kesler）。L-K 方程是以压缩因子为第三参数的三参数对比态方程，其压缩因子表达式为

$$Z=Z^{(0)}+\omega Z^{(1)}=Z^{(0)}+\frac{\omega}{\omega^{R}}\left[Z^{(R)}-Z^{(0)}\right] \tag{3-88}$$

式（3-88）中的压缩因子 $Z^{(0)}$ 及 $Z^{(1)}$ 均是以 T_r、p_r 为自变量的函数，一些物质的偏心因子 ω 也可查。ω^R 为参考流体。以正辛烷为参考流体，正辛烷的偏心因子 $\omega^R=0.397\ 8$。

L-K 方程也可表示为具有 12 个常数的表达式，为

$$\frac{p_r v_r}{T_r}=1+\frac{B}{v_r}+\frac{C}{v_r^2}+\frac{D}{v_r^5}+\frac{c_4}{T_r^3 v_r^2}\left(\beta+\frac{\gamma}{v_r^2}\right)\exp\left(-\frac{\gamma}{v_r^2}\right) \tag{3-89}$$

式中：$B=b_1-\dfrac{b_2}{T_r}-\dfrac{b_3}{T_r^2}-\dfrac{b_4}{T_r^3}$；$C=c_1-\dfrac{c_2}{T_r}+\dfrac{c_3}{T_r^3}$；$D=d_1+\dfrac{d_2}{T_r}$。

3.6.3　严家騄对比态方程

1978 年我国著名工程热物理学家严家騄改进了范德瓦尔对比态方程，主要考虑了实际气体中分子的结合现象，也考虑了温度对分子体积的影响和对分子间作用力的影响，提出了严家騄对比态方程。该方程可表示为

$$p_r=\frac{8}{3}\left[\frac{T_r}{\dfrac{v_r}{A}-\dfrac{\delta}{3}}-\frac{9}{8}\,\frac{1}{T_r^{\lambda}\left(\dfrac{v_r}{A}\right)^2}\right] \tag{3-90}$$

令

$$A=\frac{3}{8Z_{cr}}\left[1-\frac{\left(1-\dfrac{\delta}{3}\right)\left(1-\dfrac{8}{3}Z_{cr}\right)}{\left(v_r-\dfrac{\delta}{3}\right)T_r^{n}e^{1-1/T_r}}\right],\quad \delta=\sqrt{\frac{0.5+\sqrt{0.25+0.375}}{0.5+\sqrt{0.25+0.375T_r}}}$$

式中：Z_{cr} 为临界点的压缩因子。

$$\lambda=\left(\ln\frac{27}{8}-\ln\sqrt{\frac{0.5+\sqrt{0.5+0.375}}{0.5+\sqrt{0.25+0.375+T_B/T_{cr}}}}\right)\Big/\ln(T_B/T_{cr})-1$$

式中：T_B 为波意耳温度，K。单原子气体 $n=1.5$，双原子气体 $n=2.5$，三原子气体 $n=3$。温度较低时可取 $\delta=1$，$\lambda=0.2\sim0.5$。

应用严家騄对比态方程对 H_2、He、空气、CO、CO_2、NH_3、H_2O 及烃类、氟利昂等气体进计算，获得了精度较高的结果。

1980 年严家騄在式（3-90）基础上，以饱和蒸汽为研究对象，忽略温度对分子体积的影响，又提出了一个饱和蒸汽对比态方程，可表示为

$$p_{\mathrm{r}}=\frac{8}{3}\left[\frac{T_{\mathrm{r}}}{\frac{v_{\mathrm{r}}}{A}-\frac{1}{3}}-\frac{9}{8}\frac{1}{T_{\mathrm{r}}^{\lambda}\left(\frac{v_{\mathrm{r}}}{A}\right)^{2}}\right] \tag{3-91}$$

式中：$A=\dfrac{B(3v_{\mathrm{r}}C+1)-\sqrt{B^{2}(3v_{\mathrm{r}}C-1)^{2}+12v_{\mathrm{r}}B(1-C)}}{2(BC+C-1)}$；$B=\dfrac{1}{2}T_{\mathrm{r}}^{n}-\mathrm{e}^{1-\frac{1}{T_{\mathrm{r}}}}$；$C=\dfrac{8}{3}Z_{\mathrm{cr}}$，

$\lambda=\dfrac{\ln\dfrac{27}{8}}{\ln\left(\dfrac{T_{\mathrm{B}}}{T_{\mathrm{cr}}}\right)}-1$；单原子气体 $n=1.5$，双原子气体 $n=2$，三原子气体 $n=2.25$。温度较低时可取 $\delta=1$，$\lambda=0.2\sim0.5$。

3.6.4 通用压缩因子图

实际气体对理想气体性质的偏离可用压缩因子 Z 描述，实际气体基本状态参数间的关系也可通过修正理想气体状态方程得到

$$pV_{\mathrm{m}}=ZRT$$

用压缩因子 Z 修正实际气体的非理想性，既可以保留理想气体状态方程的基本形式，又可以取得满意的结果。但是因为 Z 值不仅随气体种类而且随其状态（p，T）而异，故而每种气体的 $Z=f(p,T)$ 曲线都不尽相同。对于缺乏资料的流体，可采用通用压缩因子图。

由压缩因子 Z 和临界压缩因子 Z_{cr} 的之比，可得

$$\frac{Z}{Z_{\mathrm{cr}}}=\frac{pV_{\mathrm{m}}/(RT)}{\dfrac{p_{\mathrm{cr}}V_{\mathrm{m,cr}}}{RT_{\mathrm{cr}}}}=\frac{p_{\mathrm{r}}V_{\mathrm{m,r}}}{T_{\mathrm{r}}}=\frac{p_{\mathrm{r}}v_{\mathrm{r}}}{T_{\mathrm{r}}}$$

根据对应态原理，可以改写为 $Z=f_{1}(p_{\mathrm{r}},T_{\mathrm{r}},Z_{\mathrm{cr}})$。若 Z_{cr} 的数值取一定值，则进一步化简成

$$Z=f_{2}(p_{\mathrm{r}},T_{\mathrm{r}}) \tag{3-92}$$

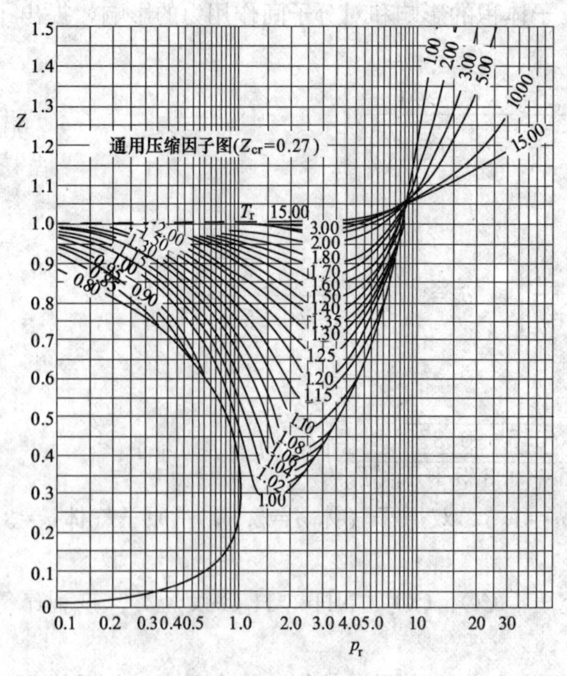

图 3-14　通用压缩因子图

式（3-92）为编制通用压缩因子图提供了理论基础。取大多数气体临界压缩因子的平均值 $Z_{\mathrm{cr}}=0.27$ 绘制的通用压缩因子图，如图 3-14 所示。目前普遍认为准确度较高的根据实验数据制作的通用压缩因子图是 N-O 图（低压区、中压区、高压区分别如图 3-15～图 3-17 所示）。图 3-15 中虚线是理想对比体积 V'_{m}。低压区（$p_{\mathrm{r}}=0\sim1$）通用压缩因子图是按 30 种气体的实验数据绘制而成的。其中，氢、氦、氨和水蒸气的最大误差为 3%～4%，另外 26 种非极性气体的最大误差约为 1%。中压区（$p_{\mathrm{r}}=1\sim10$）通用压缩因子图是由 30 种气体的实验数据绘制的。除氢、氦、氨外，最大误差约为 2.5%。高压区通用压缩因子图，绘制此图能用的实验数据很少。这种图的精度虽然比范德瓦

尔方程高，但仍是近似的。为提高其计算精度，引入了第三参数，如临界压缩因子 Z_{cr} 和偏心因子 ω，感兴趣的读者可参阅有关文献。

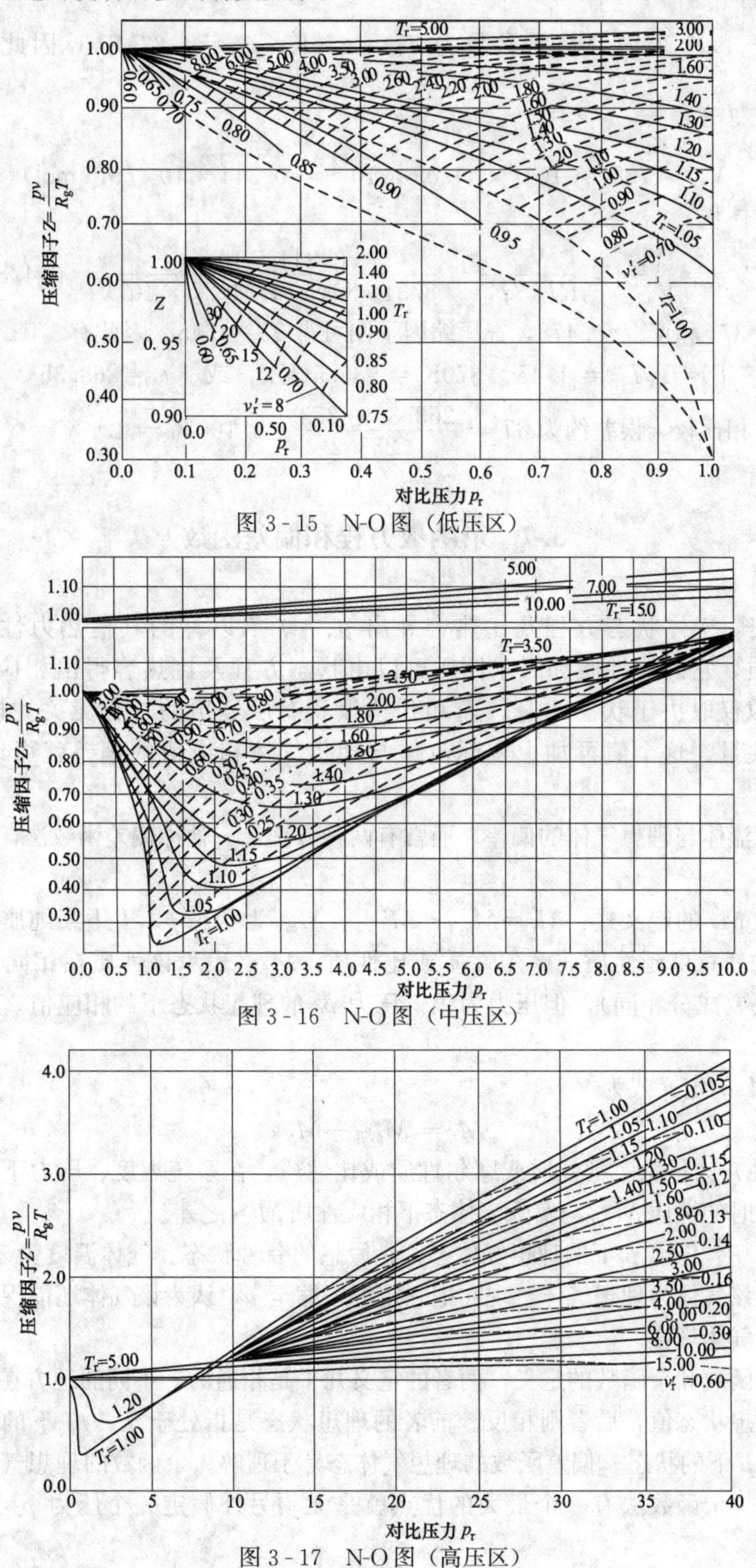

图 3-15　N-O 图（低压区）

图 3-16　N-O 图（中压区）

图 3-17　N-O 图（高压区）

【例题 3-9】 体积为 $7.81\times10^{-3}\mathrm{m}^3$、压力为 10.132 5MPa 的 1kg 丙烷，实测温度为 253.2℃，试用压缩因子图确定丙烷的温度。

解 查表 3-3 得丙烷临界参数为 $T_{\mathrm{cr}}=370\mathrm{K}$、$p_{\mathrm{cr}}=4.27\mathrm{MPa}$，因此，$p_{\mathrm{r}}=\dfrac{p}{p_{\mathrm{cr}}}=\dfrac{10.132\,5}{4.27}=2.373$

$$V_{\mathrm{m}}=7.81\times10^{-3}\times44.09\times10^{-3}=0.344\times10^{-3}(\mathrm{m}^3/\mathrm{mol})$$

理想对比体积

$$V'_{\mathrm{m}}=\frac{V_{\mathrm{m}}}{V_{\mathrm{m,cr}}}=\frac{V_{\mathrm{m}}}{RT_{\mathrm{cr}}/p_{\mathrm{cr}}}=\frac{0.344\times10^{-3}}{8.314\,5\times370/(4.27\times10^6)}=0.478$$

据 $p_{\mathrm{r}}=2.373$ 和 $V'_{\mathrm{m}}=0.478$，查压缩因子图可得 $T_{\mathrm{r}}=1.45$。因此有

$$T=T_{\mathrm{r}}T_{\mathrm{cr}}=1.45\times370\mathrm{K}=536.5(\mathrm{K})\quad 或\quad t=263.35℃$$

与实测值相比较，误差约为 $\delta T=\dfrac{263.35-253.2}{253.2}\times100\%=4.0\%$

3.7 余函数方程和偏差函数

如何从实际气体状态方程及比热容导出 p、v、T 以外的其他热力性质的计算式。对于广延性质，它的比性质和摩尔性质可以由状态方程及比热容得出相应的计算公式。因为状态参数仅取决于状态本身，而和到达该状态所经历的过程无关。也可先计算理想气体的有关量，这个值再加上实际流体与理想气体相应值的偏差就可以得到最终的结果。

计算实际流体与理想气体的偏差，通常有两种方法：一种称偏差函数法，另一种称余函数法。

偏差函数 M'_{r} 的定义式：$M'_{\mathrm{r}}=M_{p,T}-M^0_{p_0,T}$。$M_{p,T}$ 为状态 p、T 下某纯质（或成分不变的混合物）的任意广延性质或摩尔性质或比性质，$M^0_{p_0,T}$ 表示该性质在相同温度 T（若为混合物，则还要成分相同），但压力为很低压力 p_0 的理想状态下的相应值。上角 * 表示理想气体。

余函数 M_{r} 的定义式为

$$M_{\mathrm{r}}=M^*_{p,T}-M_{p,T} \tag{3-93}$$

式（3-93）为任意广延性质或摩尔性质或比性质，在系统温度、压力下，假定流体可看成理想气体时的性质 $M^*_{p,T}$ 与实际流体态下相应性质 $M_{p,T}$ 之差。

处于温度 T、压力 p 下的理想气体态，是假想的一种状态。气体温度为 T 而压力 $p\to0$ 时，可以认为该气体为理想气体。现在把它定温压缩至 p，认为该气体还能保持理想气体性质，服从理想气体规律。

比较偏差函数和余函数的定义，两者的定义几乎是相通的。不同的地方在于前者是实际状态值减去理想状态值，后者则相反。前者的理想状态是指处于 T、p_0 下的状态，而后者则为处于 T、p 下的状态。偏差函数的理想气体态易于理解。余函数的理想气体态仅是一种假想态。但是，余函数法有一个最大的优点就是无须另外假定一个压力 p_0 值，这样更为方便。

为了进一步说明余函数和偏差函数在定义理想气体状态值的不同之处和其相互关系，下面用计算式及偏离基准态的理想气体 p - T 图（见图 3-18）进行说明。

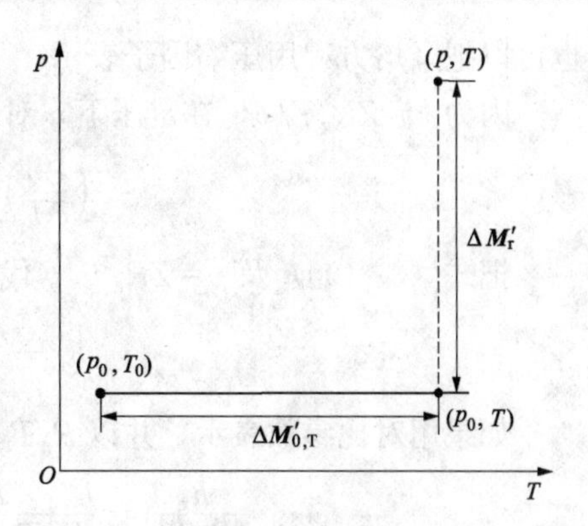

图 3-18　偏离基准态的理想气体 p-T 图

$$M_{p,T}^{*} = M_{p_0,T_0} + \Delta M'_{0,T} + \Delta M'_T \qquad (3-94)$$

$$M_{p_0,T}^{0} = M_{p_0,T_0} + \Delta M'_{0,T} \qquad (3-95)$$

式中：$M_{p,T}^{*}$为在实际系统温度 T、压力 p 下，假定状态仍为理想气体态的热力性质；M_{p_0,T_0} 为在某基准态（p_0，T_0）下的热力性质；$\Delta M'_{0,T}$ 为从基准态（p_0，T_0）到达状态（p_0，T）的热力性质的变量，由于 p_0 足够低，可按理想气体计算；$\Delta M'_T$ 为等温下从（p_0，T）到达假想理想气体状态（p，T）的热力性质变量，按理想气体计算；$M_{p_0,T}^{0}$为在实际系统温度 T 及基准态压力 p_0 下的理想气态的热力性质。

比较式（3-94）、式（3-95），二者之差为 $\Delta M'_T$ 项。由于理想气体热力学能、焓仅是温度的函数，与压力无关，$\Delta M'_T=0$，可见 $H_{p_0,T}^{0}=H_{p,T}^{*}$，$U_{p_0,T}^{0}=U_{p,T}^{*}$。因此，对于热力学能、焓，偏差函数和余函数的绝对值相等。然而，由于理想气体的压力会影响到熵，这时 $\Delta M'_T\neq 0$，即 $\Delta S'_T\neq 0$，故熵的余函数值和其偏差函数值不相同，应该注意到这一点。

3.7.1　余函数方程

1. 实际流体的余焓方程

现在介绍从余函数的定义出发，从而导出余焓方程的一般关系式。由定义得余焓 h_r 为

$$h_r = h_{p,T}^{*} - h_{p,T} \qquad (3-96)$$

在等温下，式（3-96）对压力求导，得

$$\left(\frac{\partial h_r}{\partial p}\right)_T = \left(\frac{\partial h_{p,T}^{*}}{\partial p}\right)_T - \left(\frac{\partial h_{p,T}}{\partial p}\right)_T \qquad (3-97)$$

因为理想气体的焓只是温度的函数，所以式（3-97）右侧第一项 $\left(\frac{\partial h_{p,T}^{*}}{\partial p}\right)_T=0$，右侧第二项是实际气体焓在等温条件下随压力的变化。因为有已导出此项和状态方程的关系为 $\left(\frac{\partial h_{p,T}}{\partial p}\right)_T=\left[v-T\left(\frac{\partial v}{\partial T}\right)_p\right]_T$，对于等温变化，则有

$$(\mathrm{d}h_r)_T = -\left(\frac{\partial h_{p,T}}{\partial p}\right)_T \mathrm{d}p = \left[T\left(\frac{\partial v}{\partial T}\right)_p - v\right]\mathrm{d}p \qquad (3-98)$$

从压力 p_0 到 p 积分得，$h_r-h_{r0}=\int_{p_0}^{p}\left[T\left(\frac{\partial v}{\partial T}\right)_p-v\right]\mathrm{d}p$。当 $p_0\to 0$ 时，$h_0=0$，故得

$$h_r = \int_{p_0\to 0}^{p}\left[T\left(\frac{\partial v}{\partial T}\right)_p - v\right]\mathrm{d}p \quad （T\text{ 为常数}） \qquad (3-99)$$

式（3-99）为余焓的通用方程。分析式（3-98）及式（3-99）可知，数值上，余焓等于系统温度 T 下，实际气体从压力 $p_0\to 0$ 增加至系统压力 p 时，焓变量的负数。有了状态方程，就可以求出余焓方程的具体形式。

因为任何解析型状态方程都可以用压缩因子 Z 及 p、T 关系表示，通过以下的转换关系

也可以把余焓方程用压缩因子表示。

因为 $v=ZR_gT/p$，在定压下，对 T 求导，则有

$$\left(\frac{\partial v}{\partial T}\right)_p=\frac{TR_g}{p}\left(\frac{\partial Z}{\partial T}\right)_p+\frac{R_gZ}{p} \tag{3-100}$$

把式（3-100）及 $v=ZR_gT/p$ 代入式（3-99），得

$$h_r=\int_{p_{0\to0}}^{p}\left[\frac{TR_g^2}{p}\left(\frac{\partial Z}{\partial T}\right)_p\right]_T\mathrm{d}p$$

如果用对比参数表示，并以 R_gT_{cr} 除全式，就得到对比态无量纲余焓方程

$$\frac{h_r}{R_gT_{cr}}=\frac{h^*-h}{R_gT_{cr}}=T_r^2\int_{p_r\to0}^{p_r}\left[\left(\frac{\partial Z}{\partial T_r}\right)_{p_r}\mathrm{d}(\ln p_r)\right]_{T_r} \tag{3-101}$$

根据式（3-101），可以利用对比态压缩因子图，用图解法求出给定 T_r、p_r 的导数 $\left(\frac{\partial Z}{\partial T_r}\right)_{p_r}$，然后以 $T_r^2\left(\frac{\partial Z}{\partial T_r}\right)_{p_r}$ 为纵坐标，$\ln p_r$ 为横坐标。从某一很低的基点压力 $p_r\to0$ 处至待求压力 p_r 处的积分值是相应曲线下的面积，即为无量纲余焓 $\frac{h^*-h}{R_gT_{cr}}$ 值。

有了余焓方程，实际气体的焓值就可以通过理想气体的焓值加余焓值求出，即

$$h_{p,T}=h_{p,T}^*-h_r=h_{p_0,T_0}+\int_{T_0}^{T}c_p\mathrm{d}T-\int_{p_{0\to0}}^{p}\left[T\left(\frac{\partial v}{\partial T}\right)_p-v\right]_T\mathrm{d}p \tag{3-102}$$

式中：h_{p_0,T_0} 为基点的焓值，kJ/kg。

对于任意两个状态之间的焓差有

$$(h_2)_{p_2,T_2}-(h_1)_{p_1,T_1}=(h_2^*-h_{2r})_{p_2,T_2}-(h_1^*-h_{1r})_{p_1,T_1}=(h_2^*-h_1^*)-(h_{2r}-h_{1r})$$

即

$$h_2-h_1=-h_{2r}+\int_{T_1}^{T_2}c_p\mathrm{d}T+h_{1r} \tag{3-103}$$

因此，要计算任意两个状态间的焓差，只要知道理想气体的比定压热容随温度变化的关系以及余焓方程就能求出，而余焓方程仅和方程有关。

2. 实际流体的余熵方程

由定义，余熵为

$$s_r=s_{p,T}^*-s_{p,T} \tag{3-104}$$

在等温条件下，式（3-104）对压力求导，得

$$\left(\frac{\partial s_r}{\partial p}\right)_T=\left(\frac{\partial s_{p,T}^*}{\partial p}\right)_T-\left(\frac{\partial s_{p,T}}{\partial p}\right)_T \tag{3-105}$$

因为理想气体的熵和压力有关，式（3-105）右侧第一项不等于零，即 $\left(\frac{\partial s_{p,T}^*}{\partial p}\right)_T=-\frac{R_g}{p}$。右侧第二项，根据麦克斯韦尔关系式，$\left(\frac{\partial s}{\partial p}\right)_T=-\left(\frac{\partial v}{\partial T}\right)_p$。由此可得

$$\left(\frac{\partial s_r}{\partial p}\right)_T=-\frac{R_g}{p}-\left(\frac{\partial s_{p,T}}{\partial p}\right)_T=-\frac{R_g}{p}+\left(\frac{\partial v}{\partial T}\right)_p \tag{3-106}$$

对于等温过程，式（3-106）又可写成

$$(\mathrm{d}s_r)_T=\left[\left(\frac{\partial v}{\partial T}\right)_p-\frac{R_g}{p}\right]\mathrm{d}p \tag{3-107}$$

从压力 p_0 到 p 积分，于是 $s_r - s_{r0} = \int_{p_0}^{p}\left[\left(\frac{\partial v}{\partial T}\right)_p - \frac{R_g}{p}\right]dp$。$s_{r0}$ 为基准状态的余熵，当 $p_0 \to 0$ 时，$s_{r0}=0$，故得

$$s_r = \int_{p_{0\to 0}}^{p}\left[\left(\frac{\partial v}{\partial T}\right)_p - \frac{R_g}{p}\right]dp \quad (T \text{ 为常数}) \tag{3-108}$$

式（3-108）为余熵的通用方程。分析式（3-106）～式（3-108）可知，余熵并不等于在系统温度下压力从 p_0 增加至系统压力 p 时的熵变化量，而是该值与理想气体从 T、p_0 变化至 T、p 时熵变之差。

余熵方程也可以用压缩因子关系来表示。把 $Z=pv/R_gT$ 代入式（3-108），得到

$$s_r = \int_{p_{0\to 0}}^{p} R_g\left[\frac{T}{p}\left(\frac{\partial Z}{\partial T}\right)_p + \left(\frac{Z-1}{p}\right)\right]_T dp \tag{3-109}$$

用无量纲对比参数表示的余熵通用式为

$$\frac{s_r}{R_g} = \frac{s^* - s}{R_g} = T_r\int_{p_{r\to 0}}^{p_r}\left[\left(\frac{\partial Z}{\partial T_r}\right)_{p_r} d(\ln p_r)\right]_{T_r} + \int_{p_{r\to 0}}^{p_r}\left[(Z-1)d(\ln p_r)\right]_{T_r} \tag{3-110}$$

可以根据对比态压缩因子图利用图解积分方法求出余熵值，图 3-19 为 $Z_{cr}=0.27$ 的通用余熵图，纵坐标为余熵 $S_m^* - S$[J/(mol·K)] 值。

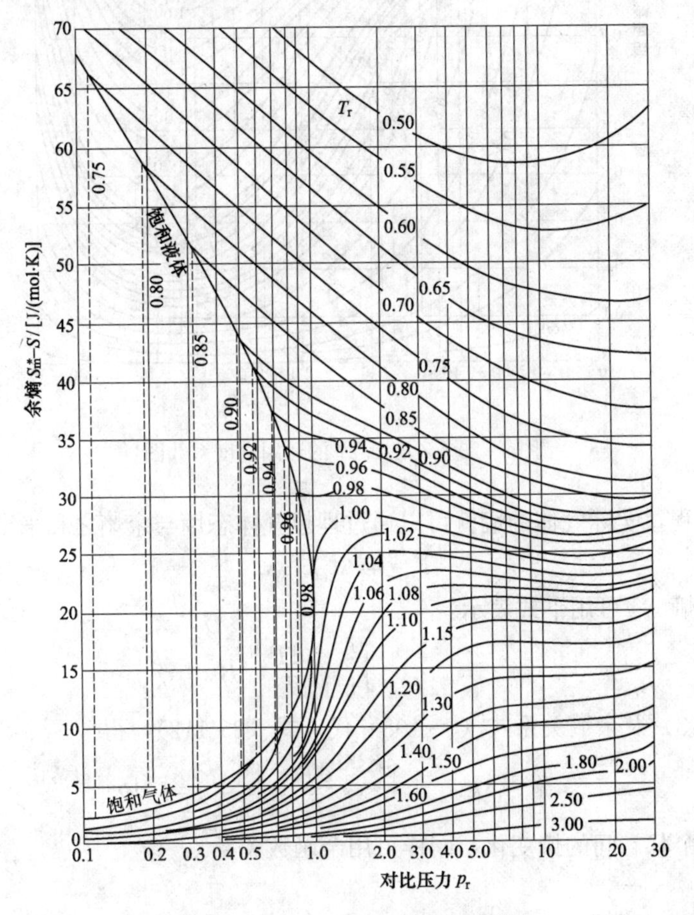

图 3-19　$Z_{cr}=0.27$ 的通用余熵图

通过分析式（3-110）可知，其右侧第一项恰为无量纲余焓乘以 T_r，右侧第二项恰为逸度系数，故式（3-110）可以表示为

$$\frac{s_r}{R_g}=\frac{h_r}{R_g T}+\ln\frac{f}{p} \tag{3-111}$$

因此，余焓、余熵和逸度系数，知道其中的两个量就可求出第三个量。

$Z_{cr}=0.27$ 的通用逸度系数图，如图 3-20 所示。压缩因子、逸度系数、余焓、余熵与对比压力通用图的放大部分，如图 3-21 所示。

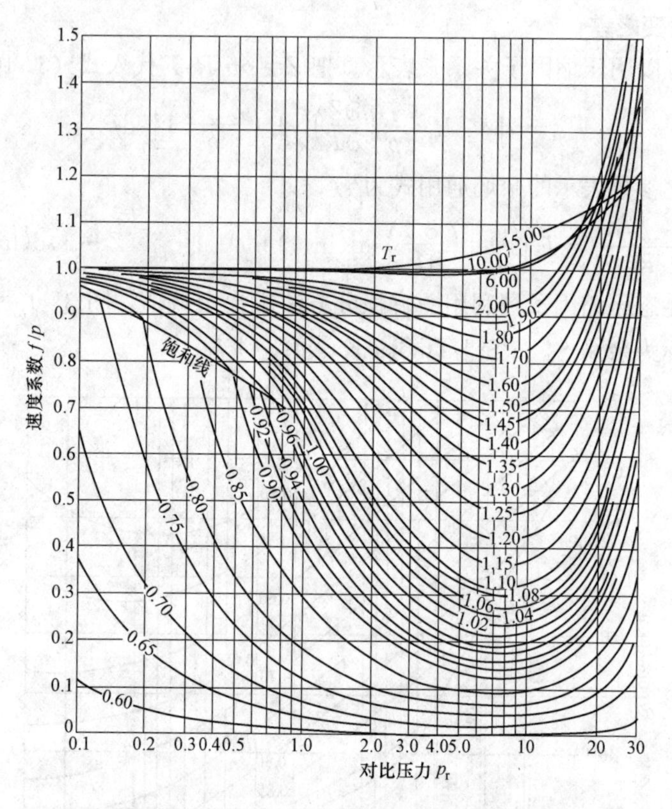

图 3-20　$Z_{cr}=0.27$ 的通用逸度系数图

有了余熵方程，实际气体的熵就可以通过理想气体态熵与余熵之和来求，其计算式为

$$s_{p,T}=s_{p,T}^{*}-s_r \tag{3-112}$$

理想气体态熵 $s_{p,T}^{*}$ 可用下式表示：

$$s_{p,T}^{*}=s_{p_0,T_0}+\int_{T_0}^{T}c_p^0\frac{\mathrm{d}T}{T}-R_M\ln\frac{p}{p_0} \tag{3-113}$$

将式（3-113）及余熵关系式（3-108）代入式（3-112），得

$$s_{p,T}=s_{p_0,T_0}+\int_{T_0}^{T}c_p^0\frac{\mathrm{d}T}{T}-\int_{p_0}^{p}\left(\frac{\partial v}{\partial T}\right)_p\mathrm{d}p \tag{3-114}$$

对于任意两个状态间的熵变化，同样可用余函数关系 $(s_2)_{p_2,T_2}-(s)_{p_1,T_1}=(s_2^{*}-s_1^{*})-(s_{2,r}-s_{1,r})$ 或为

$$s_2-s_1=\int_{T_1}^{T_2}c_p^0\frac{\mathrm{d}T}{T}-R_g\ln\frac{p_2}{p_1}-s_{2,r}+s_{1,r} \tag{3-115}$$

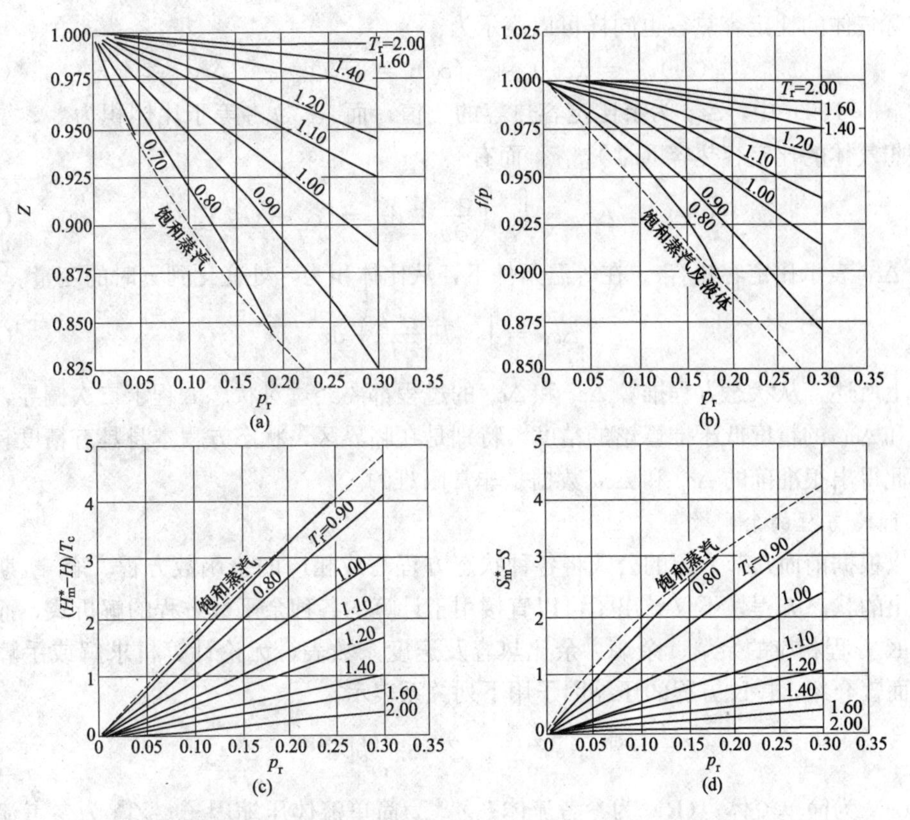

图 3-21　压缩因子、逸度系数、余焓、余熵与对比压力通用图的放大部分

(a) 压缩因子与对比压力的关系；(b) 逸度系数与对比压力的关系；(c) 余焓与对比压力的关系；(d) 余熵与对比压力关系

因此，如果要计算任意两个状态之间的熵变化，只要知道理想气体态比热容随温度变化的关系以及余熵方程即可，影响余熵方程的因素仅与状态方程有关。

两个等温过程的积分数值上等于偏差函数，即等温下熵随压力的变化。它和式（3-115）中的余函数项不同。从式（3-108）可知，余熵为等温条件下从压力 p_0 增至 p 时，实际气体熵变化与理想气体熵变化之差。

3. 实际气体的余比热容方程

实际气体的比定压热容 c_p、比定容热容 c_V 同样可在相同 p、T 下理想气体的相应值上加以校正而得到。对于比定压热容，有

$$(c_p)_{p,T}=(c_p^*)_{p,T}-(c_p)_{\mathrm{r}}=(c_p^*)_{p,T}+\Delta c_p=(c_p)_{p_0,T}^*+(c_p-c_{p_0}^*)_T \tag{3-116}$$

式（3-116）中，Δc_p 为余比定压热容的负值。由于理想气体的比定压热容和压力没有关系，$(c_p^*)_{p,T}=(c_p^*)_{p_0,T}$，因此，$\Delta c_p$ 既表示偏差函数，也表示余比定压热容的负值。Δc_p 为等温条件下压力从 p_0 增至 p 时比定压热容随压力的变化量，故

$$-(c_p)_{\mathrm{r}}=\Delta c_p=\int_{p_0}^{p}\left(\frac{\partial c_p}{\partial p}\right)_T\mathrm{d}p=(c_p-c_p^*)_T \tag{3-117}$$

整理得

$$\Delta c_p=-T\int_{p_0}^{p}\left(\frac{\partial^2 v}{\partial T^2}\right)_p\mathrm{d}p \tag{3-118}$$

实际气体的比定容热容也同样可以表示为

$$(c_V)_{p,T}=(c_V^*)_{p,T}-(c_V)_{\mathrm{r}}=(c_V^*)_{v_\infty,T}+\Delta c_V \tag{3-119}$$

式（3-119）中，Δc_V 为余比定容热容的负值，而 $(c_V^*)_{p,T}$ 等于比体积为∞、温度为 T 时的理想气体的比定容热容 $(c_V^*)_{v_\infty,T}$。而有

$$-(c_V)_{\mathrm{r}}=\Delta c_V=\int_{v_\infty}^{v}\left(\frac{\partial c_V}{\partial v}\right)_T \mathrm{d}v=[c_V-(c_V^*)_{v_\infty}]_T \tag{3-120}$$

故 Δc_V 表示比定容热容 c_V 在等温条件下，从比体积为∞处变化到 v 时的变量。整理得

$$\Delta c_V=\int_{v_\infty}^{v} T\left(\frac{\partial^2 p}{\partial T^2}\right)_v \mathrm{d}v \tag{3-121}$$

综上所述，从状态方程推算 Δc_p 和 Δc_V 的过程都要经过对状态方程求二次偏导，因此推算 Δc_p 和 Δc_V 的精度低于推算焓的精度。特别是在临界区，状态方程本身具有精度较差的特点，因此得出很准确的 Δc_p 和 Δc_V 数据是非常困难的。

4. L-K 方程的余函数

可以根据前面几节介绍的公式将各种状态方程写成相应的余函数方程。李-凯斯勒根据他们提出的状态方程，不仅导出了可以直接用于计算的各种余函数方程的解析式，而且列出了与 L-K 方程相应的余焓、余熵、余比热容及逸度系数表，无论计算机求解或手算都很方便。前面曾介绍，L-K 方程的压缩因子用下列关系表示：

$$Z=Z^{(0)}+\omega Z^{(1)}=Z^{(0)}+\frac{\omega}{\omega^{\mathrm{R}}}[Z^{(\mathrm{R})}-Z^{(0)}]$$

式中：(0) 为简单流体；(R) 为参考流体；$Z^{(0)}$ 为简单流体压缩因子；$Z^{(\mathrm{R})}$ 为参考流体压缩因子；$Z^{(1)}$ 则为校正函数；ω^{R} 为参考流体的偏心因子。

L-K 方程的各种余函数方程及逸度系数方程，都表示成类似于上式的无量纲形式。

余焓方程为

$$\frac{h^*-h}{RT_{\mathrm{cr}}}=\left(\frac{h^*-h}{RT_{\mathrm{cr}}}\right)^{(0)}+\omega\left(\frac{h^*-h}{RT_{\mathrm{cr}}}\right)^{(1)}=\left(\frac{h^*-h}{RT_{\mathrm{cr}}}\right)^{(0)}+\frac{\omega}{\omega^{\mathrm{R}}}\left[\left(\frac{h^*-h}{RT_{\mathrm{cr}}}\right)^{(\mathrm{R})}-\left(\frac{h^*-h}{RT_{\mathrm{cr}}}\right)^{(0)}\right] \tag{3-122}$$

余熵方程为

$$\frac{s^*-s}{R}=\left(\frac{s^*-s}{R}\right)^{(0)}+\omega\left(\frac{s^*-s}{R}\right)^{(1)}=\left(\frac{s^*-s}{R}\right)^{(0)}+\frac{\omega}{\omega^{\mathrm{R}}}\left[\left(\frac{s^*-s}{R}\right)^{(\mathrm{R})}-\left(\frac{s^*-s}{R}\right)^{(0)}\right] \tag{3-123}$$

余比热容方程为

$$\frac{c_p-c_p^*}{R}=\left(\frac{c_p-c_p^*}{R}\right)^{(0)}+\omega\left(\frac{c_p-c_p^*}{R}\right)^{(1)}=\left(\frac{c_p-c_p^*}{R}\right)^{(0)}+\frac{\omega}{\omega^{\mathrm{R}}}\left[\left(\frac{c_p-c_p^*}{R}\right)^{(\mathrm{R})}-\left(\frac{c_p-c_p^*}{R}\right)^{(0)}\right] \tag{3-124}$$

逸度系数方程为

$$\ln\frac{f}{p}=\left(\ln\frac{f}{p}\right)^{(0)}+\omega\left(\ln\frac{f}{p}\right)^{(1)}=\left(\ln\frac{f}{p}\right)^{(0)}+\frac{\omega}{\omega^{\mathrm{R}}}\left[\left(\ln\frac{f}{p}\right)^{(\mathrm{R})}-\left(\ln\frac{f}{p}\right)^{(0)}\right] \tag{3-125}$$

应用时，只需要知道流体的三个参数，分别是对比参数 p_{r}、T_{r} 及偏心因子 ω 值。因 L-K 方程有一个限制：仅能用于非极性和轻微极性流体，用它推算其他热力性质时，也必须满

足这条性质。

可以利用 L-K 方程计算非极性和轻微极性流体的余焓，从而得到实际流体的焓值，这种计算方法精度很高，用以推算余比热容，但是在临界区误差比较大。

3.7.2　偏差函数

1. 焓偏差函数及焓偏差

在定温下从零压变化到指定压力时工质的比焓变化称为焓的偏差函数。焓的偏差函数表示压力变化对焓变的影响。任意温度下的焓的偏差函数可以表示为

$$(\Delta h_{0\to p})_T = (h_p - h_0)_T \tag{3-126}$$

理想气体的焓仅是温度的函数，因此有

$$(\Delta h^*_{0\to p})_T = (h^*_p - h^*_0)_T \tag{3-127}$$

带“*”号的参数代表假想理想气体的参数。假想理想气体的焓的偏差函数与相同温度下实际气体的焓的偏差函数之差值称为焓偏差，用 h_r 表示。焓偏差的定义表达式为

$$h_r = (h^*_p - h^*_0)_T - (h_p - h_0)_T = (h^*_p - h_p)_T = -(h_p - h_0)_T = -(\Delta h_{0\to p})_T \tag{3-128}$$

不难发现，在式（3-128）中已经应用了以下两个重要结论：

（1）理想气体的焓仅是温度的函数；

（2）当压力趋于零时，任何气体都具有理想气体的性质，即有 $(h^*_p = h^*_0 = h_0)_T$。

式（3-128）说明焓偏差等于焓的偏差函数的负值，焓偏差等于假想理想气体的焓值与相同状态下实际气体的焓值之差值。

焓的偏差函数仅表示定温条件下压力变化对实际气体焓变的影响。而焓偏差则进一步说明实际气体的焓与假想理想气体的焓的偏离程度。可见，两者既有区别又密切相关。

2. 熵的偏差函数及熵偏差

熵的偏差函数的定义式为

$$(\Delta s_{0\to p})_T = (s_p - s_0)_T \tag{3-129}$$

因为理想气体的熵不仅仅是温度的函数，还与压力有关，所以理想气体的熵的偏差函数并不等于零，即有

$$(\Delta s^*_{0\to p})_T = (s^*_p - s^*_0)_T \neq 0 \tag{3-130}$$

当压力足够低时任何气体都具有理想气体的性质。因此，对于同种工质必定有 $(s_0)_T = (s^*_0)_T$。假想理想气体的熵的偏差函数与相同温度下实际气体的熵的偏差函数之差值称为熵偏差，用 s_r 表示。熵偏差的定义式为

$$s_r = (s^*_p - s^*_0)_T - (s_p - s_0)_T = (s^*_p - s_p)_T \tag{3-131}$$

熵偏差指出了在该状态下实际气体的熵值与假想理想气体的熵值的偏离程度；而熵的偏差函数仅仅说明定温下压力变化对该气体熵值变化的影响，并未作出与理想气体性质的对比。

3. 焓偏差及熵偏差的应用

有了偏差的概念就可应用理想气体的计算方法来确定实际气体在指定状态下的焓值及熵值，并计算实际气体在任意两态之间的焓值变化及熵值变化。

（1）实际气体焓值及熵值的确定。若以 h_1 及 s_1 分别表示 1kg 实际气体在指定状态 1（T_1，p_1）时焓值及熵值，根据偏差的概念可以写成

$$\begin{aligned} h_1 &= h^*_1 + (h_1 - h^*_1) = h^*_0 + (h^*_1 - h^*_0) + (h_1 - h^*_1) \\ &= h^*_0 + c_{p_0}(T_1 - T_0) + (h_1 - h^*_1) \end{aligned} \tag{3-132}$$

$$s_1 = s_1^* + (s_1 - s_1^*) = s_0^* + (s_1^* - s_0^*) + (s_1 - s_1^*)$$
$$= s_0^* + c_{p_0}\ln\frac{T_1}{T_0} - R_g\ln\frac{p_1}{p_0} + (s_1 - s_1^*) \tag{3-133}$$

式（3-132）及式（3-133）说明，实际气体的焓值（熵值）等于相同状态下假想理想气体的焓值（熵值）加上焓偏差（熵偏差）的负值。引入了偏差的概念之后，就把确定实际气体焓值（熵值）的问题变成了如何来确定假想理想气体焓值（熵值）的问题。

要确定实际气体在指定状态 $1(T_1,p_1)$ 的焓值 h_1 及熵值 s_1 必须具备以下三个先决条件：

1）工质的基准状态已经选定，既有 $h_0^*(0\text{K}) = 0\text{kJ/kg}$，$s_0^*(0\text{K},1\text{atm}) = 0\text{kJ/(kg}\cdot\text{K)}$；

2）在基准压力下的比定压热容已经确定，即已知 c_{p_0} 为定值，或者已知 $c_{p_0} = c_{p_0}(T)$；

3）已经有现成的通用焓偏差图及熵偏差图，焓偏差及熵偏差的数值都是可以查得，即 $h_{r1} = (h_1^* - h_1)$ 及 $s_{r1} = (s_1^* - s_1)$ 可求。

在具备了以上三个条件的基础上，可以先把工质当作假想的理想气体从基准状态出发，先求出假想理想气体在指定状态 $1(T_1,p_1)$ 时的焓值 h_1^* 及熵值 s_1^*，然后再加上相应的负的偏差，就可以确定实际气体在指定状态时的焓值 h_1 及熵值 s_1。

（2）实际气体焓值变化及熵值变化的计算。焓值变化及熵值变化都与基准无关，可采用更为简便的方法来计算。其公式为

$$h_2 - h_1 = (h_2 - h_2^*) + (h_2^* - h_1^*) + (h_1^* - h_1) = -h_{r2} + (h_2^* - h_1^*) + h_{r1} \tag{3-134}$$
$$s_2 - s_1 = (s_2 - s_2^*) + (s_2^* - s_1^*) + (s_1^* - s_1) = -s_{r2} + (s_2^* - s_1^*) + s_{r1} \tag{3-135}$$

从上述两式可以看出，实际气体的焓值变化及熵值变化可以分解为三部分：

1）$h_2 - h_2^* = -h_{r2}$ 及 $s_2 - s_2^* = -s_{r2}$ 代表终态 2 时焓偏差及熵偏差的负值；

2）$(h_2^* - h_1^*)$ 及 $(s_2^* - s_1^*)$ 代表假想理想气体的焓值变化及熵值变化；

3）$h_1^* - h_1 = h_{r1}$ 及 $s_1^* - s_1 = s_{r1}$ 代表初态 1 的焓偏差及熵偏差。

其中，焓偏差 h_r 及熵偏差 s_r 可从通用焓偏差图及通用熵偏差图中查得。因此，实际气体焓值变化及熵值变化的计算变成了理想气体焓值变化及熵值变化的计算问题了。

【例题 3-10】 把乙烷由 0.1MPa、45℃可逆等温地压缩至 7MPa。试用通用对比态图计算，压缩 1kg 乙烷压缩机所需的轴功和过程换热量。

解 本题可以作为稳态稳流过程来分析。对于 1kg 流体，热力学第一定律表示为

$$q = (h_2 - h_1) + \Delta e_K + \Delta e_P + w_S$$

对可逆等温过程，有 $q = T(s_2 - s_1) = Ts_2 - Ts_1$。则有 $-w_S = h_2 - h_1 - (Ts_2 - Ts_1) + \Delta E_K + \Delta E_P$。忽略流体进入和离开压缩机时的动能差 Δe_K 及位能差 Δe_P，可以得到

$$-w_S = g_2 - g_1 = R_g T\ln\left(\frac{f_2}{f_1}\right)$$

状态 1 和状态 2 的逸度系数可以从图 3-20、图 3-21 求出。先查出乙烷的临界参数：$T_{cr} = 305.4\text{K}$，$p_{cr} = 4.88\text{MPa}$。相对分子质量为 30.07，于是 $p_{r1} = \frac{0.1}{4.88} = 0.0205$，$p_{r2} = \frac{70}{4.88} = 1.434$，$T_{r1} = T_{r2} = \frac{318.2}{305.4} = 1.042$。从图 3-20、图 3-21 可得：$\frac{f_2}{p_2} = 0.6$，$f_2 = 0.6\times 7 = 4.2$ (MPa)，$\frac{f_1}{p_1} = 1$，$f_1 = 1.0\times 0.1 = 0.1$（MPa）。由此，可逆压缩 1kg 乙烷压缩机消耗的功为

$$-w_s = g_2 - g_1 = R_g T\ln\left(\frac{f_2}{f_1}\right) = \frac{8.314}{30.07}\times 318.2\times\ln\frac{4.2}{0.1} = 328.8(\text{kJ/kg})$$

换热量可以通过对比态通用余熵图或通用余焓图求得，因为 $g_2-g_1=(h_2-h_1)-T(s_2-s_1)=h_2-h_1-q$，所以，$q=(h_2-h_1)-(g_2-g_1)$。通过对比态余焓图，可得

$$\frac{H^*_{m,2}-H_{m,2}}{T_{cr}}=26.0,\quad \frac{H^*_{m,1}-H_{m,1}}{T_{cr}}<0.1$$

因为 $H^*_{m,1}=H^*_{m,2}=H_{m,1}$，$H_{m,2}=H^*_{m,2}-H_{m,2r}$，$H_{m,1}=H^*_{m,1}-H_{m,1r}$，所以，$H_{m,2}-H_{m,1}=H_{m,1r}-H_{m,2r}=-26\times305.4=-7943$ (kJ/mol)，$H_{m,1r}$、$H_{m,2r}$中 1r 和 2r 分别表示的是乙烷由 0.1MPa，45℃可逆等温地压缩至 7MPa 两个状态下的焓值，故过程换热量为

$$q=(h_2-h_1)-(g_2-g_1)=\frac{-7943}{30.07}-328.8=-593(\text{kJ/kg})$$

3.8 克拉贝龙方程和蒸气压方程

在两相区，气体状态方程不适用。为了表示处在两相区的某单一物质状态（饱和状态），那么只需要一个变量即可。在饱和液相线会出现液体蒸发，在饱和蒸汽线会出现蒸汽凝结。蒸发和凝结都是相变过程，和其他的几种相变相同，都处于一种动平衡状态。此外，它们共同的特点为在相变过程中，系统的强度参数如温度和压力保持一定，是不变化的。而广延参数如熵、体积等则会发生有限的变化，或者变化很小，并伴有相变潜热的释放或吸收。当系统中同时包含两个及以上的相且处于平衡状态时，各相的参数称为饱和参数。由于相变过程中，温度和压力这两个参数会相互影响，即 $p_s=f(T_s)$。因此，温度和压力只要确定了其中的一个量，那么另外一个量也就会计算出。

3.8.1 克拉贝龙方程

因为相变时的压力仅是温度的函数，所以，从麦克斯韦关系式

$$\left(\frac{\partial s}{\partial v}\right)_T=\left(\frac{\partial p}{\partial T}\right)_v$$

式中的 $\left(\frac{\partial p}{\partial T}\right)_v$ 可写成$\frac{dp_s}{dT_s}$，下角标“s”表示饱和态。$\frac{dp_s}{dT_s}$即 p-T 图上饱和线的斜率，与比体积无关。由麦克斯韦关系式可得

$$s_2-s_1=\frac{dp_s}{dT_s}(v_2-v_1) \tag{3-136}$$

式中的角标“1”和“2”分别为相变过程中的两个饱和状态。气液相变时，式（3-136）写成

$$\frac{dp_s}{dT_s}=\frac{s''-s'}{v''-v'}=\frac{h''-h'}{T_s(v''-v')}=\frac{\Delta h}{T_s(v''-v')} \tag{3-137}$$

式中：$\Delta h=h''-h'$为汽化潜热，kJ/kg；上角标“′”表示饱和液相，“″”表示饱和气相。

式（3-137）为克拉贝龙（Clapeyron）方程，也称克劳修斯-克拉贝龙（Clausius-Clapeyron）方程。

克拉贝龙方程在热力学中的应用是非常广泛的。由方程可知，某种物质从饱和液态转变到饱和气态时体积变化与焓差值及熵差值之间的关系。另外，还可以利用已知的饱和蒸汽压方程（通常用实验测定值关联得出），可以求出汽化潜热值 Δh 和饱和液体的焓 h'。具体步骤为：①从已知饱和蒸汽压方程求得$\frac{dp_s}{dT_s}$；②从气相区的实际气体的状态方程（根据定体积

膨胀法测得的实验数据按维里方程关联得到）和理想气体的比定压热容（计算得到），求得 v''、h''及 s''；③测出或算出饱和液体比体积 v'；④算出汽化潜热和饱和液体的焓 h'。

但注意，在低压的情况下，利用这种方法确定的汽化潜热会有较高的精度。克拉贝龙方程是一个非常重要的热力学一般关系式。在蒸汽图表的编制、实验数据的处理等过程中，必须充分考虑这一关系式。

3.8.2 饱和蒸汽压方程

由克拉贝龙方程还可导出饱和蒸汽压方程。在低压区时，因为 $v''\gg v'$，所以可假设 $v'=0$，$v''=R_gT/p$，且 $\Delta h=h''-h'=$常数，于是克拉贝龙方程式（3-137）变为

$$\frac{\mathrm{d}p_s}{\mathrm{d}T_s}=\frac{\Delta h p_s}{R_g T_s^2} \quad 或 \quad \frac{\mathrm{d}p_s}{p_s}=\frac{\Delta h \mathrm{d}T_s}{R_g T_s^2}$$

取基准状态（p_0，T_0）至任意饱和蒸汽状态间进行积分，就可求得近似的饱和蒸汽压方程为

$$\ln\frac{p_s}{p_0}=\frac{\Delta h}{R_g}\left(\frac{1}{T_0}-\frac{1}{T_S}\right)=\frac{\Delta h}{R_g T_0}\left(1-\frac{T_0}{T_S}\right) \tag{3-138}$$

基准状态通常取标准大气压下的压力 p_0 和沸点 T_0。如果标准大气压下的汽化潜热未知，可通过式（3-138），用另一个压力点所对应的温度的数据代入从而消去 Δh。由式（3-138）导出的 $p_s=f(T_S)$ 关系，一般表示为

$$\ln p_s=A-\frac{B}{T} \tag{3-139}$$

式中：可由标准沸点和临界点参数标定 A 和 B 这两个常数。

【例题 3-11】 根据表 3-5 中的不同状态下湿蒸汽参数，试计算 170℃时水的潜热。

表 3-5　不同状态下湿蒸汽参数

饱和温度（℃）	饱和压力（kPa）	比体积	
		液体 v'($\mathrm{m^3/kg}$)	蒸汽 v''($\mathrm{m^3/kg}$)
169	772.7	0.001 113 0	0.248 5
170	791.7	0.001 114 3	0.242 8
171	811.0	0.001 115 5	0.237 3

解 设在给定温度下，温度与压力呈线性变化，根据克拉贝龙方程，汽化潜热 γ 为

$$\gamma=(v''-v')T\frac{\mathrm{d}p_s}{\mathrm{d}T_s}\approx(v''-v')T\frac{\Delta p}{\Delta T}$$

$$=(0.2428-0.001\,114\,3)\times(273+170)\times\frac{811.0-772.7}{171-169}=2050(\mathrm{kJ/kg})$$

所得 γ 值与由水的饱和蒸汽表查得 170℃时，水的汽化潜热 2048.9kJ/kg 极为接近。

1. 实际气体性质和理想气体性质差异产生的原因是什么？在什么条件下才可以把实际气体看作理想气体。

2. 压缩因子 Z 的物理意义是什么？能否将 Z 当作常数处理？

3. 范德瓦尔方程的精度不高，但是在实际气体状态方程的研究中范德瓦尔方程的地位却很高，为什么？

4. 范德瓦尔方程中的物性常数 a 和 b 可以由实验数据拟合得到，也可以由物质的 T_{cr}、p_{cr}、v_{cr} 计算得到，需要较高的精度时采用哪种方法，为什么？

5. 如何看待维里方程？一定条件下维里系数可以通过理论计算，为什么维里方程没有得到广泛应用？

6. 对于实际气体，除了在 p-v 图上，通过临界点的等温线在临界点的一阶导数等于零、两阶导数等于零等性质之外，还有哪些共性？如何在确定实际气体的状态方程时应用这些共性？

7. 自由能和自由焓的物理意义是什么？两者的变化量在什么条件下会相等？

8. 什么是特性函数？试说明 $u=u(s,p)$ 是否是特性函数。

9. 常用的热系数有哪些？是否有共性？

10. 如何利用状态方程和热力学一般关系式求取实际气体的 Δu、Δh、Δs？

11. 本章导出的关于热力学能、焓、熵的一般关系式是否可用于不可逆过程？

12. 试根据 c_p-c_V 的一般关系式分析水的比定压热容和比定容热容的关系。

13. 平衡的一般判据是什么？讨论自由能判据、自由焓判据和熵判据的关系。

14. 什么叫热系数？它们在研究物质热力性质中有什么意义？

15. 计算微元过程中的热量公式对不可逆过程是否适用？为什么？

16. 试讨论由实验确定的热系数，对求解物质熵变化、焓变化及热力学能变化起什么作用？

17. 研究热力学微分方程应按哪两条途径来展开？试以任一途径为例说明建立热力学函数关系的基本思路。

18. 写出焦耳-汤姆逊系数的定义表达式，并说明焦汤系数正负号的物理意义。

19. 克拉贝龙方程建立了哪些状态参数之间的联系？它有何利用价值？

20. 对应态原理和通用压缩因子图、通用对比余焓图、通用对比余熵图适用于什么样的情况？

习 题

1. 试推导范德瓦尔气体在定温膨胀时所做功的计算式。

2. 试将 R-K 方程

$$p=\frac{R_g T}{v-b}-\frac{a}{T^{0.5}v(v+b)}$$

表示成维里方程的形式。

3. 证明定量流体的比定压热容和比定容热容之比为

$$\gamma=\frac{c_p}{c_V}=\frac{(\partial V/\partial p)_T}{(\partial V/\partial p)_s}$$

4. NH_3 气体的压力 $p=10.13\text{MPa}$、温度 $T=633\text{K}$。试根据通用压缩因子图求其密度，并和理想气体状态方程计算的密度加以比较。

5. 试把伯特洛（Bethelot）方程用对比态形式表示；用临界参数表示常数 a、b，并与范式方程的 a、b 值比较。伯特洛方程为

$$\left(p+\frac{a}{Tv^2}\right)(v-b)=R_g T$$

6. 试证明焦汤系数 μ_{JT} 可用下列方程表示。

$$\mu_{JT}=\frac{1}{c_p}\left[T\left(\frac{\partial v}{\partial T}\right)_p-v\right]=\frac{R_g T^2}{pc_p}\left(\frac{\partial v}{\partial T}\right)_p$$

7. 50L 的容器盛有 25kg 温度为 15℃的二氧化碳，打开容器上的阀门使二氧化碳慢慢逸出，当中压达到初压的一半时关闭阀门，此时温度为 0℃。求从容器中逸出的二氧化碳的质量。

8. 计算 300K 时空气的第二维里系数（空气的摩尔成分为 79%氮和 21%氧的混合物）。实验值为 $-7.5\times10^{-6}\,\mathrm{m^3/mol}$。

9. 导出 R-K 方程的维里方程。

10. 试推导 $\left(\frac{\partial T}{\partial v}\right)_u$、$\left(\frac{\partial h}{\partial s}\right)_v$、$\left(\frac{\partial u}{\partial p}\right)_T$、$\left(\frac{\partial u}{\partial T}\right)_p$ 的表达式，其中不能包含不可测参数 u、h 及 s。

11. 一体积为 $3\mathrm{m^3}$ 的容器中储存有状态为 $p=4\mathrm{MPa}$、$t=-113$℃的氧气，试求体积内氧气的质量。①用理想气体状态方程；②用压缩因子图。

12. 试用下述方法求解压力为 5MPa、温度为 450℃的水蒸气的比体积。①用理想气体状态方程；②用压缩因子图。已知此状态时水蒸气的比体积是 $0.063\,291\mathrm{m^3/kg}$，由此比较上述计算结果的误差。

13. 29℃、15atm 的某种理想气体从 $1\mathrm{m^3}$ 等温可逆膨胀到 $10\mathrm{m^3}$，求此过程能得到的最大功。

14. 试证明理想气体的体积胀系数 $\alpha_v=\frac{1}{T}$。

15. 试证明 h-s 图上等温线的斜率 $\left(\frac{\partial h}{\partial s}\right)_T=T-\frac{1}{\alpha_v}$。

16. 刚性容器中充满 0.1MPa 的饱和水，温度为 99.634℃。将其加热到 120℃，求其压力。已知：在 100～120℃，水的平均 $\alpha_v=80.8\times10^{-5}\,\mathrm{K^{-1}}$；0.1MPa、120℃时水的 $\kappa_T=4.93\times10^{-4}\,\mathrm{MPa^{-1}}$，假设其不随压力而改变。

17. 对遵守状态方程 $p(v-b)=R_g T$（其中 b 为一个常数，正值）的气体，试证明：①其热力学能只是温度的函数；②$c_p-c_V=R_g$；③绝热节流后温度升高。

18. 试对遵守范德瓦尔方程 $\left(p=\frac{R_g T}{v-b}-\frac{a}{v^2}\right)$ 的气体推导出其比热容差和焦汤系数的计算式。

19. 试证状态方程为 $p(v-b)=R_g T$（其中 b 为常数）的气体，①热力学能 $\mathrm{d}u=c_V\mathrm{d}T$；②焓 $\mathrm{d}h=c_p\mathrm{d}T+b\mathrm{d}p$；③$c_p-c_V$ 为常数；④其可逆绝热过程的过程方程为 $p(v-b)^\kappa=$ 常数。

20. 试证范德瓦尔气体：①$\mathrm{d}u=c_V\mathrm{d}T+\frac{a}{v^2}\mathrm{d}v$；② $c_p-c_V=\dfrac{R_g}{1-\dfrac{za(v-b)^2}{R_g T v^3}}$；③定温过程

焓差为 $(h_2-h_1)_T=p_2v_2-p_1v_1+a\left(\frac{1}{v_1}-\frac{1}{v_2}\right)$；④定温过程熵差为 $(s_2-s_1)_T=R_g\ln\frac{v_2-b}{v_1-b}$。其中：$a$，$b$ 为范德瓦尔常数。

21. 定温压缩系数 $\mu=-\frac{1}{v}\left(\frac{\partial v}{\partial p}\right)_T$，绝热压缩系数 $\mu_s=-\frac{1}{v}\left(\frac{\partial v}{\partial p}\right)_s$。求证比热容比 $k=\frac{c_p}{c_V}=\frac{\mu}{\mu_s}$。

22. 某理想气体的变化过程中比热容 c_n 为常数，试证其过程方程为 $pv^n=C$（C 为常数）。式中 $n=\frac{c_n-c_p}{c_n-c_V}$，$p$ 为压力，c_p、c_V 分别为比定压热容和比定容热容，可取定值。

23. 某一气体的体积膨胀系数和等温压缩率为 $\alpha_v=\frac{nR}{pV_m}$，$\kappa_T=\frac{1}{p}+\frac{a}{V_m}$。式中：$a$ 为常数；n 为物质的量；R 为通用气体常数。试求此气体的状态方程。

24. 气体的体积膨胀系数和定容压力温度系数分别为 $\alpha_v=\frac{R}{pV_m}$，$\alpha=\frac{1}{T}$。试求此气体的状态方程（R 为通用气体常数）。

4 变质量系统基本方程

在工程实践中，很多热力过程都存在工质质量发生变化的情况。在某些工况下，工质质量的变化甚至成为对系统热力性能及系统和外界进行能量交换的一个重要影响因素。本章主要讨论变质量系统中状态方程、质量守恒方程、能量方程、熵方程和过程方程的具体形式。

4.1 变质量系统概述

随着科技的发展，国防工业、电子工业、能源科学等多个关系国计民生的工业技术都面临着技术改革和突破，对这些方面存在的基础理论问题、技术问题等都提出许多新的课题，对能源学科重要组成部分的热力学也提出了挑战。实际工程中出现的热力学问题越来越多，需要热力学的内容也要与时俱进，不断有所发展。

对于科学问题的研究往往是从简单系统到复杂系统，从不变的或少变量的系统发展到多变量系统。在工程热力学中，研究的对象通常是常质量系统，包括工质质量不变的封闭系统，或者稳定流动的开口系，即在确定的控制体积内，工质的质量是不变的。在常质量系统中，每个工质微团所进行的热力过程都相同。所以，在进行分析时，可以任意选取单位质量的工质进行分析。全部工质的总效果是对单位工质效果的简单放大。因此，在进行热力学分析时，并未把工质的质量作为一个独立的变量来考虑，而且也没有引入时间变量。这使得工程热力学的研究范围和相应的研究方法不能满足迅速发展的热力学新课题的要求。因此，在科技不断进步和学科不断发展过程中，变质量系统热力学也就应运而生了。变质量系统在文献中虽有采用，但“变质量系统热力学”这个名称首先见于吴沛宜和马元编著的《变质量系统热力学及其应用》一书中。

同时，研究变质量系统热力学也是一种实际需要。计算机技术的发展和广泛应用为新型热机的研制及热机工作过程的模拟计算提供了重要手段。在计算机模拟过程中，要对热机中进行的各种实际过程建立数学模型，这些数学模型必须是一般化的、可适用于各种实际热力过程的。如采用计算机技术对内燃机进行模拟计算时，能量方程就必须能够同时适应吸气、压缩、燃料添加、膨胀和排气等多个过程。因此，必须从理论上论证并导出变质量系统的最一般方程以适应上述需要。

工质质量的变化对热力过程的影响主要有两类。一类为对定体积容器的充、放气过程，如压缩机对定体积容器的充灌或抽吸过程；液体火箭发动机气压式燃料系统中高压气体对燃料的挤代过程。另一类为工质在气缸内膨胀或压缩时，工质的质量同时也发生变化。如活塞式内燃机运行时，由于气门及活塞环处的泄漏，导致工质的质量不断发生变化。

变质量系统热力学是工程热力学的延伸，属于宏观热力学的范畴。因此，它也是以两大定律为基本依据，运用演绎的方法得出相应的结论。工程热力学中的很多基本概念和基础知识，在研究变质量系统问题时仍能使用，但是由于两者一个是研究常质量系统，一个是研究变质量系统，应用的具体方法和得到的结论都有所不同。

4.2 状态方程、热力学能及焓

由于实际气体状态方程多半是经验方程，且表达式比较复杂，因此本节主要以理想气体状态方程为例，讲述当系统为变质量系统时，其状态方程及热力学能和焓的表达式是如何变化的。

4.2.1 状态方程

对于单相纯物质所构成的简单热力系，其状态方程式可以写为 $f(p,v,T)=0$。对于变质量系统，此时系统工质的质量为变量，体积也与工质质量有关，因此，通常其状态方程表示为如下形式：$f(p,V,T,m)=0$。

如果工质为理想气体，其状态方程可具体表示为

$$pV = mR_{\mathrm{g}}T \tag{4-1}$$

对式（4-1）进行微分得到

$$p\mathrm{d}V + V\mathrm{d}p = mR_{\mathrm{g}}\mathrm{d}T + R_{\mathrm{g}}T\mathrm{d}m$$

研究变质量系统问题时，经常要用到状态方程的微分形式。将上式左边除以 pV，右边除以 $mR_{\mathrm{g}}T$，即可得到状态方程的微分形式为

$$\frac{\mathrm{d}p}{p}+\frac{\mathrm{d}V}{V}-\frac{\mathrm{d}m}{m}-\frac{\mathrm{d}T}{T}=0 \tag{4-2}$$

如果工质为实际气体，需要引入压缩因子 Z 的概念，Z 的表达式为

$$Z=\frac{pV}{mR_{\mathrm{g}}T} \tag{4-3}$$

4.2.2 热力学能和焓

对于理想气体来说，热力学能 U、焓 H 是温度的单值函数。若取工质比热容为定值，以 0K 时工质的热力学能和焓为基准点，取其值为零，则任一温度 T 下工质的热力学能 U 和焓 H 分别为：$U=f(T)=mu$，$H=f(T)=mh$。

对于常质量系统，若取工质定比热容，其热力学能和焓的微元变化量可表示为

$$\mathrm{d}U=\mathrm{d}(mu)=\mathrm{d}(mc_VT)=mc_V\mathrm{d}T$$

$$\mathrm{d}H=\mathrm{d}(mh)=\mathrm{d}(mc_pT)=mc_p\mathrm{d}T$$

对于变质量系统，取工质定比热容，由于质量 m 也为变量，因而有

$$\mathrm{d}U=\mathrm{d}(mu)=\mathrm{d}(mc_VT)=mc_V\mathrm{d}T+c_VT\mathrm{d}m \tag{4-4}$$

$$\mathrm{d}H=\mathrm{d}(mh)=\mathrm{d}(mc_pT)=mc_p\mathrm{d}T+c_pT\mathrm{d}m \tag{4-5}$$

4.3 质量守恒方程

质量守恒指出：质量既不能创生也不能毁灭。在应用此定律时，不考虑质量转变为能量的过程，也不考虑物质的运动速度接近光速时质量增加的情况。在本节的讨论中，只考虑一般过程的质量平衡，特别是开口系的流动过程。

4.3.1 控制质量和控制体积分析法

对变质量系统进行性能分析时，通常采用两种方法，即控制质量分析法和控制体积分析

法。对热力系统进行分析时，若对同一部分工质进行研究，则认为该部分工质的质量为定值，即为控制质量，故所用的分析方法为控制质量法。若取某一空间体积为热力系统，则称此空间区域为控制体积，故对控制体积进行分析的方法为控制体积法。

变质量热力学研究的主要是变质量的开口系。而且之前已经指出，变质量热力过程中每个工质微团所经历的过程不完全相同。若跟踪分析每个工质微团既不可能，也无意义，则研究变质量系统热力过程需要采用控制体积法。

在应用控制体积法进行分析时，首先要选定空间区域，选定的控制体积的边界称为控制面；然后任意选定控制体积的形状和大小；最后确定控制面。控制面可以是实际存在的壁面，也可以是假想的边界面。在某一确定的坐标系下，控制面的空间位置可以是固定的，也可以是运动的或有涨缩的。

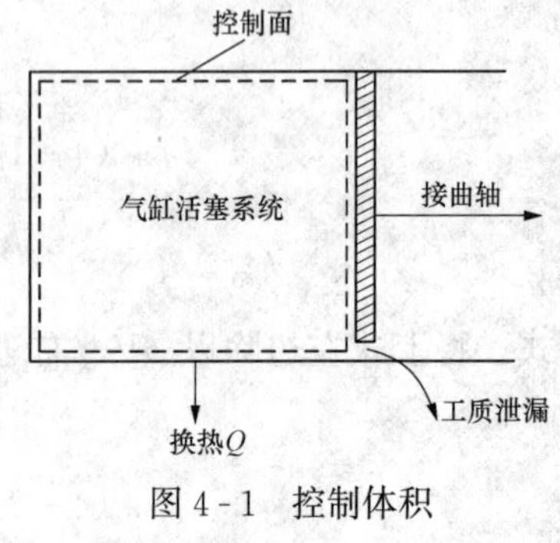

图 4-1 控制体积

以简单的气缸-活塞系统为例，控制体积如图 4-1 所示。图 4-1 中虚线表示所选定的控制体积系统的控制面，其中在活塞和气缸接触处有工质泄漏。因此，与外界有工质交换。此处的控制面属于假想的控制面。系统通过活塞和曲轴与外界连接，并与外界有功的交换，此处的控制面属于可移动控制面；系统还可以通过非移动控制面和外界进行热量交换，而且工质的参数也可以随时间变化。

控制质量法所研究的是同一部分工质。因此，可以通过计算过程初终态系统的参数变化来计算相应的能量和熵等参数的变化。但是，在控制体积分析法中，存在着工质进、出系统。工质状态处于不断地更新中，这时，以跟踪某一微元工质来度量其与周围工质的全部相互作用是不切实际的。因为每个微元工质的参数和速度都在变化，但是人们关心的并不是单一的微元工质，而是全部微元工质的平均特性。控制体积中工质的参数可以不稳定，随时间变化；也可以不均匀，随地点而变。若其不稳定而均匀，则可以用瞬时参数来描述系统特性；若工质不均匀，则需要将控制体积划分为局部均匀的子系统进行分析。

利用控制体积法对热力系统进行分析时，不仅需要考虑系统与外界热和功的交换，还需要考虑工质进、出系统所携带的相应能量的变化。由于微元质量在穿越控制面时，参数可能实时地改变，难以确定穿越控制面的参数。这时，需要假定在开口界面上取一微元体积，其中的微元工质处于局部平衡。此时，两个相临近的微元流体的各个参数的差别与这一区域参数的平均值相比是很小的。处于局部平衡的微元流体的状态就可以用开口界面上的参数来表示。

在用控制体积法进行分析时，做如下假定：①系统中热和功的作用发生在没有质量迁移的那部分控制面上；②质量迁移和随之迁移的能量则只发生在开口控制面上。

采用控制体积分析法主要的目的是要获得针对控制体积的质量平衡式、能量平衡式、熵平衡式等各种表达式。但在推导过程中也可以由控制质量法入手，取包括该控制体积中的工质和即将流入或流出的微元工质之和为控制质量。根据这部分控制质量在此时间段内的变化来进行分析，列出平衡式。最终得到用控制体积的参数和开口界面上的参数所表示的平衡式。因此，控制体积分析法和控制质量分析法可以灵活应用、相互校核。

4.3.2 变质量系统质量守恒

在开口系热力过程中，若有质量为 m_{in} 的工质进入控制体积，质量为 m_{out} 的工质离开控

制体积，则进、出控制体积的工质质量之差必然增加了控制体积的质量而储存于系统中，其质量守恒方程为

进入系统的质量 = 系统中储存质量的变化 + 离开系统的质量

或者表示为

$$m_{\text{in}} = (m_2 - m_1)_{\text{CV}} + m_{\text{out}}$$

整理得

$$m_{\text{in}} - m_{\text{out}} = (m_2 - m_1)_{\text{CV}} \tag{4-6}$$

式中：m_2 为控制体积中最终储存的质量，kg；m_1 为最初储存的质量，kg。

取微元时间 $d\tau$，在 $d\tau$ 时间内进入控制体积的微元质量记为 δm_{in}，离开的微元质量记为 δm_{out}，则式（4-6）又可表示为

$$\delta m_{\text{in}} - \delta m_{\text{out}} = dm_{\text{CV}} \tag{4-7}$$

式（4-7）表明，控制体积内总工质质量的改变等于与外界交换的质量。

其实，任何守恒原理均可表示为

加入系统的能量 = 系统中储存能量的变化量 + 离开系统的能量

如果系统除了与外界存在质量交换外，系统内组元间还存在化学反应，则系统成分将发生变化。对具体组元来说，其质量变化可由两部分组成：一部分是系统与外界的质量交换，另一部分则是由于系统内部发生化学变化而引起的。可以表示为

$$dm_{\text{CV}} = dm_{\text{out}} + dm_{\text{in}}$$

当系统内没有化学变化时，则 $dm_{\text{CV}} = dm_{\text{out}}$。这种把质量的改变分为与外界交换的外来部分和内部的内在部分的方法可推广应用到其他参数。

在变质量系统的研究过程中，通常应用的是以“率”的形式来表示的方程式。以控制体积法来导出以“率”的形式表示的质量守恒方程式。控制体积示意图，如图 4-2 所示。

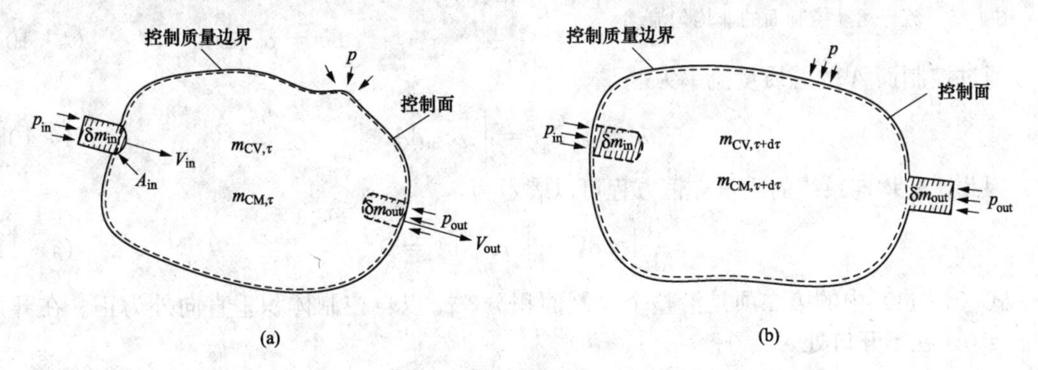

图 4-2 控制体积示意图

（a）τ 时刻的控制体积（$m_{\text{CV},\tau}$）和控制质量（$m_{\text{CM},\tau}$）；（b）$\tau + d\tau$ 时刻的控制体积（$m_{\text{CV},\tau+d\tau}$）和控制质量（$m_{\text{CM},\tau+d\tau}$）

图 4-2 中虚线表示控制面，实线表示控制质量边界。控制质量为控制体积内工质质量加上即将流入或流出控制体的工质质量。在 $d\tau$ 时间内有 δm_{in} 流入控制体积，δm_{out} 从控制体积流出。根据质量守恒原理，控制体积内质量的变化应等于进入与离开控制体积的质量之差，即 $dm_{\text{CV}} = m_{\text{CV},\tau+d\tau} - m_{\text{CV},\tau} = \delta m_{\text{in}} - \delta m_{\text{out}}$。等式两边同时除以 $d\tau$，得到 $dm_{\text{CV}}/d\tau + \delta m_{\text{out}}/d\tau - \delta m_{\text{in}}/d\tau = 0$，则用瞬时率表示的质量方程为

$$\frac{\mathrm{d}m_{\mathrm{CV}}}{\mathrm{d}\tau}+\dot{m}_{\mathrm{out}}-\dot{m}_{\mathrm{in}}=0 \tag{4-8}$$

式中：$\mathrm{d}m_{\mathrm{CV}}/\mathrm{d}\tau$ 为控制体积中的质量瞬时变化率，kg/s；$\dot{m}_{\mathrm{out}}$ 为从控制体积离开的瞬时质量流率，kg/s；$\dot{m}_{\mathrm{in}}$ 为进入控制体积的瞬时质量流率，kg/s。

若系统不止有一个出、入口，则式（4-8）可写为

$$\frac{\mathrm{d}m_{\mathrm{CV}}}{\mathrm{d}\tau}+\sum\dot{m}_{\mathrm{out}}-\sum\dot{m}_{\mathrm{in}}=0$$

4.3.3 非均匀系统质量守恒

当控制体积内的状态在任一瞬时不均匀，则可以把控制体积任意划分为若干个可作均匀处理的子区域 $\mathrm{d}V$，而每一个 $\mathrm{d}V$ 中的密度是均匀的，因而 $\mathrm{d}V$ 中的质量为 $\rho\mathrm{d}V$。ρ 为局部密度。在任一瞬时控制体积的质量为

$$m_{\mathrm{CV}}=\int_V\rho\mathrm{d}V \tag{4-9}$$

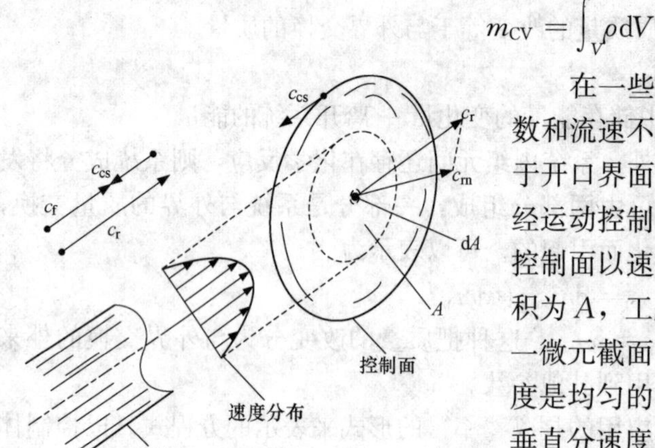

图 4-3 流经运动控制面的非均匀流动

在一些复杂的情况下，工质流过开口界面时参数和流速不均匀，工质的流动方向也有可能不垂直于开口界面，而且控制面本身有时候也在运动，流经运动控制面的非均匀流动如图 4-3 所示。假设控制面以速度 c_{cs} 和工质相向运动，其开口界面面积为 A，工质流过时速度不均匀。在开口界面上取一微元截面 $\mathrm{d}A$，则此微元截面上工质的状态和速度是均匀的。流体通过控制面 A 的速度为 c_{r}，其垂直分速度为 c_{rn}。于是，通过 $\mathrm{d}A$ 的瞬时质量流率的计算式为

$$\delta\dot{m}=\rho c_{\mathrm{rn}}\mathrm{d}A \tag{4-10a}$$

通过控制面 A 的总质量流率为

$$\dot{m}=\int_A\delta\dot{m}=\int_A\rho c_{\mathrm{rn}}\mathrm{d}A \tag{4-10b}$$

因此，非均匀系统的质量守恒方程可以表示为

$$\frac{\mathrm{d}}{\mathrm{d}\tau}\int_V\rho\mathrm{d}V+\int_A\rho c_{\mathrm{rn}}\mathrm{d}A=0 \tag{4-11}$$

式（4-11）中的第二项是沿整个控制面积分，c_{rn} 以自控制体积垂直向外为正。在开口处 $c_{\mathrm{rn}}\neq0$，在不开口处 $c_{\mathrm{rn}}=0$。

4.3.4 均匀系统质量守恒

若控制面为静止不动的，流速垂直于控制面，则 $c_{\mathrm{rn}}=c_{\mathrm{f}}$。假定任一时刻工质通过控制面时其参数是均匀的，则 ρ、c_{f} 沿控制面都是常数。因此，用平均参数表示的连续方程可以写为

$$\dot{m}=\int_A\rho c_{\mathrm{f}}\mathrm{d}A=\rho c_{\mathrm{f}}A \tag{4-12}$$

1. 一维流动

一维流动开口系示意图，如图 4-4 所示。

此时，连续性方程可以写为

$$\frac{d\dot{m}}{dx}dx=-\frac{\partial m_{CV}}{\partial \tau}=-Adx\frac{\partial \rho}{\partial \tau}$$

或

$$\frac{d\dot{m}}{dx}=-A\frac{\partial \rho}{\partial \tau} \tag{4-13a}$$

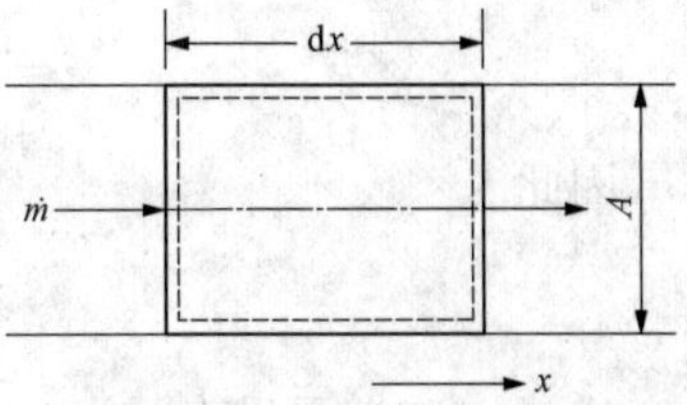

式中：x 为沿气流方向的轴向坐标。

图 4-4　一维流动开口系示意图

由于 $\rho=f(p,T)$，因而，式（4-13a）又可写为

$$\frac{d\dot{m}}{dx}=-A\left[\left(\frac{\partial \rho}{\partial p}\right)_T\frac{dp}{d\tau}+\left(\frac{\partial \rho}{\partial T}\right)_p\frac{dT}{d\tau}\right] \tag{4-13b}$$

2. 理想气体的一维流动

式（4-13a）、式（4-13b）表示了通过微元控制体积质量流率的变化与控制体积中密度变化之间的关系，对理想气体和实际气体都适用。对于理想气体，根据其状态方程 $\rho=p/(R_gT)$，有

$$\left(\frac{\partial \rho}{\partial p}\right)_T=\frac{1}{R_gT},\quad \left(\frac{\partial \rho}{\partial T}\right)_p=\frac{p}{R_gT^2}$$

则式（4-13b）又可以写为

$$\frac{d\dot{m}}{dx}=-\frac{A}{R_gT}\left(\frac{dp}{d\tau}-\frac{p}{T}\frac{dT}{d\tau}\right) \tag{4-13c}$$

4.4　变质量系统热力学第一定律表达式

热力学第一定律的实质是能量的守恒和转化定律在热力学中的应用。对于变质量系统，可以表述为

系统中能量的变化量 = 进入系统的能量 − 离开系统的能量

其表达式为

$$\Delta E=E_{in}-E_{out} \tag{4-14}$$

当系统中没有化学变化时，能量的变化等于系统和外界交换的能量。对于闭口系而言，系统和外界交换的能量只有功和热量。因此，热力学第一定律可以表示为

$$\Delta E=Q-W$$

若写成微元的形式，则为

$$dE=\delta Q-\delta W \tag{4-15}$$

对于开口系，系统和外界除了有功和热量的交换之外，还有随着工质流入、流出系统而带进、带出的能量。为了使开口系热力学第一定律的表达式和式（4-15）具有相同的形式，可以参考普里高京（Prigogine）提出的能流合量的概念，能流合量 $\delta\phi$ 表示在 $d\tau$ 时间内由于热交换和质量交换所产生的能量交换之和。用 $\delta\phi$ 代替其中的热量交换 δQ，引入能流合量后，开口系的热力学第一定律可以表示为

$$\delta\phi=dE_{CV}+\delta W \tag{4-16}$$

$$\delta\phi=\delta Q+\sum e\delta m$$

式中：e 为由于单位质量工质流入、流出系统所携带的能量，kJ/kg。它包括热力学能 u、动能 $c_f^2/2$、重力势能 gz，以及推动功 pv。即

$$e = u + \frac{c_f^2}{2} + gz + pv = h + \frac{c_f^2}{2} + gz$$

因此

$$\delta\phi = \delta Q + \sum\left(h + \frac{c_f^2}{2} + gz\right)\delta m \tag{4-17}$$

式（4-16）可以表示为

$$\delta Q + \sum\left(h + \frac{c_f^2}{2} + gz\right)\delta m = \mathrm{d}E_{\mathrm{CV}} + \delta W \tag{4-18}$$

式（4-18）两边同时除以 $\mathrm{d}\tau$ 得

$$\frac{\delta Q}{\mathrm{d}\tau} + \sum\left(h + \frac{c_f^2}{2} + gz\right)\frac{\delta m}{\mathrm{d}\tau} = \frac{\mathrm{d}E_{\mathrm{CV}}}{\mathrm{d}\tau} + \frac{\delta W}{\mathrm{d}\tau}$$

将其写成率的形式

$$\dot{Q} + \sum\left(h + \frac{c_f^2}{2} + gz\right)\dot{m} = \frac{\mathrm{d}E_{\mathrm{CV}}}{\mathrm{d}\tau} + \dot{W} \tag{4-19}$$

$\dot{Q}$、$\dot{m}$ 和 $\dot{W}$ 分别代表热流率、质量流率和功率。需要指出：式中 $\dot{m}$ 可正可负，规定流入系统为正、流出系统为负。若控制体积的储存能只有热力学能时，则式（4-19）可写成

$$\dot{Q} + \sum\left(h + \frac{c_f^2}{2} + gz\right)\dot{m} = \frac{\mathrm{d}U}{\mathrm{d}\tau} + \dot{W} \tag{4-20}$$

4.4.1 控制体积热力学第一定律表达式的导出

变质量系统热力学第一定律的表达式也可以采用控制体积法导出。为了使推导过程直观并有利于基本概念的深化，下面以一维流动为例来进行推导，控制体积的热力学第一定律分析示意图如图 4-5 所示。

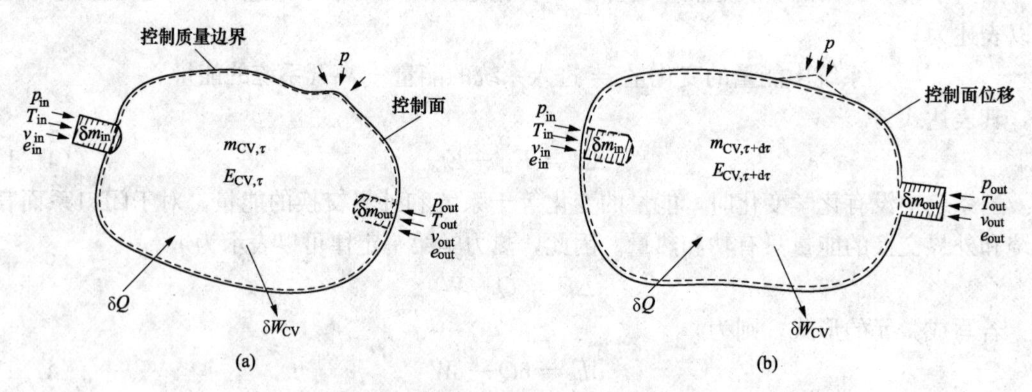

图 4-5 控制体积的热力学第一定律分析示意图

（a）τ 时刻的控制体积和控制质量；（b）$\tau+\mathrm{d}\tau$ 时刻的控制体积和控制质量

图 4-5 中各变量的物理意义：$m_{\mathrm{CV},\tau}$ 为 τ 时刻控制体积的质量，kg；$E_{\mathrm{CV},\tau}$ 为 τ 时刻控制体积的能量，kJ；$m_{\mathrm{CV},\tau}+\delta m_{\mathrm{in}}$ 为 τ 时刻的控制质量，kg；$E_{\mathrm{CV},\tau}+e_{\mathrm{in}}\delta m_{\mathrm{in}}$ 为 τ 时刻控制质量的能量，kJ；$m_{\mathrm{CV},\tau+\mathrm{d}\tau}$ 为 $\tau+\mathrm{d}\tau$ 时刻控制体积的质量，kg；$E_{\mathrm{CV},\tau+\mathrm{d}\tau}$ 为 $\tau+\mathrm{d}\tau$ 时刻控制体积的能量，kJ；$m_{\mathrm{CV},\tau+\mathrm{d}\tau}+\delta m_{\mathrm{out}}$ 为 $\tau+\mathrm{d}\tau$ 时刻的控制质量，kg；$E_{\mathrm{CV},\tau+\mathrm{d}\tau}+e_{\mathrm{out}}\delta m_{\mathrm{out}}$ 为 $\tau+\mathrm{d}\tau$ 时刻控制质量的能量，kJ；δW_{CV} 为 $\mathrm{d}\tau$ 时间内控制体积所做的功，kJ；δQ 为 $\mathrm{d}\tau$ 时间内控制质量和外界的传热量，kJ。

图 4-5 中，虚线表示控制体积边界，实线表示控制质量边界。在时间为 τ 时，控制质量 $m_{CM,\tau}$ 为控制体中的质量 $m_{CV,\tau}$ 和 $d\tau$ 时间内通过入口截面进入控制体中的微元质量 δm_{in} 之和。控制质量的总能量 $E_{CM,\tau}$ 是控制体的总能量 $E_{CV,\tau}$ 和此微元质量的总能量 $e_{in}\delta m_{in}$ 之和。则 $m_{CM,\tau}$、$E_{CM,\tau}$ 的表达式分别为

$$m_{CM,\tau} = m_{CV,\tau} + \delta m_{in}, \quad E_{CM,\tau} = E_{CV,\tau} + e_{in}\delta m_{in}$$

在 $\tau + d\tau$ 时刻，控制质量的位置发生了变化：微元质量 δm_{in} 进入控制体内，而控制质量的一部分 δm_{out} 被推出控制体积即将离开出口截面，如图 4-5（b）所示。此时，控制质量 $m_{CM,\tau+d\tau}$ 为控制体的质量 $m_{CV,\tau+d\tau}$ 与微元质量 δm_{out} 之和；控制质量的总能量 $E_{CM,\tau+d\tau}$ 为控制体的总能量 $E_{CV,\tau+d\tau}$ 和此微元质量的总能量 $e_{out}\delta m_{out}$ 之和。δm_{in}、δm_{out} 的质量和体积相对于控制体积的质量和体积而言很小。则 $m_{CM,\tau+d\tau}$、$E_{CM,\tau+d\tau}$ 的表达式分别为

$$m_{CM,\tau+d\tau} = m_{CV,\tau+d\tau} + \delta m_{out}, \quad E_{CM,\tau+d\tau} = E_{cv,\tau+d\tau} + e_{out}\delta m_{out}$$

在 τ 和 $\tau + d\tau$ 时刻，控制质量守恒，即

$$m_{CV,\tau} + \delta m_{in} = m_{CV,\tau+d\tau} + \delta m_{out} \tag{4-21}$$

控制质量的能量也守恒，即

$$\delta Q = dE_{CM} + \delta W_{CM} \tag{4-22}$$

在 $d\tau$ 时间内控制质量储存能的增量 dE_{CM} 为

$$\begin{aligned} dE_{CM} &= E_{CM,\tau+d\tau} - E_{CM,\tau} = (E_{\tau+d\tau} - E_{\tau})_{cv} + (e_{out}\delta m_{out} - e_{in}\delta m_{in}) \\ &= dE_{CV} + (e_{out}\delta m_{out} - e_{in}\delta m_{in}) \end{aligned} \tag{4-23}$$

式中：e_{in}、e_{out} 为流入、流出的单位质量工质本身具有的能量，kJ/kg。

控制质量所做的功包括两部分：一部分是控制体积所做的功；另一部分是 δm_{in}、δm_{out} 穿越控制体界面时的流动功。控制体积的功包括各种形式的广义功，如轴功、电功、磁功等。在没有外力场，同时控制面为刚性时，通常就只有轴功。对于流动功，当 δm_{in}、δm_{out} 穿越开口控制面时，垂直作用于该开口控制面上的压力做功。当 δm_{in} 穿越控制面进入控制体时，需要克服控制体内的压力才能进入控制体，相当于其后面的流体像活塞似的把它推进控制体，外界对控制体做了 $(pv\delta m)_{in}$ 的推动功。同样，当 δm_{out} 流体流出控制体积时，它本身好似活塞推开了挡在外面的流体，流体对外做了 $(pv\delta m)_{out}$ 的推动功。这种为使微元质量穿越控制面所必需的功就称流动功，等于系统进出口推动功之和。

在时间 $d\tau$ 内控制质量的总功为

$$\delta W_{CM} = \delta W_{CV} + (pv\delta m)_{out} - (pv\delta m)_{in} \tag{4-24}$$

把式（4-23）、式（4-24）代入式（4-22），得

$$\delta Q = dE_{CV} + (e + pv)_{out}\delta m_{out} - (e + pv)_{in}\delta m_{in} + \delta W_{CV} \tag{4-25}$$

式中：e 为单位迁移质量本身具有的能量，kJ/kg；其计算式为 $e = u + 0.5c_f^2 + gz$。

根据比焓的定义式 $h = u + pv$，式（4-25）又可以写成

$$\delta Q = dE_{CV} + (h + 0.5c_f^2 + gz)_{out}\delta m_{out} - (h + 0.5c_f^2 + gz)_{in}\delta m_{in} + \delta W_{CV} \tag{4-26}$$

将式（4-26）两边同时除以 $d\tau$ 得

$$\frac{\delta Q}{d\tau} = \frac{dE_{CV}}{d\tau} + (h + 0.5c_f^2 + gz)_{out}\frac{\delta m_{out}}{d\tau} - (h + 0.5c_f^2 + gz)_{in}\frac{\delta m_{in}}{d\tau} + \frac{\delta W_{CV}}{d\tau}$$

当 $d\tau \to 0$ 时，$\delta Q/d\tau = \delta Q_{CV}/d\tau = \dot{Q}_{CV}$，则可写成以率表示的形式，即

$$\dot{Q}_{CV} = \frac{dE_{CV}}{d\tau} + (h + 0.5c_f^2 + gz)_{out}\dot{m}_{out} - (h + 0.5c_f^2 + gz)_{in}\dot{m}_{in} + \dot{W}_{CV} \tag{4-27}$$

当迁移质量的动能和势能可以忽略不计时，则工质流入、流出控制体积所携带的能量就只有焓。此时，式（4-27）可以简化为

$$\dot{Q}_{CV}=\frac{dE_{CV}}{d\tau}+h_{out}\dot{m}_{out}-h_{in}\dot{m}_{in}+\dot{W}_{CV} \tag{4-28a}$$

当控制体中不存在外部储存能和化学能时，$dE_{CV}=dU$，则

$$\dot{Q}_{CV}=\frac{dU}{d\tau}+h_{out}\dot{m}_{out}-h_{in}\dot{m}_{in}+\dot{W}_{CV} \tag{4-28b}$$

若流进流出控制体的工质不止一股，则可分别对其求和。式（4-28b）即为适用于变质量系统的热力学第一定律的一般表达式。可见，无论是利用能流合量概念还是用控制体积法，推导的结果都是一样的。

当控制体积内参数不均匀时，可以将其划分为多个局部均匀的小区域，此时控制体的总能量为 $E_{CV}=\int_V e_{sys,CV}\rho dV$，其中，$e_{sys,CV}$为每个参数均匀的小区域内单位质量工质的总能量。

若开口控制面的参数也不均匀，则在此截面上取微元面积 dA。流过 dA 面积的瞬时流率可用局部参数来表示，即 $d\dot{m}=\rho c_m dA$。开口截面上的总质量流率可对开口截面 A 积分得 $\dot{m}=\int_A \rho c_m dA$。用局部参数来表示，式（4-27）可写成

$$\dot{Q}_{cv}=\frac{d}{d\tau}\int_V e_{sys,CV}\rho dV+\int_A (h+0.5c_f^2+gz)\rho c_m dA+\dot{W}_{CV} \tag{4-29}$$

式（4-29）适用于不稳定、非均匀、变质量以及变体积的系统。

4.4.2 稳态、稳定流动

稳态、稳定流动指的是流体在流道内流动时的流动状况不随时间变化，而且各点的状态参数也不随时间变化的流动状态。在实际的工程中，稳态、稳定流动是一种最常见最普遍的情况。

此时，控制体内任一点的参数都将不随着时间变化，因此有

$$\frac{dm_{CV}}{d\tau}=\frac{d}{d\tau}\int_V \rho dV=0,\quad \frac{dE_{CV}}{d\tau}=\frac{d}{d\tau}\int_V e\rho dV=0$$

稳态、稳定流动时，通过开口界面的质量流率不变，通过控制面的热流率、功率不变。因此，式（4-8）中的各项均与时间无关，此时连续性方程可以写为 $\dot{m}_{in}=\dot{m}_{out}=\dot{m}$，则热力学第一定律表达式可以写为

$$\dot{Q}_{CV}+\dot{m}(h+0.5c_f^2+gz)_{in}=\dot{m}(h+0.5c_f^2+gz)_{out}+\dot{W}_{CV} \tag{4-30}$$

式（4-30）两边同时除以开口界面的质量流率 $\dot{m}$，则得

$$\frac{\dot{Q}_{CV}}{\dot{m}}+(h+0.5c_f^2+gz)_{in}=(h+0.5c_f^2+gz)_{out}+\frac{\dot{W}_{CV}}{\dot{m}}$$

令 $q=\dot{Q}_{CV}/\dot{m}$，$w=\dot{W}_{CV}/\dot{m}$，带入式（4-30）后，则得

$$q=(h_{out}-h_{in})+\frac{c_{f,out}^2-c_{f,in}^2}{2}+g(z_{out}-z_{in})+w \tag{4-31}$$

从式（4-31）的推导过程可知，将其理解为单位质量的工质通过控制体时的能量方程是不合适的。其实，这个方程是基于控制体积在某一时间间隔的变化而建立起来的。虽然在给定的时间间隔内进入控制体的质量和流出控制体的质量从数量上是相等的，但是，实际上却不是同一部分工质。

4.4.3　均态、不稳定流动

在工程实际中，有些过程并不属于稳定流动。例如对刚性容器的充气过程，以及过程中存在工质泄漏的变质量过程。在这些过程中控制体积内的工质状态随时间变化，其质量流率也随着时间变化。虽然此时系统处于不稳定流动，但是控制体内的参数仍可以认为是均匀的。此时，式（4-27）控制体的能量守恒方程可以写为

$$\dot{Q}_{\mathrm{CV}} = \frac{\mathrm{d}}{\mathrm{d}\tau}[m(u+0.5c_f^2+gz)]_{\mathrm{CV}} + (h+0.5c_f^2+gz)_{\mathrm{out}}\dot{m}_{\mathrm{out}} - (h+0.5c_f^2+gz)_{\mathrm{in}}\dot{m}_{\mathrm{in}} + \dot{W}_{\mathrm{CV}}$$

将其各项对整个时间 τ 进行积分，即可得到均态、不稳定流动过程的热力学第一定律表达式：

$$\begin{aligned} Q_{\mathrm{CV}} = & [m_2(u+0.5c_f^2+gz)_2 - m_1(u+0.5c_f^2+gz)_1]_{\mathrm{CV}} \\ & + (h+0.5c_f^2+gz)_{\mathrm{out}}m_{\mathrm{out}} - (h+0.5c_f^2+gz)_{\mathrm{in}}m_{\mathrm{in}} + W_{\mathrm{CV}} \end{aligned} \tag{4-32}$$

当整个系统的动能和势能的变化可以忽略不计时，式（4-32）可以简化为

$$Q_{\mathrm{CV}} = (m_2u_2 - m_1u_1)_{\mathrm{CV}} + h_{\mathrm{out}}m_{\mathrm{out}} - h_{\mathrm{in}}m_{\mathrm{in}} + W_{\mathrm{CV}} \tag{4-33}$$

当有多股流体进出控制体的情况，对多股流体求和，式（4-33）可以写为

$$Q_{\mathrm{CV}} = (m_2u_2 - m_1u_1)_{\mathrm{CV}} + \sum h_{\mathrm{out}}m_{\mathrm{out}} - \sum h_{\mathrm{in}}m_{\mathrm{in}} + W_{\mathrm{CV}} \tag{4-34}$$

4.5　变质量系统热力学第二定律表达式

工程热力学中，热力学第二定律可以表示为

$$\mathrm{d}S \geqslant \frac{\delta Q}{T} = \frac{\delta(mq)}{T} \tag{4-35}$$

过程可逆时等号成立，过程不可逆时大于号成立。

热力学第二定律也可用孤立系的熵增原理来表示

$$\mathrm{d}S_{\mathrm{iso}} = \mathrm{d}(ms)_{\mathrm{iso}} \geqslant 0 \tag{4-36}$$

同样，过程可逆时等号成立，过程不可逆时大于号成立。

4.5.1　控制体积热力学第二定律表达式

用控制体积法推导控制体积热力学第二定律时，仍采取和推导第一定律相同的方法：先选取控制质量，最后得到控制体积的热力学第二定律表达式，控制体积的热力学第二定律分析如图 4-6 所示。

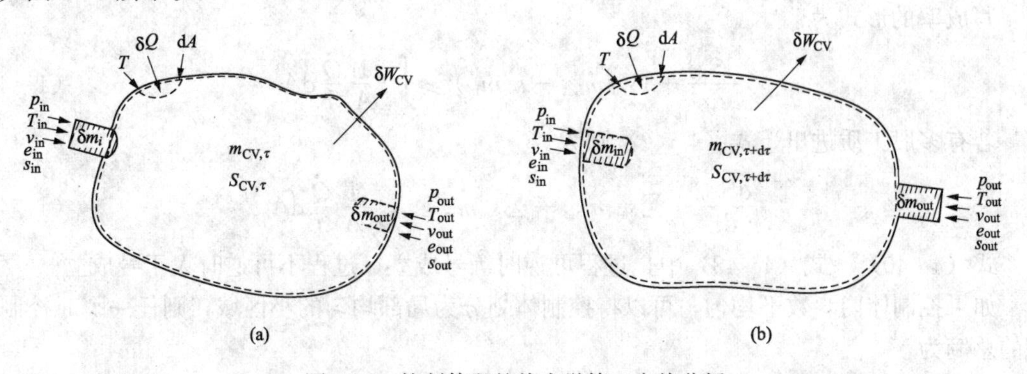

图 4-6　控制体积的热力学第二定律分析

（a）τ 时刻的控制体积和控制质量；（b）$\tau+\mathrm{d}\tau$ 时刻的控制体积和控制质量

图 4－6 中各变量的物理意义：$m_{CV,\tau}$为τ时刻控制体积的质量，kg；$S_{CV,\tau}$为τ时刻控制体积的熵，kJ/K；$m_{CV,\tau}+\delta m_{in}$为$\tau$时刻的控制质量，kg；$S_{CV,\tau}+s_{in}\delta m_{in}$为$\tau$时刻控制质量的熵，kJ/K；$m_{CV,\tau+d\tau}$为$\tau+d\tau$时刻控制体积的质量，kg；$S_{CV,\tau+d\tau}$为$\tau+d\tau$时刻控制体积的熵，kJ/K；$m_{CV,\tau+d\tau}+\delta m_{out}$为$\tau+d\tau$时刻的控制质量，kg；$S_{CV,\tau+d\tau}+s_{out}\delta m_{out}$为$\tau+d\tau$时刻控制质量的熵，kJ/K；$\delta W_{CV}$为$d\tau$时间内控制体积所做的功，kJ；$\delta Q$为$d\tau$时间内控制质量和外界的传热量，kJ。

在τ时刻控制质量的熵为：$S_{CM,\tau}=S_{CV,\tau}+s_{in}\delta m_{in}$；在$\tau+d\tau$时刻控制质量的熵为：$S_{CM,\tau+d\tau}=S_{CV,\tau+d\tau}+s_{out}\delta m_{out}$。

在$d\tau$时间内控制质量熵的变化为

$$dS_{CM}=S_{CV,\tau+d\tau}-S_{CV,\tau}+(s_{out}\delta m_{out}-s_{in}\delta m_{in})$$

或者

$$dS_{CM}=dS_{CV}+(s_{out}\delta m_{out}-s_{in}\delta m_{in}) \tag{4-37}$$

式（4－37）括号中的部分表示由于工质流入、流出控制体而引起的熵变，将式两边同时除以$d\tau$，并写成以率表示的形式为

$$\frac{dS_{CM}}{d\tau}=\frac{dS_{CV}}{d\tau}+(s_{out}\dot{m}_{out}-s_{in}\dot{m}_{in}) \tag{4-38}$$

对于常质量系统中的$\delta Q/T$，δQ为在定温下从热源吸收的热量。变质量系统中，若控制面的温度分布不均匀，则需要对局部的$\delta Q/T$沿有热量进出而没有质量进出的整个边界积分得

$$\frac{\delta Q}{T}=\int_A\frac{1}{A}\frac{\delta Q}{T}dA \tag{4-39}$$

因此，控制质量的克劳修斯积分式可以表示为

$$dS_{CM}\geqslant\int_A\frac{1}{A}\frac{\delta Q}{T}dA \tag{4-40}$$

将式（4－37）带入到式（4－40），得

$$dS_{CV}+(s_{out}\delta m_{out}-s_{in}\delta m_{in})\geqslant\int_A\frac{1}{A}\frac{\delta Q}{T}dA \tag{4-41}$$

式（4－41）两边同时除以$d\tau$，得

$$\frac{dS_{CV}}{d\tau}+\left(s_{out}\frac{\delta m_{out}}{d\tau}-s_{in}\frac{\delta m_{in}}{d\tau}\right)\geqslant\frac{1}{d\tau}\int_A\frac{1}{A}\frac{\delta Q}{T}dA$$

写成率的形式为

$$\frac{dS_{CV}}{d\tau}+(s_{out}\dot{m}_{out}-s_{in}\dot{m}_{in})\geqslant\int_A\frac{1}{A}\frac{\dot{Q}}{T}dA \tag{4-42}$$

若有多股工质进出，式（4－42）则为

$$\frac{dS_{CV}}{d\tau}+\sum s_{out}\dot{m}_{out}-\sum s_{in}\dot{m}_{in}\geqslant\int_A\frac{1}{A}\frac{\dot{Q}}{T}dA \tag{4-43}$$

式（4－40）～式（4－43）中，过程可逆时等号成立，过程不可逆时大于号成立。

如果控制体内参数不均匀，可以将控制体划分为局部均匀的小区域，则任一瞬时控制体积的总熵为

$$S_{CV}=\int_V s\rho dV \tag{4-44}$$

若控制面上参数也不均匀，则通过控制面的熵流为

$$\int_A s\,\mathrm{d}\dot{m} = \int_A s\rho c_{\mathrm{m}}\mathrm{d}A \tag{4-45}$$

将式（4-44）和式（4-45）代入式（4-42），得

$$\frac{\mathrm{d}}{\mathrm{d}\tau}\int_V s\rho\mathrm{d}V + \int_A s\rho c_{\mathrm{m}}\mathrm{d}A \geqslant \int_A \frac{1}{A}\frac{\dot{Q}}{T}\mathrm{d}A \tag{4-46}$$

不等式（4-46）两边之差即为由于过程的不可逆性而引起的熵增，或称为熵产，表示为

$$\delta S_{\mathrm{g}} = \frac{\mathrm{d}}{\mathrm{d}\tau}\int_V s\rho\mathrm{d}V + \int_A s\rho c_{\mathrm{m}}\mathrm{d}A - \int_A \frac{1}{A}\frac{\dot{Q}}{T}\mathrm{d}A \tag{4-47}$$

式（4-47）即为用局部参数表示的热力学第二定律表达式。若各股质量是不同的物质，而且质量是变化的，则计算中所用的熵应为绝对值。

4.5.2　稳态、稳定流动

开口系处于稳态、稳定流动时，控制体任意位置处单位质量的熵变不随时间而变，因此

$$\frac{\mathrm{d}S_{\mathrm{CV}}}{\mathrm{d}\tau} = \frac{\mathrm{d}}{\mathrm{d}\tau}\int_V s\rho\mathrm{d}V = 0$$

对于多股工质流动，在稳态、稳定流动时系统中质量流率、传热率及状态参数均不随时间变化，则有

$$\sum s_{\mathrm{out}}\dot{m}_{\mathrm{out}} - \sum s_{\mathrm{in}}\dot{m}_{\mathrm{in}} = \sum\dot{m}(s_{\mathrm{out}} - s_{\mathrm{in}}) \geqslant \int_A \frac{1}{A}\frac{\dot{Q}}{T}\mathrm{d}A \tag{4-48}$$

$$\delta S_{\mathrm{g}} = \sum\dot{m}(s_{\mathrm{out}} - s_{\mathrm{in}}) - \int_A \frac{1}{A}\frac{\dot{Q}}{T}\mathrm{d}A \tag{4-49}$$

若为绝热过程，则有 $s_{\mathrm{out}} \geqslant s_{\mathrm{in}}$。可逆绝热过程等号成立，不可逆绝热过程大于号成立。

4.5.3　均态、不稳定流动

对于均态、不稳定流动，控制体中工质的参数将随时间而变化，但在任一瞬时是均匀的，则式（4-43）可写为

$$\frac{\mathrm{d}}{\mathrm{d}\tau}(sm)_{\mathrm{CV}} + \sum s_{\mathrm{out}}\dot{m}_{\mathrm{out}} - \sum s_{\mathrm{in}}\dot{m}_{\mathrm{in}} \geqslant \int_A \frac{1}{A}\frac{\dot{Q}}{T}\mathrm{d}A \tag{4-50}$$

对式（4-50）在整个时间 τ 积分，得

$$(m_2 s_2 - m_1 s_1)_{\mathrm{CV}} + \sum m_{\mathrm{out}} s_{\mathrm{out}} - \sum m_{\mathrm{in}} s_{\mathrm{in}} \geqslant \int_0^\tau\left(\int_A \frac{1}{A}\frac{\dot{Q}}{T}\mathrm{d}A\right)\mathrm{d}\tau \tag{4-51}$$

由于任一瞬时控制体内温度分布是均匀的，则有

$$\int_0^\tau\left(\int_A \frac{1}{A}\frac{\dot{Q}}{T}\mathrm{d}A\right)\mathrm{d}\tau = \int_0^\tau \frac{\dot{Q}}{T}\mathrm{d}\tau$$

因此，式（4-51）可改写为

$$(m_2 s_2 - m_1 s_1)_{\mathrm{CV}} + \sum m_{\mathrm{out}} s_{\mathrm{out}} - \sum m_{\mathrm{in}} s_{\mathrm{in}} \geqslant \int_0^\tau \frac{\dot{Q}}{T}\mathrm{d}\tau \tag{4-52}$$

过程的熵产为

$$S_g = (m_2 s_2 - m_1 s_1)_{CV} + \sum m_{out} s_{out} - \sum m_{in} s_{in} - \int_0^\tau \frac{\dot{Q}}{T} d\tau \tag{4-53}$$

4.5.4 控制体积熵增原理

对于控制质量来说，进行某热力过程时，系统熵的变化为 $dS_{CM} \geqslant \frac{\delta Q}{T}$。写成“率”的形式 $\frac{dS_{CM}}{d\tau} \geqslant \frac{\dot{Q}}{T}$。对于系统所处的外界来说，过程所引起的外界熵的变化为 $dS_{sur} = -\frac{\delta Q}{T_0}$。写成率的形式 $\frac{dS_{sur}}{d\tau} = -\frac{\dot{Q}}{T_0}$，其中，$T_0$ 为外界环境温度（K）。

对于包括系统和外界在内的孤立系而言，有

$$dS_{CM} + dS_{sur} \geqslant \delta Q\left(\frac{1}{T} - \frac{1}{T_0}\right) \tag{4-54}$$

若 $\delta Q>0$，则 $T<T_0$，$dS_{CM}+dS_{sur}\geqslant 0$。若 $\delta Q<0$，则 $T>T_0$，仍有 $dS_{CM}+dS_{sur}\geqslant 0$。故有

$$dS_{CM} + dS_{sur} \geqslant 0 \tag{4-55}$$

因此，孤立系的熵只能不变或增加，不能减少；在过程可逆的情况下等于0，即为孤立系统熵增原理。

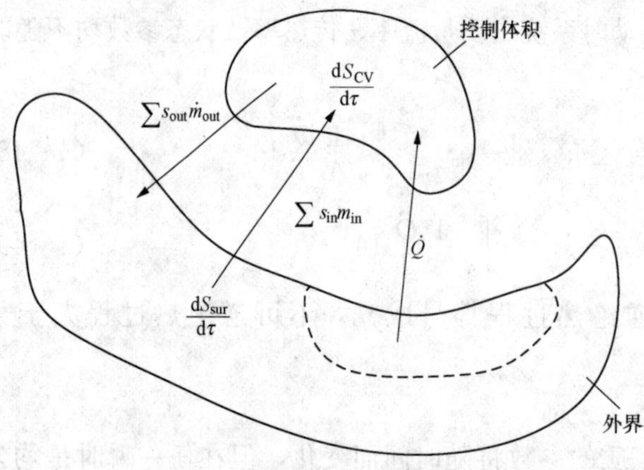

图 4-7 控制体积和外界的总熵变化

对于控制体积而言，除了和外界有热量交换外，还有质量交换，这些都引起系统和外界间有熵流的交换，控制体积和外界的总熵变化如图 4-7 所示。

式（4-43）中，$\frac{dS_{CV}}{d\tau}$ 为控制体积内熵的变化率，$\sum s_{out}\dot{m}_{out} - \sum s_{in}\dot{m}_{in}$ 为由于质量进出而引起的净熵流，$\int_A \frac{1}{A}\frac{\dot{Q}}{T}dA$ 由热流引起的熵流。

与此同时，外界环境的熵变化可写为

$$\frac{dS_{sur}}{d\tau} = \sum s_{out}\dot{m}_{out} - \sum s_{in}\dot{m}_{in} - \frac{\dot{Q}}{T_0} \tag{4-56}$$

将式（4-43）和式（4-56）相加，得

$$\frac{dS_{CV}}{d\tau} + \frac{dS_{sur}}{d\tau} \geqslant \int_A \frac{1}{A}\frac{\dot{Q}}{T}dA - \frac{\dot{Q}}{T_0} \tag{4-57}$$

当 $T_0>T$ 时，$\dot{Q}>0$；当 $T_0<T$ 时，$\dot{Q}<0$。因此，式（4-57）右侧恒为正，即

$$\frac{dS_{CV}}{d\tau} + \frac{dS_{sur}}{d\tau} \geqslant 0 \tag{4-58}$$

这就是控制体积熵增原理的一般表达式。

4.5.5 熵变的计算

在常质量系统中，熵的变化总是终态工质的熵减去初态工质的熵，和具体状态变化的过

程无关。因此，对于理想气体，无论经过的是什么过程，都可以根据初、终态参数来计算熵变。对于实际气体，可根据初、终态参数从相应的图表中查得熵变。

对于变质量系统所进行的均态、不稳定流动过程（如充气和放气过程），也可按有限时间内的初、终态参数来计算。这时只需计及初、终态的不同的质量，就仍可按初、终态的绝对熵进行计算。即

$$\Delta S = S_2 - S_1 = m_2 s_2^{\alpha} - m_1 s_1^{\alpha} \tag{4-59}$$

式中：S_1、S_2 分别为初、终态变质量系统的熵，kJ/K；m_1、m_2 分别为初、终态变质量系统的质量，kg；s_1^{α}、s_2^{α} 分别为初、终态变质量系统中单位工质量的绝对熵（以 $T=0\text{K}$ 为基准），kJ/(kg·K)。

对于理想气体，其熵变为 $\mathrm{d}s=c_p\dfrac{\mathrm{d}T}{T}-R_{\mathrm{g}}\dfrac{\mathrm{d}p}{p}$，积分得熵变为

$$\Delta s = \int_{T_1}^{T_2} \frac{c_p(T)\mathrm{d}T}{T} - R_{\mathrm{g}} \ln \frac{p_2}{p_1} \tag{4-60}$$

若比热容为定值，则

$$\Delta s = c_p \ln \frac{T_2}{T_1} - R_{\mathrm{g}} \ln \frac{p_2}{p_1} \tag{4-61}$$

若比热容为变值，且为温度的单值函数时，令 $\phi=\displaystyle\int_0^T \frac{c_p(T)\mathrm{d}T}{T}$，$\Delta\phi=\displaystyle\int_{T_1}^{T_2} \frac{c_p(T)\mathrm{d}T}{T}$。则式（4-60）可以写为

$$\Delta s = \Delta\phi - R_{\mathrm{g}} \ln \frac{p_2}{p_1} = \phi_2 - \phi_1 - R_{\mathrm{g}} \ln \frac{p_2}{p_1} \tag{4-62}$$

若初、终态的质量不一样，则分别表示初、终态的绝对熵为

$$s_1^{\alpha} = s^0 + \Delta s_1 = s^0 + \int_0^{T_1} \frac{c_p(T)\mathrm{d}T}{T} - R_{\mathrm{g}} \ln \frac{p_1}{p_0}$$

$$s_2^{\alpha} = s^0 + \Delta s_2 = s^0 + \int_0^{T_2} \frac{c_p(T)\mathrm{d}T}{T} - R_{\mathrm{g}} \ln \frac{p_2}{p_0}$$

式中：s^0 为基准点的熵（$T=0\text{K}$，$p_0=1\text{atm}$），kJ/(kg·K)。

于是，绝对熵表示为：$s_1^{\alpha}=s^0+\phi_1-\phi^0-R_{\mathrm{g}}\ln p_1$，$s_2^{\alpha}=s^0+\phi_2-\phi^0-R_{\mathrm{g}}\ln p_2$。

若 $s^0=\phi^0$，则有 $s_1^{\alpha}=\phi_1-R_{\mathrm{g}}\ln p_1$，$s_2^{\alpha}=\phi_2-R_{\mathrm{g}}\ln p_2$。其中 ϕ 可由表查出。对于各种蒸气，由相应的蒸气表可直接查出 s。

4.6 变质量系统基本方程

对于理想气体的均匀常质量系统，由《工程热力学》基本理论知，两个独立的状态参数可以确定工质状态，可以表示为下式

$$T\mathrm{d}s = \mathrm{d}u + p\mathrm{d}v \tag{4-63}$$

当为变质量系统时，质量为变量，则有

$$\mathrm{d}S = \mathrm{d}(ms) = s\mathrm{d}m + m\mathrm{d}s,\quad \mathrm{d}s = \frac{\mathrm{d}S - s\mathrm{d}m}{m}$$

$$\mathrm{d}U = \mathrm{d}(mu) = u\mathrm{d}m + m\mathrm{d}u,\quad \mathrm{d}u = \frac{\mathrm{d}U - u\mathrm{d}m}{m}$$

$$dV = d(mv) = v dm + m dv, \quad dv = \frac{dV - v dm}{m}$$

将其代入式（4 - 63）可得变质量系统的基本方程为

$$TdS = dU + pdV - (u - Ts + pv)dm \tag{4-64}$$

式（4 - 64）等号右边括号中

$$u - Ts + pv = h - Ts = g \tag{4-65}$$

式（4 - 65）中，g 为单位质量工质的吉布斯（Gibbs）函数，又称为比自由焓，kJ/kg。指可逆变化时系统对外界做出的最大有用功。

同时令

$$f = u - Ts \tag{4-66}$$

式（4 - 66）中，f 为单位质量工质的亥姆霍兹函数，又称为比自由能，kJ/kg。

因此，可以得到比自由焓和比自由能之间的关系

$$g = f + pv \tag{4-67}$$

式（4 - 64）可以写为

$$dU = TdS - pdV + gdm \tag{4-68}$$

式（4 - 68）表明：变质量系统工质热力学能的变化除了和热交换、体积功有关外，还和工质质量的变化有关。

化学势 μ 是在有化学反应时确定化学反应方向的量。其数值上等于等温、等压条件下单元系统的热力势。表示每减少单位质量时，在可逆变化中可对外做出的最大有用功。化学势在数值上等于比自由焓，即 $g=\mu$。此时，式（4 - 68）可以写为

$$dU = TdS - pdV + \mu dm \tag{4-69}$$

4.7 变质量系统过程方程

理想气体的变质量系统过程方程，可以由能量方程和状态方程推导得出。变质量系统的状态方程可以写为 $f(p,V,S,m)$ 或 $p = f(V,S,m)$，其微分式为

$$dp = \left(\frac{\partial p}{\partial S}\right)_{V,m} dS + \left(\frac{\partial p}{\partial V}\right)_{S,m} dV + \left(\frac{\partial p}{\partial m}\right)_{V,S} dm \tag{4-70}$$

式（4 - 70）中的三个偏导数求取，可按下述方法导出。

当 V、m 不发生变化时，基本方程可以写为

$$dU = TdS = c_V m dT \tag{4-71}$$

由理想气体状态方程可得

$$dT = d\left(\frac{pV}{mR_g}\right) = \frac{V}{mR_g} dp \tag{4-72}$$

将式（4 - 72）代入式（4 - 71），则有 $TdS = c_V \dfrac{V}{R_g} dp$。因此

$$\left(\frac{\partial p}{\partial S}\right)_{V,m} = \frac{R_g T}{c_V V} = \frac{p}{mc_V} \tag{4-73}$$

同理，对于 S、m 不变化时，可得 $dU = -pdV = c_V m dT$。而 $c_V m dT = c_V m d\left(\dfrac{pV}{mR_g}\right)$，则

有 $\frac{c_V}{R_g}\mathrm{d}(pV)=\frac{c_V}{R_g}(p\mathrm{d}V+V\mathrm{d}p)=-p\mathrm{d}V$。由于 $\kappa=c_p/c_V$，可得

$$\left(\frac{\partial p}{\partial V}\right)_{S,m}=-\kappa\frac{p}{V} \tag{4-74}$$

对于 S、V 不变化时，可得 $\mathrm{d}U=(h-Ts)\mathrm{d}m$。而 $(h-Ts)\mathrm{d}m=mc_V\mathrm{d}T+Tc_V\mathrm{d}m$，则可得 $\mathrm{d}T=\mathrm{d}\left(\frac{pV}{mR_g}\right)=\frac{V}{R_g}\mathrm{d}\left(\frac{p}{m}\right)=\frac{V}{R_g}\frac{m\mathrm{d}p-p\mathrm{d}m}{m^2}$。因此得

$$\left(\frac{\partial p}{\partial m}\right)_{V,S}=\frac{p}{m}\left(\kappa-\frac{s}{c_V}\right) \tag{4-75}$$

将式（4-73）～式（4-75）代入式（4-70）中，得

$$\mathrm{d}p=\frac{p}{mc_V}\mathrm{d}S-\kappa\frac{p}{V}\mathrm{d}V+\frac{p}{m}\left(\kappa-\frac{s}{c_V}\right)\mathrm{d}m \tag{4-76}$$

把 $\mathrm{d}S=\mathrm{d}(ms)=s\mathrm{d}m+m\mathrm{d}s$ 代入式（4-76），整理后可得

$$\frac{\mathrm{d}p}{p}=\frac{\mathrm{d}S}{c_V}-\kappa\frac{\mathrm{d}V}{V}+\kappa\frac{\mathrm{d}m}{m} \tag{4-77}$$

将式（4-77）积分，得

$$\frac{pV^{\kappa}}{m^{\kappa}}\exp\left(-\frac{s}{c_V}\right)=\text{常数} \tag{4-78}$$

或

$$\frac{p_1V_1^{\kappa}}{m_1^{\kappa}}\exp\left(-\frac{s_1}{c_V}\right)=\frac{p_2V_2^{\kappa}}{m_2^{\kappa}}\exp\left(-\frac{s_2}{c_V}\right) \tag{4-79}$$

式（4-77）～式（4-79）都是变质量系统的过程方程表达式。它所表示的函数关系式为 $f(p,V,S,m)$，适用于各种特例，常质量系统的过程方程也可以由此推导出。

对于常质量系统的绝热过程，有 $m_1=m_2$，$s_1=s_2$，则式（4-79）可以变为 $pV^{\kappa}=$常数或者 $p_1V_1^{\kappa}=p_2V_2^{\kappa}$。

思 考 题

1. 什么是变质量系统热力学？它与热力学是什么关系？
2. 什么是控制质量和控制体积分析法？两者有什么不同？
3. 用控制体积法分析时，要做哪些假设？采用控制体积分析法的主要的目是什么？
4. 非均匀系统的特征是什么？其质量方程取决于哪些因素？
5. 工程中，哪些系统可认为是变质量系统？请举五例说明，并阐述其特点。
6. 变质量系统的熵产产生的原因是什么？它取决于哪些因素？
7. 控制体积熵增原理与孤立系熵增原理有何不同？
8. 变质量系统与定质量系统的能量方程有何不同？
9. 变质量系统过程与定质量系统的过程方程有何不同？
10. 研究分析变质量系统有何意义？

5 瞬变流动的热力学分析

工程上多数气体的流动过程通常可以简化为一维稳态流动过程。如流体介质在输送管道内的流动、流体在热交换器内的流动及工质气流在喷管或扩压管内的流动等。同时，也存在变质量热力过程。如钢瓶充入空气、压缩空气储能装置中储气室的充放气过程。在进行这类过程时，热力系统的质量会随时间变化，质量变化的大小及快慢将对热力系统的压力、温度等热力参数的变化产生显著的影响。

本章将首先对一般流动进行热力学分析，归纳所涉及的基本概念和基本定律，并以理想气体为工质，分析无轴功一维稳态定熵流动的一般热力特性。然后基于刚性容器的充放气过程和非刚性容器的充气过程，讨论瞬变流动过程中热力系统状态参数之间的关系，并分析热力系统与外界的质量和能量的交换问题。

5.1 一般流动的热力学分析

一般流动问题都可归纳为开口系。但开口系又分为非稳定流动和稳定流动。稳定流动的热力学分析相对于非稳定流动的简单一些。而非稳定流动又分很多种，如开口系的热力学参数或非热力学参数随时间变化。工程上，容器充放气的问题主要是由非热力学参数（如工质质量）变化所引起的，因此，本章主要分析工质质量随时间变化的非稳定流动开口系的热力性能。

5.1.1 基本概念

1. 滞止状态

假设将压力为 p、温度为 T、流速为 c_f 的工质，经过定熵压缩过程，使其流速降为零，这时的状态称为滞止状态。滞止状态下的气体参数称为滞止参数，以上角标“0”表示。通常滞止状态是一种假想状态，而当工质在热力系统进口截面的真实速度为 0m/s 时，工质本身的参数就是滞止参数。

对于无轴功的定熵流动（可逆绝热流动），在忽略体积力（由重力和电磁力等力场产生，作用于气体的全部质量上的力）时，气流通道中各位置的滞止状态相同，滞止参数相等。当流动过程中存在不可逆因素时，如摩擦，气流通道中各位置的滞止状态不同，只有滞止焓相等（工质为理想气体则滞止温度也相同），而其余滞止参数都不相同。滞止压力在不可逆绝热流动过程中减小的程度反映了流动不可逆性的大小。

2. 可压缩性和声速

流体的体积随压力的增大而减小，这种特性称为流体的可压缩性。流体密度的变化主要由压力变化引起，在流动过程中密度变化不能忽略的流体称为可压缩流体。

由压力引起的密度变化率是分析可压缩流动的一个重要参数，这一参数与声速密切相关。在连续介质中施加一个微弱扰动，介质就会以纵波的形式向周围介质传播这一扰动，其传播速度称为介质的声速。声速与介质以及介质所处的物理状态有关。微弱压力波的传播过

程可以近似为等熵过程，其声速的计算式为

$$c=\sqrt{\left(\frac{\partial p}{\partial \rho}\right)_s}=\sqrt{-v^2\left(\frac{\partial p}{\partial v}\right)_s} \tag{5-1}$$

对于理想气体

$$c=\sqrt{-v^2\left(\frac{\partial p}{\partial v}\right)_s}=\sqrt{\kappa R_g T} \tag{5-2}$$

由式（5-2）可知，理想气体的声速取决于气体常数及温度。例如，在环境温度（288K）下，根据式（5-2）可得

氟利昂12(R12)：c=159m/s。

氢（H_2）：c=1290m/s。

空气：c=340m/s。

3. 马赫数

马赫数是研究气体流动特性的一个重要的无量纲参数。流场中某一点的流体流动速度 c_f 和同一点的当地声速 c 之比称为马赫数 Ma，即

$$Ma=\frac{c_f}{c} \tag{5-3}$$

如果工质为理想气体，马赫数的表达式为

$$Ma=\frac{c_f}{\sqrt{\kappa R_g T}} \tag{5-4}$$

根据马赫数的取值区间，可压缩流体可以分成以下几类。

$Ma<1$：亚声速流。

$Ma=1$：声速流。

$Ma>1$：超声速流。

采用马赫数可以直观而简洁地表示气动参数之间的关系。如滞止参数，根据稳定流动能量方程，滞止焓 h^0 为

$$h^0=h+\frac{c_f^2}{2}$$

若工质为理想气体，则

$$c_p(T^0-T)=\frac{c_f^2}{2}$$

因为 $c_p=\frac{R_g\kappa}{k-1}$，将 $Ma=\frac{c_f}{\sqrt{\kappa R_g T}}$代入得

$$T^0=T\left(1+\frac{\kappa-1}{2}Ma^2\right) \tag{5-5}$$

将式（5-5）代入可逆绝热过程方程，则有

$$p^0=p\left(1+\frac{\kappa-1}{2}Ma^2\right)^{\frac{\kappa}{\kappa-1}} \tag{5-6}$$

4. 激波

如果气体受到强压缩扰动，就会形成压缩扰动波。它所引起的气体参数变化不再是微量，而是有限量的突跃性变化。即扰动波在其极薄的面上引起气体压强、密度、温度及气体

质点速度发生明显的变化。其变化过程为不可逆的绝热过程。这样的强压缩扰动波称为激波。如在空气中以超声速飞行的物体或超声速气流遇到障碍物时也会形成激波。

5.1.2 基本定律

1. 质量守恒定律

当工质流过控制体时，质量守恒方程示意图如图 5-1 所示。质量守恒定律的微分表达式为

$$A\frac{\partial \rho}{\partial \tau}+\frac{\partial}{\partial x}(\rho c_{\mathrm{f}}A)=0 \tag{5-7}$$

若是稳定流动，则为

$$\frac{\partial}{\partial x}(\rho c_{\mathrm{f}}A)=0 \tag{5-8}$$

或

$$\dot{m}=\rho c_{\mathrm{f}}A=\text{常数} \tag{5-9}$$

$$\frac{\mathrm{d}v}{v}-\frac{\mathrm{d}c_{\mathrm{f}}}{c_{\mathrm{f}}}=\frac{\mathrm{d}A}{A} \tag{5-10}$$

式中：A 为垂直于通道轴线的截面面积，m^2；$\dot{m}$ 为截面上工质的质量流量，kg/s；c_{f} 为截面上工质的平均流速，m/s；ρ 为截面上工质的密度，$\mathrm{kg/m^3}$。

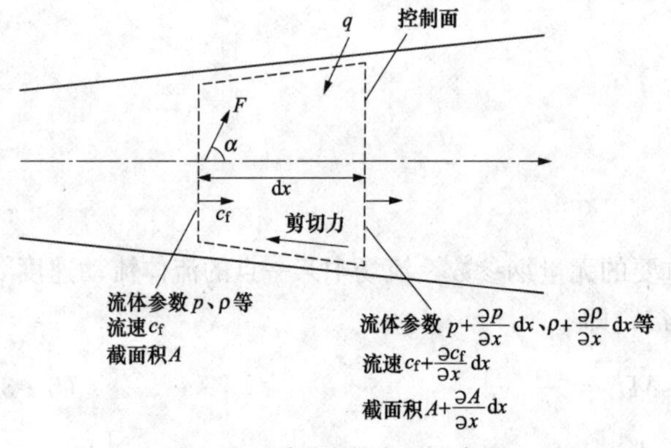

图 5-1 质量守恒方程示意图

2. 动量方程

控制体及系统边界于 τ 和 $\tau+\mathrm{d}\tau$ 时刻在气流通道中所处的位置，变截面控制体在 $\tau\sim\tau+\mathrm{d}\tau$ 时刻的变化如图 5-2 所示。在流动方向上（x 方向），工质流动过程的牛顿第二定律可表示为

$$\sum F_x=\frac{\mathrm{d}}{\mathrm{d}\tau}(mc_{\mathrm{f}})$$

式中：F_x 为作用于系统的外力在流动方向上的分力，N；$\frac{\mathrm{d}}{\mathrm{d}\tau}(mc_{\mathrm{f}})$ 为系统内工质流体动量随时间的变化率，N/s。

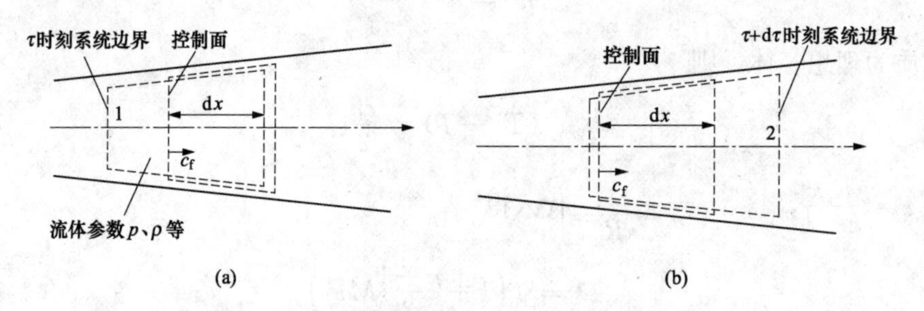

图 5-2 变截面控制体在 $\tau\sim\tau+\mathrm{d}\tau$ 时刻的变化

（a）τ 时刻；（b）$\tau+\mathrm{d}\tau$ 时刻

在 τ 及 $\tau+\mathrm{d}\tau$ 时刻，控制体外的区域 1 和 2 都很小，如图 5-2 所示。其内部的参数可认为是均匀的。当时 $\mathrm{d}\tau\rightarrow 0$ 时，区域 1 和 2 与控制体的边界趋于重合，则有

$$\frac{\mathrm{d}}{\mathrm{d}\tau}(mc_{\mathrm{f}})=\frac{\mathrm{d}}{\mathrm{d}\tau}(mc_{\mathrm{f}})_{\mathrm{CV}}+\dot{m}_2c_{\mathrm{f2}}-\dot{m}_1c_{\mathrm{f1}}$$

上式表明，系统内工质流体动量随时间的变化率等于控制体内工质流体动量随时间的变化率加上流出和流入控制面的动量通量 $\dot{m}c_{\mathrm{f}}$ 之差。当 $\mathrm{d}x\to 0$ 时，可得到控制体内工质流体动量随时间的变化率为

$$\frac{\mathrm{d}}{\mathrm{d}\tau}(mc_{\mathrm{f}})_{\mathrm{CV}}=\frac{\partial}{\partial\tau}(\rho Ac_{\mathrm{f}})\mathrm{d}x$$

而

$$\dot{m}_2c_{\mathrm{f2}}-\dot{m}_1c_{\mathrm{f1}}=\frac{\partial}{\partial x}(\rho Ac_{\mathrm{f}}^2)\mathrm{d}x$$

整理式 $\sum F_x$、$\frac{\mathrm{d}}{\mathrm{d}\tau}(mc_{\mathrm{f}})$ 及式 $(\dot{m}_2c_{\mathrm{f2}}-\dot{m}_1c_{\mathrm{f1}})$ 得

$$\frac{\mathrm{d}}{\mathrm{d}\tau}(mc_{\mathrm{f}})=\frac{\partial}{\partial\tau}(\rho Ac_{\mathrm{f}})\mathrm{d}x+\frac{\partial}{\partial x}(\rho Ac_{\mathrm{f}}^2)\mathrm{d}x$$

作用在控制体中工质流体上的力可分为如下两类：作用在全部工质流体上的体积力或质量力，如重力、电磁力、惯性力等；作用在控制体边界上的表面力，如压力和摩擦力等。

体积力在 x 方向上的分量可表示为

$$\mathrm{d}F_x=F\rho A\,\mathrm{d}x\cos\alpha$$

式中：F 为作用在单位质量工质流体上的体积力，N；α 为 F 与 x 方向的夹角，°。

作用在控制体边界上的表面力分别如下：

（1）作用在工质流体运动方向上的压力：

$$pA+p\mathrm{d}A-\left(A+\frac{\mathrm{d}A}{\mathrm{d}x}\right)\left(p+\frac{\partial p}{\partial x}\mathrm{d}x\right)=-\frac{\partial p}{\partial x}A\,\mathrm{d}x$$

（2）由摩擦引起的剪切力：

$$\text{运动方向上的剪切力}=-\tau_{\mathrm{w}}\mathrm{d}x\times\text{湿周}$$

式中：τ_{w} 为壁面上的切应力，Pa。

若采用 f 表示管道内摩擦系数，则 $\tau_{\mathrm{w}}=\frac{1}{2}\rho c_{\mathrm{f}}^2 f$。

利用水力直径 D 的定义式

$$D=\frac{4\times\text{面积}}{\text{湿周}}=\frac{4A}{\text{湿周}}$$

则

$$\text{运动方向上的剪切力}=-\tau_{\mathrm{w}}\mathrm{d}x\times\text{湿周}=-\frac{\rho Ac_{\mathrm{f}}^2}{2}\frac{4f}{D}\mathrm{d}x$$

作用在运动方向上的合力为

$$\sum\mathrm{d}F_x=\left(F\rho A\cos\alpha-\frac{\partial p}{\partial x}A-\frac{pAc_{\mathrm{f}}^2}{2}\frac{4f}{D}\right)\mathrm{d}x$$

经整理，即可得到工质流体一维流动动量方程的一般表达式

$$F\rho A\cos\alpha-A\frac{\partial p}{\partial x}-\frac{A\rho c_{\mathrm{f}}^2}{2}\frac{4f}{D}=\frac{\partial}{\partial\tau}(\rho Ac_{\mathrm{f}})+\frac{\partial}{\partial x}(\rho Ac_{\mathrm{f}}^2)\tag{5-11}$$

若是稳定流动，则 $\frac{\partial}{\partial\tau}(\rho Ac_{\mathrm{f}})=0$，$\frac{\partial}{\partial x}(\rho Ac_{\mathrm{f}})=0$。如果体积力为重力，$F\cos\alpha=-g\frac{\partial z}{\partial x}$。式（5-11）变为

$$\frac{\partial p}{\partial x}+\frac{pc_{\mathrm{f}}^{2}}{2}\frac{4f}{D}+\rho g\frac{\partial z}{\partial x}+\rho c_{\mathrm{f}}\frac{\mathrm{d}c_{\mathrm{f}}}{\mathrm{d}x}=0 \tag{5-12}$$

若忽略不计体积力和摩擦引起的剪切力时，则式（5-11）变为

$$-A\frac{\partial p}{\partial x}=\frac{\partial}{\partial \tau}(\rho Ac_{\mathrm{f}})+\frac{\partial}{\partial x}(\rho Ac_{\mathrm{f}}^{2}) \tag{5-13}$$

式（5-12）与式（5-7）联立得到

$$\frac{1}{\rho}\frac{\partial p}{\partial x}+\frac{\partial c_{\mathrm{f}}}{\partial \tau}+c_{\mathrm{f}}\frac{\partial c_{\mathrm{f}}}{\partial x}=0 \tag{5-14}$$

式（5-14）称为欧拉方程式。在稳定流动的情况下，$\frac{\partial c_{\mathrm{f}}}{\partial \tau}=0$，则变为

$$c_{\mathrm{f}}\mathrm{d}c_{\mathrm{f}}+\frac{1}{\rho}\mathrm{d}p=0 \tag{5-15}$$

3. 稳定流动能量方程

如图 5-2 所示的系统，应用能量守恒定律，表达式为

$$\dot{Q}-\dot{W}_{\mathrm{s}}+\dot{m}_{1}\left(h_{1}+\frac{c_{\mathrm{f1}}^{2}}{2}+gz_{1}\right)-\dot{m}_{2}\left(h_{2}+\frac{c_{\mathrm{f2}}^{2}}{2}+gz_{2}\right)=\frac{\mathrm{d}E_{\mathrm{cv}}}{\mathrm{d}\tau} \tag{5-16}$$

如果是稳定流动过程，由于$\frac{\mathrm{d}E_{\mathrm{cv}}}{\mathrm{d}\tau}=0$，$\dot{m}_{1}=\dot{m}_{2}=\dot{m}$。式（5-16）可进一步简化为

$$\dot{Q}-\dot{W}_{\mathrm{s}}=\dot{m}\left(\Delta h+\frac{c_{\mathrm{f}}^{2}}{2}+g\Delta z\right) \tag{5-17}$$

对于 1kg 工质流体，有

$$q-w_{\mathrm{s}}=\Delta h+\frac{\Delta c_{\mathrm{f}}^{2}}{2}+g\Delta z \tag{5-18}$$

4. 流动过程的不可逆性

1kg 工质流体在热力过程中的熵变 $\mathrm{d}s$ 为 $\mathrm{d}s=\delta s_{\mathrm{f},Q}+\delta s_{\mathrm{g}}$。其中：$\delta s_{\mathrm{f},Q}=\delta q/T$，$\delta s_{\mathrm{f},Q}$可大于、等于和小于零；$\delta s_{\mathrm{g}}$ 是由系统的不可逆性所产生的熵变称为熵产，$\delta s_{\mathrm{g}}\geqslant 0$。

在工质流动过程中，系统内由摩擦耗散所产生的热量若转换为功，即 $\delta w_{\mathrm{s}}=\delta q$，则由式（5-18）得

$$\delta w_{\mathrm{s}}=\delta q=\mathrm{d}h+\mathrm{d}\left(\frac{c_{\mathrm{f}}^{2}}{2}\right)+\mathrm{d}(gz)$$

根据 $\mathrm{d}h=T\mathrm{d}s+\frac{1}{\rho}\mathrm{d}p$，则上式可写为

$$\delta s_{\mathrm{f},Q}=T\mathrm{d}s+\frac{1}{\rho}\mathrm{d}p+\mathrm{d}\left(\frac{c_{\mathrm{f}}^{2}}{2}\right)+\mathrm{d}(gz)$$

代入 $\mathrm{d}s=\delta s_{\mathrm{f},Q}+\delta s_{\mathrm{g}}$，得

$$T\delta s_{\mathrm{g}}+\frac{1}{\rho}\mathrm{d}p+\mathrm{d}\left(\frac{c_{\mathrm{f}}^{2}}{2}\right)+\mathrm{d}(gz)=0$$

将其与式（5-12）相比较，工质流体在实际流动过程中的熵产为

$$\delta s_{\mathrm{g}}=\frac{1}{T}\left(2fc_{\mathrm{f}}^{2}\frac{\mathrm{d}x}{D}\right) \tag{5-19}$$

式（5-19）的物理意义明确，即等号右侧的括弧项为单位质量工质的摩擦热。熵产 s_{g} 等于摩擦所产生的热量与绝对温度的比值。式（5-19）将熵产与摩擦耗散效应联系了起来。

因而，在工质流动中，由于摩擦产生的不可逆损失为

$$I = T_0 S_g$$

5. 一般流动的热力学规律

在工质的实际流动过程中，为简化分析，通常假定摩擦耗散效应集中发生在系统边界上。工质气流可逆吸收了摩擦所产生的全部热量。这样就将不可逆因素排除在系统外，而系统内部的过程便可按照可逆过程处理。因而，基于热力学第一定律、第二定律、工质连续性方程及热力学关系式进行一般流动过程热力学规律的分析，就可以得到关于工质流体在流动过程中的通用方程式。

在可逆过程中，1kg 气体的吸热量 δq 等于从外界吸收的热量 δq_{out} 与摩擦热 δq_f 的和值，表达式为

$$\delta q = \delta q_{out} + \delta q_f$$

气体所做的功 δw_s 为向外界输出的功 δw_{out} 与摩擦功 δw_f 的和值，表达式为

$$\delta w_s = \delta w_{out} + \delta w_f$$

由于摩擦功完全转换成热量

$$\delta w_f = \delta q_f$$

根据式（5-18），稳定流动能量方程为

$$\delta q = dh + \frac{1}{2}dc_f^2 + g dz + \delta w_s$$

δq 可以表示成 $\delta q = dh - v dp$。联立以上两式，经整理可得到

$$c_f dc_f = -v dp - g dz - \delta w_s$$

因为 v、s 为独立变量，压力特征函数 $p = f(v,s)$ 的微分形式为

$$dp = \left(\frac{\partial p}{\partial v}\right)_s dv + \left(\frac{\partial p}{\partial s}\right)_v ds$$

根据偏导数间的循环关系

$$\left(\frac{\partial p}{\partial s}\right)_v = -\left(\frac{\partial p}{\partial v}\right)_s \left(\frac{\partial v}{\partial s}\right)_p$$

$\left(\frac{\partial v}{\partial s}\right)_p$ 可表示为

$$\left(\frac{\partial v}{\partial s}\right)_p = \left(\frac{\partial v}{\partial T}\right)_p \left(\frac{\partial T}{\partial s}\right)_p = \left(\frac{\partial v}{\partial T}\right)_p \frac{T}{c_p}$$

此时循环关系为

$$\left(\frac{\partial p}{\partial s}\right)_v = -\left(\frac{\partial p}{\partial v}\right)_s \left(\frac{\partial v}{\partial T}\right)_p \frac{T}{c_p}$$

代入压力的微分式，可得

$$dp = \left(\frac{\partial p}{\partial v}\right)_s dv - \left(\frac{\partial p}{\partial v}\right)_s \left(\frac{\partial v}{\partial T}\right)_p \frac{T}{c_p} ds$$

根据熵方程、连续性方程和声速方程，可整理为

$$v dp = -\alpha^2 \left[\frac{dA}{A} + \frac{dc_f}{c_f} - \frac{1}{v}\left(\frac{\partial v}{\partial T}\right)_p \frac{\delta q}{c_p}\right]$$

将其代入到 $c_f dc_f = -v dp - g dz - \delta w_s$，得

$$(Ma^2-1)\frac{\mathrm{d}c_\mathrm{f}}{c_\mathrm{f}}=\frac{\mathrm{d}A}{A}-\frac{1}{vc_p}\left(\frac{\partial v}{\partial T}\right)_p\delta q-\frac{1}{\alpha^2}\delta w_\mathrm{s}-\frac{1}{\alpha^2}g\mathrm{d}z$$

根据 $\delta w_\mathrm{f}=\delta q_\mathrm{f}$，可进一步整理为

$$(Ma^2-1)\frac{\mathrm{d}c_\mathrm{f}}{c_\mathrm{f}}=\frac{\mathrm{d}A}{A}-\frac{1}{vc_p}\left(\frac{\partial v}{\partial T}\right)_p\delta q_\mathrm{out}-\frac{1}{\alpha^2}\delta w_\mathrm{out}-\left[\frac{1}{vc_p}\left(\frac{\partial v}{\partial T}\right)_p+\frac{1}{\alpha^2}\right]\delta w_\mathrm{f}-\frac{1}{\alpha^2}g\mathrm{d}z \tag{5-20}$$

式（5-20）就是伍里斯方程，它反映了工质流动过程的一般规律，也可称为通用流动方程。对于理想气体，式（5-20）简化为

$$(Ma^2-1)\frac{\mathrm{d}c_\mathrm{f}}{c_\mathrm{f}}=\frac{\mathrm{d}A}{A}-\frac{\delta q_\mathrm{out}}{c_pT}-\frac{\delta w_\mathrm{out}}{\alpha^2}-\frac{\delta w_\mathrm{f}}{RT}-\frac{1}{\alpha^2}g\mathrm{d}z \tag{5-21}$$

伍里斯方程和动量方程联立，可得到流体流动中主要属性参数的变化情况。

5.1.3　无轴功、稳定及定熵流的一般特性

工质流体为稳定（定常）流动，如果与外界没有热量和功量的交换，而且摩擦耗散效应和阻力的数量级均很小，基本可以忽略不计时，那么这种流动过程可视为可逆的绝热过程，即可按工质的稳定定熵流动过程分析。此时，流道截面积的变化就成为促使流体参数连续变化的主要因素。

无轴功的稳定定熵流动，当忽略工质在流动中的高度差时，伍里斯方程可简化为

$$(Ma^2-1)\frac{\mathrm{d}c_\mathrm{f}}{c_\mathrm{f}}=\frac{\mathrm{d}A}{A} \tag{5-22}$$

式（5-22）表明：

$Ma<1$ 时，$\frac{\mathrm{d}A}{\mathrm{d}c_\mathrm{f}}<0$。$Ma>1$ 时，$\frac{\mathrm{d}A}{\mathrm{d}c_\mathrm{f}}>0$。

忽略体积力和剪切力时，无轴功稳定定熵流动的动量方程为

$$c_\mathrm{f}\mathrm{d}c_\mathrm{f}+\frac{\mathrm{d}p}{\rho}=0 \tag{5-23}$$

将式（5-22）与式（5-23）联立，得到

$$\frac{\mathrm{d}A}{A}=\frac{\mathrm{d}p}{\rho c_\mathrm{f}^2}(1-Ma^2) \tag{5-24}$$

由式（5-24）可知，无轴功、稳定及定熵流动中流道截面积与工质流体参数的关系如下：

亚声速气流（$Ma<1$）：$\frac{\mathrm{d}A}{\mathrm{d}p}>0$，$\frac{\mathrm{d}A}{\mathrm{d}c_\mathrm{f}}<0$。

超声速气流（$Ma>1$）：$\frac{\mathrm{d}A}{\mathrm{d}p}<0$，$\frac{\mathrm{d}A}{\mathrm{d}c_\mathrm{f}}>0$。

声速流（$Ma=1$）：$\frac{\mathrm{d}A}{\mathrm{d}p}=0$，$\frac{\mathrm{d}A}{\mathrm{d}c_\mathrm{f}}=0$。

从上述关系中可知，工质流体在超声速流和亚声速流中，截面积变化对流动特性的影响恰恰相反。在渐缩喷管或渐扩喷管中，工质流体的流速不会由亚声速升高至超声速，也不会连续地由超声速降至亚声速。渐缩喷管与渐扩喷管联合组成的缩放喷管，其流道截面积最小的截面，即喉部截面处 $Ma=1$，称为临界截面。工质流体在临界截面上的参数称为临界参数。同理，超声速扩压管与亚声速扩压管连接则组成缩放扩压管。由此可知，缩放型流道既可以是喷管，也可以是扩压管，还可以是文丘里管，喷管、扩压管和文丘里管，如图 5-3

所示。工质流体参数在流动过程中的变化，取决于管道进口与出口的压力差，以及进口工质气流的马赫数。

若进口 $Ma<1$，$p_1>p_2$，为喷管，喉部截面 $Ma=1$，如图 5-3（a）所示。

若进口 $Ma>1$，$p_1<p_2$，为扩压管，喉部截面 $Ma=1$，如图 5-3（b）所示。

若进口 $Ma<1$，$p_1=p_2$，为文丘里管，收缩段为喷管，渐扩段为扩压管，喉部截面 $Ma\leqslant1$，如图 5-3（c）所示。

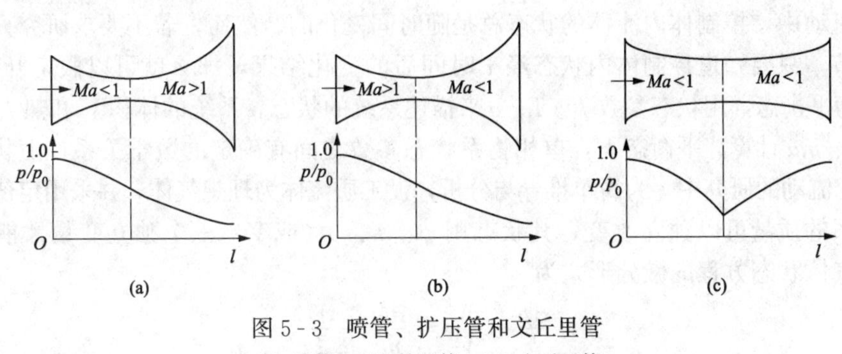

图 5-3 喷管、扩压管和文丘里管

（a）喷管；（b）扩压管；（c）文丘里管

5.2 瞬变流动的一般特性

控制体内各处状态随时间变化的流动过程为非稳态流动，也称为瞬变流动。瞬变流动能量平衡方程式中，各项参数都随时间的变化而变化。因此，对瞬变流动过程进行分析时，应结合实际给出合理的简化与假设条件，才能将经典热力学的方法付之于具体应用。

变质量开口系的能量平衡方程为

$$\dot{Q}=\Delta\dot{E}_{\mathrm{CV}}+\dot{W}_{\mathrm{net}}+\left(h+\frac{c_{\mathrm{f}}^{2}}{2}\right)_{\mathrm{out}}\dot{m}_{\mathrm{out}}-\left(h+\frac{c_{\mathrm{f}}^{2}}{2}\right)_{\mathrm{in}}\dot{m}_{\mathrm{in}} \tag{5-25}$$

式中：$\dot{Q}$ 为变质量开口系中的热流率，kW；$\dot{W}_{\mathrm{net}}$ 为变质量开口系中的输出净功率，kW；$\dot{m}_{\mathrm{in}}$、$\dot{m}_{\mathrm{out}}$ 分别为流经进、出口截面的质量流量，kg/s；$\Delta\dot{E}_{\mathrm{CV}}$ 为变质量开口系内能量变化率，kW。

根据式（5-25）可以得到开口系的进、出口均为单股流时，系统在 $\mathrm{d}\tau$ 时间内的能量平衡方程微分式为

$$\delta\dot{Q}=\mathrm{d}\dot{E}_{\mathrm{CV}}+\delta\dot{W}_{\mathrm{net}}+\left(h+\frac{c_{\mathrm{f}}^{2}}{2}\right)_{\mathrm{out}}\mathrm{d}\dot{m}_{\mathrm{out}}-\left(h+\frac{c_{\mathrm{f}}^{2}}{2}\right)_{\mathrm{in}}\mathrm{d}\dot{m}_{\mathrm{in}} \tag{5-26}$$

对式（5-26）积分，在时间间隔 τ 内，瞬变流动能量方程为

$$Q=\Delta E_{\mathrm{CV}}+W_{\mathrm{net}}+\int_{0}^{\tau}\left(h+\frac{c_{\mathrm{f}}^{2}}{2}\right)_{\mathrm{out}}\mathrm{d}\dot{m}_{\mathrm{out}}-\int_{0}^{\tau}\left(h+\frac{c_{\mathrm{f}}^{2}}{2}\right)_{\mathrm{in}}\mathrm{d}\dot{m}_{\mathrm{in}} \tag{5-27}$$

系统的进、出口截面，实质上都是假想的界面，紧邻界面两侧流体的状态应该是一样的。因此，在瞬变流动中，控制体一侧的状态在不断发生变化，无论是在进口截面还是出口截面，$(h+0.5c_{\mathrm{f}}^{2})$ 都应该放置于积分符号内。但从热力学观点看，进口截面和出口截面的参数应该按有差别处理。主要原因为：进口截面可以假定工质流体在穿越界面前的状态是恒定的，即工质流体在进口截前是稳定流动，穿越界面后再参与控制体内工质状态的变化。然而，工质流体在出口截面，由于是瞬变流动，穿越边界前的状态总是存在变化，而且这种变

化一直要延续到工质流体穿越出口截面。因而，处理出口截面不能像进口截面那样，将工质流体假定为稳定流动。

因此，工质流体的流入和流出，或系统的充气和放气，要作为两种不同情况加以分别处理。例如研究系统的充气问题时，可以假定充气量相对于气源量是非常小的，不会影响高压气源气体的状态，这样工质流体在系统进口为稳定流动。而工质流体在系统出口的参数变化，可以在分析控制体内状态变化时一并考虑。

瞬变流动中，控制体内流体的状态总是随时间变化的。然而，若不要求研究充气或放气过程的细节，只要知道控制体内状态经 τ 时间后的变化结果，那么就可以假定开口系的初、终状态均为平衡态，用状态参数 p、T、v 来描述系统的状态。系统的体积 V 和热力学能 U 也可以用 mv、mu 计算。平衡态下，单相物系状态参数之间有确定的数学关系，由状态方程表示。在瞬变流动的研究中，为简单推导与分析，设工质流体为理想气体，并采用定值比热容。

开口系的质量可以独立改变，其状态用 p、T、v（或 V）三个独立变量才能确定，因而，理想气体状态方程的微分形式为

$$\frac{\mathrm{d}p}{p}+\frac{\mathrm{d}V}{V}=\frac{\mathrm{d}m}{m}+\frac{\mathrm{d}T}{T} \tag{5-28}$$

无论单独进行充气过程还是放气过程，流入或流出系统的工质质量和系统内质量的变化量相等，$\mathrm{d}m_{\mathrm{in}}$ 或 $\mathrm{d}m_{\mathrm{out}}$ 均可以由系统状态参数的全微分 $\mathrm{d}m$ 表示。

瞬变流动的能量方程中有 Q 与 W_{net} 两项。例如分析压气千斤顶的充气问题时，W_{net} 就是开口系边界变化顶起重物所做的功；而对于边界固定且不移动的开口系，净功 W_{net} 即是轴功。如果 Q 与 W_{net} 两项中有一项作为已知条件给出，另一项便可由能量平衡方程计算。对于开口系而言，由于与外界存在物质交换，即使 Q 与 W_{net} 这两项均为零，若系统的质量有变化，过程仍会发生。

根据上述分析，瞬变流动特性的热力学分析思路和方法可总结如下：

(1) 充气与放气是两种不同的情况，应区别对待并做单独处理，而且充气与放气并不是同时进行的；

(2) 平衡态热力学仅用于分析计算充气或放气的结果，不能回答瞬变流动过程随时间进行的具体细节；

(3) 瞬变流动的特点是系统的质量随时间变化，需要三个独立参数才能确定系统的状态；

(4) 为便于分析，将以理想气体作为工质，所用到的基本方程包括能量平衡方程、状态方程和质量平衡方程，并采用定值比热容来进行分析计算。

5.3 刚性容器的充气过程

刚性容器的充气过程，虽然控制体体积不变，但是在气缸充气时气体的比体积会发生变化，如图 5-4 所示。同时，当充气速度较快时，工质来不及通过系统边界与外界进行热量交换，充气过程接近于绝热压缩过程；当充气速度很慢时，工质通过系统边界与外界始终保持热平衡，充气过程接近于等温压缩过程。

5.3.1 刚性容器绝热充气

取刚性容器的体积为控制体，并给出如下条件：进气参数为 p_{in}、T_{in} 和 h_{in}，容器的体积

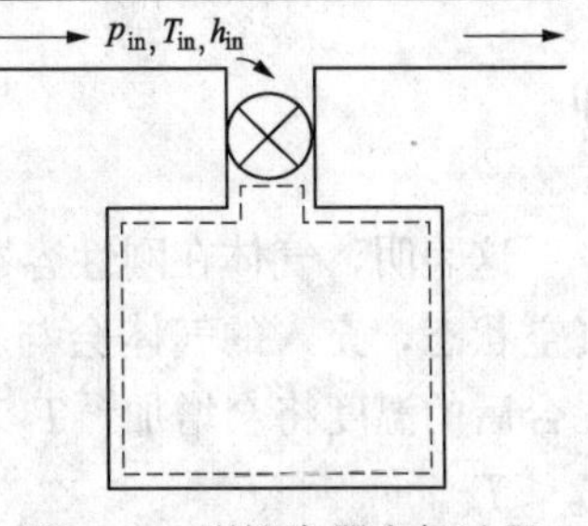

图 5-4　刚性容器充气过程示意图

为V，充气前的温度为T_1和压力为p_1，充气后的压力为p_2。为保证刚性容器的充气过程顺利进行，必须满足$p_{in}>p_1$。

由于气体携带的动能和势能相对于其焓值的数量级很小，因此可忽略气体动能和势能对热力过程的影响。充入的气体与系统内的原有气体可以不同。为便于分析，设定为同一种气体。根据上述假定，$\delta Q=0$，$\delta W_{net}=0$，$(h+0.5c_f^2)dm_{out}=0$，由能量方程［式（5-26）］可得

$$dE_{CV}=h_{in}dm_{in} \quad 或 \quad dU=h_{in}dm_{in}$$

又因

$$dU=d(mu)=mdu+udm, \quad dm_{in}=m$$

所以

$$mdu+udm=h_{in}dm_{in}$$

即

$$dm/m=du/(h_{in}-u)$$

将$u=c_VT$，$h_{in}=c_pT_{in}$，$\kappa=c_p/c_V$代入，得

$$\frac{dm}{m}=\frac{c_VdT}{c_pT_{in}-c_VT}=\frac{dT}{\kappa T_{in}-T} \tag{5-29}$$

由状态方程［式（5-28）］，因$dV=0$，所以

$$\frac{dm}{m}=\frac{dp}{p}-\frac{dT}{T} \tag{5-30}$$

由式（5-29）和式（5-30）两式消去dm/m，得

$$\frac{dp}{p}=\frac{\kappa T_{in}}{\kappa T_{in}-T}\frac{dT}{T} \tag{5-31}$$

对式（5-31）积分，则得到

$$T_2=T_1\frac{\kappa}{\frac{T_1}{T_{in}}+\left(\kappa-\frac{T_1}{T_{in}}\right)\frac{p_1}{p_2}} \tag{5-32}$$

同样，对式（5-29）和式（5-30）消去dT/T，得

$$\frac{dm}{m}=\frac{T_1}{\kappa T_{in}}\frac{dp}{p}$$

代入$T=\frac{pV}{mR_g}$，积分后得

$$\Delta m=m_2-m_1=\frac{V}{\kappa R_gT_{in}}(p_2-p_1) \tag{5-33}$$

式（5-32）和式（5-33）等号右侧的项均为已知，便可计算出容器充气后的温度T_2和充气量Δm。

对充气前后容器内气体温度的变化可做如下分析。假定容器原来是真空的，则

$$dU=udm=c_VT\,dm$$

因为

$$dU=h_{in}dm=c_pT_{in}dm$$

所以

$$c_V T\mathrm{d}m = c_p T_{\mathrm{in}}\mathrm{d}m$$

即

$$T = \kappa T_{\mathrm{in}}$$

这表明，气体在刚性容器中经历绝热充气后，其温度将增加 κ 倍。实际中的容器并非为真空状态，充入的气体会与容器内的原有气体发生掺混。如果原有气体的温度 $T_1 < \kappa T_{\mathrm{in}}$，混合后的温度将会增加，$T_2 > T_1$；若原有气体的温度 $T_1 > \kappa T_{\mathrm{in}}$，则充气后的温度将会降低，$T_2 < T_1$。

【例题 5-1】 储气罐示意图如图 5-5 所示。其中装有质量为 m_0、比热力学能为 u_0 的空气，现连接于充气管道进行充气。已知输气管内空气状态保持稳定，其比焓值为 h，经 τ 时间的充气后，储气罐内的质量为 m，比热力学能为 u，若忽略充气过程中气体的宏观动能和宏观位能的影响，且管道、储气罐、阀门都是绝热的，求 u 与 h 的关系式。

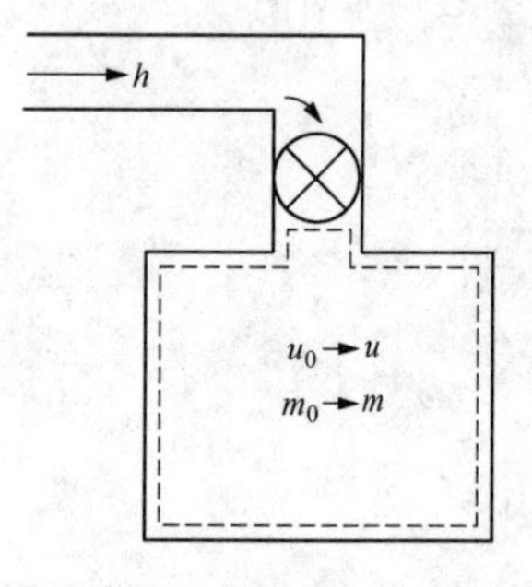

图 5-5　储气罐示意图

解　取储气罐为热力系，因为只有一股空气进入开口系，而无空气流出，所以能量方程为

$$\delta Q = \mathrm{d}E_{\mathrm{CV}} + \delta W_{\mathrm{s}} - \left(h + \frac{c_{\mathrm{f}}^2}{2} + gz\right)_{\mathrm{in}}\mathrm{d}m_{\mathrm{in}}$$

在充气过程中，$\delta Q=0$，$\delta W_{\mathrm{s}}=0$，且 $0.5c_{\mathrm{f}}^2=0$，$gz=0$，

所以

$$\mathrm{d}U - h\mathrm{d}m_{\mathrm{in}} = 0$$

对上式积分得

$$mu - m_0 u_0 = (m - m_0)h$$

所以

$$u = \frac{(m - m_0)h + m_0 u_0}{m}$$

其表示容器充气后，工质的热力学能 u、输气管中工质的焓 h 以及充气量 Δm 的关系。

假如充气前容器中为绝对真空，即 $m_0=0$，可得出 $u=h$，说明充气后空气的比热力学能等于充入空气的比焓。这就是典型的变质量开口系的能量变化问题。

5.3.2　刚性容器等温充气

如前所述，与绝热充气过程不同的是，刚性容器的充气速度非常缓慢，系统与外界有足够的时间进行热量交换，进而系统内的温度在充气过程中始终保持不变，并与进气温度相同。因此，刚性容器等温充气过程中（1→2）的热力参数具备如下特点为

$$\mathrm{d}T = 0,\quad T_{\mathrm{in}} = T_1 = T_2 = T_{\mathrm{sur}},\quad \mathrm{d}V = 0,\quad \delta W_{\mathrm{net}} = 0,\quad Q \neq 0$$

状态方程的微分式变为 $\mathrm{d}m/m=\mathrm{d}p/p$，或 $\mathrm{d}m=\dfrac{m}{p}\mathrm{d}p=\dfrac{V}{R_{\mathrm{g}}T_{\mathrm{sur}}}\mathrm{d}p$，积分后便可求出充气过程结束后系统质量的变化量 Δm，即

$$\Delta m = m_2 - m_1 = \frac{V}{R_{\mathrm{g}}T_{\mathrm{sur}}}(p_2 - p_1)$$

根据能量方程 $\delta Q=\mathrm{d}U-h_{\mathrm{in}}\mathrm{d}m_{\mathrm{in}}$。因为 $\mathrm{d}U = \mathrm{d}(mu) = m\mathrm{d}u + u\mathrm{d}m = mc_V\mathrm{d}T + c_V T\mathrm{d}m$，且 $\mathrm{d}m_{\mathrm{in}}=m$。由于等温过程 $\mathrm{d}T=0$，因此 $\mathrm{d}U=c_V T\mathrm{d}m$，代入能量方程，得

$$\delta Q = c_V T\mathrm{d}m - c_p T_{\mathrm{in}}\mathrm{d}m_{\mathrm{in}}$$

将 $dm = m dp/p$，$T = pV/(mR_g)$，$c_V = R_g/(\kappa - 1)$ 代入上式，得到

$$\delta Q = \frac{V}{\kappa - 1}\left(1 - \kappa \frac{T_{in}}{T_{sur}}\right) dp$$

对其进行积分，充气过程系统与外界的换热量为

$$Q = \frac{V}{\kappa - 1}\left(1 - \kappa \frac{T_{in}}{T_{sur}}\right)(p_2 - p_1)$$

5.4　非刚性容器的绝热充气

与刚性容器绝热充气的情况不同，非刚性容器控制体的边界在充气过程中会发生移动，进而体积会发生变化，因而 $dV \neq 0$，$\delta W_{net} \neq 0$。以压气千斤顶的气缸为控制体，非等容充气过程示意图如图 5-6 所示。活塞自重形成的压力不变且活塞两侧压力随时相等，体积变化时压力始终保持不变，充气过程为定压过程，$dp = 0$，过程的边界功 $W_{net} = W = p(V_2 - V_1)$。若已知 V_1、V_2、初温 T_1 及 p，则确定过程终温 T_2 和充气量 Δm 的方法如下。

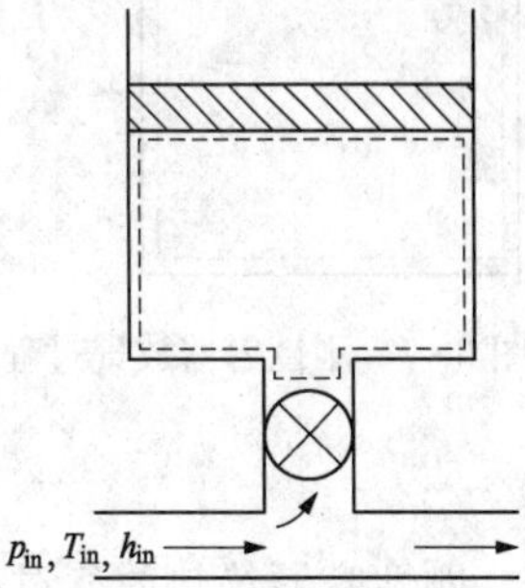

p_{in}, T_{in}, h_{in}

图 5-6　非等容充气过程示意图

因为 $dp = 0$，所以状态方程的微分式为

$$\frac{dm}{m} = \frac{dV}{V} - \frac{dT}{T} \tag{5-34}$$

此时，能量方程变为

$$h_{in} dm_{in} = dU + p dV = m du + u dm + p dV$$

将其等号两侧同除以 $c_V T dm$，并代入 $dm_{in} = m$，$c_V = R_g/(\kappa - 1)$，整理后得

$$\left(\kappa \frac{T_{in}}{T} - 1\right)\frac{dm}{m} = \frac{dT}{T} + (\kappa - 1)\frac{dV}{V} \tag{5-35}$$

将式（5-34）代入式（5-35），消去 dm/m，得到充气过程 T 与 V 的关系

$$\frac{dV}{V} = \frac{T_{in}}{T_{in} - T}\frac{dT}{T}$$

将其进行积分，得到终温的计算式

$$T_2 = T_1 \frac{1}{\dfrac{T_1}{T_{in}} + \left(1 - \dfrac{T_1}{T_{in}}\right)\dfrac{V_1}{V_2}}$$

可知，$V_1 < V_2$，$0 < 1 - (V_1/V_2) < 1$，因此，当 $T_1 < T_{in}$ 时，$T_2 > T_1$，充气过程温度升高；当 $T_1 > T_{in}$ 时，$T_2 < T_1$，充气过程温度下降；当 $T_1 = T_{in}$ 时，$T_2 = T_1$，为等温充气过程；若 $V_1 = 0$ 时，则 $T_2 = T_{in}$，充气过程为定压绝热且等温。

联立式（5-34）和式（5-35），消去 dT/T，可得到充气过程质量变化量的计算式

$$dm = \frac{p}{R_g T_{in}} dV$$

即

$$\Delta m = m_2 - m_1 = \frac{p}{R_g T_{in}}(V_2 - V_1)$$

可知，充气量 Δm 与体积变化 ΔV 呈直线关系。

5.5 刚性容器放气过程

与刚性容器充气过程类似，根据放气的快慢程度，可分为绝热放气和等温放气两种情况，刚性容器放气过程如图 5-7 所示。然而，不能将放气过程看作反向进行的充气过程，二者务必要区别对待。

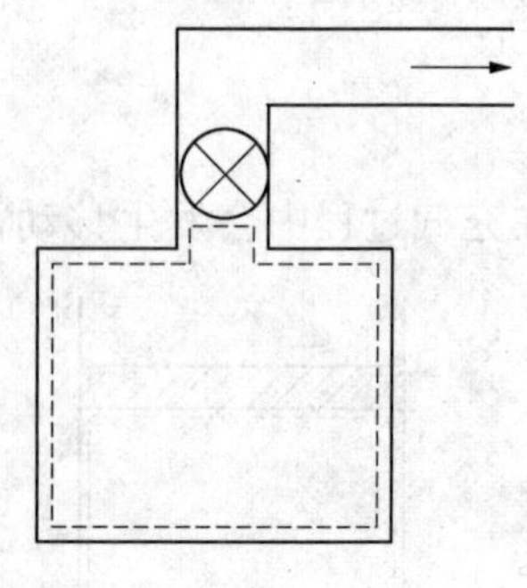

图 5-7 刚性容器放气过程

5.5.1 刚性容器绝热放气

刚性容器放气过程如图 5-7 所示。打开控制阀门后，储气罐内的高压气体迅速释放。若放气过程是在短时间内完成，则认为该放气过程是绝热的。如果已知容器的体积 V，放气前的温度为 T_1 和压力为 p_1，放气后的终压为 p_2，讨论放气后的终温 T_2 及放气量 Δm。可以采用下列方法进行分析计算。

放气时，出口参数随控制体的状态变化而变化。如果计算 T_2 及 Δm，需要找出容器内气体状态变化的规律。

由于 $\mathrm{d}V=0$，因此状态方程的微分式为

$$\frac{\mathrm{d}m}{m}=\frac{\mathrm{d}p}{p}-\frac{\mathrm{d}T}{T} \tag{5-36}$$

刚性容器绝热放气过程，$\delta Q=0$，$\delta W_{\mathrm{net}}=0$，能量方程为

$$\mathrm{d}U=\mathrm{d}(mu)=-h_{\mathrm{out}}\mathrm{d}m_{\mathrm{out}}$$

出口温度始终与控制体内气体的温度保持相等，即 $T_{\mathrm{out}}=T$，同时 $-\mathrm{d}m_{\mathrm{out}}=\mathrm{d}m$，所以

$$c_pT\mathrm{d}m=mc_V\mathrm{d}T+c_VT\mathrm{d}m$$

即

$$\frac{\mathrm{d}m}{m}=\frac{1}{\kappa-1}\frac{\mathrm{d}T}{T} \tag{5-37}$$

将式（5-36）代入式（5-37），消去 $\mathrm{d}m/m$，得到放气过程 T 和 p 的关系

$$\frac{\mathrm{d}T}{T}=\frac{\kappa-1}{\kappa}\frac{\mathrm{d}p}{p}$$

对其进行积分后得到

$$T_2=T_1\left(\frac{p_2}{p_1}\right)^{\frac{\kappa-1}{\kappa}}$$

因此，刚性容器绝热放气时，容器内气体按可逆绝热过程（定熵过程）的规律变化。

联立式（5-36）和式（5-37），消去 $\mathrm{d}T/T$，得到

$$\frac{\mathrm{d}m}{m}=\frac{1}{\kappa}\frac{\mathrm{d}p}{p}$$

对其进行积分后得

$$\frac{m_2}{m_1}=\left(\frac{p_2}{p_1}\right)^{\frac{1}{\kappa}},\quad m_2=m_1\left(\frac{p_2}{p_1}\right)^{\frac{1}{\kappa}}$$

因 $m_1=\dfrac{p_1V}{R_{\mathrm{g}}T_1}$，对其代入便可得到放气过程的质量变化量 Δm

$$\Delta m=m_2-m_1=\frac{p_1V}{R_{\mathrm{g}}T_1}[1-(p_2/p_1)^{1/\kappa}]$$

5.5.2 刚性容器等温放气

如果刚性容器的放气过程非常缓慢，并且系统与外界换热良好，能够始终处于热平衡状态，该放气过程可视为等温过程。与绝热放气的区别在于 $\mathrm{d}T=0$。此时，过程前后系统内温度等于环境温度，即 $T_2=T_1=T_{sur}$ 以及 $Q\neq0$。本部分分析的目的是确定系统与外界的换热量 Q 和放气量 Δm。

由于 $\mathrm{d}V=0$，$\mathrm{d}T=0$，因此状态方程的微分式为

$$\frac{\mathrm{d}m}{m}=\frac{\mathrm{d}p}{p}$$

即

$$\mathrm{d}m=m\frac{\mathrm{d}p}{p}=\frac{V}{R_g T_{sur}}\mathrm{d}p$$

对其进行积分后得到

$$\Delta m=m_2-m_1=\frac{V}{R_g T_{sur}}(p_2-p_1)$$

此时能量方程可以改为

$$\delta Q=\mathrm{d}U+h_{out}\mathrm{d}m_{out}$$

因为 $h_{out}=h$，$T_{out}=T$，$\mathrm{d}m_{out}=-\mathrm{d}m$，所以

$$\delta Q=m\mathrm{d}u+u\mathrm{d}m-h\mathrm{d}m=mc_V\mathrm{d}T+c_V T\mathrm{d}m-c_p T\mathrm{d}m$$

因为 $\mathrm{d}T=0$，所以

$$\delta Q=(c_V-c_p)T\mathrm{d}m$$

$$\delta Q=-R_g T\mathrm{d}m=-R_g T\mathrm{d}\left(\frac{pV}{R_g T}\right)=-\mathrm{d}(pV)=-p\mathrm{d}V-V\mathrm{d}p$$

又因 $\mathrm{d}V=0$，系统与外界的换热量为

$$\delta Q=-V\mathrm{d}p$$

对其进行积分后得到

$$Q=-V(p_2-p_1)$$

【例题 5-2】 $V=1\mathrm{m}^3$ 的钢筒内空气的初态 $p_1=0.17\mathrm{MPa}$，$t_1=27℃$。已知外界环境压力、温度分别为 $p_0=0.1013\mathrm{MPa}$，$t_0=27℃$。在下列不同的情况下求解相关问题。

(1) 开大阀门迅速放气，筒内空气快速降低到 $p_2=0.11\mathrm{MPa}$ 时关闭阀门，求终温 T_2 和放气量 m_{out}；

(2) 钢筒缓缓地漏气，筒内空气温度与环境温度时刻相同，求压力降低到 $p_2=0.11\mathrm{MPa}$ 时的放气量 m_{out} 和吸热量 Q。

解 (1) 取筒内体积为控制体积。快速放气接近绝热，绝热放气过程容器内气体温度按定熵过程变化

$$T_2=T_1\left(\frac{p_2}{p_1}\right)^{\frac{\kappa-1}{\kappa}}=(27+273.15)\times\left(\frac{0.11}{0.17}\right)^{\frac{1.4-1}{1.4}}=265.05(\mathrm{K})$$

初态

$$m_1=\frac{p_1 V}{R_g T_1}=\frac{0.17\times10^6\times1}{287\times300.15}=1.9735(\mathrm{kg})$$

终态

$$m_2=\frac{p_2V}{R_gT_2}=\frac{0.11\times10^6\times1}{287\times265.05}=1.446(\text{kg})$$

放气量

$$m_{out}=m_1-m_2=1.9735-1.446=0.5275(\text{kg})$$

(2) 按题意 $T_2=T_0=T_1=300.15\text{K}$，为定温放热过程，$m_1=1.9735\text{kg}$，终态时

$$m_2=\frac{p_2V}{R_gT_2}=\frac{0.11\times10^6\times1}{287\times300.15}=1.2769(\text{kg})$$

放气量

$$m_{out}=m_1-m_2=1.9735-1.2769=0.6966(\text{kg})$$

取筒内体积为控制体积，不对外做功，$\delta W_s=0$；只有放气，$\delta m_{in}=0$；控制体积的储存能只有热力学能 U，能量方程为

$$\delta Q=\text{d}U+h_{out}\delta m_{out}$$

对于理想气体，对其进行积分，则有

$$Q=m_2c_VT_2-m_1c_VT_1+c_pT_2m_{out}=-c_VT_1(m_1-m_2)+c_pT_1(m_1-m_2)$$

$$Q=R_gT_1(m_1-m_2)=287\times300.15\times0.6966=60.007(\text{kJ})$$

非稳态流动问题也可用控制质量法分析求解。取初态筒内气体的质量 m_1 为控制质量，终态为 $m_2+m_{out}=m_1$。根据热力学第一定律解析式

$$Q=\Delta U+W=U_2+U_{out}-U_1+p_0\Delta V$$

$$=(m_2+m_{out})c_VT_2-m_1c_VT_1+p_0\frac{m_{out}R_gT_2}{p_0}$$

由于 $T_2=T_1=T_0=300.15\text{K}$，因此

$$Q=R_gT_1(m_1-m_2)=287\times300.15\times0.6966=60.007(\text{kJ})$$

5.6 瞬变流动热力学分析的应用

近年来，我国新能源的规模应用以及间歇性可再生能源的大规模入网、传统电力峰谷差值的增长，各种能源应用问题也随之出现。而储能技术的应用将为解决这些问题提供非常有效的途径。目前电力储能技术较多，其中压缩空气储能由于优势明显，具有很大的发展潜力。而瞬变流动热力学分析是分析压缩空气储能系统性能的理论基础。本节以压缩空气储能系统为研究对象，进行瞬变流动过程的热力学分析。

【例题 5-3】 现有一刚性储气罐，储气罐模型如图 5-8 所示。已知其体积 $V=10^5\text{m}^3$，外表面积 $A=5000\text{m}^2$，初始压力 $p_1=1\text{MPa}$，初始温度 $T_1=293.15\text{K}$。温度恒为 $T_{in}=358\text{K}$ 的空气（可以视为理想气体）以恒定的质量流量 $\dot{m}_{in}=140\text{kg/s}$ 充入，当储气室内的压力达到 $p_2=6\text{MPa}$ 时停止充气。充气过程完成后立即进行放气，空气流出储气室的质量流量 $\dot{m}_{out}=120\text{kg/s}$，直至储气室内的压力降为 p_1 为止。充气和放气过程中，均考虑空气与外界的换热，传热系数 $k=50\text{W/(m}^2\cdot\text{K)}$，环境温度 $T_0=T_1$。试计算：

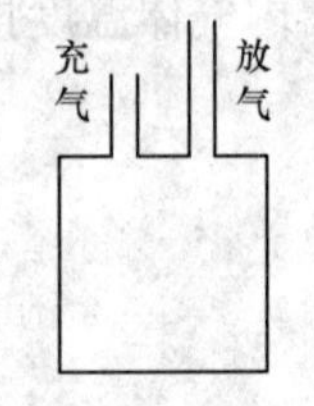

图 5-8 储气罐模型

(1) 充气过程结束后，储气室内的空气温度、充气量以及充气过程中空气与外界交换的热量；

（2）放气过程结束后，储气室内的空气温度、放气量以及放气过程中空气与外界交换的热量。

解　（1）取储气室内空间为控制体，根据能量平衡方程得

$$\delta Q = \mathrm{d}E_{\mathrm{CV}} + h_{\mathrm{out}}\mathrm{d}\dot{m}_{\mathrm{out}} - h_{\mathrm{in}}\mathrm{d}\dot{m}_{\mathrm{in}} + \delta W$$

考虑忽略储气室的空气的动能和位能变化，则储存能 $\mathrm{d}E_{\mathrm{CV}}=\mathrm{d}U_{\mathrm{CV}}$；因储气室内的温度不断升高，空气与外界交换的热量 δQ 不断变化，即 $\delta Q = kA(T_0 - T)\mathrm{d}\tau$；因为刚性容器，则空气不对外做功，$\delta W=0$；充入储气室的空气量等于控制体积的质量增加量，$\dot{m}_{\mathrm{in}}\mathrm{d}\tau = \mathrm{d}m$；充气过程中没有空气流出，$\mathrm{d}\dot{m}_{\mathrm{out}} = 0$；则能量平衡方程可以简化为

$$kA(T_0 - T)\mathrm{d}\tau = \mathrm{d}U_{\mathrm{CV}} - h_{\mathrm{in}}\mathrm{d}m = \mathrm{d}U_{\mathrm{CV}} - h_{\mathrm{in}}\dot{m}_{\mathrm{in}}\mathrm{d}\tau$$

对于理想气体，由状态方程、热力学能及焓定义式得

$$V\mathrm{d}p = R_{\mathrm{g}}T\mathrm{d}m = R_{\mathrm{g}}T\dot{m}_{\mathrm{in}}\mathrm{d}\tau$$

$$\mathrm{d}U_{\mathrm{CV}} = c_V T\dot{m}_{\mathrm{in}}\mathrm{d}\tau$$

$$h = c_p T$$

整理可得充气过程中储气室内的空气压力与温度随时间的变化关系式为

$$\frac{\mathrm{d}p}{\mathrm{d}\tau} = \frac{c_p T_{\mathrm{in}}\dot{m}_{\mathrm{in}} + kA(T_0 - T)}{c_V V}R_{\mathrm{g}}$$

$$\frac{\mathrm{d}T}{\mathrm{d}\tau} = \frac{c_p T_{\mathrm{in}}\dot{m}_{\mathrm{in}} + kA(T_0 - T) - c_V T\dot{m}_{\mathrm{in}}}{c_V pV}R_{\mathrm{g}}T$$

将已知数据代入，利用数值解法求解上述两个微分方程，可得充气过程结束后，储气室内的空气温度 $T_2=352.46\mathrm{K}$。

储气室内的初始空气质量 m_1 为

$$m_1 = \frac{p_1 V}{R_{\mathrm{g}}T_1} = \frac{1\times10^6\times10^5}{287\times293.15} = 1.19\times10^6(\mathrm{kg})$$

充气完成后储气室内的空气质量 m_2 为

$$m_2 = \frac{p_2 V}{R_{\mathrm{g}}T_2} = \frac{6\times10^6\times10^5}{287\times352.46} = 5.93\times10^6(\mathrm{kg})$$

充气量 Δm_{c} 为

$$\Delta m_{\mathrm{c}} = m_2 - m_1 = (5.93 - 1.19)\times10^6 = 4.74\times10^6(\mathrm{kg})$$

已知边界条件为 $T_1\leqslant T\leqslant T_2$，将 k 和 A 值代入方程 $\delta Q = kA(T_0-T)\mathrm{d}\tau$，利用数值求解得与外界交换的热量为 $Q=-4.51\times10^{11}\mathrm{J}$。其中，负号说明空气向外界放热。

（2）考虑忽略储气室内气体的动能和位能变化，则储存能 $\mathrm{d}E_{\mathrm{CV}}=\mathrm{d}U_{\mathrm{CV}}$；因储气室内的温度不断降低，同时空气与外界交换的热量不断变化，为 $\delta Q = kA(T_0 - T)\mathrm{d}\tau$；因刚性容器，空气不对外做功，$\delta W=0$；流出储气室的空气量等于控制体积的质量减少量，$\dot{m}_{\mathrm{out}}\mathrm{d}\tau = -\mathrm{d}m$；放气过程中没有空气流入，$\mathrm{d}\dot{m}_{\mathrm{in}} = 0$；则方程可以简化为

$$kA(T_0 - T)\mathrm{d}\tau = \mathrm{d}U_{\mathrm{CV}} - h_{\mathrm{out}}\mathrm{d}m = \mathrm{d}U_{\mathrm{CV}} + h_{\mathrm{out}}\dot{m}_{\mathrm{out}}\mathrm{d}\tau$$

同充气过程类似，可得放气过程中储气室内的空气压力和温度随时间的变化关系式为

$$\frac{\mathrm{d}p}{\mathrm{d}\tau} = \frac{kA(T_0 - T) - c_p T\dot{m}_{\mathrm{out}}}{c_V V}R_{\mathrm{g}}$$

$$\frac{\mathrm{d}T}{\mathrm{d}\tau} = \frac{kA(T_0 - T) + (c_V - c_p)\dot{m}_{\mathrm{out}}T}{c_V pV}R_{\mathrm{g}}T$$

将已知数据代入，其中，放气过程中储气室出口的温度、压力与储气室内的温度、压力相等。利用数值解法求解上述微分方程，可得放气过程结束后，储气室内的空气温度 $T_4=257.75\text{K}$。

放气开始时，储气室内的空气质量 m_2 等于充气结束时的空气质量 m_3，则

$$m_3 = m_2 = 5.93\times10^6(\text{kg})$$

放气完成后，储气室内的空气质量 m_4 为

$$m_4=\frac{p_4V}{R_gT_4}=\frac{p_1V}{R_gT_4}=\frac{1\times10^6\times10^5}{287\times257.75}=1.35\times10^6(\text{kg})$$

放气量 Δm_e 为

$$\Delta m_e = m_3 - m_4 = (5.93-1.35)\times10^6 = 4.58\times10^6(\text{kg})$$

已知边界条件为 $T_4\leqslant T\leqslant T_2$，将 k 和 A 值代入方程 $\delta Q=kA(T_0-T)\text{d}\tau$，利用数值求解得与外界交换的热量 $Q=6.18\times10^{10}\text{J}$。表明放气过程从外界吸收热量。

思考题

1. 瞬变流动与变质量系统的关系是什么？
2. 什么是激波？产生的条件是什么？
3. 瞬变流动的一般特性是什么？
4. 在平衡状态热力学中是如何处理瞬变流动中控制体积内状态随时间变化的问题？
5. 刚性容器放气时出口参数的不恒定问题是如何处理的？
6. 刚性绝热容器的充气过程能否用控制质量法分析？放气过程也能用控制质量法分析吗？为什么？
7. 体积为 V 的刚性绝热容器内装有高压气体，初态时气体参数为 p_1，T_1，打开阀门向外界低压空间放气，当容器内气体压力降为 p_2 时关闭阀门。若工质为理想气体，求终温 T_2；分析放气过程中容器内气体质量变化规律。
8. 刚性绝热和定温充气具有哪些特性？
9. 刚性绝热和定温放气具有哪些特性？

习题

1. 以图 5-7 所示的系统为例，推导并比较系统经定压绝热充气过程前后的温度及其关系；若初始时活塞在汽缸底部，即 $V=0$，则充气结束时的温度为多少？

2. 体积为 0.3m^3 的刚性绝热容器中空气压力为 0.101 325MPa、温度为 25℃，现流入压力为 0.4MPa、温度为 80℃的空气，质量流量为 1kg/min，与容器内空气均匀混合，即每一时刻各处的压力和温度相同。同时，容器另一端有均匀空气流出，且流出与流入的质量流率相同，且维持恒定。若不计进、出口气流的动能差和位能差，试确定容器内空气的温度、压力与时间 τ 之间的函数关系。

3. 压气千斤顶活塞上重物施加的压力为 0.6MPa，气缸内气体的初态温度为 298K，体积为 0.3m^3。充气后，体积增至 0.8m^3。若充气温度为 350K，求解充气量和充气后的终温。

4. 有体积为 1.5m³ 的刚性容器，经管道连接由一个稳定气源充气，气源内气体压力为 3MPa、温度为 308K；充气前容器内的压力为 0.11MPa、温度为 298K。整个充气过程由阀门控制，系统终状态压力为 1.5MPa。在下列不同的情况下求解相关问题。①如果为快速充气过程，求解系统终状态温度和充气量；②如果为慢速充气过程，求解充气量和系统与外界的换热量。

5. 储气袋在启用前为中空状态，内部体积为零，接在压力为 5MPa、温度为 15℃的刚性储气罐上充气。充气后储气袋体积为 0.005m³、压力为 0.2MPa。由于充气过程很快，可以忽略储气袋的散热，考虑到储气袋体积明显小于储气罐，可以认为储气罐内参数不变。求解充气后储气袋的质量变化。

6. 有一壁面换热性能良好且能弹性形变的容器，内有 3m³ 空气，其压力为 0.6MPa，温度为 25℃的。由于容器密闭性不好，发生气体泄漏，容器内压力为 0.5MPa，温度保持不变，容器内空气质量减少 12kg。求漏气过程的换热量。其中空气按理想气体，比热容取定值，大气环境压力为 0.1MPa，温度为 25℃。

6 㶲及㶲分析法

人类社会的发展与能量的利用有着密切的关系。但是，直到一百年前，才系统地掌握了如何科学地利用能量的基本规律，而热力学第一、第二定律是这些规律的核心。其研究的主要内容是能量的有效转换，特别是热能转换成有用功的最大可能的限度，并力求提高能量的转换效率，使之接近这个限度。为此，要分析造成转换效率降低的原因并进行计算。

6.1 能量的可用性

能量是物质运动的量度。物质运动的方式不同，其能量的表现形式也不同。通常能量可分为内部储存能和外部储存能。系统与外界之间通过做功、传热和传质三种方式进行能量传递。传递过程中的能量可以统称为迁移能。能量可以从一个物体传递给另一个物体；从一种形式转换为另一种形式，在传递和转换过程中总数量保持不变。

而在能量的转换过程中，功转换为热能的过程易于实现，在理论上转换效率可以接近100%，而要连续地实现反方向的转换，转换的效果远小于100%。主要是由于粒子运动是无序的，运动方向是不规则的；即使在理论上，其转换效率也不可能达到100%。可见，与功量相比，从转换的能力上看，热能的质量较差，是一种低质量的能。

而热能本身也有质的差别。众所周知，热能的转换能力往往随温度和压力而不同。最明显的是周围大气介质，虽然它在数量上具有近乎无限的热能，但在相同的环境条件下，并不能转换为其他形态的能量：因此，不同条件下的热能，其“质”也往往有所不同。

除此之外，能量还具有传递性。在系统经历状态变化的过程中，系统通过边界以做功或传热能的方式向外界传递能量。

因此，提出评价热力设备的热力性能指标为

$$\text{热力性能指标} = \frac{\text{所获得(或收益)的能量}}{\text{所付出(或消耗)的能量} } \tag{6-1}$$

如热机的热效率、制冷和热泵系数等都可以用该指标表示。这类来源于热力学第一定律的热经济指标，反映了热力设备的收益能量与消耗能量之间的关系，即系统的完善程度，但其只反映了能量在“量”方面被利用的比例，而不能直接反映出能量在“质”方面所利用的程度。

能量是有品位的，即能量的质。所谓能量的质，通常用单位能量中最大限度转变为有用功部分的多少来衡量。关于能量在“质”的方面的特性，热力学第二定律指出：

(1) 能量在转换过程中具有方向性，即不是每一种形式的能量都能全部无条件地转换为另一种其他形式的能量。如机械能可以通过摩擦发热的方式全部转换为热能，而热能却不能全部转换为机械能。

(2) 不同形式的能量能够转变为有用功的部分是不相同的。如有的能量能够全部转变为有用功、电能和机械能；有的能量不能全部转变为有用功，如热力学能和以热量形式传送的能量；有的能量则全部不能转变为有用功，如周围自然环境中大气、江湖河海中水的热力学能等。

各种形式的能量中，能够转变为有用功的部分可以全部转换为其他任意形式的能量。因此，将一种形式的单位能量最大限度转换为任意其他形式能量的能力，理解为该单位能量最大限度转换为有用功的能力。用单位能量中最大限度转换为有用功部分的多少作为衡量能量的质的指标，将对能量的认识更全面、更深入。

6.2 烟 与 能

既然能量在转换时具有“量”的守恒性和“质”的差异性这两种性质，那就应将“量”和“质”相结合，才能正确评价能的“价值”。可是，长期以来人类习惯以能的数量多少来度量能的价值。如往往笼统地用消耗多少千焦的能量来说明“能耗”，却不管所消耗的是什么样的能量。同样，为了说明余热资源或地热资源的储量，也往往以折合多少吨标准煤来表示，却不管余热资源或地热资源的温度条件如何。其实，不仅不同形态能量的“质”不同，而且即使同一形态的能量，在不同条件下也具有不同的转换为功的能力。如同样是10 000kJ的热量，在100℃下转换为机械功的能力大约只是800℃下的1/3。因此，这种“等量齐观”的方法，无视能量“质”的不同，常导致一些似是而非的误解。

6.2.1 烟、炕和能质系数

那么，究竟要用怎样的参数才能正确评价能量的“价值”呢？焓和热力学能这两个热力学参数，虽具有能的含义和量纲，其数值的大小可以从数量上反映能的“量”，但并不能反应能的“质”。例如，工质经历绝热节流后，转换为功的能力有所降低，但节流前后工质的焓值并未改变。因此，焓参数不能表明工质所携带的能量在“质”的方面有何不同。同样，工质经历自由膨胀过程后，转换为功的能力有所下降，但这时工质的热力学能值并未改变，所以热力学能也不能表明工质所具有的能量在“质”的方面有何不同。熵参数是由热力学第二定律导出的，并与能的“质”有密切关系。但它不能反映能的“量”，而且也并没有直接规定能的“质”。“自由能”与“自由焓”也只能在特定的条件下（如定T_0、p_0或定T_0、V_0）才反应能的价值，并无普遍意义。因此，定义一个能同时反映能量的“量”与“质”新的参数，即烟。

在能量转换时，除受热力学第二定律制约，还与环境条件、转换过程的性质（是否可逆）有关。为了有共同的比较基础，就必须附加两个约束条件：

（1）以给定环境为基准；

（2）以可逆条件下最大限度为前提。

烟（exergy）参数的定义：以给定的环境为基准，任一形式的能量能够理论上最大限度地转变为有用功的那部分能量称为烟或者有效能。烟符号：E_x；单位：J。1kg工质所具有的烟称为比烟。比烟符号：e_x；单位：J/kg。以给定的环境为基准，能量中不能够转变为有用功的那部分能量称为炕（anergy）或无效能，即能量中不能转变为烟的那部分能量，它存在于周围给定环境介质中。符号：A_n；单位：J。1kg工质所具有的炕称为比炕。比炕符号：a_n；单位：J/kg。将任何一种形式的能量都看成是由烟和炕所组成，其能量方程式为

$$E \equiv E_x + A_n \tag{6-2}$$

1kg工质所具有的能量方程式为

$$e \equiv e_x + a_n \tag{6-3}$$

能量中，其㶲部分和炁部分之一可以为零。如机械能、电能以及有用功都是㶲，其炁为零。自然环境中的热能都是炁，其㶲为零。

引用㶲的概念后，热力学第一定律可表述为：在任何能量的转换过程中㶲和炁的总和保持不变。

㶲参数是以热力学第二定律为根据的，因此，热力学第二定律的另一种表述为：每种能量都是由㶲和炁两部分所组成，且两部分之一可以为零。

㶲和比㶲参数哪个作为评价能量转换能力高低的指标更为准确？由工程热力学可知，㶲是状态参数且为广延量，因此与质量有关，具有可加性。而比㶲与质量无关，具有强度量的特点。若用㶲作为评价指标，㶲参数值大，能表示该能量的转换能力强或品质高吗？若㶲参数值相同，$E_{x1}=E_{x2}$，但质量不同，$E_{x1}=E_{x2}=m_1e_{x1}=m_2e_{x2}$，则导致比㶲不同，若$m_1>m_2$，则$e_{x1}<e_{x2}$，质量大的比㶲小，反之亦然。而能量的转换能力的高低与质量无关。因此，用比㶲作为评价指标更为合理。若热量㶲相同，但温度不同，则比㶲不同。比㶲大的能量转换能力强。

㶲是一种能量，具有能的量纲和属性，但又与能的含义并不全同。一般地讲，能的“量”与“质”是不完全统一的，而㶲代表了能量中“量”与“质”统一的部分。各种形态的能量中大都含有一定量的㶲。不管哪种形态的能量，其中所含的㶲都反映了各自能量中“量”与“质”相统一的部分。㶲能够评价和比较各种不同形态的能量。即㶲所具有的互比性，提供了评价能量的统一尺度，且这种统一尺度是从“量”与“质”相统一的高度进行评价的。它不仅在一定程度上反映了能的“量”的大小，而且还反映了“质”的高低。因此，对能量的量度，无论是热力学能、自由能、焓或者自由焓等参数，通常都不是合适的量度，而只有称之为㶲的参数才是合适的量度的这一说法。

能量中含有㶲值越多，其转换为有用功或“可无限转换的能量”的能力越大，也就是其“质”越高，动力利用的价值越大。因此，能的“质”以定量形式表示为

$$\lambda = \frac{E_x}{E} \tag{6-4}$$

式（6-4）中，λ称为“能质系数”。它表示每单位能量中所含有的㶲值的多少，本身是一个无量纲量。

注意，只有当㶲与能量取相同基准态时才是正确的。㶲是以给定环境作为基准得出的相对量。凡与给定环境相平衡的状态，系统㶲值为零。在此状态下，无论系统具有多少能量也无法转换为有效能。因此，这种与给定环境相平衡的状态又称为“死态”。能量也是以人为选定的某一状态作为基准得出的相对量。但是选作能量基准的状态具有任意性，而且往往与㶲的基准态不同，这就可能会发生在“死态”时，系统的㶲值为零，而能量的值并不为零。例如任意状态下系统的能量为E、㶲值为E_x；死态时系统的能量为E_0、㶲值E_x为零。倘若把能量也折合到以死态为基准。即为了使能和㶲具有共同的死态基准，则任意状态下系统的能量，就应该是（$E-E_0$）的相对量。这时式（6-2）和式（6-4）变为

$$E - E_0 = E_x + A_n \tag{6-5}$$

$$\lambda = \frac{E_x}{E - E_0} \tag{6-6}$$

若有些能量所取的基准与㶲的基准相同，譬如动能、位能、电能、水能、风能等，则可直接使用式（6-2）和式（6-4）。

各种形态能量的㶲值、𬍡值和能质系数，可以按上述定义加以确定。

总之，㶲是一种评价能量价值的物理量。㶲参数值的大小可以从量上表明有效能量的多少。只有㶲才能满足人类用能的需要，而𬍡是没有动力利用价值的。故“能源”就其真正含义来说应是“㶲源”。所谓的能源危机，其实就是㶲的危机。各类能量的储量，如果改用其㶲量的多少来表示，就能更确切、更有互比性。同样，如果在通常采用的“能耗”指标外，再加上一个“㶲耗”指标，也将更为科学。用㶲的概念显然能更全面地、科学地反映出能的价值观。

㶲参数所具有的性质：

（1）反映了各种形态能量的转换能力。

（2）它从能与质相结合的角度反映了能的价值，它代表了能量中“量”与“质”相统一的部分。

（3）它具有互比性，为各种形式能的量度规定了统一尺度，便于互相比较。

（4）能量中含有的 E_x 越多，其动力利用的价值越高，即其“质”越高。可用能质系数 λ 来表示。

6.2.2 按能量转换能力分类

能的“质”是与能量转换的能力紧密相关的，而能量转换的能力又受热力学第二定律的约束。在绝热系中，只有那些不会使绝热系熵减的过程才可能进行。这种约束当然也就对能量转换的能力提出了限制。

如根据热力学的卡诺定理，如果环境的温度为 T_0，热源的温度为 T，那么以热的形式加给卡诺循环的能量中，最多只有 $(1-T_0/T)Q$ 这一部分能量可以转换为有用功，而另一部分 $(T_0/T)Q$ 则以热量的形式传递给环境。它并不违反热力学第二定律。

系统的热力学能转换为功的程度也不是随心所欲的。按照热力学第一定律，对于绝热的封闭系，有 $w_{12}=u_1-u_2$。似乎只要是系统达到使热力学能值 u_2 为零的终态，就可把热力学能 u_1 全部转换为功了。但是要想从一个给定的初态出发，使绝热封闭系达到具有任意小的热力学能 u_2 的任一终态却是不可能的。因为由热力学第二定律可知，它将受 $S_2 \geqslant S_1$ 的制约。

即使在可逆过程中，热力学能也不能以任意的程度转换为功。相反的情况则是可能的，只要通过任何的不可逆过程，才能以任意的程度把功转换成热力学能，它不违反热力学第二定律。

同样，系统的焓即使在可逆过程中，也不能全部转换为功。但是有些形态的能量，如机械能等在转换时并不违反热力学第二定律。

因此，根据能量转换时是否违反热力学第二定律，若以能量的转换所付出的代价作为一种尺度，则可划分为三种不同“质”的能量。

（1）可无限转换的能量。这是理论上可以百分之百转换成其他形式的能量。如电能和各种功。这种能量在转换时不违反热力学第二定律，因而可以直接用它们的数量反映本身的

“质”，是“质”和“量”的完全统一。这类“可无限转换”的能量常被称为“高级能量”。从本质上说，它们是完全有序的能量。

（2）可有限转换的能量。它们转换为电能或功等其他形态的能量时，转换能力受热力学第二定律的约束。即使在极限的情况下，也只能部分进行转换为功，并非全部都是㶲，其余那些无法转换的部分，虽说有一定的“量”，而其“质”却极低。因此，这类“可有限转换的能量”由㶲和𬌗所组成，其“质”和“量”往往并不统一。其“质”的高低取决于其中包括的可无限转换的㶲的多少。㶲越多，其“质”越高。从本质上说，这类能量只有部分是有序的，也只有这些有序的部分才能无限地转换为其他能量形态。有序的部分为㶲，无序的部分为𬌗。由于这类能量转换程度要受到第二定律的制约，因而通常称为“低级能量”。

（3）不可转换的能量。如环境介质的热力学能。它们虽然可以具有相当的数量，但受热力学第二定律的制约，在环境条件下无法转换为其他形态的能量。这类的能量全部都是𬌗。否则，环境（如海洋以热力学能形式积累的能量）就可以成为无穷尽的理想能源。全世界海洋中水的质量 m 约为 1.42×10^{21} kg，只要使之降温 1.62×10^{-6} K，它们的热力学能就减少 $\Delta U=mc\Delta T=1.42\times10^{21}\times4.19\times1.62\times10^{-6}=9.64\times10^{15}$（kJ）。若转换为电能，就相当于2020年全世界的耗电总量。但是，这显然是违反第二定律的。

6.2.3 能量的转换规律

能量在转换过程中，由于受到一定条件的限制，不可能任意转换。基于㶲和𬌗所具有的特性，能量在转换过程中，呈现出一定的规律性。

（1）㶲和𬌗的总量保持不变。

（2）𬌗转换成㶲不引起外界变化是不可能的。

（3）㶲的总量保持不变的条件是可逆过程。

（4）不可逆过程中，㶲的总量减少，部分㶲转化为𬌗。这种转变是不可逆转的，构成能量的真正损失，即㶲损。

因此，能量的转换实质是一种形式的㶲转换成另一种形式的㶲。若为不可逆过程，部分㶲将转换成𬌗，造成能量损失。而对于孤立系而言，在能量转换过程中，孤立系的㶲值不能增加，𬌗值不能减小。只有当过程为可逆时，㶲和𬌗都保持不变。因此，孤立系具有㶲减𬌗增特性。这与孤立系熵增原理相似，故也称孤立系㶲减𬌗增原理。此时，㶲和熵具有一相同的特性，即可作为自发过程方向性的标志和判据。孤立系的一切自发过程都使㶲趋于减小，𬌗增加方向进行。当系统㶲值达到最小时，则处于稳定平衡状态。

孤立系㶲减𬌗增原理形象地表述了热力学第二定律的实质，不仅具有重要的理论意义，而且加深了对过程中能量损失本质的认识。孤立系㶲减𬌗增原理不仅表明能量在“量”的变化，而且也体现了能量转换过程中“质”的变化，即㶲损。

【例题 6-1】 将 0.1MPa 和 127℃的 1kg 空气可逆定压加热到 427℃，求所加入热量中的㶲和𬌗。空气的平均比定压热容为 1.004kJ/(kg·K)，设环境温度为 27℃。

解 空气的吸热量为

$$q=c_p(T_2-T_1)=1.004\times[(273+427)-(273+127)]=301.2(\text{kJ/kg})$$

方法一：

热量㶲 $e_{x,q}$ 为

$$e_{x,q}=\int\left(1-\frac{T_0}{T}\right)\delta q=q-T_0\int_1^2\frac{c_p\mathrm{d}T}{T}=q-T_0\,c_p\ln\frac{T_2}{T_1}$$

$$=q-(273+27)\times1.004\times\ln\frac{273+427}{273+127}=301.2-168.6=132.6(\mathrm{kJ/kg})$$

热量炕$a_{n,q}$为

$$a_{n,q}=q-e_{x,q}=301.2-132.6=168.6(\mathrm{kJ/kg})$$

方法二：

热量炕$a_{n,q}$为

$$a_{n,q}=T_0\Delta s=T_0\times c_p\ln\frac{T_2}{T_1}=300\times1.004\ln\frac{273+427}{273+127}=300\times0.5619=168.6(\mathrm{kJ/kg})$$

热量㶲$e_{x,q}$为

$$e_{x,q}=q-a_{n,q}=301.2-168.6=132.6(\mathrm{kJ/kg})$$

通过上例计算可知，热量中的能量并不全是有效能。有效能的多少取决于过程的特性和给定的环境条件。

6.3 能量传递和转换的分析

为了实现用能过程的合理性和有效性，应用能量传递和转换理论，通过确定能量损失的性质、大小与分布，而对系统或装置所进行的分析称为“能量分析”。其中：用能的合理性指的是用能方式是否符合科学原理；用能的有效性则是指用能的效果，即能量被有效利用的程度。为了对实际用能设备及相应的系统进行能量分析，需要制定分析模型、建立能平衡方程以及确立用能评价准则。

能源应用科学史上，先后形成了两种能量分析方法，即基于热力学第一定律的能量分析法和基于热力学第一定律、第二定律的能量分析法。通常认为有焓分析法、熵分析法和㶲分析法三种方法。

6.3.1 焓分析法

基于热力学第一定律，并依据能量的数量守恒，揭示出能量在数量上转换、传递、利用和损失的情况，确定系统或装置的能量利用或转换的效率。由于这种分析方法和效率是基于热力学第一定律基础之上的，故称为“能分析”和“能效率”。鉴于分析时对某些能量项以焓值表示，习惯上也称为焓分析法。

焓分析法的一般步骤：

(1) 依据能量系统的热力学模型，建立系统的能量平衡方程。

(2) 依据能量平衡方程，计算热效率，用以评价用能系统的优劣。

(3) 计算各项能损失，以获得用能系统能损率的分布。

(4) 应用热力学理论分析所得结果，提出分析结论。

(5) 依据分析结果及结论，提出设备或系统的节能改造方案或改进意见。

由焓分析法可以找出用能系统中能损率最大的“薄弱环节”和部位，为改进设备的用能状况提供技术依据。工程热力学已给出焓分析法的评价指标，但不同的系统评价指标可能略有不同，本书不做详细讨论。

焓分析法对提高热机和热力设备的热效率，降低能耗，促进生产的发展起着巨大的作用。在对一些高能耗的设备进行技术改造时，焓分析法仍具有广泛使用价值。因此，很多国家制定了具有法令性质的适用于不同对象的能量平衡通则。这些技术文件对于开展能源应用工作具有指导作用。

6.3.2 熵分析法

熵参数出现后，在分析系统或过程的特性时，又出现熵产和熵流等参数。任意系统或过程可分为可逆和不可逆。可逆的系统或过程，在能量的传递或转换过程中，没有能量损失。而不可逆的系统或过程则在能量的传递或转换过程时有能量损失。熵产是判别系统或过程是否可逆的唯一参数，其数值的大小可以体现能量损失的程度。因此，基于热力学第一和第二定律，提出了熵分析方法。该方法是把熵产和做功能力的损失联系了起来。

由工程热力学可知，在基于给定环境条件下，系统或过程在能量的传递或转换过程时，因不可逆性所产生的做功能力的损失，即㶲损 I 的计算式为

$$I = T_0 S_g \tag{6-7a}$$

式中：S_g为熵产，kJ/K；T_0为给定环境温度，K。

若系统或过程是由许多子系统或子过程组成的，则总㶲损 I 为各子系统或过程的㶲损之和，计算式为

$$I = \sum I_j = T_0 \sum S_{g,j} \tag{6-7b}$$

式中：I_j为第 j 个子系统或过程的㶲损，kJ；$S_{g,j}$为第 j 个子系统或过程的熵产，kJ/K。

依据热力学理论，通过计算各子系统或过程的熵产，就可以计算出各子系统或过程及总的做功能力的损失，以此进行的能量分析称熵分析法。式（6-7a）和式（6-7b）即是熵分析法的数学描述。

各子系统或过程的㶲损率、熵产率及㶲效率是熵分析法的主要指标。

（1）㶲损率ξ_I及熵产率ξ_{s_g}。

㶲损率ξ_I的计算式为

$$\xi_I = \frac{I_j}{\sum I_j} \tag{6-8}$$

熵产率为ξ_{s_g}的计算式为

$$\xi_{s_g} = \frac{S_{g,j}}{\sum S_{g,j}} \tag{6-9}$$

由于是在给定环境条件下，故由式（6-8）得

$$\xi_I = \frac{I_j}{\sum I_j} = \frac{S_{g,j}}{\sum S_{g,j}} = \xi_{s_g} \tag{6-10}$$

由式（6-10）可知，㶲损率和熵产率是相等的。因此，熵产大，㶲损也一定大。对于系统中各子系统或各过程的㶲损率或熵产率的分布，可以找出系统中做功能力损失最大的“薄弱环节”和部位。

（2）㶲效率 η_{ex}。㶲效率 η_{ex}是用熵分析法考察系统用能状况的评价准则。熵分析法的理论可靠性和学术价值是毋庸置疑的，但由于熵产概念的抽象和熵的定义不易理解等原因，致使这种方法至今未能被工程技术界所普遍应用。

6.3.3 㶲分析法

基于热力学第一定律和第二定律，并依据㶲方程，揭示出能量中㶲的转换、传递、利用和损失的情况，确定系统或装置的㶲利用或转换的效率。由于这种分析方法和效率是基于热力学第一定律和第二定律基础之上的，故称为“㶲分析”和“㶲效率”。

物流㶲值及过程㶲损的计算，是㶲分析的重要组成部分。在完成各项计算后，即可进行对设备或系统的㶲分析。

1. 㶲分析的一般步骤

对工程问题的㶲分析可以分为两大类，一类是依据工程设计数据进行的㶲分析，称为设计参数㶲分析；另一类是依据对运行中设备或系统的测试数据进行的㶲分析，称为运行参数㶲分析。

为了全面考察、评价一个用能系统的状况，这两类㶲分析都是必要的。从分析的方法步骤来看，两类分析基本是相同的，区别仅在于取得原始数据的方式不同。

㶲分析的一般步骤为：

(1) 对分析对象进行全面调查、考察，重点要弄清设备或系统中的㶲流状况。

(2) 分析系统中的能量转换关系，特别是各设备之间的能量关系。

(3) 确定㶲分析模型。

(4) 计算各热力设备的状态参数下的㶲值及过程的㶲损。

(5) 计算各项㶲分析指标，即㶲分析的评定准则。

(6) 应用热力学理论分析所得结果，提出分析结论。

(7) 依据分析结果及结论，提出设备或系统的节能改造方案或改进意见。

2. 㶲分析的评定准则

㶲分析评定准则是一些用来评定设备或系统用能合理性的技术指标。其对象可以是用能过程或生产系统。对于不同的对象，除了采用一些通用的评定准则外，还应该有一些反映不同对象特征的专用指标。本部分主要介绍通用准则。

用能设备或系统的特性主要表现为不可逆性。从热力学的观点来评定设备或系统，只能是对不可逆性加以比较。㶲损越小，不可逆性就越小，表明该设备或系统的热力学完善性越好，反之亦然。

对于用能设备或系统的㶲分析，其评定通用准则为：①输入设备或系统的㶲有多少被有效利用。②设备或系统的热力学完善度如何？③设备或系统中所进行的各过程中哪一个是“薄弱环节”？

因此，㶲分析评定准则只取热力学完善度一个指标不能满足要求。通用的准则至少应有3个。

(1) 㶲效率η_{ex}。定义：由能源供给的㶲被设备或系统有效利用的㶲之比称为㶲效率，其η_{ex}的计算式为

$$\eta_{ex}=\frac{\text{有效利用的㶲}}{\text{能源供给的㶲}}=\frac{\text{有效耗㶲}}{\text{供给㶲}}=\frac{E_{xefe}}{E_{xsup}} \tag{6-11}$$

据㶲平衡方程，㶲效率的计算式改为

$$\eta_{ex}=\frac{E_{xefe}}{E_{xsup}}=1-\frac{\sum I_j}{E_{xsup}} \tag{6-12}$$

式中：E_{xefe}、E_{xsup}分别为有效耗㶲和供给㶲，kJ。

需要注意，式（6-11）中的供给㶲只是指由能源或起能源作用的物质供给设备的㶲，简称供给㶲。有效耗㶲是指为了满足生产要求或达到工艺要求时，理论上必须消耗的㶲。因此，有效耗㶲只与该设备的工艺机理和相应的工艺要求有关，而与实际的生产工艺过程无关。㶲效率的实质是反映设备有效利用供给㶲的程度。㶲效率定义是从工程的观点出发的。对工程㶲分析来说，这是一个基本定义式。从理论或学术的观点看，还可以有多种形式的㶲效率定义。可参考相关文献学习。

（2）传递㶲效率η_{et}。从㶲分析的观点看，设备或系统内部过程的不可逆性，对有效用能情况起决定性作用。因此，应建立一个表示设备或系统内部过程热力学完善程度的评价准则——传递㶲效率。

定义：由系统或设备输出㶲的总和与输入㶲总和之比称为传递㶲效率，其计算式为

$$\eta_{et}=\frac{\text{设备输出的总㶲}}{\text{设备输入的总㶲}}=\frac{\sum E_{xout,j}}{\sum E_{xin,j}}=1-\frac{\sum I_j}{\sum E_{xin,j}} \tag{6-13}$$

式（6-13）表明：输入的总㶲$\sum E_{xin,j}$一定时，η_{et}只取决于设备或系统内部的㶲损。当$\sum E_{xin,j}=\sum E_{xout,j}$时，则$\eta_{et}=1$，设备或系统内进行的是可逆过程，热力学完善程度最好；当$\sum I_j=\sum E_{xin,j}$时，则$\eta_{et}=0$，输入系统的㶲全部损耗在设备或系统内，则热力学完善程度最差。通常传递㶲效率为$0<\eta_{et}<1$。因此，传递㶲效率具有的特性为：①普遍适用于一切过程；②只有表征系统或设备内部热力学完善程度；③不反映系统或设备中过程的性质与目的。

当㶲效率为零时，其热力学完善度可以不等于零，表明此时设备的热力学完善性不一定最差。如对输出的无效㶲进行再生或再利用的话，仍可以获得节能效益。当设备的㶲效率与热力学完善度均为零，显然这是最差的设备；当热力学完善度为1，㶲效率则不一定等于1。因为，此时仍可以有外部㶲损。只有当热力学完善度与㶲效率均为1时，才是设备用能的最佳情况，但只是一种理想情况，实际是达不到的。设备或系统的㶲效率与传递㶲效率（热力学完善度）在热力学意义上是有显著区别的。

【例题 6-2】 通过管式原油加热器的热水量$G_w=4.7$t/h，进、出口水温分别为$T_{w1}=368$K、$T_{w2}=341$K，比热容为$c_w=4.18$kJ/(kg·K)；原油流量$G_{vi}=18\text{m}^3/\text{h}$，进、出口油温分别为$T_{i1}=311$K、$T_{i2}=327$K，原油密度为$\rho=0.84\text{t/m}^3$，比热容为$c_i=2.09$kJ/(kg·K)；环境温度为20℃，不考虑压降，计算换热器的传递㶲效率和㶲效率。

解 由于换热器内的冷、热流体不相互接触进行换热。因此，热水和原油进、出口的㶲值计算式为

$$E_x=H-H_0-T_0(S-S_0)$$

因不考虑压降，即认为压力不变，则有

$$E_x=G\left(\int_{T_0}^{T}c\text{d}T-T_0\int_{T_0}^{T}\frac{c\text{d}T}{T}\right)=Gc\left(T-T_0-T_0\ln\frac{T}{T_0}\right)$$

原油的质量流量$\dot{m}_{mi}$为

$$\dot{m}_{mi}=G_{vi}\rho=18\times0.84\times10^3=15.12\times10^3(\text{kg/h})$$

加热器的散热量Q_s计算式为

$$Q_s = G_w c_w (T_{w1} - T_{w2}) - G_{mi} c_i (T_{i2} - T_{i1})$$

加热器的散热㶲$E_{x,s}$计算式为

$$E_{x,s} = Q_s\left(1 - \frac{T_0}{\overline{T}}\right) = Q_s\left(1 - \frac{T_0}{T_{w1} - T_{w2}} \ln \frac{T_{w1}}{T_{w2}}\right)$$

换热器的传递㶲效率η_{et}和㶲效率η_{ex}的计算式分别为

$$\eta_{et} = \frac{E_{x,w2} + E_{x,i2} + E_{x,s}}{E_{x,w1} + E_{x,i1}}, \ \eta_{ex} = \frac{E_{x,i2} - E_{x,i1}}{E_{x,w1} - E_{x,w2}}$$

下角标“w、i”分别表示热水和原油；“1、2”分别表示进、出口。根据题意并将已知数据代入上述计算式，其计算结果如表6-1所示。通过计算结果可知，传递㶲效率与㶲效率在数值上是不同的。传递㶲效率由于把有用的输出和无用的输出都笼统地视为系统输出，因而不能区分不同可逆情况，但能真实反映系统或设备的热力学完善程度。从本质上说，传递㶲效率所表征的只是系统或设备中的不可逆性对热力学完善程度的单一影响。因此从理论上讲适合一切过程，但实际上，只能比较适用于诸如传热、流体传输以及轴功传递等过程。而㶲效率只反映了供给㶲的利用程度，对设备内部热力性能完善程度没有体现出来。因此，传递㶲效率与㶲效率各自体现的热力学含义不同。

表6-1　　计　算　结　果

热水（$\times 10^3$，$kJ \cdot h^{-1}$）		原油（$\times 10^3$，$kJ \cdot h^{-1}$）		散热量（$\times 10^3$，$kJ \cdot h^{-1}$）	散热㶲（$\times 10^3$，$kJ \cdot h^{-1}$）	传递㶲效率	㶲效率
进口㶲	出口㶲	进口㶲	出口㶲				
161.8	69.8	16.79	57.9	24.7	4.28	0.739	0.4468

（3）㶲损系数ξ_j。㶲效率作为系统或设备的性能评价指标，仍然存在一定的局限性。若把系统分成若干子系统，系统总的㶲效率不能直接地反映任意子系统对整个系统性能的影响；而且即使每个子系统的㶲效率为已知，系统的总㶲效率与子系统的㶲效率之间缺乏明显的联系，因而也不能直接获得系统的总㶲效率。因此，必须另外确定能将它们联系起来的性能指标，即㶲损系数。

把一个系统分成若干子系统，其中第j个子系统的㶲损I_j与系统的总㶲$E_{x,sup}$消费之比称为㶲损系数ξ_j，其计算式为

$$\xi_j = \frac{I_j}{E_{x,sup}} \tag{6-14}$$

设系统含N个子系统，并且把系统排放的外部损失设想为一个子系统的㶲损，则系统的㶲效率的计算式为

$$\eta_{ex} = 1 - \sum_{j=1}^{N+1} \xi_j \tag{6-15}$$

由式（6-15）可知，㶲损系数和㶲效率之间有着密切的关系，但又具有各自独特的作用，而不能相互取代。组成系统的任一子系统都有㶲损失，这些㶲损构成了系统的总㶲损，而且各自有着不同的地位和作用。㶲损系数是能较充分地表征这种作用的指标，因为这些㶲损系数既能代表㶲损的量，即在总㶲损中所占的比重，又能反映这些㶲损在系统各个环节上的分布。因此，可以明确地指出节能潜力之所在，从而为节能措施的提出奠定了理论基础。

整个系统的㶲损系数是各子系统的㶲损系数的叠加。对系统的分析研究及优化等都可简化。因此，㶲损系数是一个有用的设备性能指标。

依据系统或设备中各过程的㶲损系数及热力学完善度，即可判别系统或设备的“薄弱环节”。通常，㶲损 I 和能质系数 λ 高，η_{ex}低的过程就是“薄弱环节”。但要注意，“薄弱环节”不一定就是具有节能潜力的环节。判别一个过程是否具有节能潜力，除了依据㶲损 I、能质系数 λ 和㶲效率 η_{ex}之外，还应对以下几方面做具体分析。

1）该过程的㶲损失能否降低，可能有多大的降低幅度。

2）降低该过程的㶲损失，能否提高整个设备的㶲效率。

3）当考虑对该环节采用技术改造措施时，要进一步进行技术、经济分析。

焓分析法和㶲分析法的对比，如表 6 - 2 所示。

表 6 - 2　焓分析法和㶲分析法的对比

对比项目	焓分析法	㶲分析法
理论基础	热力学第一定律	热力学第一、第二定律
能量平衡原理	能量守恒方程	能量贬值原理
分析的内容	能量的数量关系	㶲的数量关系
方法特点	对不同质的能量进行分析比较	对同质的㶲进行分析比较
主要评价指标	热效率、能损率分布	㶲效率、㶲损率分布
分析结果	揭示最大能量损失部位	揭示内、外部㶲损及环节
结论	反映设备或系统外部能量损失情况	能准确评价系统或设备的热力学完善度及全面反映内、外㶲损情况

通过分析和比较两种能量的分析方法可知，两者之间相互联系，又各有特点。焓分析法是基于不同质的能量的数量守恒，它只考虑能量“量”的利用程度，反映的能量“量”的外部损失。在一定程度上指明了节能的方向。如通过回收余热，利用废弃物资、副产品以及减少物料的泄漏、加强保温及采取减少和堵塞“跑、冒、滴、漏”措施，以减少能量的外部损失。往往可以取得较大的效果。因而，在企业内部进行焓分析是必要的，而且也可为㶲分析打下基础。但是由于焓分析方法无法揭示系统内部存在的能量“质”的贬值和损耗，不能深刻地揭示能量损耗的本质，而且由于能效率的分子分母常常是不同质的能量，不能科学地表征能量的利用程度。因此，随着节能工作的深入开展，应正确地指明节能的方向和途径，但焓分析法时常给人以假象，给出错误的信息，会造成一种错觉。

如蒸汽简单朗肯循环电站，锅炉出口蒸汽状态点 1′ 的参数为：$p_{1'}=17\text{MPa}$，$t_{1'}=560℃$；汽轮机进口蒸汽状态点 1 参数为：$p_1=16.5\text{MPa}$，$t_1=550℃$；汽轮机出口蒸汽状态点 2 的参数为：$p_2=0.004\text{MPa}$。锅炉的热效率取为 90%，汽轮机相对内效率为 85%。设燃料供给的化学㶲为 3226.6kJ/kg，无回热和再热，泵的耗功忽略不计。蒸汽简单朗肯循环电站三种分析法计算结果对比，如表 6 - 3 所示。

在输入和输出能量相同的情况下，内部损失所占比例大不相同。

表 6-3 蒸汽简单朗肯循环电站三种分析法计算结果对比

项目		焓（能）分析法		熵分析法		㶲分析法	
		能量（kJ/kg）	占供入的份额（%）	能量（kJ/kg）	占供入的份额（%）	可用能（kJ/kg）	占供入的份额（%）
输入燃料能		3704.1	100	3226.6	100	3226.6	100
输出功		1263.4	34.1	1265.4	39.23	1263.4	39.2
损失	锅炉	370.4	10.0	1606.6	49.8	1606.4	49.8
	管道	22.5	0.6	18.5	0.57	18.4	0.57
	汽轮机	223.0	6.0	206.6	6.4	208.7	6.5
	冷凝器	1824.8	49.3	129.1	4.0	129.7	4
	总计	2440.7	65.9	1960.8	60.77	1963.2	60.8

由表6-3计算结果知：熵分析法和㶲分析法所得结果基本一致。主要是两种方法所依据的基本理论是一致的，即热力学第一和第二定律。但能分析法（焓分析）和㶲分析法所得效率有一定的判别作用，它们所反应的含义却不大相同。从焓分析出发，最大的能量损失发生在冷凝器中。这就可能给人们一种错觉，误以为冷凝器的放热是能耗增大症结所在。其实，从㶲分析角度来看，冷凝器内所排放的㶲值极小，只占约 4.0%。相反锅炉中的㶲损失却占了约 49.8%。大量的㶲退化为𬉼而失去做功的能力。因此，系统造成㶲损的主要设备不在冷凝器，而在于锅炉内部燃料的燃烧及烟气与工质间的传热过程。而正是这两种不可逆过程引起的㶲损，才增加了通过冷凝器所排放的余热数量。若锅炉内部的不可逆环节有所改善，必然减少以冷凝器排放余热形式所体现的㶲退化为𬉼的部分。采用常规技术难以收到降低㶲损的显著效果。但采用先进的燃烧技术，又将增加投资，从技术经济角度分析又是不适宜的。因此，虽然把燃烧过程定为“薄弱环节”，但并不宜作为具有节能潜力大的环节进行改造。热经济性好，经济性不一定好，反之亦然。故在确定节能改造方案时，应从技术经济角度进行综合分析，确定系统或设备的“薄弱环节”。但仅从热力性能或热经济性的提高角度出发，就应从设备或系统的㶲效率能否提高来作出抉择。

这充分说明㶲分析法要比焓分析法更科学、更深入、更全面。它在揭露损失原因、部位及改进方向等方面，能够发挥出独特的作用。这一点是焓分析法无法比拟的。因此，在焓分析的基础上，进一步做好㶲分析的工作是十分必要的。

虽然㶲分析法克服了焓分析法的不足，但从热力学及工程应用的角度出发，㶲分析法并非完美无缺。实际上㶲分析法只是解决了能量分析结论的准确性和可靠性问题，并未解决供能与用能双方如何合理匹配，以获取最佳技术经济效益的问题。应该说后者较前者更为工程应用所必需。因此，一些学者提出了以能级差（系统输入能量的能级与用户所需能量的能级之差）作为能量利用合理性指标，并于 1982 年提出了一种新的能量分析方法，即能级分析法。

能级分析法是依据能平衡与㶲平衡原理，以能级匹配和减少能量损失为用能指导思想，以供、用户的能级差$\Delta\lambda$（λ为能质系数）或能级平衡系数ξ_λ和第一定律热效率η_t作为能量利用合理性的质量和数量水平的两个定量准则。两者相合能全面反映能量利用过程的质量和数量水平。能级分析的结果为解决供、用能之间能级的合理匹配及能量系统的优化设计提供了技术依据。

能量分析方法越完善，人们在用能的过程中就越合理。因此，随着人们对能量的认识不断加深，一些更加完善的能量分析方法将会不断地出现，可参考相关文献学习有关知识。本部分主要以㶲分析法为主，对典型的系统和过程进行㶲分析。

6.4 热量㶲与冷量㶲

系统通过边界在温差的作用下所传递的热量，不能完全转换为有用功。其中转换为有用功的部分称为有效能，故其能质系数小于1。

6.4.1 热量㶲

基于给定环境条件，通过边界传递的热量中所具有的最大理论做功能力称为热量㶲$E_{x,Q}$。其㶲值为工作于热源温度$T_1(T_1>T_0)$和环境温度T_0之间的卡诺热机所做出的最大有用功。

设一卡诺热机，正向循环及等温、变温吸热热力过程如图6-1所示。在温度为T的热源可逆吸收热量Q[Q为图6-1（b）或图6-1（c）中Ⅰ+Ⅱ两部分面积和]，向环境温度为T_0的热源放热量为Q_0[Q_0为图6-1（b）或图6-1（c）中Ⅱ部分面积]，则卡诺热机所做出的最大有用功W_{max}即为热量㶲，则其计算式为

$$W_{max}=E_{x,Q}=Q\left(1-\frac{T_0}{T_1}\right) \tag{6-16}$$

如图6-1（b）所示，对于恒温热源，其所放出热量Q的热量㶲$E_{x,Q}$、热量炕$A_{n,Q}$及能质系数λ_Q计算式分别为

$$E_{x,Q}=Q\left(1-\frac{T_0}{T_1}\right)=Q-T_0\Delta S \tag{6-17}$$

$$A_{n,Q}=T_0\Delta S \tag{6-18}$$

$$\lambda_Q=\frac{E_{x,Q}}{Q}=1-\frac{T_0}{T_1} \tag{6-19}$$

如图6-1（c）所示，若热源温度并不恒定为T_1，而是由温度T_1变到T_2时，放出的热量为Q。其相应热量㶲、热量炕及能质系数计算式分别为

$$E_{x,Q}=\int_0^Q\left(1-\frac{T_0}{T}\right)\mathrm{d}Q=Q\left(1-\frac{T_0}{\bar{T}}\right)=Q-T_0\Delta S \tag{6-20}$$

$$A_{n,Q}=Q\frac{T_0}{\bar{T}}=T_0\Delta S \tag{6-21}$$

$$\lambda_Q=1-\frac{T_0}{\bar{T}} \tag{6-22}$$

式中：$\bar{T}$为对数平均温度，K，其计算式为$\bar{T}=(T_1-T_2)/\ln(T_1/T_2)$。

由式（6-17）～式（6-22）可知：热量㶲和热量炕都小于热源放出的热量Q，但热量㶲和热量炕间的大小却存在多样性。即理论上可能存在$E_{x,Q}>A_{n,Q}$、$E_{x,Q}=A_{n,Q}$及$E_{x,Q}<A_{n,Q}$三种情况。

6.4.2 热量㶲和炕的性质

不论是热量㶲，还是热量炕，它们都是能量。因此，应具有下列性质：

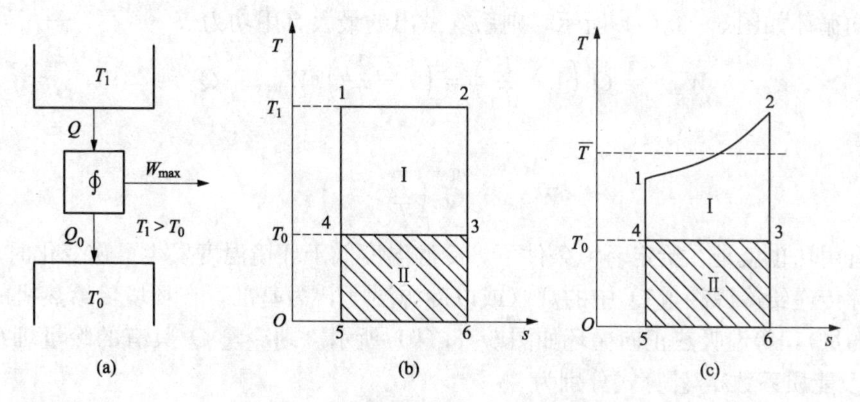

图 6-1 正向循环及等温、变温吸热热力过程

(a) 正向循环；(b) 定温吸热正向循环；(c) 变温吸热正向循环

(1) 热量㶲是热量 Q 理论上所能转换的最大有用功，是热量 Q 本身的固有特性。热量㶲始终伴随热量进出系统，但其数值随系统条件的变化而变化。

(2) 热量㶲的大小不仅与热量 Q、环境温度 T_0有关，还与还与 ΔS 有关。当 T_0确定后，单位热量的热量㶲即热量的能质系数是与热源的温度 T 的单值函数。

(3) 热量炕 $A_{n,Q}$除了与 T_0有关外，系统在可逆过程中的熵变 ΔS 还可以作为热量炕的一种度量。

(4) 热量㶲、热量炕与热量一样，都是过程量。

(5) 当 T（或$\bar{T}$）$=T_0$时，$\lambda_Q=0$，$E_{x,Q}=0$，即在环境状态下传递的热量 Q 无法转换为有用功，热量全部为热量炕，$Q=A_{n,Q}$；当 T（或$\bar{T}$）$\to\infty$时，$\lambda_Q=1$，即热量 Q 全部为热量㶲，$Q=E_{x,Q}$，当然实际是不可能的；λ_Q与 T 的关系，如图 6-2 所示。

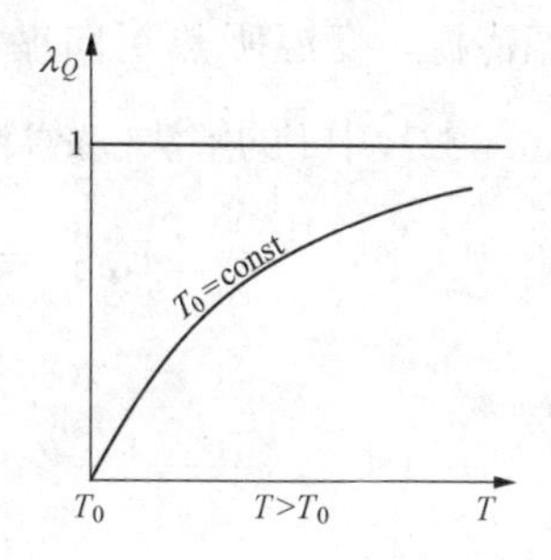

图 6-2 λ_Q与 T 的关系

(6) 相同数量的热量，在不同热源温度下所具有热量㶲是不同的。当热源温度下降时，热量的数量不变，其具有的㶲减少，即减少的㶲值退化为炕成为㶲损。

6.4.3 冷量㶲

冷量是一种能量，它是在制冷领域的一种习惯用语。因为要获得比环境更低的温度，必须消耗能量才能获得的。即从低温热源取走热量是要花费代价的。由于冷量的温度低于环境温度，就具有了自发从环境吸收热量的能力。冷量所具有吸收热量的最大能力，是将它的温度升高到环境温度时所能吸收的热量。因此，冷量是系统温度在低于环境温度下，为与环境达到热平衡，最大理论吸热量能力称为冷量。物体的温度越低，数量越多，则吸收热量越多，则冷量越多。故冷量只是对某一种热量的特殊称呼。具有这种吸热能力的系统是花费代价才得到的。在数量上等于制冷时从低温物体取走的热量，也等于低温物体所能吸收的热量(均以环境温度为基准)。

冷量㶲是基于给定环境下，低于环境温度的冷源吸收冷量时，所具有的最大理论做功能力称为冷量㶲。其数值等于工作于环境温度 T_0和冷源温度T_1（$T_1<T_0$）之间的卡诺热机所做出的最大有用功。

设冷源温度为T_1（$T_1<T_0$），环境温度为 T_0（热源）。在两热源间工作的为卡诺热机，

T_0下的正向循环如图 6 - 3（a）所示，则系统做出的最大有用功为

$$W_{\max}=Q_1\left(1-\frac{T_1}{T_0}\right)=\left(1-\frac{T_1}{T_0}\right)(W_{\max}+Q_0)$$

整理得

$$W_{\max}=Q_0\left(\frac{T_0}{T_1}-1\right)$$

最大有用功也就是在给定环境条件下，冷源温度低于环境温度发生可逆变化时，环境通过热机实际传递给冷源冷量 Q_0 中的㶲（或以冷源温度T_1为基准，在环境传给热机的热量 Q_1 中所具有的㶲），等温吸热正向循环如图 6 - 3（b）所示。则冷量 Q_0 具有的冷量㶲E_{x,Q_0}、冷量炁A_{n,Q_0}及能质系数λ_{Q_0}计算式分别为

$$E_{x,Q_0}=W_{\max}=Q_0\left(\frac{T_0}{T_1}-1\right)=T_0\Delta S-Q_0 \tag{6 - 23}$$

$$A_{n,Q_0}=\frac{T_0}{T}Q_0=T_0\Delta S \tag{6 - 24}$$

$$\lambda_{Q_0}=\frac{T_0}{T}-1 \tag{6 - 25}$$

若冷源温度并不恒定为T_1（$T_1<T_0$），而是随冷量 Q_0 的吸入，温度由 T_1 变成 T_2，即变温冷源，变温吸热正向循环如图 6 - 3（c）所示。冷源的平均吸热温度的计算方法同式（6 - 22）中$\overline{T}$的解法。故冷量 Q_0 的冷量㶲、冷量炁及能质系数分别为

$$\overline{E}_{x,Q_0}=\int_0^Q\left(\frac{T_0}{T}-1\right)\mathrm{d}Q_0=\left(\frac{T_0}{\overline{T}}-1\right)Q_0=T_0\Delta S-Q_0 \tag{6 - 26}$$

$$A_{n,Q_0}=\frac{T_0}{\overline{T}}Q_0=T_0\Delta S \tag{6 - 27}$$

$$\lambda_{Q_0}=\frac{T_0}{\overline{T}}-1 \tag{6 - 28}$$

由式（6 - 23）～式（6 - 28）可知，冷量㶲和冷量炁都小于环境放出的热量 Q_1，但冷量㶲和冷量间的大小具有多样性。即理论上可能存在$E_{x,Q_0}>Q_0$、$E_{x,Q_0}=Q_0$及$E_{x,Q_0}<Q_0$三种情况。

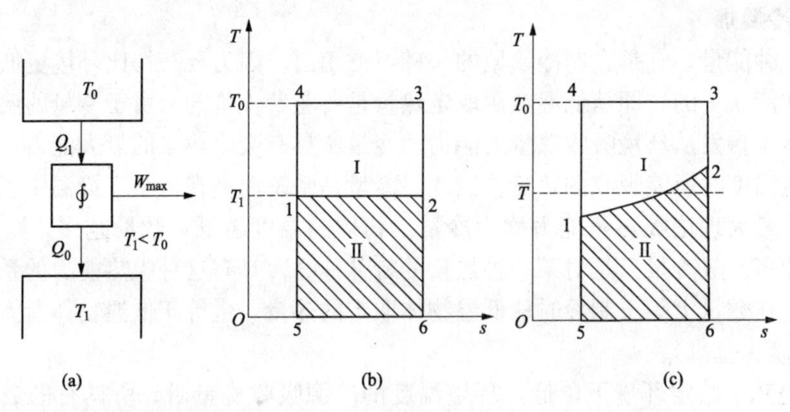

图 6 - 3　环境温度下的正向循环及等温、变温吸热热力过程

（a）T_0 下的正向循环；（b）等温吸热正向循环；（c）变温吸热正向循环

图 6 - 3（b）、图 6 - 3（c）中的Ⅰ、Ⅱ的面积分别为冷量㶲E_{x,Q_0}和冷源的吸热量Q_0，即冷量；Ⅰ和Ⅱ的面积和为冷量炾A_{n,Q_0}，即环境放热量Q_1。当系统冷量Q_0（Ⅱ的面积）增加时，储存的冷量㶲E_{x,Q_0}（Ⅰ的面积）减少，意味着系统在过程中放出冷量㶲E_{x,Q_0}；当系统冷量Q_0减少时，储存的冷量㶲E_{x,Q_0}增加，意味着系统在过程中吸收冷量㶲E_{x,Q_0}。

以上是从低于环境温度的冷源吸热升温的角度来讨论冷量㶲的。若从制冷角度讨论，为了使系统的温度从环境温度T_0下降到T_1，就要从系统中传递出热量，即所谓制冷量或冷量Q_0。此时环境以外的外界相应地需要提供最小有用功，因此，冷量㶲也就是为了获取冷量Q_0，外界必须消耗的最小有用功。

总之，冷量㶲与冷量间的方向与热量㶲的情况相反。低于环境温度的冷源吸收冷量Q_0时，向外提供冷量㶲，可以用它做出有用功；反之，这种冷源放出冷量Q_0（即从这种系统抽取冷量）时，需要吸收冷量㶲，也就是要消耗外界的有用功。

由于冷量㶲的传递方向与冷量Q_0的方向相反，此时冷量Q_0与冷量㶲E_{x,Q_0}及冷量炾A_{n,Q_0}之间的关系为

$$A_{n,Q_0}=Q_0+E_{x,Q_0} \tag{6-29}$$

冷量炾A_{n,Q_0}是为了从低于环境温度的系统抽取冷量Q_0而传递给环境且无法转换为有用功的那部分热量，显然比冷量Q_0大。

6.4.4 冷量㶲和冷量炾的性质

冷量㶲与冷量炾具有下列性质。

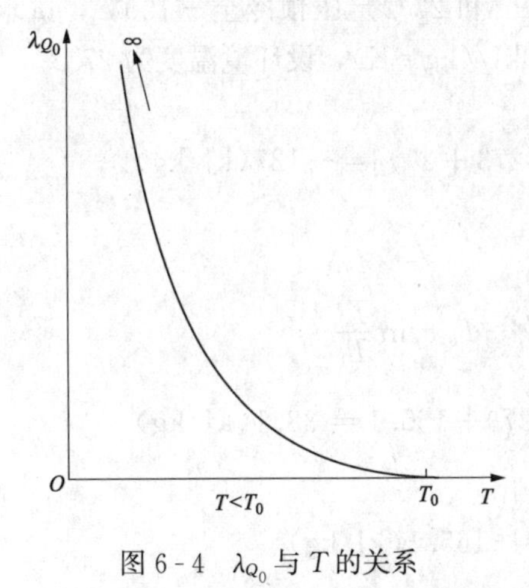

图 6 - 4 λ_{Q_0}与T的关系

（1）冷量㶲是环境温度T_0为热源与冷源T（$T<T_0$）之间对外所做出的最大理论的有用功，或为了维持冷源T（$T<T_0$）而传出冷量时消耗的最小有用功；

（2）E_{x,Q_0}不仅与Q_0有关，还与T、T_0有关。

在给定T_0下，λ_{Q_0}与T的关系，如图 6 - 4 所示。当$T=T_0$时，$\lambda_{Q_0}=0$，$E_{x,Q_0}=0$；当$T<T_0$时，$\lambda_{Q_0}>0$，T越低，λ_{Q_0}就越大；当T趋于0K时，λ_{Q_0}趋于无穷。表明冷源温度越低，制冷消耗的冷量㶲就越大，且超过冷量本身许多倍。因此，不应在冷库中维持不必要的低温，以免浪费宝贵的冷量㶲。反之，意味着从极低温度的冷源中可获得很大的有用功。

冷量㶲、冷量和冷量炾都是过程量。

对于冷量㶲和热量㶲，若想采用同统一公式表示，则由式（6 - 20）与式（6 - 26）合并后可得

$$|E_{x,Q}|=\left|\int_0^Q\left(\frac{T_0}{T}-1\right)\right|\mathrm{d}Q\begin{cases}E_{x,Q}=\int_0^Q\left(1-\frac{T_0}{T}\right)\mathrm{d}Q\rightarrow\text{热量㶲}\\E_{x,Q}=\int_0^{Q_0}\left(\frac{T_0}{T}-1\right)\mathrm{d}Q\rightarrow\text{冷量㶲}\end{cases} \tag{6-30}$$

【例题 6 - 3】 一台管式换热器，利用低温气体和液烃与原料气体进行换热，使原料气

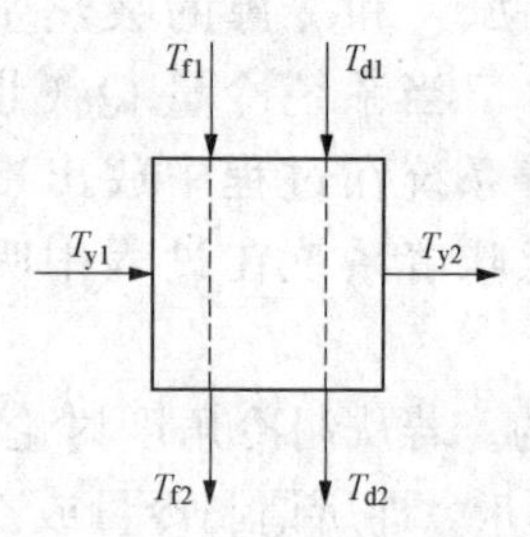

图 6-5 换热器热力学模型

体降温。已知：低温气体的质量 $m_d = 128.7\text{kmol/h}$，$T_{d1} = 211\text{K}$，$T_{d2} = 278\text{K}$，$m_{p,m} = 38.662\ 6\text{kJ/(kmol}\cdot\text{K)}$；液烃的质量 $m_f = 12.87\text{kmol/h}$，$T_{f1} = 218\text{K}$，$T_{f2} = 275\text{K}$，$C_{p,m} = 135.728\text{kJ/(kmol}\cdot\text{K)}$；原料气的质量 $m_y = 149.6\text{kmol/h}$，$T_{y1} = 296\text{K}$，$T_{y2} = 249\text{K}$，$C_{p,m} = 41.728\ 7\text{kJ/(kmol}\cdot\text{K)}$。环境温度 $T_0 = 273\text{K}$，换热器热力学模型如图 6-5 所示。计算低温气体、液烃与原料气体的冷量和冷量㶲。

解 冷量及冷量㶲的计算式分别为

$$Q_0 = GC_{p,m}(T_2 - T_1),\ E_{x,Q_0} = Q_0\left(1 - \frac{T_0}{T}\right)$$

将相应参数代入，低温气体、液烃与原料气体的冷量和冷量㶲计算值如表 6-4 所示。

表 6-4 低温气体、液烃与原料气体的冷量和冷量㶲计算值

低温气体 (kJ·h⁻¹)		液烃 (kJ·h⁻¹)		原料气体 (kJ·h⁻¹)	
冷量	冷量㶲	冷量	冷量㶲	冷量	冷量㶲
333 383.73	−75 520.7	98 872.42	−21 193.84	−293 402.84	28 255.03

注 表中"+"为获得，"−"为放出。

换热过程中放出和吸收的差为−68 495.51kJ/h，表明该设备若实现原料气体降温至所要求的参数，要消耗 68 495.51kJ/h 的能量。

【例题 6-4】 在某一低温装置中将空气自 0.6MPa 和 27℃定压预冷至−100℃，试求 1kg 空气的冷量㶲和炕。空气的平均比定压热容为 1.0kJ/(kg·K)，设环境温度为 27℃。

解 从空气中取出的冷量 q' 为

$$q' = c_p(T_2 - T_1) = 1.0 \times [(273 - 100) - (273 + 27)] = -127(\text{kJ/kg})$$

方法一：

空气放出的冷量㶲 $e_{x,q'}$ 为

$$e_{x,q'} = \int_0^{q'}\left(1 - \frac{T_0}{T}\right)\delta q' = q' - T_0\int_1^2 \frac{c_p \mathrm{d}T}{T} = q' - T_0\, c_p \ln\frac{T_2}{T_1}$$

$$= (-127) - 300 \times 1.0 \times \ln\frac{173}{300} = (-127) + 165.1 = 38.1(\text{kJ/kg})$$

炕 $a_{n,q'}$ 为

$$a_{n,q'} = q' - e_{x,q'} = -127 - 38.1 = -165.1(\text{kJ/kg})$$

方法二：

炕为

$$a_{n,q'} = T_0 \Delta s = T_0\, c_p \ln\frac{T_2}{T_1} = 300 \times 1.0 \times \ln\frac{173}{300} = -165.1(\text{kJ/kg})$$

冷量㶲为

$$e_{x,q'} = q' - a_{n,q'} = -127 - (-165.1) = 38.1(\text{kJ/kg})$$

因此，炕总是大于冷量㶲。

6.5 能量的㶲损法则

在一些热力设备中，如锅炉的排烟、燃气轮机的排气、蒸汽轮机冷凝排放的冷却水等是常见的外部损失。当这些损失离开系统时，虽然都还具有一定的㶲值，但往往难以利用而被排放到环境中损失掉了。随着能源危机的加剧，这部分能量的回收利用是很有必要的。同时，系统内部的不可逆性直接减少了有用功输出。如传热、燃烧和节流等也引起巨大的㶲损失，这类损失常常不易被注意到。

任何系统实际向外输出的有用功都小于它可能输出的最大理论功。原因是系统在运行时，存在着各种内部和外部损失。直接的外部损失容易判断，而由不可逆性引起的内部或外部㶲损失则容易受到忽视。然而，减小各部分的㶲损失是提高设备的㶲效率的前提。因此，通过对不可逆过程进行㶲损失分析，把由于不可逆性产生的㶲损和熵产联系起来，讨论在各种情况下如何计算㶲损，以确定各个部分不可逆损失的大小。找出主要不可逆损失的所在，采取有力的措施加以改进，从而提高能量利用效率。下面归纳出四项㶲损法则。

6.5.1 第一㶲损法则

第一㶲损法则：处于理想环境温度 T_0 中的系统，在确定的稳定初态和终态之间进行的不可逆过程时，输出总有用功的损失 I_{ir}（或输入功增加），等于环境温度 T_0 与系统内部熵产 S_g 的乘积。

设在两个确定的稳定初、终态①和②之间有两个不同的过程，确定端态不同过程㶲损，如图 6-6 所示。R 过程是可逆的，输出功为 $W_R = E_{x,R}$，向环境放热 Q_{0R}；I 过程是不可逆的，输出功为 $W_I = E_{x,I}$，向环境放热 Q_{0I}。

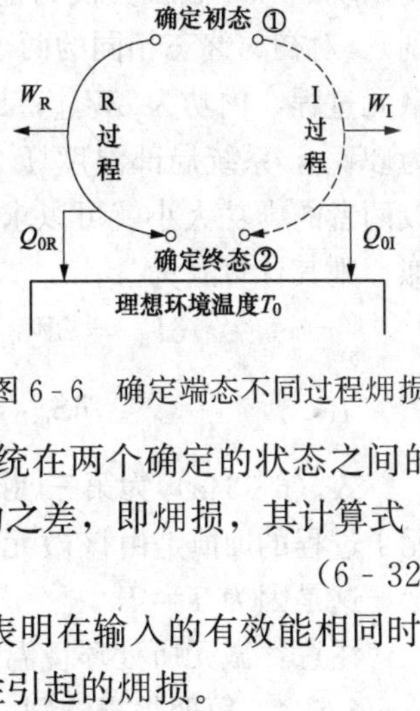

根据热力学第一定律，并根据两个过程都是在相同的初态 1 和终态 2 之间进行的，可得到系统㶲损 I_{IR} 的计算式为

$$I_{IR} = W_R - W_I = Q_{0I} - Q_{0R} = T_0 S_g \qquad (6-31)$$

图 6-6 确定端态不同过程㶲损

当系统经历不可逆过程 I 从状态①变化到状态②时，引起的熵产 $S_g = (Q_{0I} - Q_{0R})/T_0$。从另一角度看，闭系或稳定流动系统在两个确定的状态之间的可逆过程与不可逆过程的总功输出之差，数值上等于输出的轴功之差，即㶲损，其计算式

$$I_{IR} = E_{x,R} - E_{x,I} \qquad (6-32)$$

式（6-31）、式（6-32）为第一㶲损法则的数学表达式。表明在输入的有效能相同时，可逆过程输出与不可逆过程输出的有效能的差值为内部不可逆性引起的㶲损。

6.5.2 第二㶲损法则

第一㶲损法则所讨论的仅是两个确定的稳定端态间的单一过程，但复杂的实际装置中往往包含有许多子过程，而这些子过程是在可以辨认的中间状态之间进行的。因此，多个子过程装置中的总输出㶲损失（或总输入㶲增加）即为第二㶲法则所要研究的内容。

第二㶲损法则：处于理想环境（T_0，p_0）中的多个过程装置，工作于确定的稳定初和终态之间，而它所包含的各个子过程又都处于可以辨认的相应中间状态之间，那么整个装置由于不可逆性引起的输出总㶲损失（或输入总㶲增加），等于每个子过程分别引起的各输出总㶲损（或输入总㶲增加）之和，也等于理想环境温度 T_0 与过程总熵产的乘积。总熵产等

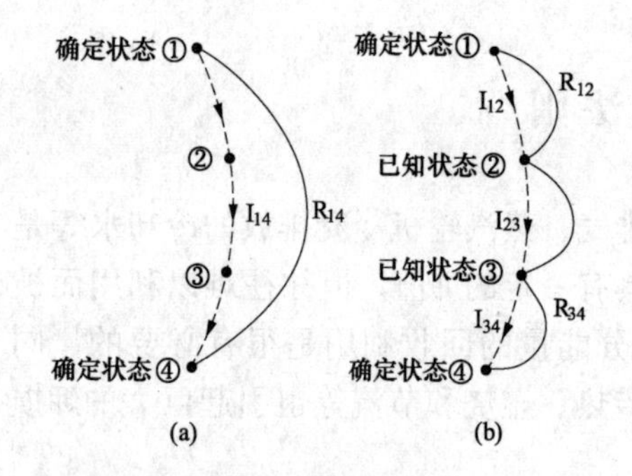

图 6-7 许多子过程可辨认的中间状态

于各子过程熵产之和。

两个确定的稳定端态间的单一过程中，所包含的许多子过程可辨认的中间状态，如图 6-7所示。其总㶲损和熵产的计算分别为

$$I = \sum_{j=1}^{n} I_j = T_0 S_g \tag{6-33a}$$

$$S_g = \sum_{j=1}^{n} S_{g,j} \tag{6-33b}$$

式（6-33a）为第二㶲损法则的数学表达式，表明在确定的稳定端态之间，一个由许多子过程组成的过程的㶲损为各个子过程㶲损之和。

6.5.3 第三㶲损法则

基于给定环境条件下，在确定的稳定端态之间，一个系统和其所处的局部环境温度为 T 的微元子过程，因不可逆性引起的输出内㶲损失（或输入㶲增加）。因此，第三㶲损法则：一个系统和其所处的局部环境温度为 T 的微元子过程，当在确定的稳态的初、终态之间进行内部不可逆微元过程时，输出内㶲（或输入㶲的增加），等于系统局部环境温度 T 与由此内部不可逆性所产生的熵产$\delta S_{g,I}$的乘积。

该法则所描述的过程与第一法则描述的过程类似。假定系统传给理想的局部环境的热量是在环境温度 T_0 下进行的，则系统的对外输出功仅为内功 δW_i（注意：内功与外功的区别）。对初、终态相同的两个微元过程，其中 R 为内部可逆的微元过程，内功为 $\delta W_{i,R}$；I 为内部不可逆的微元过程，内功为 $\delta W_{i,I}$，系统局部温度 T 的微元过程，如图 6-8 所示。比较两者的内功大小就可以求得㶲损。与第一㶲损法则推导类似，则其计算式为

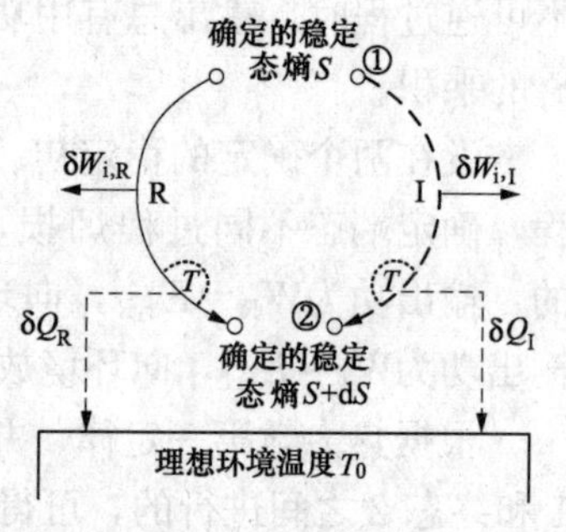

图 6-8 系统局部温度 T 的微元过程

$$\delta I_{IR} = \delta W_{i,R} - \delta W_{i,I} = T\delta S_{g,I} \tag{6-34a}$$

$$\delta S_{g,I} = dS - \frac{\delta Q_I}{T} \tag{6-34b}$$

式（6-34a）为第三㶲损法则的数学表达式。表明在确定的稳定端态之间，系统内某微元子过程的㶲损是由该微元子过程所处的温度与其产生熵产所决定的，其㶲损不能用㶲表示，这是因为 $T \neq T_0$。

注意：微元所处环境温度和系统温度都为 T。

6.5.4 第四㶲损法则

第四㶲损法则是描述系统内微小的内部不可逆性所引起输出内㶲损与输出总㶲损的关系。表述为：处于温度为 T_0的理想环境中的系统，在确定的稳定初、终态之间进行不可逆过程时，在局部温度为 T_L处产生的微小的内部过程的不可逆性所引起的输出总㶲损失 δI（或输入㶲增加），等于环境温度 T_0/T_L乘以内部不可逆性所引起的输出内㶲损 δI_L。其计算式为

$$\delta I = \frac{T_0}{T_L} \cdot \delta I_L = T_0\, \delta S_{g,L} \tag{6-35}$$

式（6-35）为第四㶲损法则的数学表达式，表明在确定的稳定端态之间，系统内微小不可逆过程产生的熵产和给定的环境温度决定系统总㶲损。微小的内部不可逆性过程如图

6-9所示。若 $T_L > T_0$，故输出总㶲损 δI 小于输出内㶲损 δI_L。这是因为内㶲损 δI_L 在后续过程中（如B②过程）仍有部分转换成有效能 dE_x，使整个系统的㶲损减小。反之亦然。

式（6-35）的推导证明，对于在确定的端态①和②之间进行的某个过程中，有微小的中间状态A和B之间进行的不可逆的子过程存在。其局部温度为 T_L。除该微小过程外，其他过程是可逆的，如图6-9所示。由于A、B两个状态固定不变，在这个子过程中不可逆性引起的内㶲减少，必然等于放热量的增加，即 $\delta I_L = -\delta Q_L$。损失掉的功全部转换成数量相等的热量。

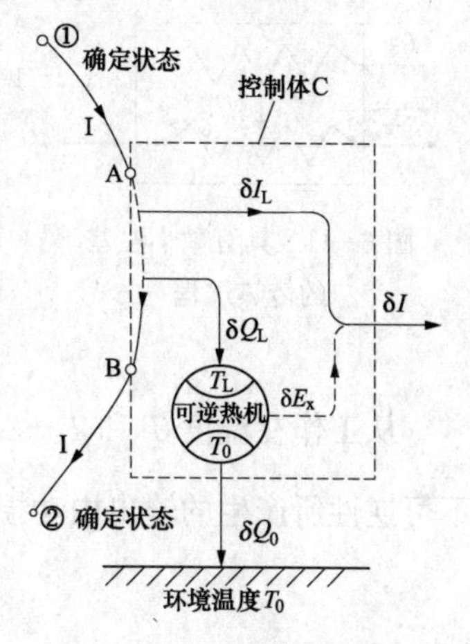

图6-9 微小的内部不可逆性过程

由图6-9中的控制体C，根据能量守恒得 $\delta I = -\delta Q_0$。对于图6-9中的辅助可逆热机，有 $\delta Q_L / T_L = \delta Q_0 / T_0$。

那么输出总㶲损 $\delta I = -T_0 \delta Q_L / T_L$。则在AB子过程中，由于内部不可逆性所产生的输出总㶲损 δI 和输出内功损失 δI_L 间的关系为 $\delta I = -T_0 \delta Q_L / T_L = (T_0 / T_L) \delta I_L$。

在低温工程中，局部不可逆性的影响尤其突出。如图6-9中控制体C中，$T_L = 4K$、$T_0 = 288K$，则 $T_0 / T_L = 72:1$。这表明局部不可逆性引起的内㶲损失对总㶲损失的影响很大。实际情况的总㶲损与内㶲损的比还要更大，72∶1是基于假设采用可逆制冷循环得出的理论值。此时，总㶲损数量大于内㶲损。

在高温热力设备中，局部不可逆性的影响将视情况不同而异。对于热力发电厂中的多级汽轮机，在靠近汽轮机进口处的级中，$T_0 / T_L \ll 1$，不可逆性的影响要比靠近汽轮机出口级的级中的影响小得多。此时，总㶲损数量小于内㶲损。因此，第四㶲损法则是不可逆环节的敏感度分析法则。

【例题6-5】 如图6-10所示的具有微小摩擦压降的绝热稳定流动过程，试计算不可逆性引起的输出内功损失与输出总功损失。设流体温度为 T。

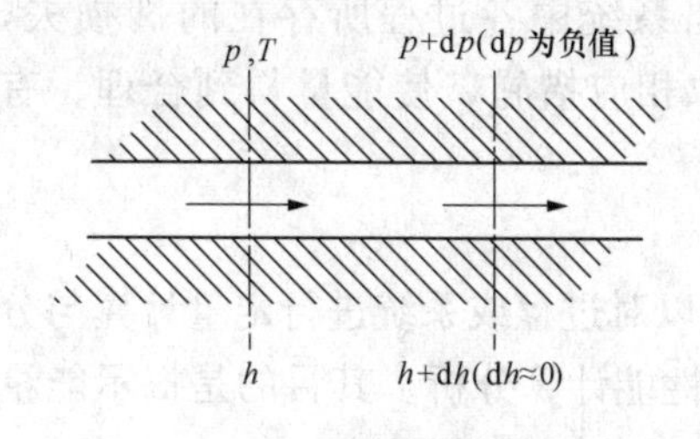

图6-10 具有微小摩擦压降的绝热稳定流动过程

解 由题意可知，dp 为负值，而 $dh=0$，故有

$$Tds = dh - vdp = -vdp$$

因为是过程绝热，所以不可逆过程产生的熵增即熵产为 $\delta s_g = ds = -vdp/T$。于是，由第一㶲损法则可得

$$\text{输出总功损失} = T_0 \delta s_g = -T_0 vdp/T$$

由工程热力学的知识可知，从具有这样大小压力降的一台可逆热机可得到的轴功为 $\delta w = -vdp$。因而，不可逆性引起的输出内功损失为 $-vdp$，因此可得

$$\text{输出总功损失} = \frac{T_0}{T}\text{输出内功损失} = -\frac{T_0}{T} vdp = T_0 \delta s_g$$

与第四㶲损法则一致。

【例题6-6】 如图6-11所示的具有微小温差的传热过程，试导出由不可逆性引起的输出内功损失与输出总功损失的关系。设两种流体的温度分别为 T 和 $T - \Delta T$。

解 冷流体 dS_l 与热流体 dS_h 的熵变分别为

$$dS_l = \frac{\delta Q_i}{T - \Delta T}, dS_h = -\frac{\delta Q_i}{T}$$

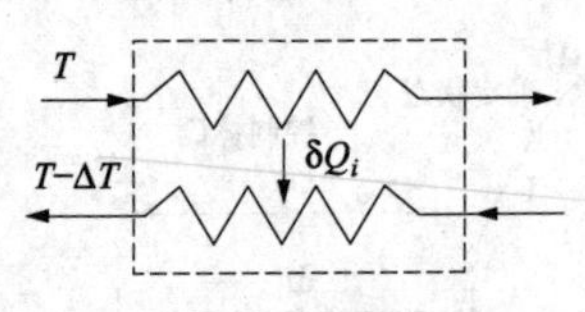

图 6-11 具有微小温差的传热过程

因为换热过程与外界是绝热的，所以不可逆性所产生的熵增为熵产 δS_g，即

$$\delta S_g = dS_l + dS_h = \frac{\delta Q_i}{T - \Delta T} - \frac{\delta Q_i}{T} \approx \frac{\Delta T}{T^2}\delta Q_i$$

从第一功损法则可得

$$输出总功损失 = T_0 \delta S_g \approx -T_0 \frac{\Delta T}{T^2}\delta Q_i$$

从工作在温度 T 和 $T-\Delta T$ 间的一台可逆热机可以得到净输出功为 $\delta W = \frac{\Delta T}{T}\delta Q_i$。因此，不可逆性所产生的输出内功损失为

$$输出内功损失 = \frac{\Delta T}{T}\delta Q_i$$

进一步可以得出

$$输出总功损失 = 输出内功损失 \times \frac{T_0}{T} = \left(\frac{\Delta T}{T}\delta Q_i\right) \times \frac{T_0}{T}$$

符合第四㶲损法则。

6.6 典型系统及过程的㶲分析

一切不可逆过程必定伴有各种㶲损失，这些㶲损失的大小揭示了过程的不可逆程度，反映了过程中能量转换与传递的完善程度，㶲损失越小，㶲效率就越高。对于能量转换与传递系统进行㶲分析的主要目的就在于要准确揭示出系统中各过程所存在的㶲损失，找到影响㶲效率的“薄弱环节”，以便“对症下药”采取相应措施，使能量得到合理、有效利用。

6.6.1 分析过程的目的、方法及步骤

系统或循环由过程构成。因此，通过热力学理论，可以对过程或系统进行定量计算与分析。本部分对典型的系统和过程，利用㶲分析法进行热力性能计算分析。其目的是揭示能量损失的程度及所引起的主要原因。

通常采用的方法及步骤：

(1) 确定所要研究对象的性质。即系统是由一个还是多个过程组成的，是什么样的系统？是闭口还是开口系？

(2) 由工质的物理性质，确定系统各主要节点处的状态参数值，并计算出相应的㶲值。

(3) 建立相应的㶲方程，确定㶲损。

(4) 利用㶲分析法，计算相应的评价指标参数值。

(5) 可将所得到的某些参数值由热力坐标表示。

(6) 通过评价指标参数值确定㶲损程度，揭示能量转换或传递过程中的“薄弱环节”及所引起的主要原因。

6.6.2 孤立系的㶲分析

孤立系中的各种形态的能量在相互转化时，其量恒定不变。因此，根据孤立系熵增原理，在理想情况下，没有能量损失。但若存在不可逆性时，孤立系虽然能量数量守恒，但㶲的总量却不守恒。因不可逆过程的存在，将有一部分㶲退化为炕，而退化为炕的那部分㶲，就无法再转换成有效能。因此，㶲的退化使有效能减少，即产生了㶲损失。

孤立系的能量守恒式为

$$\Delta E_{iso} = 0 \tag{6-36}$$

而孤立系的㶲变化为

$$\Delta E_{x,iso} \leqslant 0 \tag{6-37}$$

式（6-37）为热力学第二定律的“孤立系㶲减炕增原理”的数学表达式。为了建立孤立系的㶲平衡式，必须在式（6-37）的不等式中加㶲损失 I 项，即

$$\left.\begin{aligned}\Delta E_{x,iso} + I = 0\\ I = -\Delta E_{x,iso}\end{aligned}\right\} \tag{6-38}$$

注意，㶲平衡式不能称为㶲守恒式。这是因为实际过程必定伴有㶲损失 I 项。只有在可逆过程时，由于 $I=0$，孤立系的㶲平衡式才成为守恒式。

因 $E_{iso}=E_{x,iso}+A_{n,iso}$，且 $\Delta E_{iso}=0$，故 $\Delta E_{x,iso}+\Delta A_{n,iso}=0$，由式（6-38）得

$$\left.\begin{aligned}\Delta A_{n,iso} = I\\ \Delta A_{n,iso} \geqslant 0\end{aligned}\right\} \tag{6-39}$$

式（6-39）表明：孤立系的炕只增不减，其炕增值 $\Delta A_{n,iso}$ 恰等于孤立系的㶲损失。

根据孤立系的熵增原理，孤立系的㶲损或炕增必然与熵增之间存在一定的内在联系。

根据第一㶲损法则可知，孤立系的㶲损计算式为

$$I_{iso} = T_0 S_{g,iso} \tag{6-40}$$

式（6-40）表明，孤立系㶲减或炕增的数量等于它的熵增与环境绝对温度 T_0 的乘积。因此孤立系熵增的物理意义为孤立系熵增是其炕增或㶲损的一种度量。因此，孤立系的㶲损不仅可以按㶲平衡式或炕平衡式得出，也可以用孤立系的熵增进行计算。式（6-40）被称为高乌-史多台拉（Gouy-Stodola）公式，它是用熵产计算㶲损失的一种普遍公式。对于开口系或闭口系，同样可按式（6-40）计算㶲损。

【例题 6-7】 绝对刚性容器中充满质量 $m=10\text{kg}$ 的水，并在其中安有一叶轮。叶轮的转速 $n=2000\text{r/min}$ 时，水温 $T_1=293\text{K}$，与外界相平衡。假设由于某种原因突然停止外力对叶轮的作用，则叶轮将由于水的阻力逐渐减速，直到停止转动。求此时水温 T 是多少？㶲损失了多少？已知叶轮转动惯量 $I_E=100\text{kg}\cdot\text{m}^2$，水的比定压热容 $c_p=4.186\,8\text{kJ/(kg}\cdot\text{K)}$，环境温度为 $T_0=293\text{K}$。

解 由题意得，当外力停止作用后，此绝热刚性容器可按孤立系处理。

叶轮达 2000r/min 时具有的动能 $E_{x,k}$ 为

$$E_{x,k} = \frac{1}{2}I_E\left(\frac{2\pi n}{60}\right)^2 = \frac{1}{2}\times 100\times\left(\frac{2\times 3.141\,6\times 2000}{60}\right) = 2193.26(\text{kJ})$$

停止转动时动能为零，故有 $E_{x,k}=\Delta U_k=mc_p(T-T_1)$，由此解得

$$T = T_1 + \frac{E_{x,k}}{mc_p} = 293 + \frac{2193.256}{10\times 4.186\,8} = 345.4(\text{K})$$

由式（6-38）得孤立系的㶲平衡式为

$$\Delta E_{x,iso} + I = (0 - E_{x,k}) + \Delta E_{x,w} + I = 0$$

而水初、终态热力学能㶲的变化 $\Delta E_{x,w}$ 为

$$\Delta E_{x,w} = \Delta U_w - T_0 S_{g,w} + p_0 \Delta V_w$$

由于 $\Delta V_w = 0$，而且 $\Delta U_w = E_{x,K}$，则有

$$\Delta E_{x,iso} + I = -T_0 S_{g,w} + I = 0$$

故㶲损计算式为

$$I = T_0 S_{g,w}$$

此孤立系的熵增即为熵产，由水的熵变 ΔS_w 与叶轮熵变 ΔS_x 组成，即 $\Delta S_{iso} = S_{g,w} = \Delta S_w + \Delta S_x$。因叶轮的熵不变 $\Delta S_x = 0$，故 $\Delta S_{g,w} = \Delta S_w$，则㶲损为

$$I = T_0 S_{g,w} = T_0 \Delta S_w = 293 \times 10 \times 4.1868 \times \ln \frac{345.4}{293} = 2018.3(\text{kJ})$$

通过［例题 6-7］的计算可知，叶轮动能的减少完全转化为水的热力学能的增加。但从转换为有效能的能力而言，水所增加的热力学能，其转换为有效能的能力要比原叶轮的动能转换得小。因此，有效能的转换能力减小，意味着存在着㶲损。这主要是因摩阻不可逆因素引起的。

6.6.3 闭口系的㶲分析

闭口系的总质量不变，但质量不变的系统并不一定就是闭口系。当然也不等于它内部各组分的质量不能变化。在有化学反应时，组分的质量在不断改变。根据质量守恒定律，虽然组分质量发生变化，但闭口系的总质量仍然保持不变。然而闭口系与外界是可以进行能量交换的。

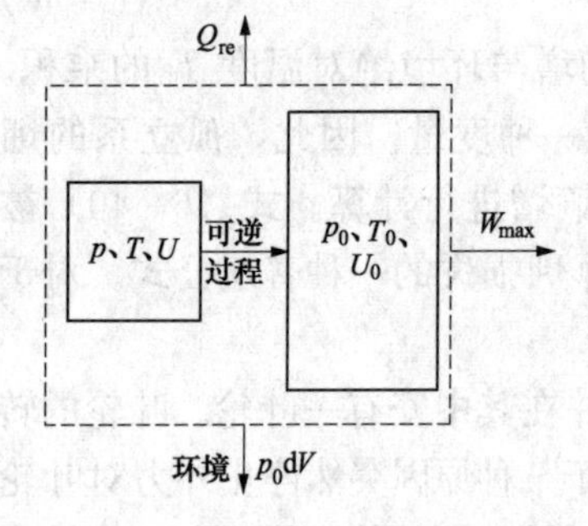

图 6-12 闭口系与外界进行的能量交换

闭口系在给定状态（p、T），经过可逆过程变化到环境基准状态（p_0、T_0）所传递的最大有用功，即为㶲值。

设闭口系在给定状态（p、T）下，其工质的热力学参数为 V、U、S。可逆地变化到环境基准状态（p_0、T_0）时，对应的参数为 V_0、U_0、S_0。闭口系与外界进行的能量交换，如图 6-12 所示。闭口系在此过程中的能量微分方程为

$$dU = -\delta Q_{re} + \delta W_{max} = -\delta Q_{re} + p_0 dV + \delta W_{u,max} \tag{6-41}$$

式中：$p_0 dV$ 为气体在膨胀过程中，由于推挤环境介质必须付出的功，kJ；$\delta W_{u,max}$ 为可对外界传递的最大有用功，kJ；δQ_{re} 为对环境的放热量，kJ。

当系统放热时，环境就吸热，故 $-\delta Q_{re} = \delta Q_{sur}$。由于是可逆过程，系统的熵变与环境熵变之和为零，即 $dS + dS_{sur} = 0 \rightarrow dS = -dS_{sur}$。

环境的熵变化为：$dS_{sur} = \delta Q_{sur}/T_0 = -\delta Q_{re}/T_0$，故 $\delta Q_{re} = -T_0 dS_{sur} = T_0 dS$。代入式（6-41）得系统对外界传递的最大有用功为

$$\delta W_{u,max} = T_0 dS - dU - p_0 dV \tag{6-42}$$

若从任意状态到环境基准状态积分，得到系统对外界传递的最大有用功为

$$W_{u,max} = (U - U_0) + p_0(V - V_0) - T_0(S - S_0) \tag{6-43}$$

因此，在环境基准状态（p_0、T_0）下，闭口系可能提供的最大有用功，即㶲为

$$E_x = W_{u,\max} = (U + p_0 V - T_0 S) - (U_0 + p_0 V_0 - T_0 S_0) \tag{6-44}$$

若闭口系从1状态可逆过渡到2状态，则所能传递的最大有用功，即㶲平衡方程为

$$W_{u,\max} = E_{x1} - E_{x2} = E_{x,U_2} - E_{x,U_1} \tag{6-45}$$

式中：E_{x,U_1}、E_{x,U_2}分别为闭口系1状态和2状态的热力学能㶲，kJ；若以环境为基准态，热力学能㶲的计算式为$E_{x,U}=(U-U_0)+p_0(V-V_0)-T_0(S-S_0)$。

式（6-45）是闭口系状态可逆发生变化时的㶲平衡方程。因可逆，故㶲损$I=0$。

当闭口系从1状态不可逆过渡到2状态时，因存在㶲损，其㶲方程的形式发生改变，闭口系不可逆能量传递如图6-13所示。闭口系能量方程为

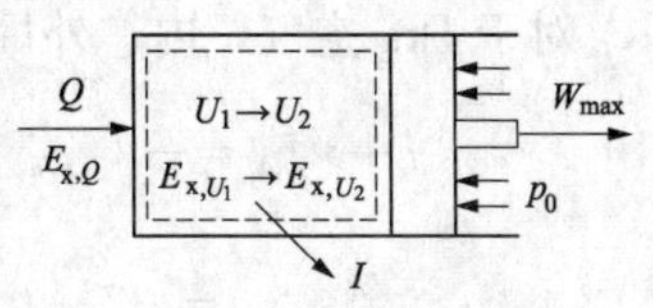

图6-13 闭口系不可逆能量传递

$$Q = \Delta U + W_{\max} = \Delta U + W_{u,\max} + p_0 \mathrm{d}V \tag{6-46}$$

则㶲平衡方程为

$$E_{x,Q} - W_{u,\max} - I = E_{x,U_2} - E_{x,U_1} \tag{6-47}$$

则热量㶲$E_{x,Q}$和㶲损失I的计算式为

$$\left.\begin{aligned} E_{x,Q} &= E_{x,U_2} - E_{x,U_1} - W_{u,\max} - I \\ I &= E_{x,Q} + E_{x,U_1} - E_{x,U_2} - W_{u,\max} \end{aligned}\right\} \tag{6-48}$$

或

$$\left.\begin{aligned} E_{x,Q} &= \left(1 - \frac{T_0}{T}\right)Q \\ I &= T_0 S_g \end{aligned}\right\} \tag{6-49}$$

此时，若闭口系为可逆的，则系统对外传递的最大有用功为

$$W_{u,\max} = E_{x,Q} + E_{x,U_1} - E_{x,U_2} \tag{6-50}$$

闭口系的㶲效率η_{ex}及㶲损系数ξ的计算式为

$$\eta_{ex} = \frac{W_{u,\max}}{E_{x,Q}}, \xi = \frac{I}{E_{x,Q}}$$

【例题6-8】 充装在气缸内的空气，开始时与周围环境相平衡。其参数为$p_0=1.2\text{bar}$，$t_0=25℃$，外界耗功37kJ/kg压缩空气。试问：

（1）空气终压最高可达多少？

（2）若实际终压为3.0bar时，㶲损失、熵产为多少？已知：空气的气体常数$R_g=0.287\text{kJ/(kg·K)}$，并设为理想气体。

解 （1）为使空气终压达到最高，压缩过程应是可逆的，而且向周围环境的传热过程也应是可逆的，即空气经历了可逆定温（T_0）的压缩过程。

以空气为闭口系，其可逆过程的㶲平衡式为

$$E_{x,U_2} - E_{x,U_1} + W = 0$$

由题意可知，空气初态与环境相平衡，其热力学能㶲$E_{x,U_1}=0$。对于1kg空气，终态时的热力学能㶲$e_{x,u_2}=(u_2-u_0)+p_0(v_2-v_0)-T_0(s_2-s_0)=w=37\text{kJ/k}$。由于是可逆定温过程，则$u_2=u_0$；而且为理想气体，则$v_2-v_0=R_g T_0(1/p_2-1/p_0)$，$s_2-s_0=-R_g\ln(p_2/p_0)$。

1kg空气的热力学能㶲为

$$e_{x,u_2}=R_gT_0\left[\ln\left(\frac{p_2}{p_0}\right)+\frac{p_0}{p_2}-1\right]=0.287\times298.15\left[\ln\left(\frac{p_2}{1.2}\right)+\frac{1.2}{p_2}-1\right]=37(\text{kJ/kg})$$

解得

$$p_2=p_{2,\max}=3.6(\text{bar})$$

(2) 若终态实际压力 p_2' 为3.0bar，说明空气经历了不可逆过程，其㶲平衡式为$E'_{x,U_2}+W+I+E_{x,Q_0}=0$，因而内、外㶲损失的总和为 $I+E_{x,Q_0}=-(E'_{x,U_2}+W)$。

对于1kg空气，内、外㶲损失的总和为

$$i+e_{x,Q_0}=-(e'_{x,u_2}+w)=37-R_gT_0\left[\ln\left(\frac{p_2'}{p_0}\right)+\frac{p_0}{p_2'}-1\right]$$

$$=37-0.287\times298.15\left[\ln\left(\frac{3}{1.2}\right)+\frac{1.2}{3}-1\right]=9.95(\text{kJ/kg})$$

对于1kg空气，不可逆过程产生的熵产为

$$s_g=\frac{i+e_{x,Q_0}}{T_0}=\frac{9.95}{298.15}=0.0334(\text{kJ}\cdot\text{kg}^{-1}\cdot\text{K}^{-1})$$

通过［例6-8］计算可知，对于闭口压缩系统要想获得最高压力，压缩过程必须为可逆。但实际压缩过程都是不可逆的。因此，总是存在着㶲损。而㶲损包括内部的摩擦耗散和对外界释放热量㶲。

【例题6-9】 活塞内水蒸气初始状态参数 $p_1=1\text{MPa}$ 和 $t_1=300℃$，体积为 $V_1=0.015\text{m}^3$，膨胀做功后的压力为 $p_2=0.14\text{MPa}$，汽缸体积为 $V_2=0.075\text{m}^3$。试计算：

(1) 初态和终态的热力学能㶲。

(2) 从初态到终态可能做出的最大有用功。

(3) 设膨胀过程向环境散热1.0kJ，求实际做功量。设环境大气状态为 $p_0=0.1\text{MPa}$ 和 $t_0=20℃$。

解 从水蒸气表查得

$v_1=0.25793\text{m}^3/\text{kg}$，$h_1=3050.4\text{kJ/kg}$，$s_1=7.1216\text{kJ/(kg}\cdot\text{K)}$，$v_0=0.001\text{m}^3/\text{kg}$，$h_0=83.96\text{kJ/kg}$，$s_0=0.2963\text{kJ/(kg}\cdot\text{K)}$。

汽缸中蒸汽质量为

$$m=\frac{V_1}{v_1}=\frac{0.015}{0.25793}=0.05816(\text{kg})$$

终态蒸汽比体积为

$$v_2=\frac{V_2}{m}=\frac{0.075}{0.05816}=1.2896(\text{m}^3/\text{kg})$$

再根据 p_2，v_2 查水蒸气表得：$t_2=124.6℃$，$s_2=7.3268\text{kJ/(kg}\cdot\text{K)}$，$h_2=2721.6\text{kJ/kg}$。

计算各状态下的热力学能为

$$u_1=h_1-p_1v_1=3050.4-1\times10^6\times0.25793\times10^{-3}=2792.47(\text{kJ/kg})$$

$$u_2=h_2-p_2v_2=2721.6-0.14\times10^6\times1.2896\times10^{-3}=2541.06(\text{kJ/kg})$$

$$u_0=h_0-p_0v_0=83.96-0.1\times10^6\times0.0010018\times10^{-3}=83.86(\text{kJ/kg})$$

(1) 蒸汽在初态时的热力学能㶲为

$$e_{x,u_1}=(u_1-u_0)+p_0(v_1-v_0)-T_0(s_1-s_0)$$

$$=2792.47-83.86+0.1\times10^3\times(0.25793-0.001)-293\times(7.1216-0.2963)$$

$$=734.49(\text{kJ/kg})$$

$$E_{x,U_1}=me_{x,u_1}=0.058\,16\times734.49=42.718(\text{kJ})$$

蒸汽在终态时的热力学能㶲为

$$\begin{aligned}e_{x,u_2}&=(u_2-u_0)+p_0(v_2-v_0)-T_0(s_2-s_0)\\&=2541.06-83.86+0.1\times10^3\times(1.289\,6-0.001)-293\times(7.326\,8-0.296\,3)\\&=526.18(\text{kJ/kg})\end{aligned}$$

$$E_{x,U_2}=me_{x,u_2}=0.058\,16\times526.18=30.66(\text{kJ})$$

(2) 从初态到终态可能做出的最大有用功为

$$w_{u,\max}=e_{u,1}-e_{u,2}=734.49-526.18=208.31(\text{kJ/kg})$$

$$W_{U,\max}=mw_{u,\max}=E_{x,U_1}-E_{x,U_2}=0.058\,16\times208.31=12.12(\text{kJ})$$

(3) 实际过程做出的有用功为

$$\begin{aligned}w_u&=w-p_0(v_2-v_1)=q-(u_2-u_1)-p_0(v_2-v_1)\\&=-\frac{1}{0.058\,16}-(2541.06-2792.47)-0.1\times10^3\times(1.289\,6-0.257\,93)\\&=131.04(\text{kJ/kg})\end{aligned}$$

由此可知，实际有用功为最大有用功的131.04/208.31=62.9%，故实际过程为不可逆过程。

6.6.4 开口系的㶲分析

开口系不仅有物质交换，同时还有能量交换，因此，比闭口系的情况要复杂些。

1. 非稳态开口系㶲分析

开口系又称控制体积系统，而非稳态开口系虽然所控制的体积数值不变，但形状和其他参数随时间发生变化。若质量也随时间发生变化，又可称为变质量开口系。不可逆开口流动系统如图6-14所示。

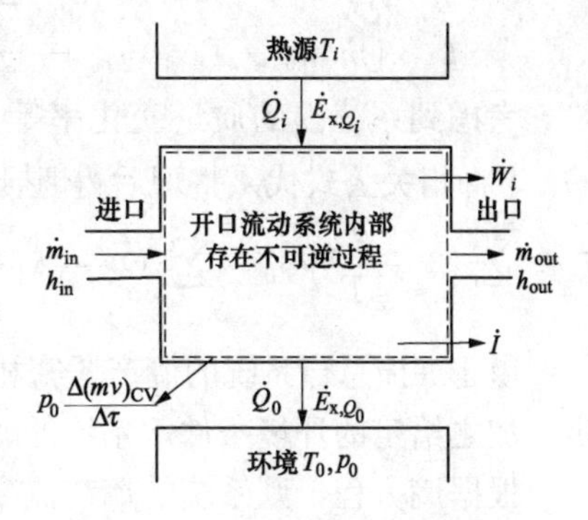

图6-14 不可逆开口流动系统

进入开口系的能量：除环境以外从其他热源吸收的热流率及热量㶲流$\sum\dot{Q}_i$、$\sum\dot{E}_{w,Q_i}$及工质进口的比焓h_{in}和工质质量流量$\dot{m}_{in}$。

离开开口系的能量：放给环境的热流率及热量㶲流$\dot{Q}_0$、$\dot{E}_{w,Q_0}$及工质出口的比焓h_{out}、工质质量流量$\dot{m}_{out}$、对外界传递的功率$\sum\dot{W}_i$和㶲损失率$\dot{I}$。单位时间内控制体内的工质质量的变化为$\Delta m_{CV}/\Delta\tau=\dot{m}_{in}-\dot{m}_{out}$。若开口系发生变形，则单位时间克服大气阻力的功为$p_0\Delta(mv)_{CV}/\Delta\tau$。

当忽略外部宏观动能、位能时，非稳态开口系能量方程为

$$\sum\dot{Q}_i=\sum\dot{W}_i+(\dot{m}h)_{out}-(\dot{m}h)_{in}+p_0\frac{\Delta(mv)_{CV}}{\Delta\tau}+\dot{Q}_0\tag{6-51}$$

此时，非稳态开口系的㶲方程为

$$\sum\dot{E}_{x,Q_i}=\sum\dot{W}_i-p_0\frac{\Delta(mv)_{CV}}{\Delta\tau}+(\dot{m}e_x)_{out}-(\dot{m}e_x)_{in}+\frac{\Delta(me_{x,u})_{CV}}{\Delta\tau}+\dot{I}+\dot{E}_{x,Q_0}\tag{6-52}$$

式中：$(\dot{m}e_x)_{in}$、$(\dot{m}e_x)_{out}$为工质进、出系统的焓㶲流，kW，其比㶲计算式为$e_x=(h-h_0)-T_0(s-s_0)$；$(me_{x,u})_{CV}/\Delta\tau$为工质热力学能㶲随时间的变化，kW，其比热力学能㶲的计算式$e_{x,u}=(u-u_0)+p_0(v-v_0)-T_0(s-s_0)$；$\sum\dot{E}_{x,Q_i}$、$\dot{E}_{x,Q_0}$分别为进出系统的热量㶲流，kW，

其计算式为$\sum \dot{E}_{x,Q_i}=\sum(1-T_0/T_i)\dot{Q}_i$，$\dot{E}_{x,Q_0}=0$；$\dot{I}$为包括冷热源在内的整个系统的㶲损流率，kW。

注意：㶲损失率之所以是包括冷热源在内的整个系统的，这是因为计算进、出系统的热量㶲时用的是冷、热源的温度，而不是系统本身温度。如果用系统的温度，㶲损失只包含开口系，而冷热源因换热温差存在所造成的㶲损失则不包含在内。

将比热力学能㶲$e_{x,u}$的计算式代入式（6-52），并整理得㶲损流率一般计算式为

$$\dot{I}=\sum\dot{E}_{x,Q_i}-\sum\dot{W}_i-[(\dot{m}e_x)_{out}-(\dot{m}e_x)_{in}]-\frac{\Delta[m(u-u_0-T_0s-T_0s_0-p_0v_0)]_{CV}}{\Delta\tau} \tag{6-53}$$

若不忽略系统外部宏观动能、位能时，则将工质流的进、出口的焓㶲流$(\dot{m}e_x)_{in}$、$(\dot{m}e_x)_{out}$分别改写成$[\dot{m}(e_x+0.5c_f^2+gz)]_{in}$、$[\dot{m}(e_x+0.5c_f^2+gz)]_{out}$即可。

如果将式（6-53）改写成非㶲参数表示，则为

$$\dot{I}=\sum\left(1-\frac{T_0}{T_i}\right)\dot{Q}_i-\sum\dot{W}_i-\{\dot{m}[(h-h_0)-T_0(s-s_0)]\}_{out}$$
$$+\{\dot{m}[(h-h_0)-T_0(s-s_0)]\}_{in}-\frac{\Delta[m(u-u_0-T_0s-T_0s_0-p_0v_0)]_{CV}}{\Delta\tau}$$

式中：令$e_{x,h}=(h-h_0)-T_0(s-s_0)$为比焓㶲，焓㶲为$E_{x,H}=(H-H_0)-T_0(S-S_0)$。

给定环境状态下参数为常数，故有

$$\frac{\Delta[m(u_0-T_0s_0+p_0v_0)]_{CV}}{\Delta\tau}=(h_0-T_0s_0)\frac{\Delta m_{CV}}{\Delta\tau}$$
$$[\dot{m}(h_0-T_0s_0)]_{out}-[\dot{m}(h_0-T_0s_0)]_{in}=(h_0-T_0s_0)(\dot{m}_{out}-\dot{m}_{in})$$

考虑到系统内的质量变化率等于工质进、出系统质量流的差值，即$\Delta m_{CV}/\Delta\tau=\dot{m}_{in}-\dot{m}_{ex}$，将相关公式代入整理后得㶲损流率计算式为

$$\dot{I}=\sum\left(1-\frac{T_0}{T_i}\right)\dot{Q}_i-\sum\dot{W}_i-\{[\dot{m}(h-T_0s)]_{out}-[\dot{m}(h-T_0s)]_{in}\}-\frac{\Delta[m(u-T_0s)]_{CV}}{\Delta\tau}$$

由于㶲损总与系统的熵产紧密相连，因此，只要非稳态开口系的熵产或熵产流率能够确定，加之给定的环境条件，系统的㶲损或㶲损流率即可计算。

根据熵方程，则系统的熵产流率计算式为

$$\dot{S}_g=\frac{\Delta(ms)_{CV}}{\Delta\tau}+\left(\frac{\dot{Q}_0}{T_0}-\sum\frac{\dot{Q}_i}{T_i}\right)+(\dot{m}s)_{out}-(\dot{m}s)_{in}$$

则非稳态开口系㶲损流率为

$$\dot{I}=T_0\dot{S}_g=T_0\left[\frac{\Delta(ms)_{CV}}{\Delta\tau}+\left(\frac{\dot{Q}_0}{T_0}-\sum\frac{\dot{Q}_i}{T_i}\right)+(\dot{m}s)_{out}-(\dot{m}s)_{in}\right] \tag{6-54}$$

式（6-54）表明：非稳态开口系总㶲损流率等于给定环境热力学温度与该系统的熵产流率的乘积。该式为非稳态开口系用熵产流率计算㶲损流率的通用计算式。

式（6-51）～式（6-54）也适用于变质量开口系或非稳态开口系。

当不可逆开口系的边界不发生位移时，且$\dot{m}_{in}=\dot{m}_{out}$，则式（6-52）、式（6-53）变为

$$\sum\dot{E}_{x,Q_i}=\sum\dot{W}_i+(\dot{m}e_x)_{out}-(\dot{m}e_x)_{in}+\dot{I} \tag{6-55}$$

$$\dot{I}=\sum\dot{E}_{x,Q_i}-\sum\dot{W}_i-[(\dot{m}e_x)_{out}-(\dot{m}e_x)_{in}] \tag{6-56}$$

当开口系为可逆时，系统对外界传递的有用功率 $\sum\dot{W}_{i,rev}$ 及㶲损流率分别为

$$\left.\begin{aligned}\sum\dot{W}_{i,rev}&=\sum\dot{E}_{w,Q_i}-[(\dot{m}e_x)_{out}-(\dot{m}e_x)_{in}]\\ \dot{I}&=0\end{aligned}\right\} \tag{6-57}$$

【例题6-10】 有一储气瓶，内部原为真空，现将其与输气管道相连进行充气。设充气过程中输气管道内的空气参数始终保持不变，经 τ 时刻的充气，储气瓶内空气的质量为 m，热力学能为 u'。如忽略充气过程中空气的宏观动能与重力位能的影响，而且认为管路与储气瓶是绝热的。试写出相对于每千克充气量的㶲损流率表达式。

解 设输气管内空气的压力为 p，温度为 T，比焓为 h，比熵为 s_x，比焓㶲为 e_x。经 τ 时刻后，储气瓶内空气的比热力学能㶲为 $e'_{x,u}$，熵为 s'，比热力学能为 u'，压力为 p'，温度为 T'，$\dot{I}_\tau$ 为 τ 时刻的充气的㶲损率。

以储气瓶为非稳态开口系，其㶲平方程式为

$$\sum\dot{E}_{x,Q_i}=\dot{I}_\tau+\sum\dot{W}_i+(\dot{m}e_x)_i+\frac{\Delta[m(u-u_0-T_0s-T_0s_0-p_0v_0)]_{CV}}{\Delta\tau}+\dot{E}_{x,Q_0}$$

根据题意，储气瓶与外界绝热，不对外做功，又不能变形，而且无工质流出，因此 $\sum\dot{E}_{x,Q_i}=0,\dot{E}_{x,Q_0}=0,\sum\dot{W}_i=0,(\dot{m}e_x)_i=0-\dot{m}e_x$，则㶲方程式变化为

$$\dot{I}_\tau=\dot{m}e_x-\frac{\Delta[m(u-u_0-T_0s-T_0s_0-p_0v_0)]_{CV}}{\Delta\tau}$$

经 τ 时刻充气，则总㶲损为

$$\int_0^\tau\dot{I}_\tau d\tau=e_x\int_0^\tau\dot{m}d\tau-\int_0^\tau\frac{\Delta(mu)_{CV}}{\Delta\tau}d\tau+T_0\int_0^\tau\frac{\Delta(ms)_{CV}}{\Delta\tau}d\tau+(u_0+p_0v_0-T_0s_0)\int_0^\tau\frac{\Delta m_{CV}}{\Delta\tau}$$

储气瓶充气 τ 时刻的㶲损失 $I=\int_0^\tau\dot{I}_\tau d\tau$，充气量 $m=\int_0^\tau\dot{m}d\tau=\int_0^\tau\frac{\Delta m_{CV}}{\Delta\tau}d\tau$，而 $mu'=\int_0^\tau\frac{\Delta(mu)_{CV}}{\Delta\tau}d\tau,T_0ms'=T_0\int_0^\tau\frac{\Delta(ms)_{CV}}{\Delta\tau}d\tau,e_x=(h-h_0)-T_0(s-s_0)$。将这些代入总㶲损计算式并整理后得

$$I=me_x-mu'+T_0ms'+m(u_0+p_0v_0-T_0s_0)=m[h-u'-T_0(s-s')]$$

则相对于单位质量的㶲损失为

$$i=h-u'-T_0(s-s')$$

根据开口系的热力学第一定律表达式，有

$$\dot{m}h=\frac{\Delta(mu)_{CV}}{\Delta\tau}$$

经过 τ 时刻后，有

$$h\int_0^\tau\dot{m}d\tau=\int_0^\tau\frac{\Delta(mu)_{CV}}{\Delta\tau}$$

则

$$mh=mu'$$

将 $mh=mu'$ 代入 $I=me_x-mu'+T_0ms'+m(u_0+p_0v_0-T_0s_0)=m[h-u'-T_0(s-s')]$，

则相对于单位质量的㶲损失为

$$i = T_0(s' - s)$$

若对此开口系列出熵方程

$$\frac{\Delta(ms)_{CV}}{\Delta\tau} - \dot{m}s = \delta \dot{S}_g$$

经 τ 时刻，则

$$\int_0^\tau \frac{\Delta(ms)_{CV}}{\Delta\tau}d\tau - \int_0^\tau \dot{m}sd\tau = \int_0^\tau \delta \dot{S}_g$$

将$S_g = m(s'-s)$代入$i = T_0(s'-s)$后得

$$i = T_0 \frac{S_g}{m}$$

若空气按理想气体处理，其$s'-s = c_p\ln(T'/T) - R_g\ln(p'/p)$，则相对于单位充气量的充气过程㶲损失

$$i = T_0\left[c_p\ln\left(\frac{T'}{T}\right) - R_g\ln\left(\frac{p'}{p}\right)\right]$$

2. 稳流开口系㶲分析

稳流开口系的一个显著特点为系统内各处的参数不随时间变化。即满足 $dx_i/d\tau = 0$（x_i为各参数）。因此，根据质量守恒定律有 $\dot{m} = \dot{m}_{in} = \dot{m}_{out}$。由非稳流开口系所得到的各计算式可以推导出稳流开口系各计算式。

当忽略外部宏观动能、位能时，稳态开口系能量和㶲方程分别为

$$\sum \dot{Q}_i = \sum \dot{W}_i + \dot{m}(h_{out} - h_{in}) + \dot{Q}_0 \tag{6-58}$$

$$\sum \dot{E}_{x,Q_i} = \sum \dot{W}_i + \dot{m}(e_{x,out} - e_{x,in}) + \dot{I} \tag{6-59}$$

若考虑外部宏观动能、位能，处理方法同非稳态开口系。

稳态开口系的熵产流率和㶲损流率计算式分别为

$$\left.\begin{aligned} \dot{S}_g &= \left(\frac{\dot{Q}_0}{T_0} - \sum \frac{\dot{Q}_i}{T_i}\right) + \dot{m}(s_{out} - s_{in}) \\ \dot{I} &= T_0\dot{S}_g = T_0\left[\left(\frac{Q\dot{}_0}{T_0} - \sum \frac{\dot{Q}_i}{T_i}\right) + \dot{m}(s_{out} - s_{in})\right] \end{aligned}\right\} \tag{6-60}$$

若系统为可逆，则有用功率为

$$\sum \dot{W}_{i,rev} = \sum \dot{E}_{w,Q_i} - \dot{m}(e_{x,out} - e_{x,in}) \tag{6-61}$$

【例题 6-11】 3.5MPa、435℃的蒸汽以 40 000kg/h 的流量流入汽轮机。蒸汽流经汽轮机膨胀至 0.5MPa、180℃时以 7480kg/h 抽出蒸汽，其余蒸汽在 0.005MPa 和干度为 0.82 的状态排出汽轮机。试求：

（1）流入、流出汽轮机及抽出蒸汽的㶲值。

（2）汽轮机可能输出的最大有用功率。

（3）汽轮机实际输出的功率。

（4）汽轮机因膨胀过程不可逆性引起的㶲损失。环境状态为 0.1MPa、20℃。计算中不

计蒸汽的动能和位能。

解 由蒸汽性质表查得蒸汽参数为

由 $p_1=3.5\text{MPa}$，$t_1=435℃$，查得 $h_1=3304.1\text{kJ/kg}$，$s_1=6.9599\text{kJ/(kg·K)}$

由 $p_2=0.5\text{MPa}$，$t_2=180℃$，查得 $h_2=2811.4\text{kJ/kg}$，$s_2=6.9647\text{kJ/(kg·K)}$

由 $p_3=0.005\text{MPa}$，$t_3=32.9℃$，查得 $h_3=2125.3\text{kJ/kg}$，$s_3=6.9705\text{kJ/(kg·K)}$

由 $p_0=0.1\text{MPa}$，$t_0=20℃$，查得 $h_0=84.0\text{kJ/kg}$，$s_0=0.2963\text{kJ/(kg·K)}$

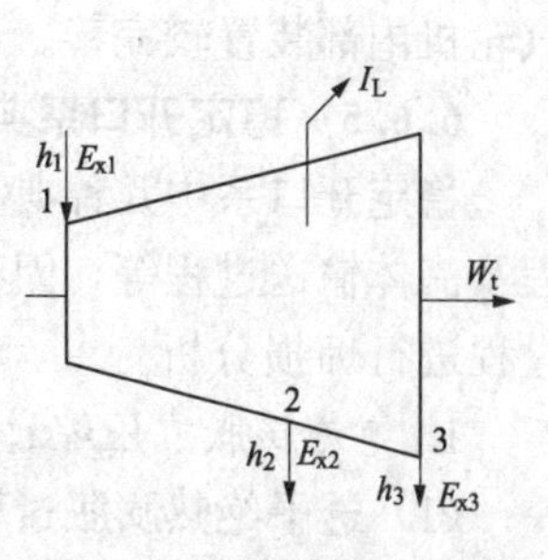

图 6-15 汽轮机的能量平衡和㶲平衡

汽轮机的能量平衡和㶲平衡如图 6-15 所示。

(1) 流入、流出汽轮机及抽出蒸汽的比焓㶲：

$$e_{x1}=(h_1-h_0)-T_0(s_1-s_0)$$
$$=(3304.1-84.0)-293\times(6.9599-0.2963)$$
$$=1267.7(\text{kJ/kg})$$

$$\dot{E}_{x1}=\dot{m}_1e_{x1}=40\,000\times1267.7=50.707\times10^6(\text{kJ/h})$$

$$e_{x2}=(h_2-h_0)-T_0(s_2-s_0)$$
$$=(2811.4-84.0)-293\times(6.9647-0.2963)$$
$$=773.6(\text{kJ/kg})$$

$$\dot{E}_{x2}=\dot{m}_2e_{x2}=7480\times773.6=5.786\times10^6(\text{kJ/h})$$

$$e_{x3}=(h_3-h_0)-T_0(s_3-s_0)$$
$$=(22\,125.3-84.0)-293\times(6.9705-0.2963)$$
$$=85.76(\text{kJ/kg})$$

$$\dot{E}_{x3}=\dot{m}_3e_{x3}=(40\,000-7480)\times85.76=2.789\times10^6(\text{kJ/h})$$

(2) 如图 6-15 所示，汽轮机可能输出的最大有用功，可由可逆条件下㶲方程式求得

$$\dot{W}_{max}=\dot{E}_{x1}-\dot{E}_{x2}-\dot{E}_{x3}$$
$$=50.707\times10^6-773.6\times10^6-85.76\times10^6$$
$$=42.132\times10^6(\text{kJ/h})$$

(3) 如图 6-15 所示，汽轮机实际输出功，可由汽轮机能量方程式求得

$$\dot{W}_t=\dot{m}_1h_1-\dot{m}_2h_2-\dot{m}_3h_3$$
$$=40\,000\times3304.1-7480\times2811.4-(40\,000-7480)\times2125.3$$
$$=42.02\times10^6(\text{kJ/h})$$

(4) 不可逆性引起的㶲损失可由汽轮机的㶲平衡方程式求得

$$\dot{I}_L=\dot{E}_{x1}-\dot{E}_{x2}-\dot{E}_{x3}-\dot{W}_t=\dot{W}_{max}-\dot{W}_t$$
$$=42.132\times10^6-42.02\times10^6$$
$$=112\,000(\text{kJ/h})$$

通过［例 6-11］计算可知，汽轮机内的蒸汽随着膨胀的进行，其㶲值逐渐下降，而进

口处的㶲值最高，排汽口处的最低但仍具有一定㶲值。汽轮机内的㶲损失相对较小，说明汽轮机内部装置较完善。

6.6.5 稳定开口系典型过程㶲分析

稳定开口系中几种典型的过程，如绝热膨胀或压缩过程、绝热节流过程、有摩阻传热过程及流体输送过程等，因存在不可逆性而造成㶲损失。基于㶲分析法分别对这几种典型的过程进行㶲损分析。

1. 绝热膨胀或压缩过程

(1) 透平绝热膨胀过程。在透平机内绝热膨胀的工质，将热力学能转换为轴功。因工质膨胀速度较快，通常来不及向外界释放热量，故认为该过程为绝热膨胀过程。透平机内工质绝热膨胀过程及 T-s 图，如图 6-16 所示。

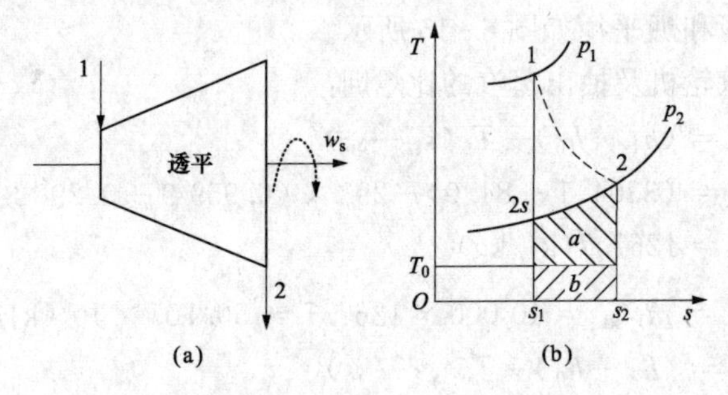

图 6-16 透平机内工质绝热膨胀过程及 T-s 图

(a) 透平机；(b) 工质绝热膨胀过程

若不忽略动能、位能的变化，则 1kg 工质的能量方程为

$$w_s = h_1 - h_2 \tag{6-62}$$

若过程存在不可逆性，则 1kg 工质的㶲方程为

$$w_s + i = e_{x,1} - e_{x,2} \tag{6-63a}$$

若过程为可逆的，则 1kg 工质的㶲方程为

$$w_{s,rev} = e_{x,1} - e_{x,2s} \tag{6-63b}$$

通过比较式 (6-62) 与式 (6-63a)，两个过程间存在的比㶲损 i 的大小，可以反映出不可逆程度。即 i 数值越大，过程有效能损失越大，不可逆程度越大，过程的能量转换或利用变越不完善。当 $i=0$ 时，过程可逆，其能量转换或利用的完善程度达到最大，即为理想情况。

过程（透平）的定熵㶲效率 $\eta_{ex,T}$ 和㶲损系数 ξ 计算式为

$$\left.\begin{aligned}\eta_{ex,T} &= \frac{w_s}{e_{x,1} - e_{x,2}}\\ \xi &= \frac{i}{e_{x,1} - e_{x,2}}\end{aligned}\right\} \tag{6-64}$$

过程（透平）的定熵效率 $\eta_{s,T}$ 对绝热过程也能很好地反映其不可逆性。在相同的初、终态和其他条件下，可逆过程输出的轴功 $w'_s = h_1 - h_{2s}$。定熵效率为实际 1kg 工质输出的轴功 w_s 与可逆过程输出的轴功 w'_s 的比值，即

$$\eta_{s,T} = \frac{w_s}{w'_s} = \frac{h_1 - h_2}{h_1 - h_{2s}} \tag{6-65}$$

由式（6－64）及式（6－65）可知，透平的定熵效率$\eta_{s,\mathrm{T}}$和㶲效率$\eta_{\mathrm{ex,T}}$是两种不同的定义和含义的参数。两式分子相同，但分母不同。两式分母的差值$\Delta=(h_1-h_{2s})-(e_{\mathrm{x},1}-e_{\mathrm{x},2s})=h_2-h_{2s}-T_0(s_2-s_1)$。若过程可逆，则$\Delta=0$，两效率值相同；若过程为不可逆，$h_2-h_{2s}$为图6－16（b）中的面积$a+b$，$T_0(s_2-s_1)$为面积$b$，则$\Delta>0$，$\eta_{\mathrm{ex,T}}>\eta_{s,\mathrm{T}}$。

（2）喷管绝热膨胀过程。喷管是将工质的热力学能通过膨胀转换成动能的装置。因工质流速较快，来不及向外界释放热量，因此，可认为是绝热膨胀过程。喷管与透平工作过程类似，但也有区别，即喷管不输出轴功，可分为可逆过程和不可逆过程。图6－16（b）中，$12s$过程线为可逆绝热膨胀过程，12线为不可逆绝热膨胀过程。

当忽略位能和输出轴功时，能量方程为

$$h_2-h_1+\frac{c_{\mathrm{f2}}^2-c_{\mathrm{f1}}^2}{2}=0 \tag{6-66}$$

当工质与管壁存在摩擦时，过程为不可逆，存在比㶲损$i>0$；当过程为可逆时，比㶲损$i=0$。因此，㶲方程为

$$e_{\mathrm{x},1}+\frac{c_{\mathrm{f1}}^2}{2}=e_{\mathrm{x},2}+\frac{c_{\mathrm{f2}}^2}{2}+i \tag{6-67}$$

由式（6－67）并结合式（6－66）及比㶲e_{x}的计算式，整理得比㶲损计算式为

$$i=\left(e_{\mathrm{x},1}+\frac{c_{\mathrm{f1}}^2}{2}\right)-\left(e_{\mathrm{x},2}+\frac{c_{\mathrm{f2}}^2}{2}\right)=T_0(s_2-s_1) \tag{6-68}$$

过程的㶲效率$\eta_{\mathrm{ex,n}}$及㶲损系数ξ计算式为

$$\left.\begin{aligned}\eta_{\mathrm{ex,n}}&=\frac{c_{\mathrm{f2}}^2-c_{\mathrm{f1}}^2}{2(e_{\mathrm{x},1}-e_{\mathrm{x},2})}\\ \xi&=\frac{i}{e_{\mathrm{x},1}-e_{\mathrm{x},2}}\end{aligned}\right\} \tag{6-69}$$

工程上，常用速度系数φ或喷管定熵效率$\eta_{s,\mathrm{n}}$来衡量由不可逆因素造成出口的流速和动能的变化。出口实际流速c_{f2}与可逆过程出口流速$c_{\mathrm{f2}s}$的比值称为喷管的速度系数，其计算式为

$$\varphi=\frac{c_{\mathrm{f2}}}{c_{\mathrm{f2}s}} \tag{6-70}$$

喷管的速度系数取决于工质的性质、喷管的形状及几何尺寸、壁面粗糙度和膨胀压比等因素。通常取值为0.95～0.98。

喷管定熵效率$\eta_{s,\mathrm{n}}$为出口实际动能与可逆过程动能之比，其计算式为

$$\eta_{s,\mathrm{n}}=\frac{c_{\mathrm{f2}}^2}{c_{\mathrm{f2}s}^2}=\frac{h_1-h_2}{h_1-h_{2s}} \tag{6-71}$$

比较式（6－69）、式（6－70）可知，两种效率是有区别的。喷管定熵效率$\eta_{s,\mathrm{n}}$是从热力学一定律的角度来解释能量的损失，而㶲效率$\eta_{\mathrm{ex,n}}$是从热力学二定律的角度来解释有效能的损失，且$\eta_{\mathrm{ex,n}}>\eta_{s,\mathrm{n}}$。

（3）压缩机内的绝热压缩过程。压缩机内的绝热压缩过程与透平机的工作过程恰好相反。其内工质的绝热压缩过程及T－S图，如图6－17所示。

压缩机内的绝热压缩过程，可分为可逆过程和不可逆过程。图6－17（b）中，$12s$过程线为可逆绝热压缩过程，12线为不可逆绝热压缩过程。由于不可逆因素的存在，2点的温度

明显比 2*s* 点的高。不可逆程度越大，2 点与 2*s* 点的温度差值越大。压缩机内的绝热压缩过程的基本方程与分析步骤与透平相似，即透平是对外输出轴功，而压缩机是外界结其输入轴功。故有

实际压缩轴功：$w_s=h_1-h_2$。

可逆压缩轴功：$w_{s,rev}=e_{x,1}-e_{x,2s}$。

压缩过程㶲损：$i=w_s-w_{s,rev}=T_0(s_2-s_1)=$面积 b。

可逆压缩轴功：$w'_s=h_1-h_{2s}$。

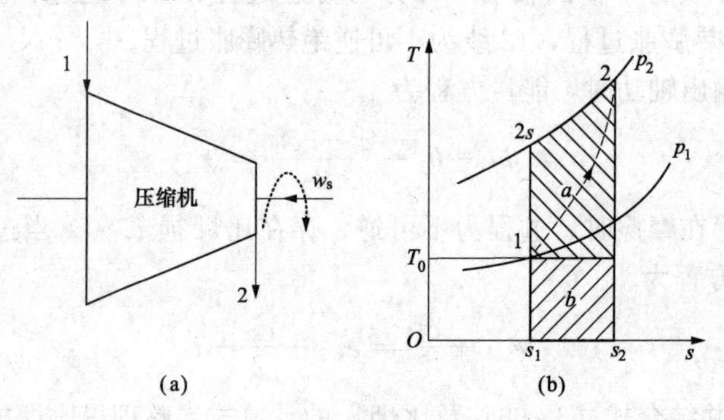

图 6-17　压缩机内工质绝热膨胀过程及 T-S 图

(a) 压缩机简图；(b) 工质绝热膨胀过程

定熵绝热与实际过程轴功之差 $w'_s-w_s=h_2-h_{2s}=$面积 $2s2s12s2=$面积。

那么，w_s、$w_{s,rev}$ 及 w'_s 三者间的关系为

$$|w'_s|<|w_{s,rev}|<|w_s|$$

相应的压缩机的㶲效率$\eta_{ex,CO}$、㶲损系数ξ及定熵效率$\eta_{s,CO}$计算式分别为

$$\left.\begin{aligned}\eta_{ex,CO}&=\frac{|w_{s,rev}|}{|w_s|}=\frac{e_{x,2}-e_{x,1}}{h_2-h_1}\\ \xi&=\frac{i}{|w_{s,rev}|}=\frac{T_0(s_2-s_1)}{e_{x,2}-e_{x,1}}\\ \eta_{s,CO}&=\frac{|w'_s|}{|w_s|}=\frac{h_{2s}-h_1}{h_2-h_1}\end{aligned}\right\}\tag{6-72}$$

㶲效率$\eta_{ex,CO}$及定熵效率$\eta_{s,CO}$分别从不同角度衡量过程偏离理想过程的程度。在相应进、出口状态参数一致的条件下，㶲效率$\eta_{ex,CO}$是从不可逆绝热压缩偏离可逆绝热压缩过程的程度；定熵效率$\eta_{s,CO}$是从不可逆绝热压缩偏离定熵压缩过程的程度。可见，定熵压缩过程不一定是可逆绝热压缩过程。

【例题 6-12】　设有一绝热空气透平，进口空气初状态为$p_1=0.6$MPa，$t_1=200$℃，流速$c_1=160$m/s；出口状态为$p_2=0.1$MPa，$t_2=40$℃，流速$c_2=80$m/s；透平相对内效率为80%。试求每千克空气：

(1) 在进口和出口状态下的㶲值。

(2) 透平的实际输出功。

(3) 透平能够做出的最大有用功。

(4) 㶲损及㶲效率。取空气定值比定压热容c_p为 1.01kJ/(kg·K)，环境状态为$p_0=0.1$MPa，$t_0=17$℃，$R_g=0.287$kJ/(kg·K)。

解 (1) 空气进、出口状态下的比焓㶲为

$$e_{x,h_1}=(h_1-h_0)-T_0(s_1-s_0)=c_p(T_1-T_0)-T_0\left(c_p\ln\frac{T_1}{T_0}-R_g\ln\frac{p_1}{p_0}\right)$$

$$=1.01\times(473-290)-290\times\left(1.01\ln\frac{473}{290}-0.287\ln\frac{0.6}{0.1}\right)=190.66(\text{kJ/kg})$$

$$e_{x,h_2}=(h_2-h_0)-T_0(s_2-s_0)=c_p(T_2-T_0)-T_0\left(c_p\ln\frac{T_2}{T_0}-R_g\ln\frac{p_2}{p_0}\right)$$

$$=1.01\times(313-290)-290\times1.01\times\ln\frac{313}{290}=0.87(\text{kJ/kg})$$

(2) 透平的实际输出功为

$$w_s=(h_1-h_2)+\frac{1}{2}(c_1^2-c_2^2)=1.01\times(473-313)+\frac{1}{2}(160^2-80^2)\times10^{-3}$$

$$=161.6+9.6=171.2(\text{kJ/kg})$$

透平定熵输出功为

$$w'_s=\frac{w_s}{\eta_{s,T}}=\frac{171.2}{0.8}=213.75(\text{kJ/kg})$$

(3) 透平能做出的最大有用功为

$$w_{s,rev}=(e_{x,h_1}-e_{x,h_2})+\frac{1}{2}(c_1^2-c_2^2)=(190.66-0.87)+\frac{1}{2}(160^2-80^2)\times10^{-3}$$

$$=189.79+9.6=199.39(\text{kJ/kg})$$

(4) 比㶲损及㶲效率为

$$i=w_{s,rev}-w_s=199.39-171.2=28.19(\text{kJ/kg})$$

$$\eta_{ex,T}=\frac{w_s}{w_{s,rev}}=\frac{171.2}{199.39}=0.86>\eta_{s,T}=0.8$$

因为 $i>0$，所以实际膨胀过程为不可逆过程。由计算结果可知，$\eta_{ex,T}>\eta_{s,T}$，且 $w'_s<w_{s,rev}<w_s$。

2. 绝热节流过程

节流是流体在管道中流动时，管道的截面积突然变小后又恢复原来截面积时而造成压力下降的现象。由于流体在流过突然变小截面时的速度比较快，来不及释放热量，故认为该过程为绝热节流过程，简称节流。节流具有的特点为：流体节流后压力下降，焓不变，熵增加，不对外输出轴功；理想气体节流后温度不变化；实际气体大部分节流后温度下降，个别的升高。

若进、出截面上流体都处于稳定后，即稳定开口系。忽略动、位能，则能量方程为

$$h_1=h_2 \tag{6-73}$$

式中：h_1、h_2分别为进、出截面上流体处于稳定后的焓值，kJ/kg。

由式（6-73）可知，节流前后工质的焓值不变，则流速也不变。但节流过程是典型的不可逆过程，这是因为存在压降。在节流过程中，因内部扰动的不可逆性，其焓值是变化的。当扰动消失后流体又达到稳定时，焓值与节流前稳定时相同。因此，节流过程不是定焓过程，而是变焓过程。

由于存在不可逆因素，一定存在熵产。因为节流前后的工质质量不变，过程为绝热，故不存在熵流（与外界进行热量交换引起的）。因此，熵产就等于节流前后熵变。因熵参数是

状态参数，熵变量与过程是否为可逆无关，则熵变为 $ds=(dh-vdp)/T$。因此熵产的计算式为

$$s_{g,T}=\int_1^2 ds=\Delta s=-\int_1^2 \frac{v}{T}dp \tag{6-74}$$

由于存在不可逆性，则节流过程的比㶲损计算式为

$$i=e_{x1}-e_{x2}=T_0 s_{g,T}=-T_0\int_1^2 \frac{v}{T}dp \tag{6-75}$$

由式（6-75）可知，对于不可压缩流体，温度不变，压降越大，比㶲损越大；压降不变，温度越高，比㶲损越小。但温度较低时压降较小，比㶲损不大。若对于可压缩理想气体时，比㶲损为 $i=R_g T_0\ln(p_1/p_2)$。显然理想气体的比㶲损与气体的温度无关。而实际气体，随温度的增加，比㶲损略增加。这主要是比体积增加比压降略大。

另外，假设绝热节流前工质从初始态 p_1、T_1，可逆绝热膨胀到终态给定环境状态 p_0、T_0，过程所输出的功为 $w_{s1,rev}$。绝热节流后工质从状态 p_2、T_2，可逆绝热膨胀到终态给定环境状态 p_0、T_0，过程所输出的功为 $w_{s2,rev}$。这两种功的差值并不是绝热节流过程的㶲损，而应该是大于㶲损。因为这两种情况仅反映以工质不同初态，经过可逆膨胀到终态时做功的差值。节流㶲损反映的是过程内部耗散效应，即为不可逆性。

工质节流前、后经可逆膨胀至同一终态做功与㶲损如图 6-18 所示。对于理想气体，绝热节流比㶲损为 $i=T_0 s_{g,T}=T_0(s_2-s_1)$，即如图 6-18（a）所示的面积 b。而 $w_{s1,rev}-w_{s2,rev}=h_{0'}-h_0$，即如图 6-18（a）所示的面积（$a+b$）。因此，工质绝热节流比㶲损小于分别以绝热节流前和后为初态，经过可逆膨胀到终态时做功的差值 $w_{s1,rev}-w_{s2,rev}$。这是因为节流后可逆绝热膨胀到给定环境状态 p_0、T_0 后，工质仍具有一定的㶲值，此部分能量不能计入㶲损。

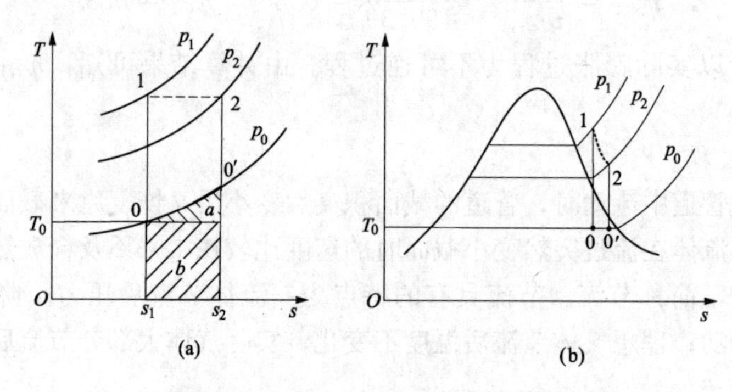

图 6-18 工质节流前、后经可逆膨胀至同一终态做功与㶲损

（a）工质节流过程可逆膨胀；（b）蒸汽工质节流过程可逆膨胀

若对于蒸汽类工质，由图 6-18（b）所示。当工质终态处于过热态时（即 O' 点），与理想气体的结论相同。若工质终态处于饱和状态时（即 O' 点），比㶲损和两种功的差值 $w_{s1,rev}-w_{s2,rev}$ 数值相同。这是因为处于给定环境下的饱和状态，工质的㶲已经不存在了。

【例题 6-13】 蒸汽由 $p_1=1\text{MPa}$、$t_1=460℃$ 经节流使之成为压力 $p_2=0.7\text{MPa}$ 后，再经换热器降温至 $t_2=200℃$。已知给定环境条件为 $p_0=0.1\text{MPa}$，$t_0=25℃$。试求：

（1）节流阀进、出口水蒸气㶲值。

（2）单位质量流量时绝热节流的㶲损失。

（3）若用效率为$\eta_{s,\mathrm{T}}=80\%$的透平代替节流阀，工质流量为 $\dot{m}=2\mathrm{kg/s}$，则输出功率是多少？㶲损失是多少？

（4）若水蒸气温度提高至500℃进行节流，其他条件不变，比㶲损失是多少？

解 各点计算参数值，如表6-5所示。

表6-5 各点计算参数值

状态点	p(MPa)	t(℃)	h(kJ·kg^{-1})	s(kJ·kg^{-1}·K^{-1})
1	4.0	460	3354.05	6.970
2	0.7	—	3354.05	7.759
2s	0.7	—	2884.63	6.970
1′	4.0	500	3445.84	7.092
2′	0.7	—	3445.84	7.884
0	0.1	25	104.84	0.367

（1）节流阀进、出口水蒸气比㶲值为

$$e_{x1}=h_2-h_0-T_0(s_1-s_0)=3354.05-104.84-298\times(6.97-0.367)$$
$$=1281.52(\mathrm{kJ/kg})$$
$$e_{x2}=h_2-h_0-T_0(s_2-s_0)=3354.05-104.84-298\times(7.759-0.367)$$
$$=1046.39(\mathrm{kJ/kg})$$

（2）绝热节流比㶲损失为

$$i=e_{x1}-e_{x2}=1281.52-1046.39=235.13(\mathrm{kJ/kg})$$

（3）若用效率为$\eta_{s,\mathrm{T}}=80\%$的透平代替节流阀，则透平实际出口焓值为

$$h_{2,T}=h_1-\eta_{s,\mathrm{T}}(h_1-h_{2s})=3354.05-0.8\times(3354.05-2884.63)=2978.25(\mathrm{kJ/kg})$$

因此，工质流量为 $\dot{m}=2\mathrm{kg/s}$时，透平输出功率

$$P_e=\dot{m}(h_1-h_{2,\mathrm{T}})=2\times(3354.05-2978.25)=751.6(\mathrm{kW})$$

当透平实际出口压力为0.7MPa，焓为2978.25(kJ/kg）时，蒸汽处于过热蒸汽状态，故由透平实际出口压力和焓值，确定出口熵为$s_{2,\mathrm{T}}=7.153\mathrm{kJ/(kg\cdot K)}$。则㶲损流率 $\dot{I}_\mathrm{T}$ 为

$$\dot{I}_\mathrm{T}=\dot{m}T_0(s_{2,\mathrm{T}}-s_1)=2\times298\times(7.153-6.97)=109.06(\mathrm{kW})$$

比㶲损失i_T为

$$i_\mathrm{T}=T_0(s_{2,\mathrm{T}}-s_1)=298\times(7.153-6.97)=54.53(\mathrm{kJ/kg})$$

可见，采用透平代替节流后，比㶲损明显下降，起到了节能的作用，但是否经济也好，应进行技术经济比较。

（4）水蒸气温度提高至500℃进行节流，其他条件不变，比㶲损失为

$$i=T_0(s_2'-s_1')=298\times(7.884-7.092)=236.02(\mathrm{kJ/kg})$$

节流前只提高蒸汽温度后，其他条件不变，㶲损增加不明显。

3. 传热过程

设冷、热两流体进行非接触换热时，由于存在温差及流动引起的摩阻耗散，不可避免地

产生不可逆性，造成㶲损失。冷、热流体非接触换热如图 6-19 所示。图 6-19 中冷、热流体各一股通常称为一对一的换热。

为了只分析因传热温差造成的不可逆㶲损失，忽略摩阻耗散，认为换热为定压过程且给定环境条件为p_0、T_0。

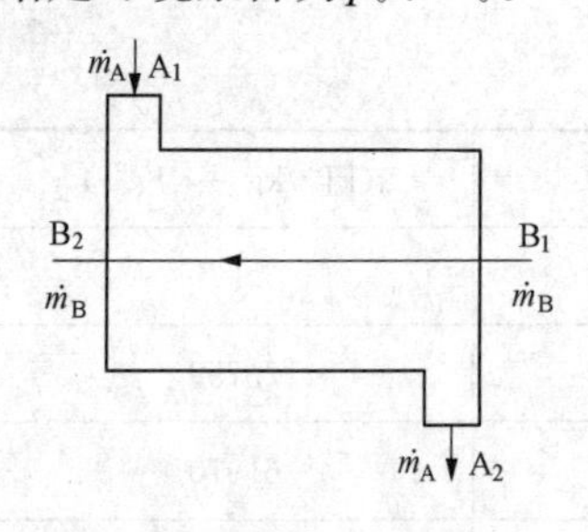

图 6-19 冷、热流体非接触换热

当热量仅由 A 流体传向 B 流体，壳体为绝热时，则按稳定开口系能量方程有

$$\dot{Q}=\dot{m}_A(h_{A_1}-h_{A_2})=\dot{m}_B(h_{B_2}-h_{B_1}) \quad (6-76)$$

由式（6-59）得过程的㶲损流率为

$$\dot{I}=\dot{m}_A(e_{x,A_1}-e_{x,A_2})+\dot{m}_B(e_{x,B_1}-e_{x,B_2}) \quad (6-77)$$

将比㶲e_x的计算式及式（6-76）代入式（6-77）得

$$\dot{I}=T_0[\dot{m}_A(s_{A_2}-s_{A_1})+\dot{m}_B(s_{B_2}-s_{B_1})] \quad (6-78)$$

若按换热过程中冷、热体温度变化确定熵产，且因过程为定压并与外界不换热，则有 $ds=\delta s_g$。由稳定开口系热力学一定律得$s_g=\int c_p dT/T$。若认为c_p为定值，则㶲损流率为

$$\dot{I}=T_0\left(\dot{m}_A c_{p,A}\ln\frac{T_{A_2}}{T_{A_1}}+\dot{m}_B c_{p,B}\ln\frac{T_{B_2}}{T_{B_1}}\right) \quad (6-79)$$

若将对数平均温度$\bar{T}=(T_2-T_1)/\ln(T_2/T_1)$及$\dot{Q}=\dot{m}c_p(T_1-T_2)$代入式（6-78）并整理得

$$\dot{I}=T_0\dot{Q}\left(\frac{1}{\bar{T}_B}-\frac{1}{\bar{T}_A}\right)=T_0\dot{Q}\frac{\bar{T}_A-\bar{T}_B}{\bar{T}_A\bar{T}_B} \quad (6-80)$$

通过式（6-77）～式（6-80）都可以计算出换热过程中因温差存在产生的㶲损。另外，由式（6-80）可知，㶲损流率仅与冷、热流体的平均换热温差有关，还与平均温度乘积成反比。在其他条件不变时，平均换热温差$\bar{T}_A-\bar{T}_B$越大，㶲损流率 $\dot{I}$ 越大，但换热面积减小。在平均温差相同时，平均温度越高，㶲损流率 $\dot{I}$ 比低温小。因此，为了限制㶲损流率，高温换热时，采用较大温差换热，㶲损流率增加不多；而低温换热时，使用较小的平均换热温差也可以达到效果。

工程上，除一对一的换热过程外，还常遇到一种热流体与两种冷流体的换热，即一对二换热。计算时可以把换热全过程分解为 A_1-B 和 A_2-B 两个一对一的换热过程求解。

以上只考虑了因温差所导致的㶲损。那么，摩阻耗散通常也同时存在。因此，下面考虑摩阻耗散时，换热㶲损流率的变化情况。

设工质为理想气体，c_p为定值，忽略动、位能的变化，换热器外壳为绝热；热流体的进口压力和温度为p_{A_1}、T_{A_1}，出口压力和温度分别为p_{A_2}($p_{A_2}=p_{A_1}-\Delta p_{A_1}$)、$T_{A_2}$；冷流体的相应参数为$p_{B_1}$、$T_{B_1}$、$p_{B_2}$($p_{B_2}=p_{B_1}-\Delta p_{B_1}$)、$T_{B_2}$。此时的㶲损流率是如何变化的?

由于摩阻耗散的存在，换热已不是定压过程。因所给出的均为热力学参数，且外界给定环境绝热，故冷热流体的熵变和为有压降换热过程的总熵产。

热流体熵变：

$$\dot{m}_{\mathrm{A}}(s_{\mathrm{A}_2}-s_{\mathrm{A}_1})=\dot{m}_{\mathrm{A}}\left(c_{p,\mathrm{A}}\ln\frac{T_{\mathrm{A}_2}}{T_{\mathrm{A}_1}}-R_{\mathrm{g,A}}\ln\frac{p_{\mathrm{A}_2}}{p_{\mathrm{A}_1}}\right)$$

$$=\dot{m}_{\mathrm{A}}\left[c_{p,\mathrm{A}}\ln\frac{T_{\mathrm{A}_2}}{T_{\mathrm{A}_1}}-R_{\mathrm{g,A}}\ln\left(1-\frac{\Delta p_{\mathrm{A}}}{p_{\mathrm{A}_1}}\right)\right]$$

冷流体熵变：

$$\dot{m}_{\mathrm{B}}(s_{\mathrm{B}_2}-s_{\mathrm{B}_1})=\dot{m}_{\mathrm{B}}\left(c_{p,\mathrm{B}}\ln\frac{T_{\mathrm{B}_2}}{T_{\mathrm{B}_1}}-R_{\mathrm{g,B}}\ln\frac{p_{\mathrm{B}_2}}{p_{\mathrm{B}_1}}\right)$$

$$=\dot{m}_{\mathrm{B}}\left[c_{p,\mathrm{B}}\ln\frac{T_{\mathrm{B}_2}}{T_{\mathrm{B}_1}}-R_{\mathrm{g,B}}\ln\left(1-\frac{\Delta p_{\mathrm{B}}}{p_{\mathrm{B}_1}}\right)\right]$$

则由式（6-78）得㶲损流率为

$$\dot{I}=\dot{m}_{\mathrm{A}}c_{p,\mathrm{A}}T_0\ln\frac{T_{\mathrm{A}_2}}{T_{\mathrm{A}_1}}+\dot{m}_{\mathrm{B}}c_{p,\mathrm{B}}T_0\ln\frac{T_{\mathrm{B}_2}}{T_{\mathrm{B}_1}}-\dot{m}_{\mathrm{A}}R_{\mathrm{g,A}}T_0\ln\left(1-\frac{\Delta p_{\mathrm{A}}}{p_{\mathrm{A}_1}}\right)-\dot{m}_{\mathrm{B}}R_{\mathrm{g,B}}T_0\ln\left(1-\frac{\Delta p_{\mathrm{B}}}{p_{\mathrm{B}_1}}\right)\tag{6-81}$$

由式（6-81）可知，右边第一、二项为温差引起的㶲损流率，而第三、四项为摩阻耗散引起的㶲损流率。

4. 流体输送过程

流体输送可视为流体在管内绝热稳定流动。即管内流体不与外界环境进行换热。由于管壁存在摩阻耗散及流体的黏滞作用，流动过程中流体的一部分动能将转变为摩擦热而被流体吸收及压力下降产生不可逆熵产。下面就不可压缩液体和气体的输送过程分别加以分析。

（1）不可压缩液体的输送过程。不可压缩液体（简称液体）在流动过程中的焓增是由一部分动能因摩擦转化为热的结果，使得进、出口压力和温度发生变化。设进、出口压力和温度分别为p_1、T_1、p_2、T_2；比定压热容c_p为定值，液体的质量流量为 $\dot{m}$(kg/s)。液体的摩擦热恰好与流体的焓增相等，故有 $q=h_2-h_1=c_p(T_2-T_1)=c_p\Delta T$。因绝热稳定流动，故熵增即为熵产，其计算式为

$$\Delta s=s_{\mathrm{g}}=\int_1^2\frac{\delta q}{T}=\int_1^2 c_p\frac{\mathrm{d}T}{T}=c_p\ln\frac{T_2}{T_1}\tag{6-82}$$

液体输送过程的㶲损流率为

$$\dot{I}=T_0\dot{m}s_{\mathrm{g}}=\dot{m}c_pT_0\ln\frac{T_2}{T_1}\tag{6-83}$$

（2）气体输送过程。设进、出口压力和温度分别为p_1、T_1、p_2、T_2；比定压热容 c_p为定值，液体的质量流量为 $\dot{m}$(kg/s)。气体在输送过程中因摩擦耗散产生热使其温度升高 $T_2=T_1+\Delta T$，压力下降$p_2=p_1-\Delta p$。由于气体输送过程中没有与外界传递热量，因此过程所产生的熵产即为气体的熵变，其计算式为

$$s_{\mathrm{g}}=\Delta s=c_p\ln\frac{T_2}{T_1}-R_{\mathrm{g}}\ln\frac{p_2}{p_1}=c_p\ln\left(1+\frac{\Delta T}{T_1}\right)-R_{\mathrm{g}}\ln\left(1-\frac{\Delta p}{p_1}\right)\tag{6-84}$$

气体输送过程的㶲损流率为

$$\dot{I}=\dot{m}T_0s_{\mathrm{g}}=\dot{m}T_0\left[c_p\ln\left(1+\frac{\Delta T}{T_1}\right)-R_{\mathrm{g}}\ln\left(1-\frac{\Delta p}{p_1}\right)\right]\tag{6-85}$$

此外，还有一些过程，如绝热混合过程、扩散过程、化学反应过程及散热过程等，其㶲

分析的基本原理都是一致的，可以参考相关文献学习。

思考题

1. 什么是㶲和𬉼，两者是什么关系？
2. 为什么说能量具有可用性？
3. 阐述㶲与能之间的关系。
4. 能量按什么指标分类更为合理？为什么？分哪些类？
5. 㶲参数具有哪些性质？
6. 㶲分析法与焓分析法有哪些不同？
7. 㶲分析的评价指标有哪些？为什么要用这些指标？
8. 用什么指标来衡量能量的“质”？为什么？
9. 什么是热量㶲和冷量㶲？两者的关系如何？
10. 热量㶲和冷量㶲具有哪些特性？
11. 㶲损法则有哪些？各自是如何表述的？
12. 各㶲损法适用的前提是什么？
13. 什么是传递㶲效率、㶲效率、㶲损系数？
14. 能量的转换规律是什么？
15. 㶲减𬉼增原理是什么？

习题

1. 1kg 某种工质在 2000K 的恒温高温热源与 300K 的恒温低温热源间进行热力循环。在循环中，工质自高温热源吸收热量 100kJ，环境温度 $T_0=273$K。求：①可逆循环中各热量㶲；②若由于存在摩擦使循环输出功减少 2kJ，试求循环中各热量㶲；③若只是工质吸热时工质与热源间存在 125K 的温差，而其他过程均为可逆，试求循环中各热量㶲。

2. 一台可逆热机工作在环境大气和恒温冷库之间，冷库的温度为-100℃，环境大气温度 $t_0=27$℃。设热机放给冷库的冷量为 1000kJ，试求：热机做出的有用功，以及冷库所吸收的冷量的冷量㶲。

3. 刚性容器内压缩空气的压力为 3.0MPa，温度与环境温度相同为 25℃，环境压力为 0.1MPa。若打开阀门迅速放气，容器内压力降到 1.0MPa，求：①放气前后容器内 1kg 空气的最大做功能力；②当空气由环境吸热后恢复到 25℃时，1kg 空气的最大做功能力。

提示：①放气过程留在容器内的空气可看作可逆绝热过程；②空气作为理想气体，其比热容是温度的函数。

4. 某稳定空气流的压力 $p_1=10$MPa，温度 $T_1=700$K，先可逆定温膨胀到 $p_2=p_0=0.1$MPa，再经可逆绝热膨胀到 $T_2=T_0=300$K，最后再可逆定温压缩到环境状态（p_0，T_0）。请：①定性画出上述三个过程的 p-V 图及 T-s 图；②求上述三个过程所做的有用功；③求每千克摩尔该气流（处于 p_1，T_1 状态）可能做的最大有用功；④比较②③两者是否相同？若不同，说明其差值是如何产生的（按理想气体，比热容为定值计算）？

5. 水在环境压力p_0＝101.325kPa和温度t＝100℃时沸腾。假定在t＝100℃和环境温度t_0＝15℃之间水的比热容为定值4.190(kJ/kg·K)，试求1kg水在沸腾时的焓㶲。

6. 国产300MW机组的锅炉出口的蒸汽参数为p_2＝17MPa，t_2＝555℃；锅炉进口给水的参数为p_1＝20MPa，t_1＝36℃。若环境参数为p_0＝0.1MPa，t_0＝20℃，求锅炉进口给水和出口蒸汽的比焓㶲。

7. 水蒸气以p_1＝3.5MPa，t_1＝450℃的状态进入汽轮机，绝热膨胀到出口时p_2＝0.2MPa，t_2＝160℃。若忽略宏观动能和位能变化，环境状态为p_0＝0.1MPa，t_0＝20℃，试求：①汽轮机进出口的比焓㶲；②汽轮机实际输出的比功；③在给定的初终状态下汽轮机可能做出的最大比有用功。

8. 水蒸气以p_1＝3.5MPa，t_1＝450℃的状态进入汽轮机，绝热膨胀到p_2＝0.2MPa，t_2＝160℃。若忽略宏观动能和位能的变化，环境状态为p_0＝0.1MPa，t_0＝20℃，试求：①汽轮机实际输出比功；②汽轮机可能做出的最大有用功；③汽轮机在绝热膨胀过程中的㶲损失。

9. 在一绝热换热器中，空气由t_{a_1}＝16℃被热水加热到t_{a_2}＝65℃，而空气的压力从进口的p_{a_1}＝0.104 6MPa下降到出口p_{a_2}＝0.100 0MPa，空气的质量流量$\dot{m}_a$＝1.200kg/s，空气比定压热容为定值c_{p_a}＝1.005kJ/(kg·K)。热水的质量流量$\dot{m}_w$＝0.48kg/s，其进口温度t_{w_1}＝80℃。假定水流过换热器压力不变，其比定压热容为定值c_{p_w}＝4.19kJ/(kg·K)。环境参数为p_0＝0.1MPa，t_0＝12℃，且进出口动能及位能均可忽略，试求：①出口水温t_{w_2}；②此不可逆换热过程的熵产；③此不可逆换热过程的㶲损失。

10. 某蒸汽动力装置按朗肯循环工作，其蒸汽初压p_1＝3.0MPa，初温t_1＝450℃，汽轮机排汽压力p_2＝0.004MPa，锅炉的热效率η_b＝0.92。已知锅炉炉膛内燃气平均温度为1100℃，试求此蒸汽动力装置的㶲效率。计算中可忽略水泵耗功，环境温度为20℃。

11. 一空气预热器中，30℃、1300kg/h的空气被加热到230℃ 1500kg/h，430℃的烟气被冷却，试求：①空气预热器的㶲效率。②若烟气排入大气，求空气预热器的㶲效率。计算中假定烟气的c_p和R_g均与空气相同，分别为c_p＝1.012kJ/(kg·K)，R_g＝0.287kJ/(kg·K)；环境参数：p_0＝0.1MPa，t_0＝20℃，忽略流动阻力。

12. 火力发电厂中，锅炉过热器出口参数为p_1＝12MPa，t_1＝550℃，经主蒸汽管道进入汽轮机时参数为p_2＝11.9MPa，t_2＝545℃，试求主蒸汽管道的㶲效率。设环境参数为p_0＝0.1MPa，t_0＝20℃。

13. 某建筑物采用电取暖，室内温度为25℃时耗电5kW，试问当环境温度为0℃时，电取暖装置的㶲效率为多少?

14. 某一房间空调系统需制冷量Q_2＝10kW，制冷剂为氟利昂12(R12)。制冷循环的工作温度如下：蒸发温度为0℃，冷凝温度为40℃，膨胀阀前温度为36℃，吸气温度为15℃。试计算此装置的㶲效率，环境温度为30℃。

15. 某汽轮机进口参数为p_1＝8.8MPa，t_1＝500℃，排汽压力p_2＝0.004MPa，汽轮机的相对内效率η_{ri}＝0.82，试求其㶲效率。设环境参数为p_0＝0.1MPa，t_0＝20℃。

16. 空气以0.1MPa，25℃和70m/s稳定流经叶轮式压气机，以0.40MPa，180℃和105m/s流出压气机。试求：①所需消耗的最小有用功。②该过程的㶲损失。③实际消耗的有用功。已知环境状态p_0＝0.1MPa，t_0＝25℃，空气的比定压热容c_p＝1.01kJ/(kg·K)。

7　循环的热力学分析

循环分析是热力学的重要内容，本章将在热力学第一定律与第二定律相结合的基础上，讨论循环分析的一般方法，以便进一步掌握如何应用热力学基本理论分析和解决实际问题的能力。

7.1　概　述

热力循环分动力循环与制冷循环两大类。动力循环的目的是将从高温热源取得的热量转换为对外净功。实现这类循环的装置称为热机，例如卡诺热机、燃气轮机装置和蒸汽动力装置等。制冷循环（包括热泵循环）的目的在于从低温物体取出热量并将其排向高温物体，提供冷量或热量，提供冷量的称为制冷装置；提供热量的则称为热泵装置。

依据循环装置内的工质，又可分为气体循环与蒸汽循环两类。气体循环中工质一直处于气态，并且离液态较远，分析时可按理想气体处理。反之，蒸汽循环中工质有时处于蒸汽状态，有时则处于液相状态，工质的凝聚状态发生变化，分析时不能按理想气体处理。

下面说明循环分析的目的、任务与内容。

7.1.1　循环分析的目的

对循环进行热力学分析，其主要目的是研究循环中能量转换与利用的效果，分析其影响因素，揭示产生㶲损失的部位、分布与大小，找出薄弱环节，探讨提高能量转换与利用效果的途径。

7.1.2　循环分析的目标函数

评价循环性能的指标可以有很多种，其中主要是依据热力学第一定律提出的“热效率”与依据第一、第二定律提出的“㶲效率”。

热力学第一定律热效率 η_t 的定义式为

$$\eta_t = \frac{\text{作为收益的能量}}{\text{作为代价的能量}} \tag{7-1}$$

它从能量的数量关系出发，评价循环的性能好坏。

对于热机循环，热力学第一定律热效率是指对外输出的净功 W_{net} 与由高温热源吸收的热量 Q_1 的比值，即

$$\eta_t = \frac{W_{net}}{Q_1} \tag{7-2}$$

热效率 η_t 从数量上表明热机循环将热能转化为功的效果。按卡诺定律要求，不可逆循环的 η_t 小于相同条件下可逆循环的 $\eta_{t,rev}$。

对于制冷循环，热力学第一定律热效率是指从冷源吸取的热量即冷量 Q_0 与所耗功量 W 的比值，也就是制冷系数，即

$$\varepsilon = \frac{Q_0}{W} \tag{7-3}$$

对于热泵循环，则热力学第一定律热效率是指向热源提供的热量Q_1与所耗功量W的比值称为供暖系数，即

$$\varepsilon' = \frac{Q_1}{W} \tag{7-4}$$

一切实际循环必定存在不可逆性，势必引起㶲的损失。为了衡量循环中㶲的有效利用程度，可采用热力学第二定律效率即㶲效率η_{ex}加以评价，其定义式为

$$\eta_{ex} = \frac{\text{作为收益的㶲}}{\text{作为代价的㶲}} \tag{7-5}$$

对于热机循环，它是指循环中实际对外输出的净功W_{net}与作为代价的㶲量$E_{x,pay}$的比值，即

$$\eta_{ex} = \frac{W_{net}}{E_{x,pay}} \tag{7-6}$$

在循环分析中如果把燃料的燃烧过程抽象成热源的加热过程，则式（7-6）中的代价㶲$E_{x,pay}$也就是循环从想象中的热源吸取的热量㶲E_{x,Q_1}，倘若分析时直接以燃料作为基准，则$E_{x,pay}$应该是供入燃料的化学㶲。一般情况下可近似按其低发热量估算。

对于制冷循环，㶲效率是指提供的冷量㶲E_{x,Q_0}与作为代价消耗的功量W的比值，即

$$\eta_{ex} = \frac{E_{x,Q_0}}{W} \tag{7-7}$$

对于耗功型热泵循环，㶲效率可表示为循环提供的热量㶲E_{x,Q_1}与作为代价消耗的功量W的比值，即

$$\eta_{ex} = \frac{E_{x,Q_1}}{W} \tag{7-8}$$

除上述这两种指标外，对于热机循环，有时还采用比功，即用单位质量的功量来评价装置尺寸大小。因为对于给定的功量，比功越大，则所需工质数量就越少，相应的装置尺寸也就越小。对于制冷循环，有时用“制冷量”衡量制冷装置的生产能力。本书主要讨论第一定律热效率η_t与第二定律㶲效率η_{ex}。

7.1.3 循环分析的对象

实际循环装置的工作过程十分复杂。例如，不仅存在摩擦、传热、混合等不可逆因素，而且还存在燃料燃烧，工质的数量和化学成分发生变化等。有的装置中还存在进气与排气，工质实际经历的也并非闭合的循环过程。但是为了便于从理论上进行热力学分析，必须将实际过程进行某些简化，忽略一些次要因素，突出主要特征。

按照简化的程度不同，可有两种分析对象。

第一种为用相应的可逆过程近似描述实际过程，建立一个与实际循环相对应的可逆循环模型。

例如：用可逆加热过程代替不可逆的燃烧过程；用可逆的放热过程代替排气过程等。然后对这种可逆循环进行分析与计算。由于进行了简化，不仅较易分析并导得表征循环性能特性的表达式，而且由这些公式可提供一定条件下循环的最佳性能指标，尤其是便于定性分析其影响因素，探讨改进途径。当然，按理想循环计算的结果偏离实际较远。

第二种为在理想循环基础上结合实际循环中的一些主要不可逆因素，建立较为接近实际的热力学模型——不可逆循环，然后加以分析。

例如：在燃气轮机装置中，工质在透平与压气机内的过程，既有摩擦，又对外散热，在理想循环中完全忽略这两种不可逆因素，将它视为可逆绝热过程，而不可逆循环中，则突出主要矛盾，忽略一些次要因素，将它视为有摩擦的不可逆绝热过程。虽然这种不可逆循环也只是实际循环的近似描述，还并非实际循环本身，但其分析结果要比理想循环接近实际得多。目前，随着电子计算机的广泛应用，分析计算时所考虑的因素可以更多，其结果也更加符合实际情况。

依据循环分析的目的，可采用定量分析与定性分析两种方法。前者主要导出目标函数的表达式，并进行定量分析；后者主要定性分析不同参数对目标函数的影响，以及定性比较不同的循环方案。本书对循环进行定量分析时，以不可逆循环为分析对象；而定性分析时，则采用理想循环模型，以便寻求规律。

7.2 理想循环的定性分析方法

由于理想循环排除了一切不可逆因素，也就不存在㶲损失，因而对其进行定性分析时通常以第一定律热效率为目标函数。分析的目的不外乎下列两个方面：第一，研究影响第一定律热效率的因素，阐明各种参数对它的影响程度，并指出提高它的途径；第二，在一定条件下，比较不同循环方案的第一定律热效率，探索改进循环组合、提高第一定律热效率的方法。

理想循环定性分析，一般可采用下列任一种方法。

7.2.1 图示热量分析法

在 T-s 图上，借助于循环吸热量 Q_1 与放热量 Q_2 所对应的面积定性地分析各参数对 Q_1 与 Q_2 的影响，进而分析对第一定律热效率的影响。分析时往往设法将不同循环方案的加热量 Q_1（或放热量 Q_2）所对应的面积保持相同，然后对比放热量 Q_2（或吸热量 Q_1）的大小。

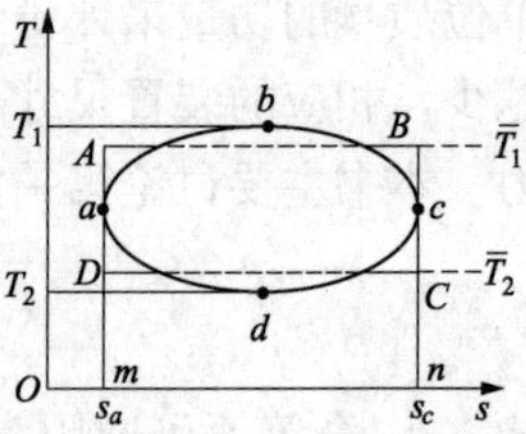

图 7-1 任意可逆循环

7.2.2 平均温度分析法

任意可逆循环如图 7-1 所示，任意可逆循环 $a-b-c-d-a$ 中，其吸热量q_1可用过程线 abc 下的面积表示，即

$$q_1 = \int T_1 \mathrm{d}s = \text{面积 } abcnma$$

若以温度为$\bar{T}_1$的一个假想定温过程 AB 代替原吸热过程 abc，使其吸热量q_1和熵的变化与原过程相同，则此温度$\bar{T}_1$称为吸热过程的平均温度，即

$$q_1 = \int_{abc} T_1 \mathrm{d}s = \bar{T}_1 (s_c - s_a)$$

或

$$\bar{T}_1 = \frac{\int_{abc} T_1 \mathrm{d}s}{s_c - s_a} \tag{7-9}$$

同理，以温度为$\bar{T}_2$的一个定温过程 CD 代替原放热过程 cda，使其放热量q_2和熵的变化量均与原过程相同，则此温度$\bar{T}_2$称为放热过程的平均温度，即

$$q_2 = \int_{cda} T_2 \mathrm{d}s = \bar{T}_2 (s_c - s_a)$$

或

$$\bar{T}_2 = \frac{\int_{cda} T_2 \mathrm{d}s}{s_c - s_a} \tag{7-10}$$

式（7-9）与式（7-10）分别为吸热与放热过程平均温度的计算式。

根据定义，第一定律热效率可用$\bar{T}_1$与$\bar{T}_2$表示。例如热机循环的第一定律热效率可表示为

$$\eta_t = \frac{w_{net}}{q_1} = 1 - \frac{q_2}{q_1} = 1 - \frac{\bar{T}_2 (s_c - s_a)}{\bar{T}_1 (s_c - s_a)} = 1 - \frac{\bar{T}_2}{\bar{T}_1} \tag{7-11}$$

因此，吸热平均温度越高，放热平均温度越低，热机循环的第一定律热效率越高。因此，提高热机循环第一定律热效率的根本途径为尽量提高加热平均温度与尽量降低放热平均温度。考察各参数对循环第一定律热效率的影响时，只需分析各参数对它们的影响；比较各种理想循环的效率时，也只需比较各自的吸热、放热平均温度即可。因此，分析比较吸热、放热平均温度对于探讨循环热效率的影响因素，研究提高循环热效率的途径有重要意义。

7.3　不可逆循环的定量分析方法

不可逆循环的热力学分析，由于存在着能量损失，通常分析的方法有焓分析法和㶲分析法。㶲分析法是在焓分析基础上，采用㶲参数计算热经济指标。因此，一般包含下列几方面的内容。

（1）建立不可逆循环的热力学模型；为了便于分析，需要画出实际循环装置的流程图，然后根据循环和部件的特点，做出必要的假设。这些假设条件一般可归纳为以下三条：

1）将工质所经历的状态变化用一闭合循环加以描述。

2）循环中工质的数量与化学成分始终保持不变。

3）认为组成循环的各个过程都是可逆的。

在理想循环的基础上，再进一步抓住主要矛盾，忽略次要因素，建立不可逆循环的热力学模型。

总之，不可逆因素不外乎内部与外部两种。就性质而言，主要是各种势差和耗散效应与燃烧引起的。对于工质在透平或压缩机内的膨胀或压缩过程，主要考虑摩阻引起的内部不可逆因素。至于过程中的散热影响，则由于流动过程往往很快而可忽略不计。因此，透平或压缩机内的膨胀或压缩过程可按不可逆绝热过程处理。对于工质吸热或放热过程，主要考虑工质与热源之间传热温差引起的外部不可逆因素，而摩阻损失相对次要，可不予考虑。因此，工质的吸热或放热可按内可逆的定压过程处理。至于工质吸收的热量，或者认为是由一假想的恒温热源提供的，或认为是由燃料燃烧提供的。其他诸如管道损失、发电机内机械能转换损失以及联轴节与轴承的机械损失等，一般可先不予考虑，仅在进行循环装置整体计算时，才通过选用相应的设备效率来衡量这些损失的影响。

(2) 在 T-s 图上画出循环示意图，标出状态点，用虚线表示不可逆过程。

(3) 根据工质性质与过程特征，使用状态方程和过程方程等参数关系式或热力性质图表，确定各状态点的参数。

(4) 列出能量方程，确定第一定律热效率。例如，对于在一个恒温热源T_1与一个恒温冷源T_2之间工作的热机循环，其能量方程为

$$Q_1 = W_{net} + Q_2 \tag{7-12}$$

而第一定律热效率为

$$\eta_t = \frac{W_{net}}{Q_1} = 1 - \frac{Q_2}{Q_1} \tag{7-13}$$

列出㶲平衡式，确定㶲效率。例如，对于在一个恒温热源T_1与一个恒温冷源T_2之间工作的热机循环，若完成一个循环，其㶲平衡式为

$$E_{x,Q_1} = W_{net} + E_{x,Q_2} + I$$

或

$$\left(1-\frac{T_0}{T_1}\right)Q_1 = W_{net} + \left(1-\frac{T_0}{T_2}\right)Q_2 + I \tag{7-14}$$

式中：$I+E_{x,Q_2}$为循环的内、外总㶲损失，kJ；W_{net}为循环净功，kJ。

因此，㶲效率为

$$\eta_{ex} = \frac{W_{net}}{E_{x,Q_1}} = 1 - \frac{I}{E_{x,Q_1}} - \frac{E_{x,Q_2}}{E_{x,Q_1}} \tag{7-15}$$

对比式（7-13）与式（7-15），热机循环的㶲效率与第一定律热效率之间存在下列内在联系：

$$\eta_t = \frac{W_{net}}{Q_1} = \frac{W_{net}}{E_{x,Q_1}} \times \frac{E_{x,Q_1}}{Q_1} = \left(1-\frac{T_0}{T_1}\right)\eta_{ex} = \eta_C \eta_{ex} \tag{7-16}$$

式中：η_C为热源温度T_1与环境温度T_0之间工作的卡诺热机效率。

因此，在恒温热源与环境之间工作的热机循环，其㶲效率η_{ex}等于实际的第一定律热效率η_t与（T_1，T_0）之间工作的卡诺热机效率η_C的比值。它反映了实际热机循环偏离卡诺热机的程度。只有当实际热机循环变为完全可逆时，㶲效率η_{ex}才等于1。

对于在恒温冷源与环境之间工作的制冷循环以及在环境与恒温热源之间工作的热泵循环，也有类似的结果，即㶲效率等于实际制冷（或热泵）循环的制冷（或供暖）系数与卡诺制冷机（或热泵）制冷（或供暖）系数的比值。㶲效率反映了实际制冷或热泵循环偏离卡诺循环的程度。只当极限情况即完全可逆时，才等于1。

过程与循环的㶲损失计算，确定各种㶲损失的相对大小，以此揭示㶲退化为炁的部位和程度，并确定㶲损失对㶲效率的影响。

对于在一个恒温热源与一个恒温冷源之间工作的不可逆热机循环，其㶲损失可表示为

$$(I + E_{x,Q_2}) = E_{x,Q_1} - W_{net} = Q_1(\eta_C - \eta_t) \tag{7-17}$$

即不可逆热机循环的㶲损失正比于（T_1，T_0）间工作的卡诺热机效率η_C与实际循环第一定律热效率η_t的差值。

类似地，对于不可逆制冷和热泵循环，它们的㶲损失也可别表示为

$$I_C = Q_0\left(\frac{1}{\varepsilon} - \frac{1}{\varepsilon_C}\right) \quad （制冷循环） \tag{7-18}$$

$$I_H = Q_1\left(\frac{1}{\varepsilon'} - \frac{1}{\varepsilon'_C}\right) \quad \text{（热泵循环）} \tag{7-19}$$

式中：I_C和I_H分别为不可逆制冷循环和热泵循环的㶲损失，kJ；ε 和ε'为实际不可逆循环的制冷系数和热泵系数，ε_C和ε'_C 分别为逆向卡诺循环的制冷系数和热泵系数。

对于循环中的各个具体过程，也可用该过程的㶲平衡式或熵产方法确定其局部㶲损失I_j。显然，整个循环的㶲损失 I 等于各过程局部㶲损失I_j之总和，即

$$I = \sum I_j \tag{7-20}$$

因此，通过各过程局部㶲损失I_j获得㶲损系数ξ_j，该系数不仅能揭示循环内各过程㶲损的分布和相对大小，同时也能直接反映㶲效率的高低，更重要的是它能正确揭示各种循环方案中某一过程对㶲效率的影响程度。具体可参见［例题 7 - 6］的计算结果。

以㶲损系数表示㶲损相对大小的㶲流图，如图 7 - 2 所示。图 7 - 2 中，$E_{x,pay}$和$E_{x,gain}$分别为系统的㶲输入（㶲代价）和㶲输出（㶲收益）。

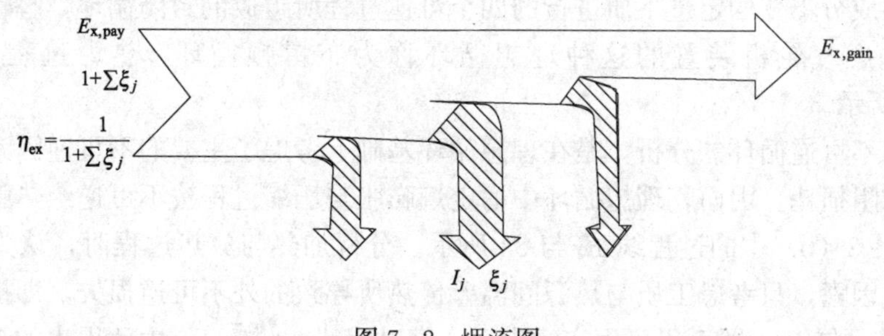

图 7 - 2 㶲流图

7.4 简单燃气轮机装置不可逆循环的分析

燃气轮机装置是一种比较新型的动力装置，燃气轮机装置及热力过程线如图 7 - 3 所示。在航空上得到了广泛应用，此外作为电站、船舶及机车的动力，也有一定应用价值。

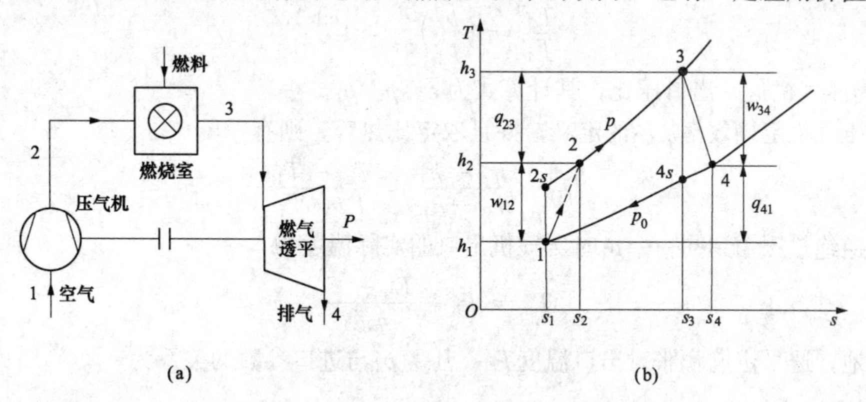

图 7 - 3 燃气轮机装置及热力过程线

(a) 燃气轮机装置图；(b) T- s 图上热力过程线

燃气轮机装置简单循环，如图 7 - 3（a）所示。所谓“简单循环”是指在主要气流通道中只有压气机、燃烧室与燃气透平三大件组成的系统。由大气吸入的空气，在压气机中被压

缩到一定压力后送入燃烧室。喷入燃烧室的燃料在压缩空气中进行燃烧，燃烧室进、出口处气体压力相差很小，接近于定压燃烧，燃烧后形成的高温燃气在透平内膨胀做功。最后，废气由透平出口经排气管排入大气。透平与压气机的轴相连，透平所产生的功大部分为压气机所消耗，其余部分才作为输出的净功，用于带动发电机或其他负载。

实际过程比较复杂，燃烧前后，工质的数量与成分不同，全部过程不可逆并且并未构成封闭循环。为便于分析，进行了下述假设，并概括成理想循环。

(1) 整个循环中把空气当作唯一的工质，认为工质的数量与成分均不变。

(2) 把燃烧室内的燃烧加热过程看作工质从热源可逆定压吸热的过程；把实际排气过程看成工质的可逆定压放热过程。

(3) 把压气机中的压缩过程简化为定熵压缩过程；把透平内的膨胀过程简化为定熵膨胀过程。

(4) 假定工质是理想气体，比热容取定值。

因而，用成分不变的定量工质进行的四个可逆过程所组成的封闭循环，替代了装置的实际过程。简单燃气轮机装置的这种理想循环称为布雷顿循环，热力过程 $12s34s1$，如图 7-3 (b) 所示。

燃气轮机不可逆循环的分析，是在理想循环基础上考虑了主要的不可逆因素，即透平与压气机内的摩阻损耗。因而，理想循环中的定熵膨胀与压缩过程按不可逆绝热膨胀与压缩来处理，如图 7-3 (b) 中的过程线 12 与 34 所示。分析加热与放热过程时，认为工质内部并不存在不可逆因素，只考虑工质与热源间温差传热所导致的外不可逆损失，即把这两个过程按内可逆处理，在 T-s 图上仍可用实线表示，即过程线 23 与 41。由此得出的不可逆循环为 12341，而相对应的理想循环为 $12s34s1$。

7.4.1 各状态点参数的确定

不可逆循环 12341 各状态点的参数可按下述方法确定。

设压气机进口状态的温度与压力为T_1与p_1，压气机定熵压缩后的出口状态为T_{2s}与p_2，又由于工质是理想气体，则有

$$\frac{T_{2s}}{T_1}=\left(\frac{p_2}{p_1}\right)^{\frac{\kappa-1}{\kappa}}=\varepsilon^{\frac{\kappa-1}{\kappa}} \tag{7-21}$$

式中：ε为压气机进、出口压比，其计算式为$\varepsilon=p_2/p_1$。

根据压气机定熵效率$\eta_{s,\mathrm{CO}}$的定义，并且取定比热容，则有

$$\eta_{s,\mathrm{CO}}=\frac{h_{2s}-h_1}{h_2-h_1}=\frac{T_{2s}-T_1}{T_2-T_1} \tag{7-22}$$

不可逆绝热压缩到同一个p_2时压气机出口的实际温度为

$$T_2=T_1+\frac{T_{2s}-T_1}{\eta_{s,\mathrm{CO}}} \tag{7-23}$$

类似地，透平定熵膨胀时出口温度T_{4s}、压力p_4与进口参数的关系为

$$\frac{T_3}{T_{4s}}=\left(\frac{p_3}{p_4}\right)^{\frac{\kappa-1}{\kappa}}$$

考虑到$p_3=p_2$，$p_4=p_1$，则有

$$\frac{T_3}{T_{4s}}=\frac{T_{2s}}{T_1}=\left(\frac{p_2}{p_1}\right)^{\frac{\kappa-1}{\kappa}}=\varepsilon^{\frac{\kappa-1}{\kappa}} \tag{7-24}$$

式中：ε为循环增压比。

按透平定熵效率定义，且取定比热容后，定熵效率计算式为

$$\eta_{s,\mathrm{T}}=\frac{h_3-h_4}{h_3-h_{4s}}=\frac{T_3-T_4}{T_3-T_{4s}} \tag{7-25}$$

因此，结合式（7-24），不可逆绝热膨胀到同一p_4时，透平出口的实际温度为

$$T_4=T_3-\eta_{s,\mathrm{T}}(T_3-T_{4s})=T_3-\eta_{s,\mathrm{T}}\,T_3\left(1-\frac{1}{\varepsilon^{\frac{\kappa-1}{\kappa}}}\right) \tag{7-26}$$

7.4.2 不可逆循环热效率

为分析方便，取单位质量的空气为分析对象。

压气机实际功量w_{CO}为

$$w_{\mathrm{CO}}=h_1-h_2=-\frac{h_{2s}-h_1}{\eta_{s,\mathrm{CO}}}=-\frac{c_p(T_{2s}-T_1)}{\eta_{s,\mathrm{CO}}}$$

负值意味压气机耗功。

透平实际做功w_{T}

$$w_{\mathrm{T}}=h_3-h_4=-\eta_{s,\mathrm{T}}(h_3-h_{4s})=c_p(T_3-T_{4s})\eta_{s,\mathrm{T}}$$

不可逆循环的净功

$$w_{\mathrm{net}}=w_{\mathrm{T}}+w_{\mathrm{CO}}=c_p\left[\eta_{s,\mathrm{T}}(T_3-T_{4s})-\frac{T_{2s}-T_1}{\eta_{s,\mathrm{CO}}}\right] \tag{7-27}$$

加热量

$$q_{23}=h_3-h_2=c_p\left(T_3-T_1-\frac{T_{2s}-T_1}{\eta_{s,\mathrm{CO}}}\right) \tag{7-28}$$

不可逆循环的热效率

$$\eta_{\mathrm{t}}=\frac{W_{\mathrm{net}}}{q_{23}}=\frac{\eta_{s,\mathrm{T}}(T_3-T_{4s})-\dfrac{T_{2s}-T_1}{\eta_{s,\mathrm{CO}}}}{T_3-T_1-\dfrac{T_{2s}-T_1}{\eta_{s,\mathrm{CO}}}} \tag{7-29}$$

若令温比$\tau=\dfrac{T_3}{T_1}$，代表循环最高温度与初始温度之比值。整理式（7-29）后得

$$\eta_{\mathrm{t}}=\frac{\dfrac{\tau}{\varepsilon^{\frac{\kappa-1}{\kappa}}}\eta_{s,\mathrm{T}}-\dfrac{1}{\eta_{s,\mathrm{CO}}}}{\dfrac{\tau-1}{\varepsilon^{\frac{\kappa-1}{\kappa}}-1}-\dfrac{1}{\eta_{s,\mathrm{CO}}}} \tag{7-30}$$

由此可分析各主要因素对实际循环热效率的影响，并讨论提高效率的措施。

提高温比τ，可提高η_{t}。由于T_1取决于大气温度，一般变化不大，故提高温比主要应提高循环最高温度T_3。这是提高效率的主要方向。近年来，循环最高温度已由过去的600～700℃提高到900～1000℃。如采取专门冷却措施，有可能提高到1400℃左右。当然，温度的提高受材料强度的限制。

提高压气机与透平的定熵效率，依赖于这两种部件气动设计的改进和制造水平的提高。

根据式（7-30）的计算结果发现，如其他参数不变，存在一个相应于最高η_{t}的压比值，此压比称为效率最佳压比。由于它的值相当高，如选用这个压比值，将给压气机的设计和工作带来很大困难。因而，实际上无法选用这个效率最佳压比值。经常选用的是另一种称为净

功最佳压比值。当其他参数一定时，存在一个对应于最大循环净功的压比，称为净功最佳压比，其值小于效率最佳压比。选用净功最佳压比值，虽然循环热效率尚未达到最佳值，但净功达到最大。在给定功率时，可减少机组的尺寸。

由式（7-27）知道，循环净功

$$\begin{aligned} w_{\text{net}} &= \eta_{s,\text{T}}(h_3 - h_{4s}) - \frac{h_{2s} - h_1}{\eta_{s,\text{CO}}} \\ &= c_p T_3\left(1 - \frac{T_{4s}}{T_3}\right)\eta_{s,\text{T}} - \frac{c_p T_1}{\eta_{s,\text{CO}}}\left(\frac{T_{2s}}{T_1} - 1\right) \\ &= c_p T_1\left[\eta_{s,\text{T}}\tau\left(1 - \frac{1}{\lambda}\right) - \frac{\lambda - 1}{\eta_{s,\text{CO}}}\right] \end{aligned} \tag{7-31}$$

式中：$\lambda = (p_2/p_1)^{\frac{\kappa-1}{\kappa}}$。

由极值条件 $\partial w_{\text{net}}/\partial\lambda = 0$，可求得净功最大对应的最佳增温比$\lambda_{\text{opt}}$为

$$\lambda_{\text{opt}} = \varepsilon_{\text{opt}}^{\frac{\kappa-1}{\kappa}} = \sqrt{\eta_{s,\text{T}}\eta_{s,\text{CO}}\tau} \tag{7-32}$$

式中：ε_{opt}为净功最大对应的最佳增压比。

相应的最大循环净功$w_{\text{net,opt}}$为

$$w_{\text{net,opt}} = \frac{c_p T_1}{\eta_{s,\text{CO}}}(\lambda_{\text{opt}} - 1)^2 \tag{7-33}$$

对应于净功最佳压比时的循环热效率为

$$\begin{aligned} \eta_{\text{t}} &= \frac{w_{\text{net,opt}}}{q_{23}} = \frac{w_{\text{net,opt}}}{c_p\left(T_3 - T_1 - \dfrac{T_{2s} - T_1}{\eta_{s,\text{CO}}}\right)} \\ &= \frac{(\lambda_{\text{opt}} - 1)^2}{\eta_{s,\text{CO}}(\tau - 1) - (\lambda_{\text{opt}} - 1)} \end{aligned} \tag{7-34}$$

由此可见，当T_1、$\eta_{s,\text{T}}$与$\eta_{s,\text{CO}}$给定时，在净功最佳压比下，循环热效率η_{t}随τ的提高而提高。

7.4.3 不可逆循环㶲效率

按㶲效率定义，其计算式为

$$\eta_{\text{ex}} = \frac{w_{\text{net}}}{e_{\text{x},q_{23}}} \tag{7-35}$$

式中：$e_{\text{x},q_{23}}$是单位质量工质吸收的热量㶲，kJ/kg。

如前所说，它可以认为是由一个恒温热源（T_{H}）提供的，则式（7-35）改写为

$$\eta_{\text{ex}} = \frac{w_{\text{net}}}{\left(1 - \dfrac{T_0}{T_{\text{H}}}\right)q_{23}} = \frac{\eta_{\text{t}}}{\eta_{\text{C}}} \tag{7-36}$$

对于燃气轮机循环，实际上并不存在一个外部热源，只是出于需要，将在工质内部进行的燃烧过程作为由外热源供热的加热过程处理。因此，这个热源温度T_{H}很难确切地予以确定。有人取绝热燃烧温度与环境温度间的热力学平均温度，有人索性取T_{H}为无限值。

但是究其根源，这个假想热源提供的热量㶲，实际上是由燃料化学㶲转化来的，所以㶲效率计算式可表示为

$$\eta_{\text{ex}} = \frac{w_{\text{net}}}{be_{\text{x,f}}} = \frac{h_3 - h_2}{b(-\Delta H_{\text{f}}^{\text{l}})} \cdot \frac{(-\Delta H_{\text{f}}^{\text{l}})}{e_{\text{x,f}}} \cdot \frac{w_{\text{net}}}{h_3 - h_2}$$

即

$$\eta_{ex}=\eta_b \cdot \frac{(-\Delta H_f^l)}{e_{x,f}} \cdot \eta_t \tag{7-37}$$

式中：$(-\Delta H_f^l)$为单位质量燃料的低发热量，kJ/kg；$e_{x,f}$为单位质量燃料的化学㶲，kJ/kg；b为对应的单位质量空气所需的燃料量，kg/kg；η_b为燃烧室燃烧效率；η_t为循环热效率。

本章主要采用㶲效率方法进行分析。倘若认为燃料化学㶲等于低发热量，且取$\eta_b=100\%$，则由式（7-37）可知，循环㶲效率在数值上恰等于循环热效率，相当于式（7-36）中的T_H为无穷大，也即相当于认为$\eta_C=100\%$。当然这只是一种近似的取法，实际上$(-\Delta H_f^l)/e_{x,f}$的比值随燃料种类而不同。

由式（7-37）可知，当燃料种类与燃烧效率一定时，循环㶲效率η_{ex}与循环热效率η_t成正比。因此，凡是有利于提高循环热效率的措施，对㶲效率都同样有效。

由于通常选用“净功最佳压比”，相应的循环㶲效率为

$$\eta_{ex}=\eta_b \cdot \frac{(-\Delta H_f^l)}{e_{x,f}} \cdot \frac{(\lambda_{opt}-1)^2}{\eta_{s,CO}(\tau-1)-(\lambda_{opt}-1)} \tag{7-38}$$

当燃料种类、η_b、$\eta_{s,T}$与$\eta_{s,CO}$给定时，净功最佳压比下的㶲效率随温比τ的提高而提高，㶲效率与温比τ的关系曲线如图7-4所示。设$\eta_b=0.9$，$(-\Delta H_f^l)/e_{x,f}=0.95$，$t_1=30℃$，$t_0=15℃$。即使$t_3$很高时，“净功最佳压比”下的$\eta_{ex}$也并不高，而且当压气机与透平定熵效率降低时，$\eta_{ex}$降低得很快。

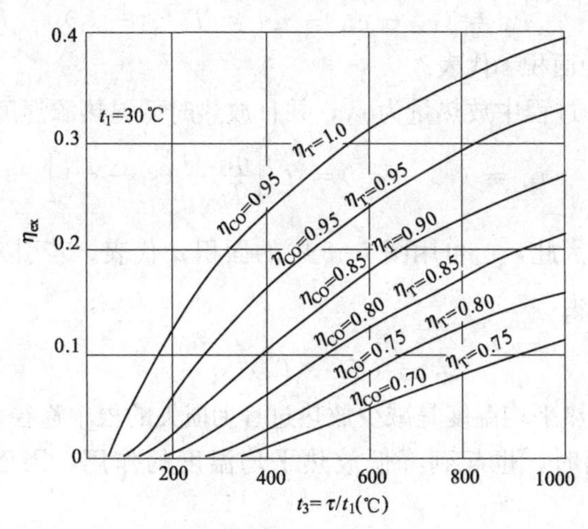

图7-4　㶲效率与温比τ的关系曲线

7.4.4　不可逆循环㶲损失

根据稳流开口系㶲损失表达式，对于单位质量空气有

$$i=\sum e_{x,q_i}-\sum w_{us}+(e_{x,in}-e_{x,out}) \tag{7-39}$$

式中：$\sum e_{x,q_i}$，$\sum w_{us}$，$e_{x,in}$，$e_{x,out}$分别为热量㶲、可用功，以及进入系统的工质焓㶲及离开系统的工质焓㶲，kJ/kg。

或

$$i=T_0 s_g=T_0\left[-\sum \frac{q_i}{T_i}+\frac{q_0}{T_0}+(s_{out}-s_{in})\right] \tag{7-40}$$

式中：q_i、q_0 分别为向热源的吸热量，向环境的放热量，kJ/kg；T_i、T_0 分别为热源和环境温度，K；s_{out}、s_{in}分别为工质离开系统的熵和进入系统的熵，kJ/(kg·K)。

分别讨论各过程的比㶲损失。

压气机内不可逆绝热压缩过程 12，由于绝热，q_i、q_0均为零，由式（7-39）与式（7-40）得

$$i_{12} = (e_{x1} - e_{x2}) - w_{CO} = T_0(s_2 - s_1)$$

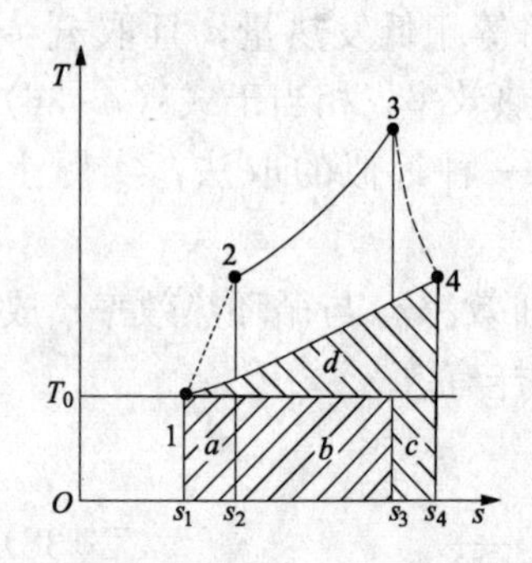

图 7-5　不可逆循环热力过程线

它可用不可逆循环热力过程线（见图 7-5）中的面积 a 代表。

燃烧室内定压加热过程 23 有

$$i_{23} = be_{x,f} - (e_{x3} - e_{x2})$$

若认为加热量 q 是由T_H的恒温热源提供的，则

$$i_{23} = e_{x,q_{23}} + (e_{x2} - e_{x3}) = T_0\left(s_3 - s_2 - \frac{q_{23}}{T_H}\right)$$

如前所说，若取T_H为无穷值，则

$$i_{23} = T_0(s_3 - s_2)$$

它可用图 7-5 中的面积 b 代表。若引入吸热平均温度$\bar{T}_1$，则 $i_{23} = T_0 q_{23}/\bar{T}_1$。因此，为了减少这部分㶲损失，应尽量提高工质吸热平均温度。下一节将要介绍的燃气轮机回热循环，就是按照这个思路采取的一种改进方法。

透平内不可逆绝热膨胀过程 34，由于绝热，$q_i=0$，$q_0=0$，于是

$$i_{34} = (e_{x3} - e_{x4}) - w_T = T_0(s_4 - s_3)$$

它可用图 7-5 中的面积 c 代表。

定压放热过程 41，过程中放热量为q_{41}，并且放热时低温热源温度取为T_0，于是

$$i_{41} = (e_{x4} - e_{x1}) = T_0\left[\frac{q_{41}}{T_0} + (s_1 - s_4)\right]$$

由于$q_{41}=h_4-h_1$，因此，i_{41}可用图 7-5 中的面积 d 代表。若引入放热平均温度$\bar{T}_2$，则 $q_{41}=\bar{T}_2(s_4-s_1)$，代入得

$$i_{41} = (\bar{T}_2 - T_0)(s_4 - s_1)$$

放热过程中降低放热平均温度是减少放热过程㶲损失的根本途径。燃气轮机回热循环在提高吸热平均温度的同时，也起到降低放热平均温度的作用，因而还可减少放热过程㶲损失。

将上述相关各式相加得

$$i = be_{x,f} - w_{net} = T_0\left(\frac{q_{41}}{T_0} - \frac{q_{23}}{T_H}\right) = q_{23}(\eta_C - \eta_t)$$

其中等号右边的最后两个式子只适用于温度为T_H的恒温热源情况。

各过程的㶲损相对大小可用㶲损系数表示。

【例题 7-1】　如图 7-3（a）所示的燃气轮机不可逆循环，工质为空气，进入压气机的温度$T_1=300$K，压力$p_1=1\times10^5$ Pa，透平进口处工质温度$T_3=1185.5$K，已知：$\eta_{s,CO}=0.82$，$\eta_{s,T}=0.86$，环境参数$T_0=300$K，$p_0=1\times10^5$ Pa。空气的$c_p=1.004$kJ/(kg·K)，$R_g=0.287$kJ/(kg·K)。试分析在净功最佳条件下的循环热效率、㶲效率以及各过程的㶲损系数。

解 (1) 确定各状态点参数:

此不可逆循环的 T-s 图,如图 7-3 (b) 所示。

按题设要求,先确定净功最佳温比λ_{opt}为

$$\lambda_{opt}=\varepsilon_{opt}^{\frac{\kappa-1}{\kappa}}=\left(\frac{p_2}{p_1}\right)^{\frac{\kappa-1}{\kappa}}=\sqrt{\eta_{s,CO}\eta_{s,T}\tau}=\sqrt{0.82\times0.86}=1.669\ 3$$

这时,压气机出口工质实际温度为

$$T_2=T_1+\frac{T_{2s}-T_1}{\eta_{s,CO}}=T_1\left(1+\frac{\lambda_{opt}-1}{\eta_{s,CO}}\right)=300\times\left(1+\frac{1.669\ 3}{0.82}\right)=544.87(\text{K})$$

而透平出口工质实际温度为

$$T_4=T_3-\eta_{s,T}(T_3-T_{4s})=T_3\left[1-\eta_{s,T}\left(1-\frac{1}{\lambda_{opt}}\right)\right]$$

$$=1185.5\times\left[1-0.86\times\left(1-\frac{1}{1.669\ 3}\right)\right]=776.7(\text{K})$$

选定参考状态$T_0=300\text{K}$,$p_0=1\times10^5\ \text{Pa}$下的$h_0=0$,$s_0=0$,则任一状态下比焓、比熵与比㶲计算式分别为

$$h=c_p(T-T_0)$$

$$s=c_p\ln\frac{T}{T_0}-R_g\ln\frac{p}{p_0}$$

$$e_x=(h-h_0)-T_0(s-s_0)=h-T_0s$$

各状态点参数的计算结果,如表 7-1 所示。

表 7-1　　各状态点参数的计算结果

状态点	T(K)	p(Pa)	h(kJ/kg)	s(kJ·kg^{-1}·K^{-1})	e_x(kJ/kg)
0	300	1×10^5	0	0	0
1	300	1×10^5	0	0	0
2	544.87	6×10^5	243.85	0.084 92	220.37
3	1185.5	6×10^5	889.04	0.865 40	629.42
4	776.7	1×10^5	478.61	0.955 08	192.09
1	300	1×10^5	0	0	0

(2) 加入的热量㶲$e_{x,1}$,按热源温度无限高计算,则得

$$e_{x,1}=q_{23}=h_3-h_2=889.04-243.85=645.19(\text{kJ/kg})$$

各过程和循环的功量、热量和㶲损失,如表 7-2 所示。

表 7-2　　各过程和循环的功量、热量和㶲损失

过程	w_t (kJ/kg)	q (kJ/kg)	($e_{x,in}-e_{x,ex}$) (kJ/kg)	$e_{x,1}$ (kJ/kg)	i (kJ/kg)	ξ_j	η_t (%)	η_{ex} (%)
12	−245.85	0	−220.37	0	25.48	0.155		
23	0	643.19	−409.05	643.19	234.14	1.423		
34	410.43	0	437.33	0	26.9	0.163		
41	0	−478.61	192.09	0	192.09	1.167		
循环	164.58	164.58	0	643.19	478.61	2.908	25.59	25.59

计算结果表明：在净功最佳压比条件下，循环㶲效率不高，只有 25.59%。在四个过程中，定压加热过程㶲损失的影响最大。这是由于取了热源温度为无限高，使传热温差很大的缘故。其次是定压放热过程，也是由于较高的排气温度T_4，使传热温差较大。本例中，㶲效率在是数值上等于效率，但它们的含义与概念不同，不能混淆。

7.5 提高燃气轮机循环热效率的途径

简单燃气轮机循环的效率与㶲效率都不高。提高循环最高温度 T_3、η_{CO}及η_T，可提高循环热效率与㶲效率。本节将通过定性分析进一步讨论可能采取的其他一些措施，所有的讨论都以理想循环为基础。由于理想循环的㶲效率等于 1，因此只比较各种方案的循环热效率。

7.5.1 燃气轮机回热循环

在简单燃气轮机装置中，透平排气温度很高，通常高于压气机出口的空气温度，燃气轮机回热循环装置及热力过程线如图 7-6 所示。放热过程的高温段 46 与吸热过程的低温段 25 恰好是在相同范围内进行，因此 46 段的放热正好可用作 25 段的吸热。工质内部进行的这种热量交换称为回热，实现此种热交换所采用的设备称为回热器。

排气经回热器加热压缩空气后排入大气，同时被预热的压缩空气在燃烧室内吸热后进入透平做功。理想情况下，进入燃烧室空气的温度最高可达到透平出口的排气温度，即$T_5=T_4$。排气温度最低可能冷却到压气机出口空气的温度，即$T_6=T_2$。这种情况称为极限回热。

极限回热的燃气轮机理想循环，如图 7-6（b）中 1253461 所示。与未采用回热的简单理想循环 12341 相比，这两种循环的循环功相同，均为 T-s 图上封闭过程线所包围的面积 12341，但回热循环中工质从外热源的吸热量只是h_3-h_5，比简单循环减少了h_5-h_2。因此，回热循环热效率必将提高。

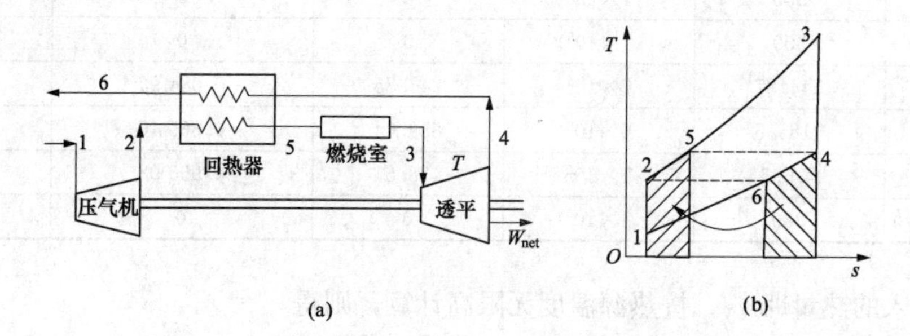

图 7-6 燃气轮机回热循环装置简及热力过程线

(a) 燃气轮机回热循环装置简图；(b) T-s 图上的热力过程线

分析平均温度也能得出同样结论。

实际上无法实现极限回热，空气与排气换热时存在温差，空气预热后的实际温度$T_{5'}$一定低于T_4；排气冷却后的温度$T_{6'}$也一定高于T_2。通常用回热度σ表示回热器中实际回热程度。所谓回热度是指空气的实际回热吸热量与极限回热吸热量之比值，即

$$\sigma=\frac{h_{5'}-h_2}{h_5-h_2}=\frac{h_{5'}-h_2}{h_4-h_2}$$

取定比热容时，则

$$\sigma=\frac{T_{5'}-T_2}{T_4-T_2} \quad (7-41)$$

σ 值越大，循环热效率提高得越多，通常 $\sigma=0.6\sim0.8$。

7.5.2　再热回热循环

在回热基础上采用分级膨胀、中间再热，是增加循环净功与提高效率的又一途径。

分级膨胀中间再热循环装置简图及热力过程线如图 7-7 所示。极限回热条件下，分级膨胀及中间再热理想循环为 125′378961，其中过程线 12 为空气在压气机中的定熵压缩过程，过程线 25′为回热器中的空气定压预热过程，过程线 5′3 为空气在第一级燃烧室中的定压加热过程，过程线 37 为高压透平中的定熵膨胀过程，过程线 78 为第二级燃烧室中的定压加热过程，过程线 89 为低压透平中的定熵膨胀过程，过程线 96 为回热器中的定压放热过程，过程线 61 代表在大气中的定压放热过程。

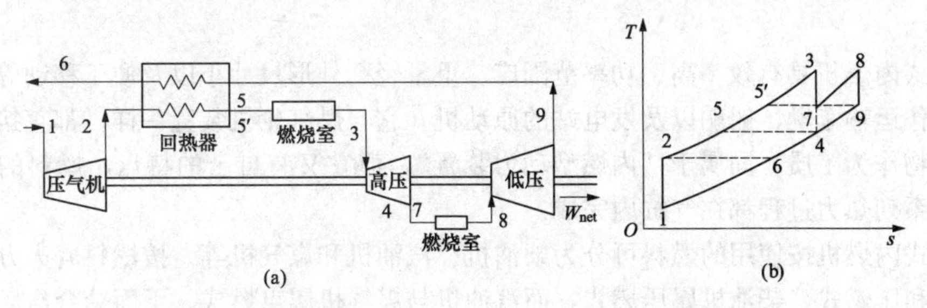

图 7-7　分级膨胀中间再热循环装置简图及热力过程线

(a) 分级膨胀中间再热循环装置简图；(b) T-s 图上的热力过程线

将此循环与回热循环 1253461 对比，两种循环的放热平均温度相同，但前者的吸热过程 5′3 与 78 都是在循环最高温度附近的一个较小温度范围内进行的，具有较高的加热平均温度，故循环热效率必比回热循环高。

7.5.3　间冷回热循环

间冷回热循环装置简图及热力过程线如图 7-8 所示。类似地采用图 7-8 的间冷回热循环，也可提高循环热效率。极限回热情况下，两级压缩中间冷却的理想循环 17895346′1。

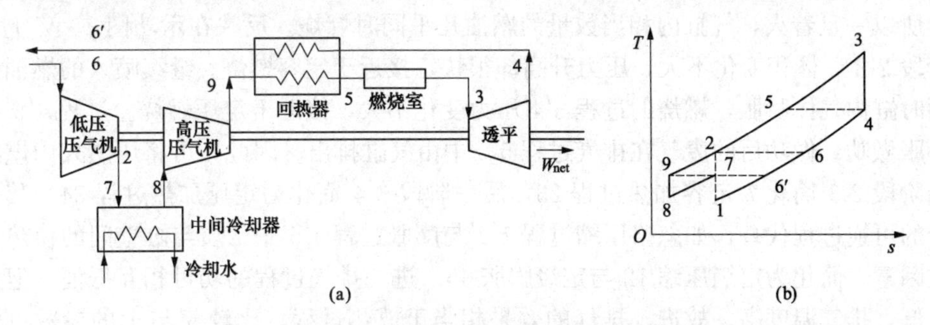

图 7-8　间冷回热循环装置简图及热力过程线

(a) 间冷回热循环装置简图；(b) T-s 图上的热力过程线

将此循环与回热循环 1253461 对比，两种循环的加热平均温度相同，但前者对低温热源的放热过程 6′1 与 78 都是在循环最低温度附近的一个较小温度范围内进行的，具有较低的放热平均温度，故其循环热效率必比回热循环得高。

上述虽然均是对理想循环所作的定性分析，其实对不可逆循环也有相同的结论。而且从平均温度的变化，还可得知上述这些措施都降低了工质与高温热源或低温热源的传热温差，减少了传热㶲损失，因而㶲效率也同样会有所提高。

需要注意的是：

（1）所有这些措施都必须基于回热基础上，如仅采用间冷或再热措施并不能提高循环热效率，这一点请读者自证。

（2）如果在回热基础上，同时采用间冷与再热，能进一步提高循环热效率。但是采用这些系统后，使整个循环系统更加复杂，造价增加，并削弱了燃气轮机装置紧凑灵活的特点。特别是间冷回热循环，一般要采用水冷却，更失去了不利用水的优点，因而实际上很少采用间冷循环。

7.6 活塞式内燃机不可逆循环的分析

活塞式内燃机具有效率高、功率范围广、重量轻、外形尺寸小以及便于移动等优点，因而广泛用作运输车辆、船舶以及发电站的原动机。它与燃气轮机装置一样，都直接利用燃料的燃烧产物作为工质，同属于“内燃型动力装置”，但它又有自己的特点，燃料的燃烧以及工质的一系列热力过程都在气缸内完成。

活塞式内燃机按使用的燃料可分为柴油机、汽油机和煤气机等。按燃料着火方式又可分为点燃式和压燃式，柴油机属压燃式，而汽油机与煤气机属点燃式。下面结合压燃式内燃机的混合加热循环进行分析。

压燃式内燃机的实际工作过程非常复杂，压燃式内燃机的实际及理想工作过程如图 7-9 所示。例如：工质的数量与成分是变化的；工质经历的并非热力学的封闭循环；所有过程中均存在不可逆损失；各热力过程中参数的变化规律复杂等。

为了便于分析，同样需要加以简化，抽象概括为成分不变的定量理想气体所完成的理想循环。压燃式柴油机的工作原理可借助图 7-9（a）的示功图说明。进气过程 $01'$ 中空气被吸入气缸，然后在过程 $1'2'$ 中被压缩。这时用机械喷油设备将柴油喷入气缸，与缸内高温空气混合后着火燃烧。但由于机械喷射的燃油雾化较差，从燃油开始喷入气缸到着火需要较长的时间，所以一旦着火，气缸内相当数量的燃油几乎同时燃烧。反映在示功图 p-V 上，燃烧开始阶段 $2'3'$，体积变化不大，压力升高却很快，接近于定容燃烧。继续喷入的燃油依次燃烧，同时缸内气体膨胀，燃烧的过程 $3'4'$ 压力变化不大，接近于定压燃烧。过程 $4'5'$ 中气体继续膨胀做功。做功后的废气在排气过程 $5'0$ 中由气缸排出。因此，可将压燃式内燃机燃烧的开始阶段 $2'3'$ 简化为定容加热过程 23，后一阶段 $3'4'$ 简化为定压加热过程 34。其他过程用相应的可逆过程代替，如忽略压缩过程 $1'2'$ 与膨胀过程 $4'5'$ 中工质与缸壁间的换热及其他不可逆因素，简化为定熵压缩 12 与定熵膨胀 45。进、排气过程的功可相互抵消，但由于进气温度低，排气温度高。故进、排气的效果相当于放热过程。比较 $5'$ 与 $1'$ 的参数可知，两者体积相近，而压力不同，可用定容放热过程 51 代替实际排气进气过程 $5'01'$。

这样，整个循环可简化为理想循环 123451，称为混合加热理想循环。

下面即将分析的不可逆循环，是在上述理想循环基础上，进一步考虑了加热和放热过程中工质与热源或环境之间的传热不可逆性，但认为工质内部是内可逆的，在 T-s 图上仍可用实线表示。

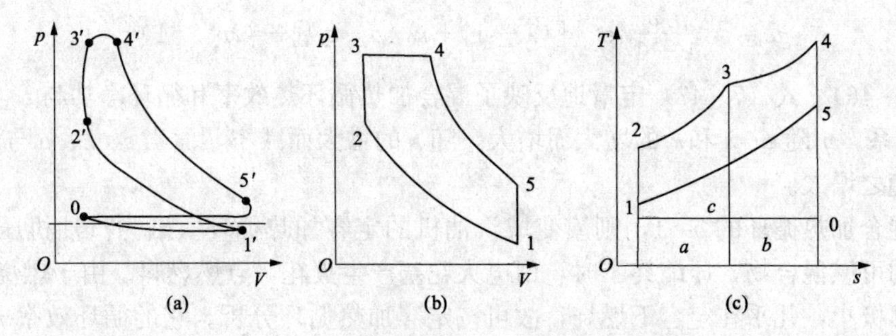

图 7-9 压燃式内燃机的实际及理想工作过程

(a) 压燃式内燃机的实际循环；(b) p-V 图上混合加热理想循环；(c) T-s 图上热力过程线

7.6.1 各状态点参数的确定

通常选用压缩过程和加热过程中某些参数的比值来确定循环各状态点的参数。

令压缩比：$\varepsilon=\dfrac{v_1}{v_2}$，表示压缩过程中气体比容缩小的比例；定容升压比：$\lambda=\dfrac{p_3}{p_2}$，表示定容加热过程中压力增加的比例；定压预胀比：$\rho=\dfrac{v_4}{v_3}$，表示定压加热过程中气体比容增加的比例。

如已知循环初始参数(p_1，v_1)，又确定了 ε、λ 和 ρ，则上述混合加热循环就完全被确定，即

$$T_2=T_1\left(\frac{v_1}{v_2}\right)^{\kappa-1}=T_1\varepsilon^{\kappa-1} \tag{7-42}$$

$$T_3=\frac{p_3}{p_2}T_2=\lambda T_2=\lambda\varepsilon^{\kappa-1}T_1 \tag{7-43}$$

$$T_4=\frac{v_4}{v_3}T_3=\rho T_3=\lambda\rho\varepsilon^{\kappa-1}T_1 \tag{7-44}$$

$$T_5=T_4\left(\frac{v_4}{v_5}\right)^{\kappa-1}=T_4\frac{\rho^{\kappa-1}}{\varepsilon^{\kappa-1}}=\lambda\rho^{\kappa}T_1 \tag{7-45}$$

7.6.2 可逆循环热效率

以单位质量空气为分析对象，则

加热量为

$$q_1=q_{23}+q_{34}=c_V(T_3-T_2)+c_p(T_4-T_3)$$

放热量为

$$q_2=q_{51}=c_V(T_5-T_1)$$

循环净功为

$$w_{\text{net}}=q_1-q_2=c_V(T_3-T_2)+c_p(T_4-T_3)-c_V(T_5-T_1)$$

循环热效率为

$$\eta_t=1-\frac{q_2}{q_1}=1-\frac{c_V(T_5-T_1)}{c_V(T_3-T_2)+c_p(T_4-T_3)}=1-\frac{T_5-T_1}{T_3-T_2+\kappa(T_4-T_3)}$$

将以上各点温度的关系式代入得

$$\eta_t=1-\frac{\lambda\rho^{\kappa}-1}{\varepsilon^{\kappa-1}[(\lambda-1)+\kappa\lambda(\rho-1)]} \tag{7-46}$$

$$w_{net}=\frac{p_1 v_1}{\kappa-1}\{\varepsilon^{\kappa-1}[(\lambda-1)+\kappa\lambda(\rho-1)]-(\lambda\rho^{\kappa}-1)\} \tag{7-47}$$

式（7-46）、式（7-47）定量地反映了混合加热循环热效率和循环净功与ε、λ、ρ以及κ之间的关系。η_t随ε、λ和κ的增大而增大，随ρ的增大而减小，而当ε、λ、ρ与κ增加时，循环净功随之增大。

如果混合加热循环的$\rho=1$，则演变成汽油机的定容加热循环。因为汽油机压缩的是燃料与空气的可燃混合物，压缩终了时，由电火花塞产生火花，点燃燃料。由于燃烧迅速，此时活塞位移极小，几乎在定容下燃烧，故可按定容加热循环分析。它的循环效率$\eta_{t,V}$与循环净功$w_{net,V}$为

$$\eta_{t,V}=1-\frac{1}{\varepsilon^{\kappa-1}} \tag{7-48}$$

$$w_{net,V}=\frac{p_1 v_1}{\kappa-1}(\lambda-1)(\varepsilon^{\kappa-1}) \tag{7-49}$$

式（7-48）表明$\eta_{t,V}$与λ无关，只随ε与κ的增大而增大，而循环净功随λ、ε和κ的增大而增大。

若混合加热循环的$\lambda=1$，则演变成早期柴油机的定压加热循环。因为早期的柴油机在压缩终了时用高压空气将柴油喷入气缸，雾化性能好，随喷随烧，缸内气体边膨胀，压力变化不大，近乎定压燃烧，故可按定压加热循环（又称笛塞尔循环）分析。它的循环热效率$\eta_{t,p}$与净功$w_{net,p}$分别为

$$\eta_{t,p}=1-\frac{1}{\varepsilon^{\kappa-1}}\frac{\rho^{\kappa}-1}{\kappa(\rho-1)} \tag{7-50}$$

$$w_{net,p}=\frac{p_1 v_1}{\kappa-1}[\kappa\varepsilon^{\kappa-1}(\rho-1)-(\rho^{\kappa}-1)] \tag{7-51}$$

式（7-50）表明随ε和κ的增大，$\eta_{t,p}$将增大；但随ρ的增大，$\eta_{t,p}$将减小。同样，循环净功随ε、κ及ρ的增大而增加。

定容加热循环与定压加热循环可看作混合加热循环的特例。

7.6.3 不可逆循环㶲效率和㶲损失

㶲效率可表示为

$$\eta_{ex}=\frac{w_{net}}{e_{x,q_1}}$$

式中：e_{x,q_1}为单位质量工质吸收的热量㶲即比热量㶲，kJ/kg。

比热量㶲e_{x,q_1}可以认为是由一个假想的恒温热源（T_H）提供的，则㶲效率表达式

$$\eta_{ex}=\frac{w_{net}}{\left(1-\frac{T_0}{T_H}\right)q_1} \tag{7-52}$$

实际上T_H很难确定，故取T_H为无限高。但热量㶲是由燃料化学㶲转化来的，故也可写成

$$\eta_{ex}=\frac{w_{net}}{be_{x,f}}=\frac{q_1}{b\cdot(-\Delta H_f^l)}\cdot\frac{(-\Delta H_f^l)}{e_{x,f}}\cdot\frac{w_{net}}{q_1}=\eta_b\left(\frac{-\Delta H_f^l}{e_{x,f}}\right)\eta_t \tag{7-53}$$

式中：$e_{x,}$、b、$(-\Delta H_f^l)$分别为单位燃料的化学㶲、单位质量空气所需的燃料量、燃料热值，kJ/kg、kg/kg、kJ/kg；η_b、η_t分别为锅炉效率和循环热效率。

现进一步讨论㶲损失。由于定熵过程不存在㶲损失，因此只分析加热过程与放热过程。

若加热量q_{23}与q_{34}是由同一恒温T_H的热源提供，则比㶲损失为

$$i_{23}=e_{x,q_{23}}+(e_{x,u_2}-e_{x,u_3})=T_0\left(s_3-s_2+\frac{q_{23}}{T_H}\right)$$

式中：e_{x,u_2}和e_{x,u_3}为2状态和3状态的热力学能㶲。

若取T_H为无限高，则有

$$i_{23}=T_0(s_3-s_2)=T_0c_V\ln\lambda$$

可用图7-9（c）中的面积a表示。

同理

$$i_{34}=e_{x,q_{34}}+(e_{x,u_3}-e_{x,u_4})=T_0\left(s_4-s_3+\frac{q_{34}}{T_H}\right)$$

当T_H取无限高时，则

$$i_{34}=T_0(s_4-s_3)=T_0c_V\ln\lambda$$

用图7-9（c）中的面积b表示，则加热与放热过程的比㶲损失为

$$i_{24}=i_{23}+i_{34}=T_0\left(s_4-s_2+\frac{q_{24}}{T_H}\right)$$

当$T_H\to\infty$时

$$i_{24}=T_0(s_4-s_2)=T_0(c_p\ln\rho+c_V\ln\lambda)$$

若以燃料㶲表示，则比㶲损失为

$$i_{24}=be_{x,f}-(e_{x,u_4}-e_{x,u_2})$$

式中：e_{x,u_2}和e_{x,u_4}为图7-9中的2状态和4状态的热力学能㶲。

对于放热过程，比㶲损失为

$$i_{51}=(e_{x,u_5}-e_{x,u_1})=T_0\left[\frac{q_{51}}{T_0}+(s_1-s_5)\right]=c_V(T_5-T_1)-T_0(c_p\ln\rho+c_V\ln\lambda)$$

它可用图7-9（c）中的面积$c-(a+b)$表示。

那么，总的比㶲损失为

$$i=i_{24}+i_{51}=T_0\left(\frac{q_{24}}{T_H}+\frac{q_{51}}{T_0}\right)=c_V(T_5-T_1)+T_0\frac{q_{24}}{T_H}$$

或当$T_H\to\infty$时

$$i=c_V(T_5-T_1)$$

即为图7-9（c）中的面积c。

过程㶲损失的相对大小，同样可用㶲损系数表示。

【例题7-2】 已知某些柴油机混合加热理想循环，如图7-9（b）、图7-9（c）所示。$p_1=0.17$MPa、$t_1=60$℃，压缩比$\varepsilon=14.5$，气缸中气体最大压力$p_3=10.3$MPa，循环加热量$q_1=900.0$kJ/kg。设其工质为空气，比热容为定值并取$c_V=718.0$J/(kg·K)，$c_p=1004.0$J/(kg·K)，$\kappa=1.4$；环境温度$t_0=20$℃，压力$p_0=0.1$MPa。试分析该循环并求循环热效率及㶲效率。

解　由已知条件：$p_1=0.17$MPa，$T_1=333.15$K。

点1的比体积v_1：

$$v_1=\frac{R_gT_1}{p_1}=\frac{287\times333.15}{0.17\times10^6}=0.5624(\mathrm{m^3/kg})$$

点 2 的比体积 v_2：

$$v_2 = \frac{v_1}{\varepsilon} = \frac{0.5624}{14.5} = 0.03879(\mathrm{m^3/kg})$$

1—2 是定熵过程，有

$$p_2 = p_1\left(\frac{v_1}{v_2}\right)^{\kappa} = p_1\varepsilon^{\kappa} = 0.17 \times 14.5^{1.4} = 7.184(\mathrm{MPa})$$

$$T_2 = \frac{p_2 v_2}{R_g} = \frac{7.184 \times 10^6 \times 0.03879}{287.0} = 971.0(\mathrm{K})$$

点 3：

$$p_3 = 10.3\mathrm{MPa}, v_3 = v_2 = 0.03879\mathrm{m^3/kg}$$

$$T_3 = \frac{p_3 v_3}{R_g} = \frac{10.3 \times 10^6 \times 0.03879}{287} = 1392.1(\mathrm{K})$$

$$\lambda = \frac{p_3}{p_2} = \frac{10.3}{7.184} = 1.434$$

$$q_{1v} = c_V(T_3 - T_2) = 0.718 \times (1392.1 - 971.0) = 302.3(\mathrm{kJ/kg})$$

$$q_{1p} = q_1 - q_{1v} = 900 - 302.3 = 596.7(\mathrm{kJ/kg})$$

式中：q_{1v}、q_{1p} 和 q_1 分别表示单位质量工质定容吸热量、定压吸热量和总吸热量。

点 4：$p_4 = p_3 = 10.3\mathrm{MPa}$，因为 $q_{1p} = c_p(T_4 - T_3)$，所以

$$T_4 = T_3 + \frac{q_{1p}}{c_p} = 1392.1 + \frac{597.7}{1.004} = 1987.4(\mathrm{K})$$

$$v_4 = \frac{R_g T_4}{p_4} = \frac{287 \times 1987.4}{10.3 \times 10^6} = 0.0554(\mathrm{m^3/kg})$$

$$\rho = \frac{v_4}{v_3} = \frac{0.0554}{0.03879} = 1.428$$

点 5：

$$v_5 = v_1 = 0.5624\mathrm{m^3/kg}$$

$$p_5 = p_4\left(\frac{v_4}{v_5}\right)^{\kappa} = 10.3 \times \left(\frac{0.0554}{0.5624}\right)^{1.4} = 0.4015(\mathrm{MPa})$$

$$T_5 = \frac{p_5 v_5}{R_g} = \frac{0.4015 \times 10^6 \times 0.5624}{287.0} = 786.8(\mathrm{K})$$

$$q_2 = c_V(T_5 - T_1) = 0.718 \times (786.8 - 333.15) = 325.7(\mathrm{kJ/kg})$$

$$w_{\mathrm{net}} = q_1 - q_2 = 900 - 325.7 = 574.3(\mathrm{kJ/kg})$$

$$\eta_t = 1 - \frac{\lambda\rho^{\kappa} - 1}{\varepsilon^{\kappa-1}[(\lambda - 1) + \kappa\lambda(\rho - 1)]}$$

$$= 1 - \frac{1.43 \times 1.42^{1.4} - 1}{14.5^{1.4-1} \times [(1.43 - 1) + 1.4 \times 1.43 \times (1.42 - 1)]} = 0.639$$

或

$$\eta_t = \frac{w_{\mathrm{net}}}{q_1} = \frac{574.3}{900.0} = 0.638$$

在吸热过程中空气熵增为

$$\Delta s_{2-4} = c_p \ln\frac{T_4}{T_2} - R_g \ln\frac{p_4}{p_2} = 1.004 \times \ln\frac{1987.4}{971.0} - 0.287 \times \ln\frac{10.3}{7.187} = 0.6158[\mathrm{kJ/(kg \cdot K)}]$$

所以平均吸热温度为

$$T_{1m}=\frac{q_1}{\Delta s_{2-4}}=\frac{900.0}{0.615\,8}=1461.5(\mathrm{K})$$

循环吸热量 q_1 中的可用能为

$$e_{x,Q}=\left(1-\frac{T_0}{T_{1m}}\right)q_1=\left(1-\frac{293.15}{1461.5}\right)\times 900.0=719.5(\mathrm{kJ/kg})$$

循环㶲效率为

$$\eta_{ex}=\frac{w_{net}}{e_{x,Q}}=\frac{574.3}{719.5}=0.798$$

[例题 7-2] 中，循环是内部可逆的，且只是放热过程中系统（工质）与环境有温差，从而有工质单位质量做功能力损失：

$$i=T_0 s_g=T_0(\Delta s_{5-1}+\Delta s_0)=T_0\left(-\Delta s_{2-4}+\frac{q_2}{T_0}\right)=293.15\times\left(-0.615\,8+\frac{325.7}{293.15}\right)$$
$$=145.2(\mathrm{kJ/kg})$$

所以循环输出净功和放热过程做功能力损失之和为循环吸热量中的可用能，即

$$e_{x,Q}=w_{net}+i=574.3+145.2=719.5(\mathrm{kJ/kg})$$

【例题 7-3】 混合加热的压燃式内燃机不可逆循环，其压缩比 ε 为 12，定容升压比 λ 为 2，定压预胀比 ρ 为 1.5。已知 $p_1=1.0\times10^6\mathrm{Pa}$，$t_1=30℃$，$c_V=0.72\mathrm{kJ/(kg\cdot K)}$，$c_p=1.005\mathrm{kJ/(kg\cdot K)}$，$\kappa=1.4$。设 $t_0=t_1=30℃$，并取恒温热源 T_H 为无限高。试对其进行热力学分析。

解 （1）确定各点参数。按题设条件，则有

$T_1=273+30=303(\mathrm{K})$；$T_2=303\times12^{0.4}=818.7(\mathrm{K})$；$T_3=818.7\times2=1637.4(\mathrm{K})$；$T_4=1637.8\times1.7=2456(\mathrm{K})$；$T_5=2456\times\left(\frac{1.5}{1.2}\right)^{0.4}=1069(\mathrm{K})$；$p_4=p_3=p_2\lambda=1\times10^5\times12^{1.4}\times2=64.85\times10^5(\mathrm{Pa})$。

（2）循环热效率：

$$q_1=c_V(T_3-T_2)+c_p(T_4-T_3)=0.72\times(1637.4-818.7)+1.005\times(2456-1637.4)$$
$$=1412.2(\mathrm{kJ/kg})$$

$$q_2=c_V(T_5-T_1)=0.72\times(1069-303)=551.5(\mathrm{kJ/kg})$$

$$w_{net}=q_1-q_2=860.7(\mathrm{kJ/kg})$$

$$\eta_t=60.95\%$$

计算结果汇总如表 7-3 所示。

表 7-3 计算结果汇总

项目		能量（kJ/kg）	占净功比例	㶲（kJ/kg）	占净功比例
燃料提供		1412.2	0.609 5	1412.2	0.609 5
净功		860.7	1	860.7	1
损失	定容吸热	—	—	151.2	0.176
	定容吸热	—	—	123.5	0.143
	定容放热	551.5	0.641	276.8	0.322
	合计	551.5	0.641	551.5	0.641

(3) 确定㶲效率和㶲损失。因题设$T_{\mathrm{H}}=\infty$，故$\eta_{\mathrm{ex}}=\eta_{\mathrm{t}}=60.95\%$。计算结果表明，吸热过程与放热过程的㶲损失相当。在吸热过程中，定容过程的㶲损失较大。

7.6.4 内燃机三种可逆循环的定性比较

现对定容加热、定压加热和混合加热三种内燃机可逆循环热功转换效果进行定性分析与比较。分析时，一般以同一压缩比或同一最高温度和最高压力作为比较的前提。

(1) 压缩比相同。具有相同压缩比的三种内燃机理想循环，如图 7－10 所示。其中 12341 为定容加热循环，122′3′41 为混合加热循环，123″41 为定压加热循环。为便于比较，这三种循环的放热量也取相同值。比较图中各循环加热量所对应的面积，得出$q_{1V}>q_{1pV}>q_{1p}$。由于$\eta_{\mathrm{t}}=1-q_2/q_1$，且已设$q_2$相同，因此$\eta_{\mathrm{t},V}>\eta_{\mathrm{t},pV}>\eta_{\mathrm{t},p}$。如果比较图中的平均温度，也可得出相同结论。

(2) 最高温度和压力相同。考虑到内燃机工作都要受热负荷和机械负荷的限制，因此，选用此条件为比较的前提。最高温度和压力相同的三种理想循环，如图 7－11 所示。其中 12341 为定容的，12′3′341 为混合的，12″341 为定压的。比较各循环的加热量与放热量。由图看出它们的放热量q_2相同，而加热量$q_{1p}>q_{1pV}>q_{1V}$，因而$\eta_{\mathrm{t},p}>\eta_{\mathrm{t},pV}>\eta_{\mathrm{t},V}$。按平均温度分析也能得出同样结论。

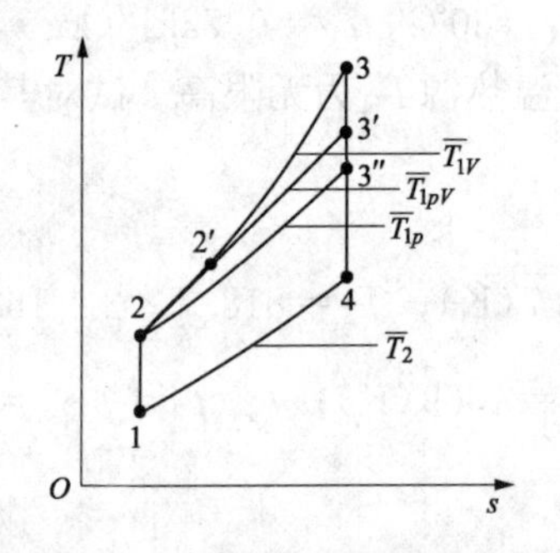

图 7－10 具有相同压缩比的三种内燃机理想循环

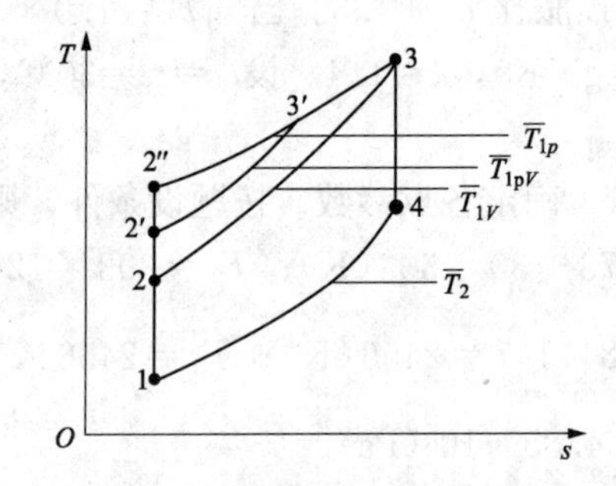

图 7－11 最高温度和压力相同的三种理想循环

不论哪种前提，似乎总以混合加热循环的效率居中。但实际上，因为定容加热循环的压缩比要较其他两种低得多，所以$\eta_{\mathrm{t},V}>\eta_{\mathrm{t},pV}>\eta_{\mathrm{t},p}$中的前半部分$\eta_{\mathrm{t},V}>\eta_{\mathrm{t},pV}$并不成立。定压加热循环与混合加热循环的压缩比实际上是一样的，所以$\eta_{\mathrm{t},p}>\eta_{\mathrm{t},pV}>\eta_{\mathrm{t},V}$中的前半部分$\eta_{\mathrm{t},p}>\eta_{\mathrm{t},pV}$也不成立，因此加考虑到实际压缩比的情况，$\eta_{\mathrm{t},V}>\eta_{\mathrm{t},pV}>\eta_{\mathrm{t},p}$中的$\eta_{\mathrm{t},pV}>\eta_{\mathrm{t},p}$与$\eta_{\mathrm{t},p}>\eta_{\mathrm{t},pV}>\eta_{\mathrm{t},V}$中的$\eta_{\mathrm{t},p}>\eta_{\mathrm{t},V}$部分是成立的，故应有$\eta_{\mathrm{t},pV}>\eta_{\mathrm{t},p}>\eta_{\mathrm{t},V}$。这个结论是符合实际的。

7.7 简单蒸汽动力装置的分析

凡采用蒸汽作为工质的动力装置称为蒸汽动力装置，其中以水蒸气为工质的应用得最广。它与燃气轮机装置不同，由于水与水蒸气无法助燃，因此只能依靠燃料在锅炉中燃烧，从外部对工质进行加热，所以又称外燃动力装置。它可以使用多种燃料，还可利用太阳能、核能、地热等能源。简单水蒸气动力装置的流程及其 T－s 图如图 7－12 所示。它主要由锅炉、汽轮机、冷凝器和水泵等组成。整个装置可分为锅炉与水蒸气循环两大部分。

7.7.1 水蒸气循环

水、蒸汽在上述装置中所经历的实际循环12341，同样可简化为12s341所示的理想循环。它由锅炉中的可逆定压吸热过程41、汽轮机中的定熵膨胀过程12s、冷凝器中的可逆定压放热过程2s3以及水泵中的定熵压缩过程34所组成，称为朗肯循环。下面分析的不可逆循环，是在朗肯循环基础上考虑了汽轮机内摩阻耗散的不可逆性。由于水泵本身耗功很少，内部摩阻引起的不可逆损失更小，因而忽略泵功。其他如管道散热和阀门节流等也均忽略不计。这时定熵膨胀过程12s由不可逆绝热膨胀过程12代替，水蒸气循环，如图7-12（a）中12341所示。

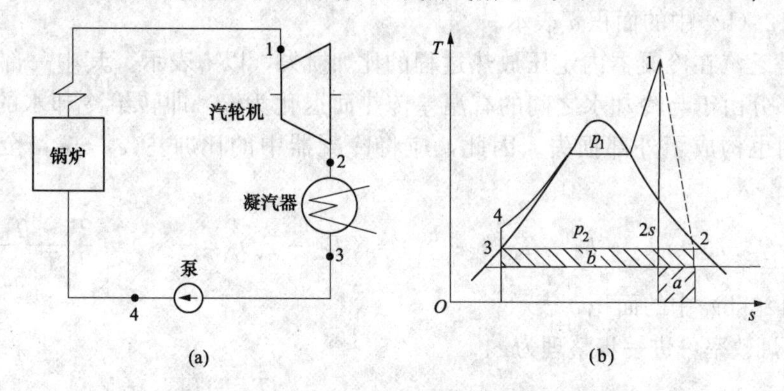

图7-12 简单水蒸气动力装置的流程及其T-s图

（a）简单水蒸气动力装置简图；（b）T-s图上的热力过程线

（1）根据已知参数和过程特征，确定其他参数。

汽轮机实际出口状态2的焓值按下式确定。

$$h_2 = h_1 - \eta_{s,\mathrm{T}}(h_1 - h_{2s})$$

根据p_2与h_2，进而确定乏汽的干度x_2与熵s_2。为了确定各状态点的㶲值，可选取环境状态为基准点。

（2）列出能量方程，确定循环热效率。

循环净功为

$$w_{\mathrm{net}} = w_{\mathrm{T}} - w_{\mathrm{P}} = (h_1 - h_2) - (h_4 - h_3)$$

式中：w_{T}和w_{P}分别为汽轮机做功量和给水泵耗功量，kJ/kg。

由于水基本上可按不可压流体处理，水泵耗功一般只占汽轮机做功量的1%～2%，因此除高压或超高压参数的汽轮机外，可忽略不计。

循环吸热量为

$$q_{41} = h_1 - h_4$$

循环热效率为

$$\eta_{\mathrm{t}} = \frac{w_{\mathrm{net}}}{q_{41}} = \frac{(h_1 - h_2) - (h_4 - h_3)}{h_1 - h_4} = \frac{\eta_{s,\mathrm{T}}(h_1 - h_{2s}) - (h_4 - h_3)}{h_1 - h_4} \tag{7-54}$$

忽略泵功时，则

$$\eta_{\mathrm{t}} = \frac{h_1 - h_2}{h_1 - h_4}$$

（3）列出㶲平衡式，确定循环㶲效率。

忽略泵功时，比㶲平衡式为

$$e_{x1}-e_{x4}=w_T+e_{x2}-e_{x3}+i_T=w_{net}+e_{x2}-e_{x3}+i_T \tag{7-55}$$

因而循环㶲效率为

$$\eta_{ex,t}=\frac{w_{net}}{e_{x1}-e_{x4}} \tag{7-56}$$

式（7-55）中i_T为汽轮机内不可逆绝热膨胀过程㶲损失，它可由汽轮机㶲平衡式确定，即

$$i_T=e_{x1}-e_{x2}-w_T=T_0(s_2-s_1)$$

用图7-12（b）中的面积a表示。

$e_{x2}-e_{x3}$是乏汽在冷凝器内定压放热过程的比㶲损失，以i_c表示。其中一部分转给冷却水，而另一部分由于与冷却水之间的有温差传热而退化为炁，即转给冷却水的㶲。由于实际上无法利用也构成了外部损失。因此，应将冷凝器中的比㶲差$(e_{x2}-e_{x3})$全部看作比㶲损失

$$i_c=e_{x2}-e_{x3}=h_2-h_3-T_0(s_2-s_3)=(T_2-T_0)(s_2-s_3)=\frac{T_2-T_0}{T_2}x_2\gamma$$

用图7-12（b）中的面积b表示。

因此循环㶲效率可进一步整理为

$$\eta_{ex,t}=\frac{w_{net}}{e_{x1}-e_{x4}}=1-\frac{i_c}{e_{x1}-e_{x4}}-\frac{i_T}{e_{x1}-e_{x4}}=1-\frac{T_2-T_0}{T_2}\frac{x_2\gamma}{e_{x1}-e_{x4}}-\frac{i_T}{e_{x1}-e_{x4}} \tag{7-57}$$

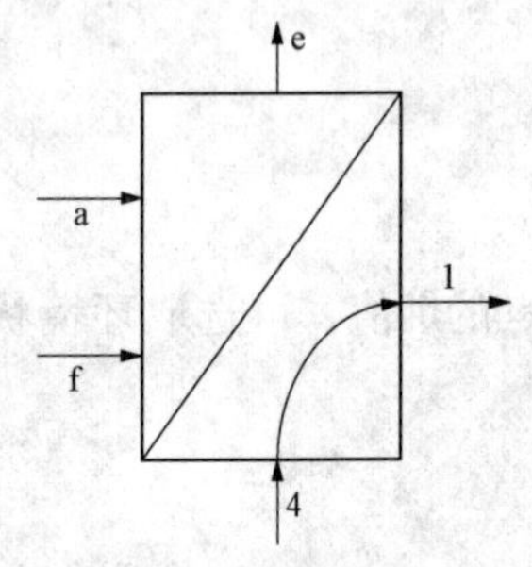

图7-13 锅炉内燃烧换热过程

7.7.2 锅炉

锅炉内燃烧换热过程如图7-13所示。设空气与燃料在大气温度t_0下进入锅炉，排气在温度t_e下离开。如忽略动、位能变化及锅炉向外的散热，对于单位质量水的能量方程为

$$m_f h_f(t_0)+m_a h_a(t_0)-m_e h_e(t_e)+m_v(h_4-h_1)=0$$

式中：m、h与t分别代表质量、焓与温度，下标f、a、e、4和1分别代表燃料、空气、排烟、未饱和水和蒸汽。

根据燃料低发热量的定义，有

$$m_f(-\Delta H_f^l)=m_f h_f(t_0)+m_a h_a(t_0)-m_e h_e(t_0)$$

代入得

$$m_f(-\Delta H_f^l)=m_v(h_1-h_4)+m_e[h_e(t_e)-h_e(t_0)] \tag{7-58}$$

式中：$m_f(-\Delta H_f^l)$为产生单位质量蒸汽时燃料释放的能量，kJ；$m_e[h_e(t_e)-h_e(t_0)]$为排烟损失，kJ。

锅炉的能量利用程度可用锅炉效率η_b表示，即

$$\eta_b=\frac{m_v(h_1-h_4)}{m_f(-\Delta H_f^l)}=1-\frac{m_e[h_e(t_e)-h_e(t_0)]}{m_f(-\Delta H_f^l)} \tag{7-59}$$

式中：m_v和m_f分别为蒸汽量和燃料量，kg。

锅炉效率一般由制造厂商给定，为0.85～0.95。由式（7-59）可确定为了产生单位质量蒸汽燃料所需提供的化学能$m_f(-\Delta H_f^l)$与排烟损失为

$$m_e[h_e(t_e)-h_e(t_0)]=(1-\eta_b)m_f(-\Delta H_f^l)$$

为了便于分析锅炉内的各种㶲损失，人为将图7-13的燃料燃烧过程分解为如图7-14

所示的绝热燃烧与传热两个子过程，即认为燃料先在绝热条件下燃烧，将化学能全部转换为烟气的热能并达到绝热燃烧温度，然后再对水进行加热使之汽化和过热。

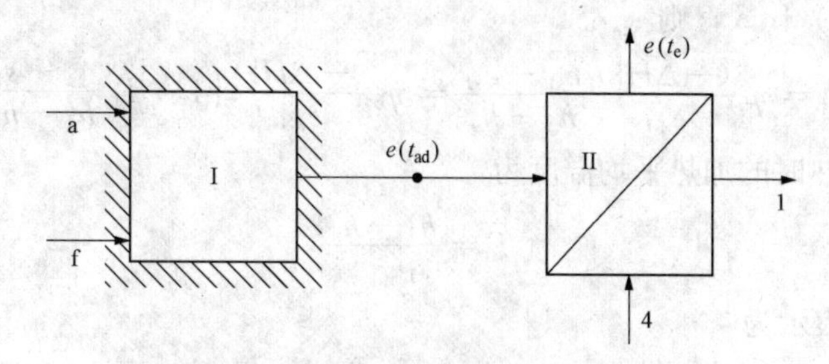

图 7-14 绝热燃烧与传热两个子过程

图中 $e(t_{ad})$ 和 $e(t_e)$ 为进入及离开换热器的工质焓㶲。

产生 1kg 蒸汽时，绝热燃烧过程的㶲损失（可视为比㶲损）i_{b1} 为

$$i_{b1} = m_f e_{x,f} + m_a e_{x,a} - m_e e_{x,e(ad)}$$

假设空气温度为t_0时进入锅炉，故$e_{x,a}=0$，则有

$$i_{b1} = m_f e_{x,f} - m_e e_{x,e(ad)}$$

式中：$m_f e_{x,f}$为产生单位质量蒸汽时燃料提供的化学㶲，kJ/kg(蒸汽)；$m_e e_{x,e(ad)}$为绝热燃烧温度下烟气的焓㶲，kJ/kg(蒸汽)。

产生 1kg 蒸汽时，绝热燃烧温度下烟气的㶲计算式为

$$m_e e_{x,e(ad)} = m_e [c_p (T_{ad} - T_0) - T_0 (s_{ad} - s_0)]$$

式中：c_p为烟气比定压热容，kJ/(kg · K)；T_{ad}为绝热燃烧温度，K；s_{ad}为绝热燃烧状态下工质的熵，kJ/(kg · K)。

当锅炉内烟气压力视为定值时，$m_e c_p (T_{ad} - T_0) = m_f(-\Delta H_f^l)$，而$s_{ad} - s_0 = c_p \ln \frac{T_{ad}}{T_0}$。产生 1kg 蒸汽时，绝热燃烧温度下烟气的㶲计算式变为

$$m_e e_{x,e(ad)} = m_f(-\Delta H_f^l)\left(1 - \frac{T_0}{T_{ad} - T_0} \ln \frac{T_{ad}}{T_0}\right)$$

产生 1kg 蒸汽时，锅炉的排烟㶲损失（可视为比㶲损）i_{b2} 为

$$i_{b2} = m_e e_{x,e} = m_e \{[h_e(t_e) - h_e(t_0)] - T_0 [s_e(t_e) - s_e(t_0)]\}$$

炉内烟气可视为定压，故

$$m_e [h_e(t_e) - h_e(t_0)] = m_e c_p (T_e - T_0) = (1 - \eta_b) m_f (-\Delta H_f^l)$$

而 $s_e(t_e) - s_e(t_0) = c_p \ln(T_e / T_0)$，故

$$i_{b2} = m_e e_{x,e} = m_f(-\Delta H_f^l)\left(1 - \frac{T_0}{T_e - T_0} \ln \frac{T_e}{T_0}\right)$$

产生 1kg 蒸汽时，锅炉内烟气与水蒸气之间传热过程的㶲损失（可视为比㶲损）i_{b3} 为

$$i_{b3} = m_e [e_{x,e(ad)} - e_{x,e}] - (e_{x1} - e_{x4})$$

式中：e_{x1}和e_{x4}分别为 1 和 4 状态工质的比焓㶲，kJ/kg。

产生 1kg 蒸汽时，锅炉整体的㶲平衡式为

$$m_f e_{x,f} = (e_{x1} - e_{x4}) + i_{b1} + i_{b2} + i_{b3} \tag{7-60}$$

锅炉㶲效率为

$$\eta_{\mathrm{ex,b}} = \frac{e_{\mathrm{x1}} - e_{\mathrm{x4}}}{m_{\mathrm{f}} e_{\mathrm{x,f}}} \tag{7-61}$$

若将式（7-59）代入，则

$$\eta_{\mathrm{ex,b}} = \eta_{\mathrm{b}} \frac{(-\Delta H_{\mathrm{f}}^{\mathrm{l}})}{e_{\mathrm{x,f}}} \frac{e_{\mathrm{x1}} - e_{\mathrm{x4}}}{h_1 - h_4} = \eta_{\mathrm{b}} \frac{(-\Delta H_{\mathrm{f}}^{\mathrm{l}})}{e_{\mathrm{x,f}}} \left(1 - T_0 \frac{s_1 - s_4}{h_1 - h_4}\right)$$

引入水定压加热时的加热平均温度为

$$\bar{T} = \frac{h_1 - h_4}{s_1 - s_4}$$

锅炉㶲效率可表示为

$$\eta_{\mathrm{ex,b}} = \eta_{\mathrm{b}} \frac{(-\Delta H_{\mathrm{f}}^{\mathrm{l}})}{e_{\mathrm{x,f}}} \left(1 - \frac{T_0}{\bar{T}}\right) \tag{7-62}$$

其中$(-\Delta H_{\mathrm{f}}^{\mathrm{l}}/e_{\mathrm{x,f}})$取决于燃料种类与性质，$\eta_{\mathrm{b}}$取决于锅炉性能，因为为了提高锅炉㶲效率，应尽可能提高$\bar{T}$，而$\bar{T}$又只与蒸汽和给水状态有关。由于给水温度是给定的，只有下列两种情况才可能提高$\bar{T}$。

（1）提高蒸汽温度$\bar{T}$，但受材料限制，目前最高约为 700℃。

（2）适当提高蒸汽压力p_1，对于每一个$\bar{T}$，就有一个最优的$p_{1,\mathrm{opt}}$，使平均温度达最大值$\bar{T}_{\max}$。而且当$\bar{T}$提高时，$p_{1,\mathrm{opt}}$也增加。$p_{1,\mathrm{opt}}$与$\bar{T}_{\max}$的值的关系如表 7-4 所示。

表 7-4　$p_{1,\mathrm{opt}}$与$\bar{T}_{\max}$的值的关系（$t_4=30$℃，$t_0=15$℃）

T(K)	$p_{1,\mathrm{opt}}$($\times 10^5$Pa)	$\bar{T}_{\max}$(K)	$1-T_0/\bar{T}_{\max}$
400	187.4	522.2	0.448
450	241.9	534.1	0.461
500	303.4	546.0	0.472
550	373.5	558.1	0.484
600	454.7	570.4	0.495
650	549.1	582.9	0.506
700	660.4	595.8	0.516
750	790.8	606.9	0.527
800	942.4	622.1	0.537

实际上，由于T_1给定时，提高p_1将使乏汽的干度x_2减小。x_2低于 0.88～0.90，汽轮机最后几级叶片将遭受水滴的严重冲刷，影响叶片寿命与汽轮机效率，即p_1的提高受到蒸汽干度x_2的约束，限制了锅炉安全性和㶲效率的提高。

7.7.3　简单蒸汽动力装置

能量方程式为

$$m_{\mathrm{f}}(-\Delta H_{\mathrm{f}}^{\mathrm{l}}) = w_{\mathrm{net}} + m_{\mathrm{e}}[h_{\mathrm{e}}(t_{\mathrm{e}}) - h_{\mathrm{e}}(t_0)] + q_{23} \tag{7-63}$$

或

$$\frac{m_{\mathrm{f}}(-\Delta H_{\mathrm{f}}^{\mathrm{l}})}{w_{\mathrm{net}}} = 1 + \frac{m_{\mathrm{e}}[h_{\mathrm{e}}(t_{\mathrm{e}}) - h_{\mathrm{e}}(t_0)]}{w_{\mathrm{net}}} + \frac{q_{23}}{w_{\mathrm{net}}}$$

整个装置热效率为

$$\eta_{\mathrm{i}}=\frac{w_{\mathrm{net}}}{m_{\mathrm{f}}(-\Delta H_{\mathrm{f}}^{\mathrm{l}})}=\eta_{\mathrm{b}}\eta_{\mathrm{t}} \tag{7-64}$$

烟平衡式为

$$m_{\mathrm{f}}e_{\mathrm{x,f}}=w_{\mathrm{net}}+(e_{\mathrm{x2}}-e_{\mathrm{x3}})+i_{\mathrm{T}}+i_{\mathrm{b1}}+i_{\mathrm{b2}}+i_{\mathrm{b3}} \tag{7-65}$$

式中：e_{x2}和e_{x3}为图 7-12 中的 2、3 状态下工质的焓烟，kJ/kg。

或

$$\frac{w_{\mathrm{net}}}{m_{\mathrm{f}}e_{\mathrm{x,f}}}=1-\frac{e_{\mathrm{x2}}-e_{\mathrm{x3}}}{m_{\mathrm{f}}e_{\mathrm{x,f}}}-\frac{i_{\mathrm{T}}}{m_{\mathrm{f}}e_{\mathrm{x,f}}}-\frac{i_{\mathrm{b1}}}{m_{\mathrm{f}}e_{\mathrm{x,f}}}+\frac{i_{\mathrm{b2}}}{m_{\mathrm{f}}e_{\mathrm{x,f}}}-\frac{i_{\mathrm{b3}}}{m_{\mathrm{f}}e_{\mathrm{x,f}}}$$

即

$$\eta_{\mathrm{ex}}=1-\xi_{\mathrm{c}}-\xi_{\mathrm{T}}-\xi_{\mathrm{b1}}-\xi_{\mathrm{b2}}-\xi_{\mathrm{b3}}=1-\xi \tag{7-66}$$

总烟效率为

$$\eta_{\mathrm{ex}}=\frac{w_{\mathrm{net}}}{m_{\mathrm{f}}e_{\mathrm{x,f}}}=\eta_{\mathrm{ex,b}}\cdot\eta_{\mathrm{ex,t}}=1-\xi$$

式中：$\eta_{\mathrm{ex,b}}$、$\eta_{\mathrm{ex,t}}$分别为锅炉和循环的烟效率。

根据总烟效率表达式，将式（7-64）代入整理后，可写为

$$\eta_{\mathrm{ex}}=\eta_{\mathrm{i}}\frac{(-\Delta H_{\mathrm{f}}^{\mathrm{l}})}{e_{\mathrm{x,f}}} \tag{7-67}$$

由于燃料化学烟近似等于其低发热量，因此简单蒸汽动力装置热效率与烟效率大致相同，但两者含义并不同。

将式（7-57）和式（7-62）代入后得

$$\eta_{\mathrm{ex}}=\eta_{\mathrm{b}}\frac{(-\Delta H_{\mathrm{f}}^{\mathrm{l}})}{e_{\mathrm{x,f}}}\left(1-\frac{T_0}{\bar{T}}\right)\left(1-\frac{T_2-T_0}{T_2}\frac{x_2\gamma}{e_{\mathrm{x1}}-e_{\mathrm{x4}}}-\frac{i_{\mathrm{T}}}{e_{\mathrm{x1}}-e_{\mathrm{x4}}}\right)$$

由此可知，为了获得高的η_{ex}，第一，应使冷凝温度T_2尽可能接近环境温度T_0，显然它受制于T_0，且总比T_0要高一些；第二，应尽可能提高$\bar{T}$，依靠提高T_1和p_1的办法也是有限制的；第三，提高汽轮机效率$\eta_{s,\mathrm{T}}$，藉以降低i_{T}。但由于汽轮机烟损失本来就不大，因此这项措施使η_{ex}提高程度有限。综上可见，为了提高η_{ex}，必须跳出简单蒸汽动力装置的框架，采取些其他可能降低锅炉烟损失的措施，才能有所奏效。

【例题 7-4】 如图 7-12 所示的简单蒸汽动力装置，已知汽轮机进口蒸汽状态 1 的$p_1=16.6\mathrm{MPa}$，$t_1=550℃$，出口乏汽状态 2 的$p_2=0.004\mathrm{MPa}$，锅炉效率$\eta_{\mathrm{b}}=0.9$，汽轮机效率$\eta_{s,\mathrm{T}}=0.85$，锅炉绝热燃烧温度$T_{\mathrm{ad}}=2000\mathrm{K}$（见图 7-14），排烟温度$T_{\mathrm{e}}=575.3\mathrm{K}$，燃料化学烟$e_{\mathrm{x,f}}$近似等于其低发热量$(-\Delta H_{\mathrm{f}}^{\mathrm{l}})$，且认为泵功和锅炉散热可忽略不计。试进行热力学分析。以环境压力$p_0=0.1\mathrm{MPa}$与温度$T_0=283\mathrm{K}$下的工质为烟的计算基准。

解　(1) 工质各状态点的参数值如表 7-5 所示。其中$h_2=h_1-\eta_{s,\mathrm{T}}(h_1-h_{2s})$。

表 7-5　工质各状态点的参数值

状态点	p(MPa)	T(K)	h(kJ·kg^{-1})	s(kJ·kg^{-1}·K^{-1})	e_x(kJ·kg^{-1})
0	0.1	283	42.1	0.151 0	0
1	16.5	823.0	3432.6	6.462 5	1604.3
$2s$	0.004	302.13	1946.2	6.462 5	118.0
2	0.004	302.13	2169.2	7.200 2	132.2
3 (4)	0.004 (16.5)	302.13	121.4	0.422 4	2.5

(2) 确定蒸汽循环热效率与装置热效率。

吸热量为

$$q_{41} = h_1 - h_4 = 3432.6 - 121.4 = 3311.2(\text{kJ/kg})$$

汽轮机做功为

$$w_T = h_1 - h_2 = 3432.6 - 2169.2 = 1263.4(\text{kJ/kg})$$

放热量为

$$q_{23} = h_2 - h_3 = 2169.2 - 121.4 = 2047.8(\text{kJ/kg})$$

循环热效率为

$$\eta_t = \frac{w_{net}}{q_{41}} = \frac{w_T}{q_{41}} = \frac{1263.4}{3311.2} = 38.15\%$$

产生 1kg 蒸汽时，燃料提供的能量为

$$m_f e_{x,f} = m_f(-\Delta H_f^l) = \frac{h_1 - h_4}{\eta_b} = \frac{3311.2}{0.9} = 3678.11(\text{kJ/kg})(\text{蒸汽})$$

装置热效率为

$$\eta_i = \frac{w_{net}}{m_f(-\Delta H_f^l)} = \frac{1263.4}{3679.11} = 34.34\%$$

产生 1kg 蒸汽时，锅炉的排烟损失为

$$m_e[h_e(t_e) - h_e(t_0)] = (1-\eta_b)m_f(-\Delta H_f^l) = 0.1 \times 3679.11$$
$$= 367.9(\text{kJ/kg})(\text{蒸汽})$$

产生 1kg 蒸汽时，排烟损失与冷凝损失占系统总输入能量的比例分别为

$$\frac{m_e[h_e(t_e) - h_e(t_0)]}{m_f(-\Delta H_f^l)} = \frac{367.9}{3678.11} = 0.1$$

$$\frac{q_{23}}{m_f(-\Delta H_f^l)} = \frac{2047.8}{3678.11} = 0.557$$

(3) 确定蒸汽循环、锅炉与装置的㶲效率。

汽轮机内比㶲损失

$$i_{T=}(e_{x1} - e_{x2}) - w_T = (1604.3 - 132.2) - 1263.4 = 208.7(\text{kJ/kg})$$

冷凝器内比㶲损失

$$i_c = e_{x2} - e_{x3} = 132.2 - 2.5 = 129.7(\text{kJ/kg})$$

循环㶲效率

$$\eta_{ex,t} = \frac{w_T}{e_{x1} - e_{x4}} = \frac{1263.4}{1604.3 - 2.5} = 78.87\%$$

产生 1kg 蒸汽时，锅炉绝热燃烧时烟气的㶲量

$$m_e e_{x,e(ad)} = m_f(-\Delta H_f^l)\left(1 - \frac{T_0}{T_{ad} - T_0}\ln\frac{T_{ad}}{T_0}\right)$$
$$= 3679.11 \times \left(1 - \frac{283}{2000-283}\ln\frac{2000}{283}\right)$$
$$= 2493.3(\text{kJ/kg})(\text{蒸汽})$$

产生 1kg 蒸汽时，绝热燃烧过程㶲损失

$$i_{b1} = m_f e_{x,f} - m_e e_{x,e(ad)} = 1185.81(\text{kJ/kg})(\text{蒸汽})$$

产生 1kg 蒸汽时，排烟㶲损失

$$i_{b2}=m_e e_{x,e}=(1-\eta_b)m_f(-\Delta H_f^l)\left(1-\frac{T_0}{T_c-T_0}\ln\frac{T_c}{T_0}\right)$$

$$=367.9\left(1-\frac{283}{575.3-283}\ln\frac{575.3}{283}\right)$$

$$=115.2(\text{kJ/kg})(\text{蒸汽})$$

产生 1kg 蒸汽时，锅炉内传热过程㶲损失

$$i_{b3}=[m_e e_{x,e(ad)}-m_e e_{x,e}]-(e_{x1}-e_{x4})$$

$$=(2493.3-115.2)-(1604.3-2.5)$$

$$=776.3(\text{kJ/kg})(\text{蒸汽})$$

锅炉㶲效率

$$\eta_{ex,b}=\frac{e_{x1}-e_{x4}}{m_f e_{x,f}}=\frac{1604.3-2.5}{3679.11}=43.54\%$$

整个装置㶲效率

$$\eta_{ex}=\eta_{ex,b}\eta_{ex,t}=0.7887\times0.4354=34.34\%$$

产生 1kg 蒸汽时，各项㶲损系数分别为

$$\xi_{b1}=\frac{i_{b1}}{m_f e_{x,f}}=\frac{1185.81}{3678.11}=0.322$$

$$\xi_{b2}=\frac{i_{b2}}{m_f e_{x,f}}=\frac{115.2}{3678.11}=0.031$$

$$\xi_{b3}=\frac{i_{b3}}{m_f e_{x,f}}=\frac{776.3}{3678.11}=0.211$$

$$\xi_T=\frac{i_T}{m_f e_{x,f}}=\frac{208.7}{3678.11}=0.057$$

$$\xi_c=\frac{i_c}{m_f e_{x,f}}=\frac{129.7}{3678.11}=0.035$$

最终计算结果如表 7-6 所示。通过计算的结果可知：

(1) 由于假设$e_{x,f}=(-\Delta H_f^l)$，因而$\eta_{ex}=\eta_t=0.343$，且损失总量也相同，但这两种效率含义不同。

(2) 能量损失并不能揭示例如燃烧，传热，汽轮机内摩阻等不可逆因素引起的损失，只能反映外部损失，例如排烟或放热损失。

(3) 从损失分布来看，冷凝器内放热损失很大，似乎是主要矛盾所在，但其㶲损系数却很小，可忽略。而燃烧㶲损系数最大，是能损的主要环节，但能量损失却根本无法反映。因此讨论损失，应以㶲损为主要应分析对象。通过判别㶲损失的分布、大小与原因，以便探索改进措施。

表 7-6　　最终计算结果

项目	能量（kJ/kg，蒸汽）	占净功比例	㶲（kJ/kg，蒸汽）	占净功比例
燃料提供	3679.11	0.343	3679.11	0.343
净功	1263.4	1	1263.4	1

续表

项目		能量（kJ/kg，蒸汽）	占净功比例	㶲（kJ/kg，蒸汽）	占净功比例
损失	绝热燃烧	—	—	1185.81	0.939
	锅炉传热	—	—	776.3	0.614
	锅炉排烟	367.9	0.291	115.2	0.091
	汽轮机	—	—	208.7	0.165
	冷凝器	2047.6	1.621	129.7	0.103
	合计	2415.7	1.912	2415.7	1.912

7.8 改善蒸汽动力装置的措施

为进一步减少锅炉损失、提高装置㶲效率，必须跳出朗肯循环的束缚。本节讨论两种有效的措施。

7.8.1 蒸汽再热动力装置

汽轮机乏汽干度限制着锅炉蒸汽压力p_1的提高，致使p_1小于$p_{1,\mathrm{opt}}$，$\bar{T}$小于$\bar{T}_{\max}$。为了使p_1很高时，乏汽仍有足够的干度，对朗肯循环进行改进，再热蒸汽动力循环及热力过程线如图 7-15 所示。令蒸汽在汽轮机中膨胀到 $x=1$ 之前，在某个压力p_a下离开汽轮机高压缸，再一次在锅炉再热器内吸热，一直过热到T_b（通常$T_b=T_1$），然后送回汽轮机低压缸继续膨胀到冷凝压力p_2。乏汽状态 2 的熵值较大，相应地提高了它的干度x_2。水蒸气所经历的这种闭合回路称为再热循环。

由于不再受乏汽干度的限制，可使p_1有较大提高，因而使原锅炉部分的吸热平均温度$\bar{T}_b$有所提高。另外，由于附加的再热器内吸热平均温度$\bar{T}_r$较高（如图 7-15 所示），使再热循环总的吸热平均温度$\bar{T}^*$进一步有所提高，而放热平均温度未变，因此“再热”成为提高蒸汽动力装置热效率与㶲效率的一种有效措施。

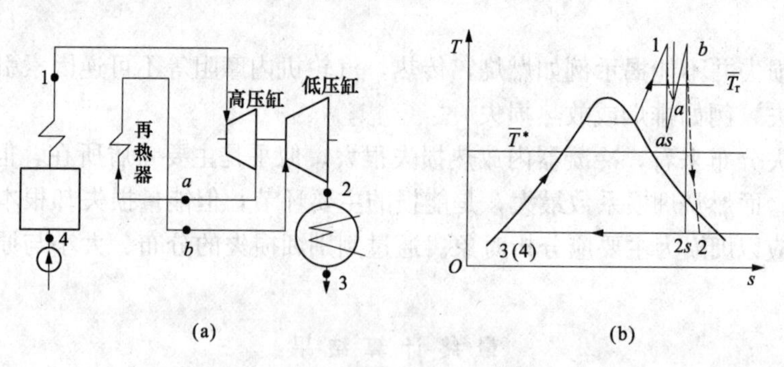

图 7-15 再热蒸汽动力循环及热力过程线

(a) 再热蒸汽动力循环装置流程简图；(b) T-s 图上的热力过程线

【例题 7-5】 在［例题 7-4］的装置基础上，增加再热措施，如图 7-15 所示。设锅炉内蒸汽压力由原来的 16.5MPa，提高到 25MPa，再热压力p_a=5MPa。过热和再热蒸汽温度

$t_1 = t_b = 555℃$，汽轮机高压缸效率$\eta_{s,TH} = 0.8$，低压缸效率$\eta_{s,TD} = 0.84$，其他条件不变。试进行热力学分析。

解 (1) 工质各点参数值如表 7-7 所示。

表 7-7 工质各点参数值

状态点	p(MPa)	T(K)	h(kJ·kg^{-1})	s(kJ·kg^{-1}·K^{-1})	e_x(kJ·kg^{-1})
0	0.1	283	42.1	0.151 0	0
1	25	823	3337.3	6.180 0	1588.99
as	5	—	2908.1	6.180 0	1159.79
a	5	—	2993.9	6.327 7	1203.79
b	5	823	3559.2	7.238 8	1512.67
$2s$	0.004	—	2057.8	7.233 8	11.27
2	0.004	—	2298.0	8.028 9	26.45
3 (4)	0.004	—	121.4	0.422 4	2.49

(2) 确定装置热效率。

吸热量为

$$q_{41} + q_{ab} = (h_1 - h_4) + (h_b - h_a) = (3337.3 - 121.4) + (3559.2 - 2093.9)$$
$$= 3781.2(\text{kJ/kg})(\text{蒸汽})$$

汽轮机做功为

$$w_T = (h_1 - h_a) + (h_b - h_2) = (3337.3 - 2993.9) + (3559.2 - 2298.0)$$
$$= 1604.6(\text{kJ/kg})(\text{蒸汽})$$

循环热效率为

$$\eta_t = \frac{w_T}{q_{41} + q_{ab}} = 42.44(\%)$$

产生 1kg 蒸汽时燃料提供的能量为

$$m_f(-\Delta H_f^l) = \frac{(h_1 - h_4) + (h_b - h_a)}{\eta_b} = \frac{3781.2}{0.9} = 4201.33(\text{kJ/kg})(\text{蒸汽})$$

装置热效率为

$$\eta_i = \frac{w_T}{m_f(-\Delta H_f^l)} = 38.19(\%)$$

(3) 确定循环和锅炉效率。

本循环锅炉部分的平均吸热温度为

$$\bar{T}_b = \frac{h_1 - h_4}{s_1 - s_4} = \frac{3337.3 - 121.4}{6.180\,0 - 0.422\,4} = 558.55(\text{K})$$

未加再热器，锅炉部分的平均吸热温度为

$$\bar{T} = \frac{h_1 - h_4}{s_1 - s_4} = \frac{3432.6 - 121.4}{6.462\,5 - 0.422\,4} = 548.20(\text{K})$$

故加再热器后，锅炉部分的平均吸热温度有所提高，且附加再热器中平均温度为

$$\bar{T}_r = \frac{h_1 - h_a}{s_b - s_a} = \frac{3559.2 - 2993.9}{7.2338 - 6.3277} = 623.88(\text{K})$$

因此总的吸热平均温度

$$\bar{T}^* = \frac{(h_1 - h_4) + (h_b - h_a)}{(s_1 - s_4) + (s_b - s_a)} = \frac{(3337.3 - 121.4) + (3559.2 - 2993.9)}{(6.1800 - 0.4224) + (7.2338 - 6.3277)} = 567.4(\text{K})$$

比$\bar{T}$=548.20K 高 20K 左右。因此，本例中锅炉的㶲效率为

$$\eta_{\text{ex,b}} = \frac{(-\Delta H_{\text{f}}^{1})}{e_{\text{x,f}}} \Delta\eta_{\text{b}} \left(1 - \frac{T_0}{\bar{T}^*}\right) = 0.9 \times \left(1 - \frac{283}{567.4}\right) = 45.11\%$$

与［例题 7 - 4］相比，$\eta_{\text{ex,b}}$=43.54%，显然有所提高。再热循环的㶲效率为

$$\eta_{\text{ex,tzr}} = \frac{w_{\text{net}}}{(e_{\text{x1}} - e_{\text{x4}}) + (e_{\text{x},b} - e_{\text{x},4})} = \frac{(h_1 - h_a) + (h_b - h_2)}{(e_{\text{x1}} - e_{\text{x4}}) + (e_{\text{x},b} - e_{\text{x},a})}$$

$$= \frac{(3337.3 - 2993.9) + (3559.2 - 2298)}{(1588.99 - 2.49) + (1512.67 - 1203.79)} = 84.66\%$$

与［例题 7 - 4］相比，$\eta_{\text{ex,t}}$=78.87%，也有提高。主要由于降低了冷凝器的㶲损系数。因此，总㶲效率

$$\eta_{\text{ex}} = \eta_{\text{ex,b}} \eta_{\text{ex,tzr}} = 0.4511 \times 0.8466 = 38.19\%$$

与［例题 7 - 4］相比，η_{ex}=34.34%，有提高。

(4) 确定装置内各种㶲损失及㶲损系数。

绝热燃烧时烟气的㶲量为

$$m_{\text{e}} e_{\text{x,(ad)}} = m_{\text{f}} (-\Delta H_{\text{f}}^{1}) \left(1 - \frac{T_0}{T_{\text{ad}} - T_0} \ln \frac{T_{\text{ad}}}{T_0}\right)$$

$$= 4201.33 \left(1 - \frac{283}{2000 - 283} \ln \frac{2000}{283}\right) = 2847.23(\text{kJ/kg})(\text{蒸汽})$$

各设备㶲损系数及机组㶲效率如表 7 - 8 所示。通过本例说明，由于汽轮机效率比上例略低，因而除使汽轮机高、低缸㶲损系数之和比上例汽轮机的略高外，其余的均有所降低。而其中降低最多的是锅炉内的传热㶲损系数。这正是通过提高蒸汽压力p_1和附加了一个较高的再热器平均温度$\bar{T}_r$，使得整个吸热平均温度$\bar{T}^*$有所提高而改善的。从再热装置看，锅炉内燃烧过程㶲损系数为最大，仍是节能的薄弱环节，其次是锅炉内的传热过程，其他几项的影响相对较小。

表 7 - 8　　各设备㶲损系数及机组㶲效率

名称		计算式	计算结果	
	各设备		ξ_j	无再热器ξ_j
㶲损失	绝热燃烧	$\xi_{\text{b1}} = \frac{i_{\text{b1}}}{w_{\text{net}}} = \frac{m_{\text{f}} e_{\text{x,f}} - m_{\text{e}} e_{\text{x,e(ad)}}}{w_{\text{net}}} = \frac{m_{\text{f}}(-\Delta H_{\text{f}}^{1}) - m_{\text{e}} e_{\text{x,e(ed)}}}{w_{\text{net}}}$	0.8439	0.939
	排烟	$\xi_{\text{b2}} = \frac{i_{\text{b2}}}{w_{\text{net}}} = \frac{m_{\text{e}} e_{\text{x,e}}}{w_{\text{net}}} = \frac{(1-\eta_{\text{b}})\ m_{\text{f}} \cdot (-\Delta H_{\text{f}}^{1}) \left(1 - \frac{T_0}{T_{\text{e}} - T_0}\right) \ln\left(\frac{T_e}{T_0}\right)}{w_{\text{net}}}$	0.0820	0.091
	传热	$\xi_{\text{b3}} = \frac{i_{\text{b3}}}{w_{\text{net}}} = \frac{[m_{\text{e}} e_{\text{x,e(ad)}} - m_{\text{e}} e_{\text{x,0}}] - (e_{\text{x},1} - e_{\text{x},4}) - (e_{\text{x},b} - e_{\text{x},0})}{w_{\text{net}}}$	0.5112	0.614

续表

名称		计算式	计算结果	
㶲损失	汽轮机高压缸	$\xi_{T1}=\dfrac{i_{T1}}{w_{net}}=\dfrac{(e_{x1}-e_{xa})-(h_1-h_2)}{w_{net}}$	0.026 1	0.615
	汽轮机低压缸	$\xi_{T2}=\dfrac{i_{T2}}{w_{net}}=\dfrac{(e_{x,b}-e_{x,2})-(h_b-h_1)}{w_{net}}$	0.140 2	
	冷凝器	$\xi_c=\dfrac{i_c}{w_{net}}=\dfrac{e_{x,2}-e_{x,3}}{w_{net}}$	0.014 9	0.103
	小计	$\xi_j=\sum\xi_i$	1.618 3	1.912
㶲效率		$\eta_{ex}=\dfrac{1}{1+\xi_j}$	0.381 9	0.343

7.8.2　抽汽回热动力装置

为了提高工质在锅炉内的平均吸热温度，减少换热温差，根据卡诺极限回热循环，对进入锅炉的给水进行预热。由于在工程实际中不可能达到极限回热，因此，利用从汽轮机中抽出的一部分蒸汽来加热进入锅炉前的给水，使进入锅炉的给水温度提高，以提高吸热平均温度，减少不可逆损失。这种装置称为抽汽回热动力装置，如图 7-16 所示。1kg 蒸汽进入汽轮机，从初压p_1膨胀到某个中间抽汽压力p_A，然后将 αkg 的蒸汽从汽轮机中引出，余下的$(1-\alpha)$kg 在汽轮机中继续膨胀到冷凝压力p_2。状态 A 的抽汽在混合式给水加热器中放出过热热量和汽化潜热，成为 αkg 该抽汽压力下的饱和水，温度为t_s。凝结时放出的热量使$(1-\alpha)$kg 的水从t_4提高到t_5。

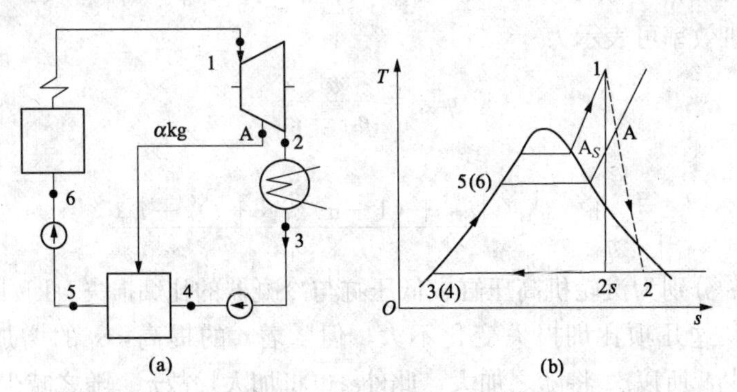

图 7-16　抽汽回热动力装置流程图及热力过程线

(a) 抽汽回热动力循环装置流程简图；(b) T-s 图上的热力过程线

根据热力学第一定律，列出给水加热器能量平衡，可确定抽汽份额 α，即

$$\alpha(h_A-h_5)=(1-\alpha)(h_5-h_4)$$

或

$$\alpha = \frac{h_5 - h_4}{h_A - h_4} \tag{7-68}$$

设忽略泵功，则$h_6 = h_5$，$h_4 = h_3$，而工质从锅炉中的吸热量为

$$q_{61} = h_1 - h_6 \tag{7-69}$$

循环净功为

$$\begin{aligned} w_{net} &= (h_1 - h_A) + (1 - \alpha)(h_A - h_2) \\ &= (1 - \alpha)(h_1 - h_2) + \alpha(h_1 - h_A) \end{aligned} \tag{7-70}$$

从式（7-68）可得出

$$h_5 = h_3 - \alpha(h_A - h_3)$$

代入式（7-69）得到

$$q_{61} = (1 - \alpha)(h_1 - h_3) + \alpha(h_1 - h_A)$$

这样，循环热效率为

$$\eta_{t,r} = \frac{w_{net}}{q_{61}} = \frac{(1 - \alpha)(h_1 - h_2) + \alpha(h_1 - h_A)}{(1 - \alpha)(h_1 - h_3) + \alpha(h_1 - h_A)} > \frac{(h_1 - h_2)}{(h_1 - h_3)} = \eta_t$$

所以，这种循环热效率$\eta_{t,r}$一定大于相同初、终参数条件下未采用回热时的效率η_t。

从㶲损失来看，由于给水被预热，提高了给水的吸热温度，这时吸热平均温度$\bar{T}^*$显然高于无回热时的$\bar{T}$，锅炉内传热㶲损失相对减少，锅炉㶲效率有所提高，而且随着t_5的提高而提高。

锅炉㶲效率为

$$\eta_{ex,b} = \frac{e_{x1} - e_{x5}}{m_f(-\Delta H_f^l)} = \eta_b \frac{(-\Delta H_f^l)}{e_{x,f}} \frac{e_{x1} - e_{x5}}{h_1 - h_5} = \eta_b \frac{(-\Delta H_f^l)}{e_{x,f}} \left(1 - \frac{T_0}{\bar{T}^*}\right) \tag{7-71}$$

但采用回热后，在蒸汽循环回路中由于增加了预热器，相应地产生了新的混合㶲损失，它可表示为

$$i_{mix} = \alpha(e_{x,A} - e_{x5}) + (1 - \alpha)(e_{x3} - e_{x5}) = T_0[(s_5 - \alpha s_A) - (1 - \alpha)s_3]$$

这样，循环㶲效率可表示为

$$\eta_{ex,r} = \frac{w_{net}}{e_{x1} - e_{x5}}$$

或

$$\frac{1}{\eta_{ex,r}} = 1 + \frac{i_{T1} + (1 - \alpha)(i_{T2} + i)_c + i_{mix}}{w_{net}} \tag{7-72}$$

式中：i_{T1}、i_{T2}与i_c分别为汽轮机高压缸、低压缸与冷凝器的比㶲损失，kJ/kg。

当t_5提高时，这几项比㶲损失变化不大，但随着t_5的提高，s_5的增加较αs_A大，而且$(1-\alpha)s_3$变化很少，所以i_{mix}将随之加大，此外e_5也将加大，故$\eta_{ex,r}$随之减少。

综合t_5对$\eta_{ex,b}$与$\eta_{ex,r}$的影响，抽汽回热动力装置的㶲效率$\eta_{ex} = \eta_{ex,b}\eta_{ex,r}$将在一定的给水预热温度$t_5$下达到最佳值。

【例题 7-6】 根据［例题 7-4］的蒸汽动力装置及相关参数，采取一级回热措施，预热器为混合式，如图 7-16（a）所示。设抽汽压力为 2MPa，抽汽前后的汽轮机相对内效率均为 0.85，其他条件不变，试进行热力学分析。

解 （1）确定工质各状态点的参数值，如表 7-9 所示。

表 7-9　**工质各状态点的参数值**

状态点	p(MPa)	T(K)	h(kJ・kg^{-1})	s(kJ・kg^{-1}・K^{-1})	e_x(kJ・kg^{-1})
0	0.1	283	42.1	0.151 0	0
1	16.5	823.0	3432.6	6.462 5	1604.3
A a	2.0	—	2850.6	6.462 5	1031.3
A	2.0	—	2945.55	6.626 8	1070.8
2 a	0.004	302.13	1946.2	6.462 5	118.0
2	0.004	302.13	2169.2	7.200 5	132.00
3 (4)	0.004 (2)	302.13	121.4	0.422 4	2.5
5 (6)	2.0 (16.5)	485.52	908.6	2.446 8	216.79

(2) 确定抽汽量为

$$\alpha = \frac{h_5 - h_3}{h_A - h_3} = \frac{908.6 - 121.4}{2945.55 - 121.4} = 0.278\,7$$

(3) 确定装置热效率。

吸热量为

$$q_{01} = h_1 - h_5 = 3432.6 - 908.6 = 2524.0(\text{kJ/kg})(\text{蒸汽})$$

循环净功为

$$\begin{aligned} w_{net} = w_T &= (h_1 - h_2) - \alpha(h_A - h_2) \\ &= (3432.6 - 2169.2) - 0.278\,7 \times (2945.5 - 2169.2) \\ &= 1047.0(\text{kJ/kg})(\text{蒸汽}) \end{aligned}$$

循环热效率为

$$\eta_{t,r} = \frac{w_{net}}{q_{01}} = 41.48\%$$

比［例题 7-5］中的循环热效率 38.19%高。

产生 1kg 蒸汽时燃料提供的能量为

$$m_f(-\Delta H_f^l) = \frac{q_{01}}{\eta_b} = \frac{2524}{0.9} = 2804.44(\text{kJ/kg})(\text{蒸汽})$$

装置热效率为

$$\eta_i = \eta_b \cdot \eta_{t,r} = 0.9 \times 0.414\,8 = 37.33\%$$

与［例题 7-4］中的装置相比，热效率 34.34%有所提高。

(4) 确定蒸汽循环中，锅炉与装置㶲效率。

循环㶲效率为

$$\eta_{ex,r} = \frac{w_{net}}{e_{x1} - e_{x5}} = \frac{1047.0}{1604.3 - 216.79} = 75.46\%$$

比［例题 7-4］中的循环㶲效率 78.87%有所降低，这主要由于增加了预热器的混合㶲损失。

吸热平均温度为

$$\bar{T}^* = \frac{h_1 - h_5}{s_1 - s_5} = \frac{3432.6 - 908.6}{6.462\,5 - 2.446\,8} = 628.53(\text{K})$$

比不用回热时的平均吸热平均温度 548.2K 高。

锅炉㶲效率为

$$\eta_{ex,b}=\eta_b\frac{-\Delta H_f^l}{e_{x,f}}\left(1-\frac{T_0}{\bar{T}^*}\right)=0.9\times\left(1-\frac{283}{628.53}\right)=49.48\%$$

比不用回热时的锅炉㶲效率 43.54%高。各设备处的㶲损系数及机组㶲效率计算结果，如表 7-10 所示。

表 7-10　各设备处的㶲损系数及机组㶲效率计算结果

名称	计算式	计算结果	
其中		ξ_j	[例题 7-5]的ξ_j
绝热燃烧	$\xi_{b1}=\frac{i_{b1}}{w_{net}}=\frac{m_f(-\Delta H_f^l)-m_e e_{x,e(ad)}}{w_{net}}$	0.863 3	0.939
排烟	$\xi_{b2}=\frac{i_{b2}}{w_{net}}=\frac{(1-\eta_b)m_f(-\Delta H_f^l)\left(1-\frac{T_0}{T_c-T_0}\ln\frac{T_0}{T_c}\right)}{w_{net}}$	0.083 9	0.091
传热	$\xi_{b3}=\frac{i_{b3}}{w_{net}}=\frac{[m_e e_{x,e(ad)}-m_e e_{x,e}]-(e_{x1}-e_{x4})}{w_{net}}$	0.406 1	0.614
汽轮机高压缸	$\xi_{T1}=\frac{(e_{x,1}-e_{x,A})-(h_1-h_A)}{w_{net}}$	0.044 4	0.165
汽轮机低压缸	$\xi_{T2}=\frac{[(e_{x,A}-e_{x,2})-(h_A-h_2)](1-\alpha)}{w_{net}}$	0.111 8	
冷凝器	$\xi_c=\frac{(1-\alpha)(e_{x2}-e_{x3})}{w_{net}}$	0.089 3	0.103
预热器	$\xi_{mix}=\frac{\alpha(e_{x,A}-e_{x3})+(1-\alpha)(e_{x2}-e_{x3})}{w_{net}}$	0.079 7	—
小计	$\xi_j=\sum\xi_i$	1.678 5	1.912
㶲效率	$\eta_{ex}=\frac{1}{1+\xi_j}$	0.373 3	0.343 4

装置㶲效率$\eta_{ex}=\eta_{ex,b}\eta_{ex,r}=0.4948\times0.7546=37.33\%$。

(5) 确定装置内各种㶲损系数的计算结果如表 7-10 所示。

产生 1kg 蒸汽时，锅炉内绝热燃烧时烟气的㶲值为

$$m_e\,e_{x,e(ad)}=m_f(-\Delta H_f^l)\left(1-\frac{T_0}{T_{ad}-T_0}\ln\frac{T_{ad}}{T_0}\right)$$

$$=2804.44\times\left(1-\frac{283}{2000-283}\ln\frac{2000}{283}\right)=1900.56(\text{kJ/kg})(\text{蒸汽})$$

通过本例说明，除了预热器㶲损失外，其他各项的㶲损系数均比［例题 7-4］的结果(见表 7-6) 有所降低。其中降得最多的是锅炉内传热㶲损系数。这是由于给水预热后提高了吸热平均温度$\bar{T}^*$的缘故。增加回热装置后的朗肯循环，仍以燃烧过程的㶲损系数最大，其次是传热㶲损系数，其他几项相对较小。

7.9　蒸汽压缩制冷装置的分析

通常采用制冷系数 ε 作为制冷装置的性能指标，但也是不同“质”的能量的比值，分子为冷量q_0，分母为耗功 w。因此，ε 指标将q_0与 w “等量齐观”了。而且 ε 也只反映外部损失的影响，并不能揭示装置的薄弱环节。此外，ε 只能用来比较相同温度范围下工作的各种制冷装置性能。当在不同温度范围工作的各制冷装置比较时，ε 指标甚至可能给出错误信息。下面从热力学第一定律与第二定律的结合上进行分析。

蒸汽压缩制冷装置由蒸发器、压缩机、冷凝器与膨胀阀组成，蒸汽压缩制冷循环及热力过程如图 7-17 所示。由冷凝器出来的工质饱和液（点 3）通过膨胀阀绝热节流减压降温；膨胀阀出来的低干度湿蒸汽在蒸发器内定压吸热气化；从蒸发器出来的饱和蒸汽在压缩机内进行绝热压缩升压升温，然后在冷凝器内定压放热冷却与冷凝，周而复始，循环工作。

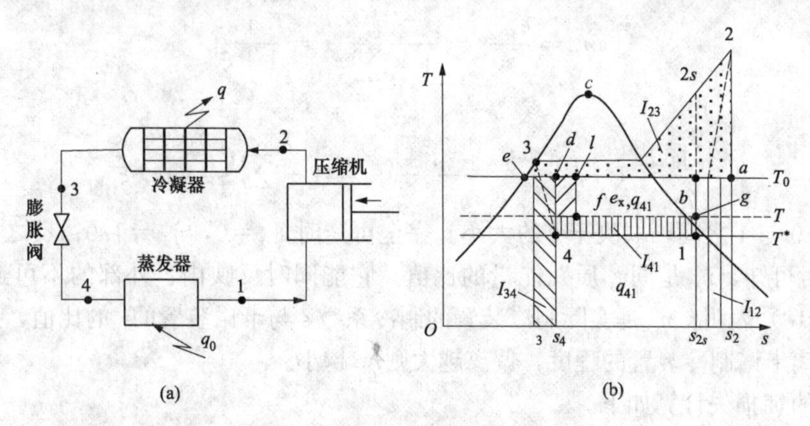

图 7-17　蒸汽压缩制冷循环及热力过程

(a) 蒸汽压缩制冷循环流程简图；(b) T-s 图上的热力过程线

1. 确定各状态点参数

依据已知条件与过程特征，用工质热力性质图表确定 1、2s 与 3 的焓与熵值。点 2 的焓值的计算式为

$$h_2 = h_1 + \frac{h_{2s} - h_1}{\eta_{s,CO}}$$

然后依据压缩机出口压力p_2与h_2确定s_2等参数。

膨胀阀后点 4 参数可按忽略动、位能变化的绝热节流特征确定，即$h_4 = h_3$，因而可根据蒸发压力p_4与h_4确定该点熵值。

2. 确定制冷系数

讨论以 1kg 工质为基准，于是有

制冷量为

$$q_{41} = h_1 - h_4$$

功量为

$$w = -w_{CO} = h_2 - h_1$$

制冷系数为

$$\varepsilon = \frac{q_{41}}{w} = \frac{h_1 - h_4}{h_2 - h_1} \tag{7-73}$$

放热量为

$$q_{23} = h_2 - h_3$$

q_{23}全部放给环境，是一种外部损失。

3. 确定循环㶲效率与比㶲损失

㶲平衡式为

$$w = e_{x,q_{41}} + i_{12} + i_{23} + i_{34} + i_{41} \tag{7-74}$$

式中：$e_{x,q_{41}}$为比冷量㶲，其方向与比冷量q_{41}相反，即若从冷库中抽取比冷量q_{41}，则冷库得到冷量㶲，单位为 kJ/kg；i_{12}、i_{34}与i_{41}代表压缩机、膨胀阀与蒸发器内部比㶲损失，kJ/kg；i_{23}代表冷凝器的内外比㶲损失总和，单位为 kJ/kg。

㶲效率可表示为

$$\eta_{ex} = \frac{e_{x,q_{41}}}{w} = \frac{1}{1+\sum \xi_j} = \frac{1}{1+\xi} \tag{7-75}$$

或

$$\frac{1}{\eta_{ex}} = 1 + \frac{i_{12}+i_{23}+i_{34}+i_{41}}{e_{x,q_{41}}} = 1 + \sum \xi_i = 1 + \xi$$

η_{ex}介于 0 与 1 之间，取决于ξ的大小。完全可逆时，$\xi=0$，$\eta_{ex}=1.0$；反之，$\xi=1$，则$\eta_{ex}=0$。同时可知，η_{ex}是同“质”能量的比值。它能同时反映内、外部的不可逆㶲损的影响。式（7-18）表明：η_{ex}是实际制冷装置的制冷系数ε与卡诺装置的ε_c的比值，反映了实际制冷装置偏离卡诺制冷装置的程度，偏离越大则η_{ex}越小。

各装置的㶲损失计算如下。

1. 压缩机内比㶲损失为

$$i_{12} = (e_{x1} - e_{x2}) + w = T_0(s_2 - s_1) \tag{A}$$

它可用图 7-17 中的面积 abs_1s_2a 表示。

2. 冷凝器内比㶲损失为

$$i_{23} = (e_{x2} - e_{x3}) = q_{23} - T_0(s_2 - s_3) \tag{B}$$

它可用图 7-17 中的面积 $23ea2$ 表示。

3. 膨胀阀比㶲损失为

$$i_{34} = e_{x3} - e_{x4} = T_0(s_4 - s_3) \tag{C}$$

它可用图 7-17 中可用面积 $34s_4s_33$ 代表。

4. 蒸发器比㶲损失为

$$i_{41} = (e_{x4} - e_{x1}) - e_{x,q_{41}} \tag{D}$$

由于，$e_{x,q_{41}} = q_{41}(T_0 - T)/T$ 而$q_{41} = h_1 - h_4 = T^*(s_1 - s_4)$，再考虑$(e_{x4} - e_{x1}) = (h_4 - h_1) - T_0(s_4 - s_1)$，故$i_{41} = T_0(s_4 - s_1) - q_{41} - T^*(T_0 - T)(s_1 - s_4)/T$。

因此，在图 7-17 中可用面积 $ld41gfl$ 表示。图中过程线 41 下的面积代表q_{41}，而冷量㶲$e_{x,q_{41}}$由面积 $blfgb$ 标出。为了反映㶲损失相对大小，也可用㶲损系数表示。

【例题 7-7】 两种方案的 NH_3 蒸汽压缩制冷装置各设备处的参数如表 7-11 所示。两种方案的热力过程线如图 7-18 所示。对两种方案进行热力学分析。

表 7-11 两种方案的 NH_3 蒸汽压缩制冷装置各设备处的参数

方案	Ⅰ（12341）	Ⅱ（56785）
冷库温度 T(K)	273	258
蒸发温度 T^*（K）	263	253
冷凝温度（K）	303	303
冷凝器出口温度（K）	303	293
压缩机效率	0.8	0.85

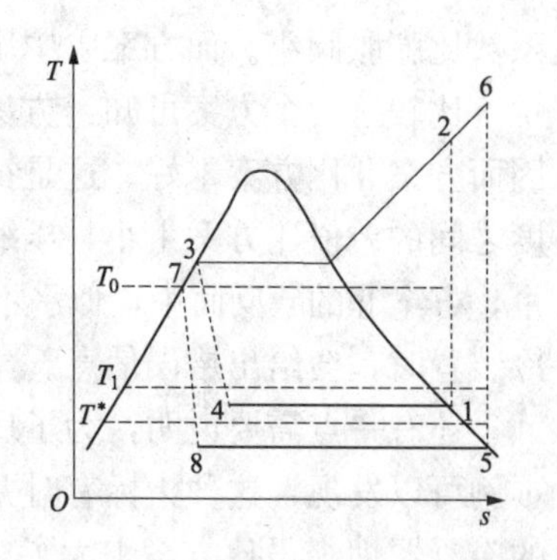

图 7-18 两种方案的热力过程线

解 由表 7-11 的参数可知，根据 NH_3 的性质，确定各设备处的计算参数，如表 7-12 所示。

表 7-12 各设备处的计算参数

参数	Ⅰ				Ⅱ			
	1	2	3	4	5	6	7	8
p(×10^6Pa)	2.91	11.65	11.65	2.91	1.90	11.65	11.65	1.90
T(K)	263	383	303	263	253	401	293	253
h(kJ·kg^{-1})	1670.5	1921.0	560.6	560.6	1657.6	1970.4	529.71	529.71
s(kJ·kg^{-1}·K^{-1})	8.948 9	9.090 4	4.675 2	4.730 5	9.096 7	9.130 2	4.509 0	4.596 5

根据表 7-12 中的各数据，对两种 NH_3 蒸汽压缩制冷方案的性能进行了热力学计算，计算结果，如表 7-13 所示。

表 7-13 计 算 结 果

项目		Ⅰ		Ⅱ	
		绝对值（kJ·kg^{-1}）	占冷量㶲比例 ξ_j	绝对值（kJ·kg^{-1}）	占冷量㶲比例 ξ_j
冷量㶲		81.56	1.0	153	1.0
㶲损失	压缩机	41.45	0.508 2	22.1	0.144 4
	冷凝器	66.75	0.818 4	86.68	0.566 5
	膨胀阀	15.9	0.195 0	25.4	0.166 0
	蒸发器	44.12	0.541 0	25.75	0.168 3
	小计	168.3	2.063	159.93	1.045
功耗（kJ·kg^{-1}）		249.79	—	312.93	—
㶲效率		—	0.326 5	—	0.489
制冷系数		4.443	—	3.604	—

由计算结果可知，在 NH_3 蒸汽制冷装置的两个方案中，均以冷凝器的㶲损系数最大，其次是蒸发器，再其次是压缩机或膨胀阀。由于方案Ⅱ的压缩机效率 $\eta_{s,CO}$ 为 0.85，其㶲损

系数比膨胀阀小。而方案Ⅰ中压缩机$\eta_{s,CO}$为0.8，其烟损系数比膨胀阀的大，占第三位。

比较这两个方案可知：方案Ⅱ的各个烟损系数均比方案Ⅰ小，烟效率比方案Ⅰ的高，因而方案Ⅱ比方案Ⅰ好。这是符合实际的。因为方案Ⅱ的蒸发器中，工质蒸发温度与冷库温度之间的差值比方案Ⅰ小，压缩机效率也比方案Ⅰ高，膨胀阀节流损失小。但如果用ε来衡量，方案Ⅱ的ε反而小，似乎不如方案Ⅰ，这表明ε作为指标在比较不同温度范围工作的制冷装置时，会给出错误信息。

还有一点需要说明，为了反映烟损相对大小，不少书沿用烟损失与代价烟的比值。结合本例可以发现，这种指标有时并不能真正反映不同方案中某个部件性能的好坏。例如方案Ⅱ的冷凝器烟损虽比方案Ⅰ大了1.3倍，但是方案Ⅱ的冷量烟却比方案Ⅰ大了1.88倍，可见为了获得单位冷量烟冷凝器所损失的烟量，方案Ⅱ比方案Ⅰ的少。本书采用的ξ_j能科学地反映这一情况。若改用烟损、功耗的比值，方案Ⅱ为0.277，比方案Ⅰ的0.267 2还要大，似乎更糟糕了。这正说明本书为什么采用ξ_j的道理。

思考题

1. 蒸汽动力循环中，如何理解热力学第一、二定律的指导作用？

2. 活塞式内燃机的平均吸热温度很高，为什么循环热效率不是很高，是否因为平均放热温度太高所致？

3. 为什么蒸汽动力循环不能采用卡诺循环，而采用过热蒸汽作为工质的朗肯循环？

4. 说明采用高（进汽）参数，低背压（排气）各有什么优点？又受到什么限制？

5. 采用再热循环有何优点？为什么再热循环级数不宜过多？

6. 在蒸汽压缩制冷中为什么不宜采用接近于逆向卡诺循环的湿蒸汽压缩过程？

7. 是以活塞式内燃机装置为例，总结分析动力循环的一般方法。

8. 活塞式内燃机循环理论上能否利用回热来提高效率？实际中是否采用？为什么？

9. 各种实际循环的热效率无论是内燃机循环、燃气轮机装置循环或是蒸汽动力循环，肯定与工质性质有关，这些事实是否与卡诺定理相矛盾？

10. 用蒸汽作循环工质，其放热过程为定温过程，而我们又常说定温吸热和定温放热最为有利，可是为什么在大多数情况下蒸汽循环反较柴油机循环的热效率低？

11. 按热力学第二定律，不可逆节流必然带来做功能力损失，为什么几乎所有的压缩蒸汽制冷装置都采用节流阀？

习　题

1. 若使活塞式内燃机按卡诺循环进行，并设其温度界限和［例题7-3］中混合加热循环相同，试求循环各特性点的状态参数和循环热效率。把循环表示在p-v图和T-s图上。分别从热力学理论角度和工程实用角度比较两个循环。

2. 某压缩蒸汽制冷装置采用NH_3为制冷剂，压缩制冷循环T-s图、压缩蒸汽制冷装置流程图分别如图7-19和图7-20所示。从蒸发器出来的氨气的状态是$t_1=-15℃$，干度$x_1=0.95$，进入压气机升温升压后进入冷凝器，在冷凝器中冷凝成饱和氨液，温度为$t_4=$

25℃。从点4经节流阀，降温降压成干度较小的湿蒸汽状态，再进入蒸发器汽化吸热。请回答以下问题：①求蒸发器管子中氨的压力p_1及冷凝器管子中的氨的压力p_2；②求q_c、w_{net}和制冷系数ε，并在T-s图上表示q_c；③设该装置的制冷量$q_{Q_c}=4.2\times10^4$ kJ/h，求氨的流量q_m；④求该装置的㶲效率。

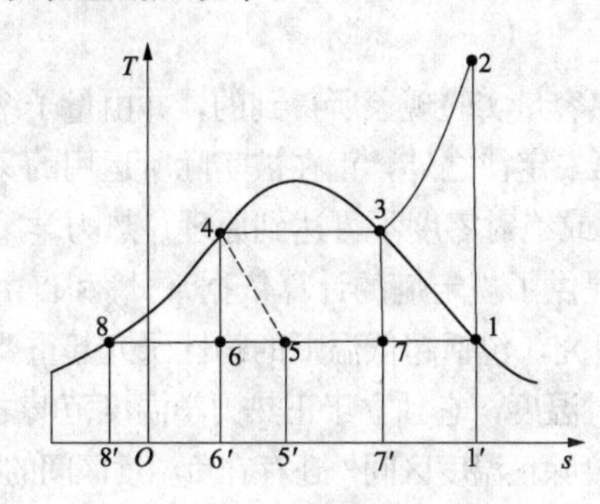

图7-19　压缩制冷循环T-s图

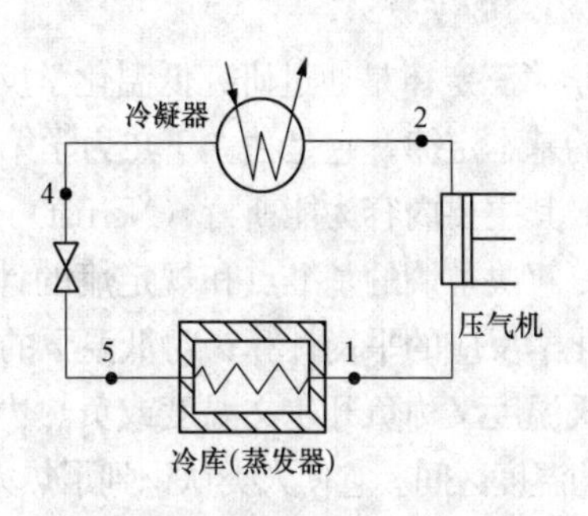

图7-20　压缩蒸汽制冷装置流程图

3. 若上题中氨压缩机的绝热效率$\eta_{s,CO}=0.80$，其他参数同上题，求循环的w'_{net}、ε及㶲效率η_{ex}。

4. 某蒸汽动力循环，汽轮机进口蒸汽参数为$p_1=13.5$bar，$t_1=370$℃，汽轮机出口蒸汽参数为$p_2=0.08$bar的干饱和蒸汽，设环境温度$t_0=20$℃，试求：①汽轮机的实际功量、理想功量、相对内效率；②汽轮机做的最大有用功量、㶲效率；③比较汽轮机的相对内效率和㶲效率。

5. 某蒸汽动力循环，汽轮机进口蒸汽参数为$p_1=21$bar、$t_1=480$℃，汽轮机出口蒸汽参数为$p_2=0.1$bar的干饱和蒸汽，汽轮机排出的乏汽在冷凝器中冷凝并过冷到$t_3=30$℃。若进入冷凝汽器的冷却水温度$t_0=15$℃（环境温度）。试确定：①汽轮机的实际功量；②汽轮机的相对内效率；③循环最大有用功量；④循环㶲效率；⑤汽轮机耗散功量及冷凝器耗散功量。

提示：循环最大有用功量$w_{u,max}=e_{x1}-e_{x3}=(h_1-T_0s_1)-(h_3-T_0s_3)$。

6. 用氟利昂HFC-134a为工质的理想制冷循环，如图7-21所示。在蒸发器中制冷剂温度为-20℃，在冷凝器中温度为40℃，循环的质量流量为0.03kg/s，试确定循环的制冷系数、制冷量、电动机功率和单位体积制冷量。图7-21中p_c和p_e分别为冷凝器压力和蒸发器压力。

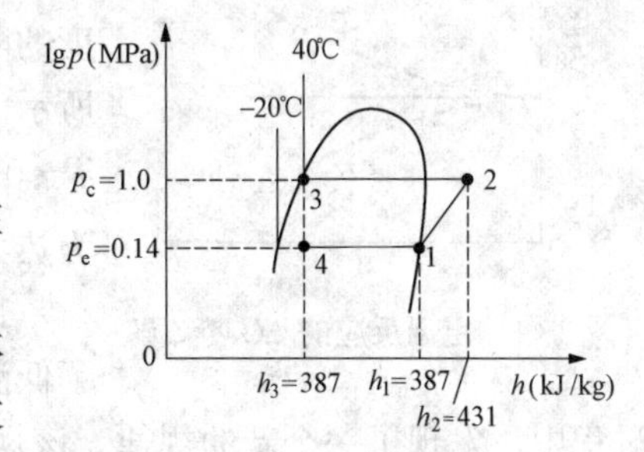

图7-21　用氟利昂HFC-134a为工质的理想制冷循环

7. 蒸汽压缩制冷循环，采用氟利昂HFC-134a作为工质，压缩机进口状态为干饱和蒸汽，蒸发温度为-20℃，冷凝温度为40℃，制冷剂质量流量为100kg/h。试求制冷系数、每小时的制冷量、所需的理论功率。

8　热力学第三定律与负开氏温度

热力学第三定律是通过研究低温化学反应与热容量实验现象所得到的，并由量子统计热力学理论支持的基本定律。它是独立于热力学第一、第二定律之外，正在被实际所运用的又一热力学基本定律。其主要内容为能斯特（Nernst）热定律或绝对零度不可达到原理；热力学第三定律的重要意义：解决了熵的基准点和规定熵的计算（提供了规定熵的计算依据）；熵和自由能的计算及制表；化学反应的平衡计算；对低温下的实验研究，包括超低温下的物性研究起重要的指导作用。负开氏温度又称负开尔文温度或负热力学绝对温度，它独立于正热力学温度范畴之外且被实际所运用的温度区间。它使人类认识到了热力学温度除正温度区间外还存在负温度区间的客观实事。

8.1　热力学第三定律

热力学第三定律（the third law of thermodynamics）是对熵的论述。其实质是绝对零度不可能达到。一般当封闭系统达到稳定平衡时，熵应该为最大值；在任何自发过程中，熵总是增加的；在绝热可逆过程中，熵增等于零。那么在绝对零度，熵为何值？

1702 年，法国物理学家阿蒙顿提到了“绝对零度”的概念。他从空气受热时体积和压强都随温度的增加而增加，设想在某温度下空气的压力将等于为零。其通过实验计算得到的该温度即为摄氏温标约−239℃。此后，兰伯特重复了阿蒙顿实验，得出温度为−270.3℃。并解释说，在这个“绝对的冷”的状态下，空气将紧密地挤在一起。这个看法没有得到当时人类的重视。直到盖-吕萨克定律（Gay-Lussac）提出之后，存在绝对零度的思想才得到物理学界的普遍承认。

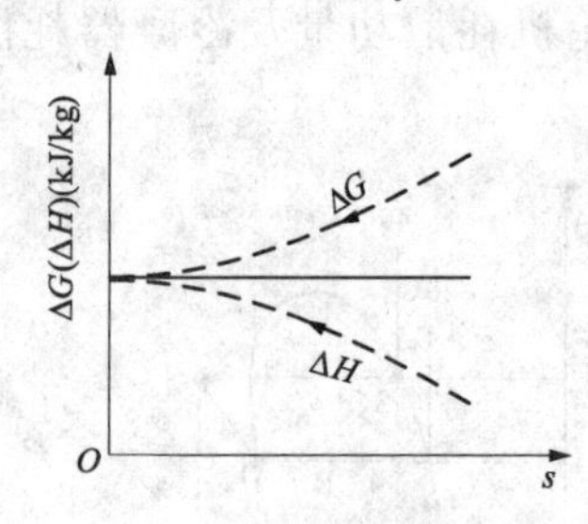

图 8-1　定温反应的 ΔG 与 ΔH

1902 年，理查德（Richards）在对原电池研究过程中，通过实验数据得出：原电池定温反应的 ΔH 与 ΔG 值随着温度的降低而彼此逐渐相等，定温反应的 ΔG 与 ΔH 如图 8-1 所示。实际上，因 $\Delta G=\Delta H-T\Delta S$，无论 ΔS 是否为零，当 $T\to 0$ 时，$-T\Delta S\to 0$，则 $\lim\limits_{T\to 0}(\Delta H-\Delta G)=0$。理查德的研究为热力学第三定律的提出提供了必要的理论和实验基础。

1906 年，德国物理学家能斯特在理查德的基础上，研究了低温凝聚系，把热力学的原理应用到低温现象和化学反应过程中，发现了一个新的规律，该规律被表述为：“当绝对温度趋于零时，凝聚系（固体和液体）的熵在可逆等温过程中的改变趋于零”。1912 年，能斯特将该规律表述为：“不可能使一个物体冷却到绝对温度为零度”的绝对零度不能达到原理，并在发表的著作《热理论》中，提出了一个假设：

$$\lim_{T\to 0}\Delta S_T = 0 \tag{8-1}$$

式中：ΔS_T 为随温度变化而引起的熵变，kJ/K。

当 $T\to 0$K 时，ΔH 和 ΔG 随温度变化的曲线相切，且切线与温度坐标轴平行，定温反应的 ΔG 与 ΔH，如图 8-1 所示。

德国物理学家普朗克把该定律改述为："当绝对温度趋于零时，凝聚系的熵也趋于零。"排除了熵常数取值的任意性。所谓凝聚系是指当外界条件不变时，若系统的各种性质不随时间而改变，则该系统就处于平衡状态，没有气相或虽有气相但其影响可忽略不计的系统。影响凝聚系统平衡状态的外界影响因素主要是温度。

1940 年 R. H. 否勒和 E. A. 古根海姆，对该规律又提出了一种表述：任何系统都不能通过有限的步骤使自身温度降低到 0K，称为 0K 不能达到原理。所有对该规律的表述，都可以认为是热力学第三定律的几种表述形式，它们的本质是一致的。

能斯特热定理与绝对零度不可达到原理都可作为热力学第三定律的说法。绝对零度不可达到原理与热力学第一定律和第二定律都是说某种事情做不到。第一、第二定律明确指出，必须绝对放弃那种企图制造第一类和第二类永动机的梦想；而第三定律却不阻止人类尽可能地去设法接近绝对零度。

理论上，若粒子动能低到量子力学的最低点时，物质即达到绝对零度，不能再低。然而，绝对零度永远无法达到，只可无限逼近。因为任何空间必然存有能量，并不断进行相互转换而不消失。所以绝对零度是不存在的，除非该空间自始即无任何能量存在。

要使物体温度降低必须使其经过一个过程。该过程可以是多种形式，但最终目标是将物体自身的能量减少，以实现绝对温度为零度。因此，当物体已经比周围环境温度还低时，采用放热的方式进一步降温是不可能了。绝热去磁是产生 1K 以下低温的有效方法，1926 年由德拜提出，但也只能达到 10^{-6}K 数量级。而随着技术的不断发展，获得诺贝尔物理学奖的华裔科学家朱棣文发明了激光冷却和磁阱技术制冷法。2003 年，由德国、美国、奥地利等国科学家组成的一个国际科研小组在实验室内，利用磁阱技术，创造了仅仅比绝对零度高 5×10^{-10}K 的纪录。这是人类历史上首次达到绝对零度以上 1nK 以内的极端低温。

8.2　绝对零度的熵

熵是体系混乱度的量度，而混乱度则是物质微粒无序状态的程度。无序不只包括相对位置的无序，也包括相对运动状态的无序。因此，熵与体系的运动状态有关。

物体内分子的热运动（平动、转动、振动），核自旋运动和电子运动等都对物质的熵有贡献。考虑所有影响因素的熵才为物质的绝对熵。它包括热熵和构型熵两部分。热运动引起的熵称为热熵；其他运动引起的熵称为构型熵。在 $T=0$K 时，物质内分子的热运动停止，热熵为零（规定熵的起点）；核自旋、电子运动等仍存在，则构型熵并不为零，所具有的能量称为真空零点能，即由正电子和负电子旋转波包组成的真空系统，在绝对零度时粒子的振动（零点振动）所具有的能量。在 $T\to0$K 时，非完整晶体的熵值必不为零；完整晶体的热熵趋于为零，但其绝对熵必不为零。因此，绝对零度的熵应指热熵，也称为熵常数、绝对零度熵或规定熵，而非绝对熵。因此，绝对零度熵是指当绝对温度为 0K 时物质所对应的熵值。

对于一个体系，在 $T=0$K 时，各不同状态下熵值是否相等，可利用 T-S 图分析。顺磁性物质是指凡有未成对电子的分子，在外加磁场中必须沿磁场方向排列，分子的这种性质叫顺磁性，具有该性质的物质称顺磁性物质。取一顺磁性物质置于磁场强度 B 内，沿着两个不同过程 fl 和 fe 进行冷却，顺磁物质在等磁场中冷却过程，如图 8-2 所示。在 fl 取一点 j，使其温度和熵满足 $T_f>T_j>0$，$S_j=S_e$，则两个过程的放热量计算式为

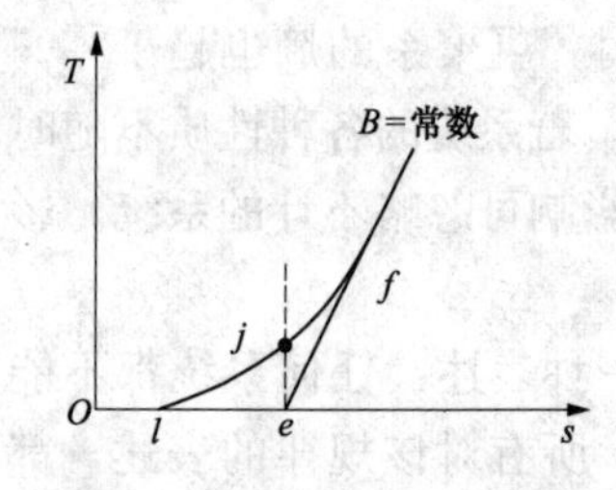

图 8-2 顺磁物质在等磁场中冷却过程

$$Q_{fj}=\int_f^j T\mathrm{d}S=E_j-E_f<0 \tag{8-2}$$

$$Q_{fe}=\int_f^e T\mathrm{d}S=E_e-E_f<0 \tag{8-3}$$

沿 fj 过程的放热量与沿 fe 的差值为

$$Q_{fj}-Q_{fe}=\oint_{fejf} T\mathrm{d}S=E_j-E_e<0 \tag{8-4}$$

式中：E_j、E_e和E_f为状态点j、e和f的能量，J。

由式（8-4）可知，因 $S_j=S_e$，$E_j<E_e$，表明在两者熵相等时，状态点 j 的能量少于状态点 e，则状态点 j 比状态点 e 更处于稳定平衡状态。若认为状态点 j 是稳定平衡状态，那么状态点 e 则处于亚稳定平衡状态。

平衡态可借用力的平衡态分析，四种力平衡态示意图如图 8-3 所示。小球处于最低位置时，势能最少，是最稳定态，如图 8-3（a）所示。有无限小的位置变动，小球是稳定的；而有限大的变动，则是不稳定的，会从较高处变到较低处的稳定位置，可视为亚稳定态，如图 8-3（b）所示。处于与周围环境相同高度小球，平衡态随时都有可能被打破，处于一种随机的平衡态，如图 8-3（c）所示。小球所处于如图 8-3（a）所示相反的位置，则为不稳定平衡态，如图 8-3（d）所示。

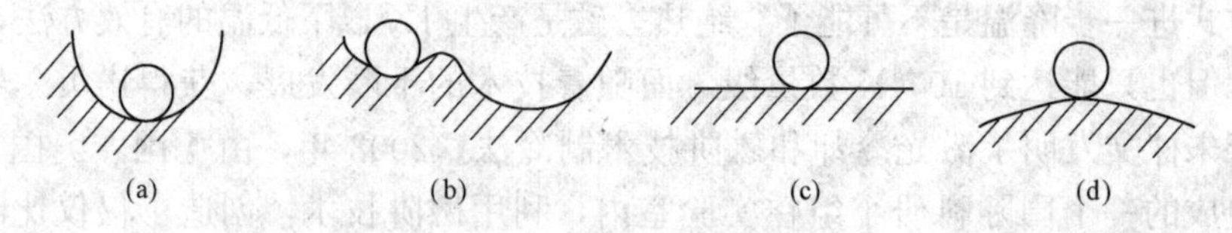

图 8-3 四种力平衡态示意图

（a）最稳定态；（b）亚稳定态；（c）随机的平衡态；（d）不稳定平衡态

由此可知，过程线 fjl 相对于过程线 fe 是由一系列不同温度和熵值的稳定平衡态所组成的。由能斯特说法，由一系列稳定平衡态组成的顺磁性物质，处于各条磁场线 B_1、B_2、B_3等中，当 $T\to 0\mathrm{K}$ 时必汇集一点，具有共同的最小熵值 S_{m}，将其规定为熵常数或绝对零度熵。而 $T=0\mathrm{K}$ 但处于不稳定平衡态的顺磁性物质。如图 8-2 中的状态点 e 的能量和熵值都将大于稳定平衡态的能量和熵值。因 $E_l<E_j<E_e$，$S_l<S_j$，故有

$$\left.\begin{aligned}E_l(0\mathrm{K},\text{稳定平衡态})<E_j(0\mathrm{K},\text{非稳定平衡态})\\S_l(0\mathrm{K},\text{稳定平衡态})<S_e(0\mathrm{K},\text{非稳定平衡态})\end{aligned}\right\} \tag{8-5}$$

因此，$T=0\mathrm{K}$ 时，稳定平衡态的熵值不是最大而是最小。其原因为顺磁性物质此时具有的能量最小。而非稳定平衡态，$T=0\mathrm{K}$ 时，其熵值大于稳定平衡态的熵值。若顺磁性物质为完整晶态体，其最小熵值为零。而非晶态或称玻璃态的顺磁性物质，实际上是一种非平衡态。由分子、原子或离子排列不如晶态有序，故它的熵值总是大于同温度的晶态的熵。所谓的晶态即固态物体占主导地位的形态。晶态固体中每一晶粒内部结构具有与三维点阵对应的三维周期性。这种周期性，在原子、离子和分子的空间排列上贯穿于整粒晶体，使晶体内部结构呈长程有序（整体性有序现象）的状态；而非晶态固态物质原子的排列所具有近程有序、远程无序的状态。

在 $T=0\mathrm{K}$ 时，非晶态的熵值之所以大于晶态的熵值，是因为非晶态比晶态的能量大。物体内的原子间存在着吸引力和排斥力。当两个的合力为零时，原子间的相互作用的势能最小，使物体处于力平衡状态，排列有序，形成晶体。当原子间的合力不为零时，势能增加，

有序被破坏，晶态成为非晶态，熵值增大。在 $T\to 0\text{K}$ 时，非晶态十分缓慢地向晶态转变。这种转变可视为被“冻结”状态，因此，有绝对零度不可达到的说法。

8.3　热力学第三定律的推论及应用

绝对零度不可达到原理，不可能由实验证实。该原理的正确性是因它的一切推论都与实际观测相符合而得到保证的。

8.3.1　热定理的推论一

推论一：绝对零度下纯固体或纯液体的熵为零。

1911 年普朗克（Planck）又发展了能斯特的论断。根据能斯特热定理，凝聚系在绝对零度时，所进行的任何反应和过程，其熵变为零。即在绝对零度时各种物质的熵都相等。因此，规定绝对零度下各物质的熵或熵常数为零。这就是普朗克对热定理的推论：“绝对零度下纯固体或纯液体的熵为零。”

推论一得到许多实验结果的支持。如液态氦、金属中的电子气以及许多晶体和非晶体的实验指出，它们的熵都随着温度趋于绝对零度而趋于零。

8.3.2　热定理的推论二

推论二：绝对零度下凝结体的比热容为零。

西蒙（Simon）从经典的比热容理论指出，当绝对温度趋于 0K 时，凝结物体比热容趋于常数。1907 年，爱因斯坦根据比热容的量子理论指出：$T\to 0\text{K}$ 时，$c\to 0$，即 $T=0\text{K}$ 时，$c=0$。即

$$\lim_{T\to 0} c_p = \lim_{T\to 0} c_V = 0 \tag{8-6}$$

式（8-6）的证明：由亥姆霍兹函数微分式可得：$\partial F=-S\partial T-p\partial V$；体积为常数时，自由能 F、热力学能 U 和绝对温度 T 都是连续函数且与 T 有关，满足罗贝塔法则。体积为常数时得 $S=-(\partial F/\partial T)_V\to U=F-T(\partial F/\partial T)_V\to(\partial F/\partial T)_V=F/T-U/T$。

当 $T\to 0\text{K}$，取极限得

$$\lim_{T\to 0} S=-\lim_{T\to 0}\left(\frac{\partial F}{\partial T}\right)_V=-\lim_{T\to 0}\left(\frac{F}{T}-\frac{U}{T}\right)=\lim_{T\to 0}\left(\frac{\partial U}{\partial T}\right)_V-\lim_{T\to 0}\left(\frac{\partial F}{\partial T}\right)_V \tag{8-7}$$

由式（8-7）及比定容热容定义得

$$\lim_{T\to 0}\left(\frac{\partial U}{\partial T}\right)_V = m\lim_{T\to 0} c_V = 0 \tag{8-8}$$

同理，利用吉布斯函数微分式、罗贝塔法则、比定压热容定义及定压过程可得

$$\lim_{T\to 0}\left(\frac{\partial H}{\partial T}\right)_p = m\lim_{T\to 0} c_p = 0 \tag{8-9}$$

因此，式（8-6）得证。由于证明过程中没有用到热力学第三定律，故式（8-6）不服从该定律。但式（8-6）是在 $T=0\text{K}$ 时且绝对熵为 0K 的条件下得到的。因此，热力学第三定律推论不仅包含绝对零度下纯固体或纯液体的熵为零（推论一），还包含 0K 下凝结体的比热容为零（推论二）。

热力学第三定律的两个推论（$T\to 0$ 时，$S\to 0$ 及 $c\to 0$）都得到了量子理论的支持，所以说热力学第三定律是一个量子力学的定律。系统在放热冷却过程中，能量减少，无序度降低，作为无序度量度的熵也减少。随着放热冷却过程的不断深入，气态冷凝为液态，液态晶化为固态，系统变得越来越有“秩序”。当系统处于最低能态（即基态）时，只有一个量子态或者只有数目不大的量子态。系统的无序度达到最小，即 $T\to 0$ 时，系统微态总数 $\Omega_{\text{tol}}\to$

1，所以 $S\to 0$。正由于极低温下系统的“有序性”，很多物质在极低温下表现出一般温度下所不可想象的特性。如金属的超导性、液氦的超流动性等。

8.3.3 热力学第三定律的应用

热力学第三定律的价值不仅是由于提供了绝对熵的计算依据，在熵和自由能的计算及制表工作以及化学反应的平衡计算中发挥重大作用，而且对低温下的实验研究，包括超低温下的物性研究起重要的指导作用。

1. 绝对熵的计算

类似于规定焓起点那样，需要人为地规定不同物质的熵的起点。绝对零度时，纯固体或纯液体的熵为零，即规定绝对零度的熵为起点。

绝对零度熵的计算方法有两种。一种是利用定容过程，另一种是利用定压过程。

(1) 定容过程绝对熵的计算。由热力学一般微分关系式得：$T=(\partial U/\partial S)_V$，则 $(\partial S/\partial T)_V=(\partial U/\partial T)_V/(\partial U/\partial S)_V=C_V/T$。即定容热容$C_V$计算式为

$$C_V = T\left(\frac{\partial S}{\partial T}\right)_V \tag{8-10}$$

对式（8-10）积分得

$$S=\int_{T_0}^{T} C_V \frac{dT}{T}+S_0 \tag{8-11}$$

由于$\lim\limits_{T\to 0} C_V=0$，取式（8-11）积分下限 $T_0=0K$，则在定容过程中，完整晶体的熵为零，即 $S_0=0$，故式（8-11）简化为

$$S=\int_{0}^{T} C_V \frac{dT}{T} \tag{8-12}$$

式（8-12）所计算的熵值不含任何常数，称为绝对熵。

(2) 定压过程绝对熵的计算。与定容过程推导类似，其中定压热容为C_p定压过程绝对熵的计算式为

$$S=\int_{0}^{T} C_p \frac{dT}{T} \tag{8-13}$$

式（8-13）适用于固体没有相变时的情况。而对于实际气体，应该考虑不同状态时产生的熵，即其计算式为

$$S=\int_{0}^{T_f} C_{p,s}\frac{dT}{T}+\frac{\Delta H_f}{T_f}+\frac{\Delta H_t}{T_t}+\int_{T_f}^{T_V} C_{p,l}\frac{dT}{T}+\frac{\Delta H_V}{T_V}+\int_{T_V}^{T} C_{p,g}\frac{dT}{T} \tag{8-14}$$

式中：$\int_0^{T_f}(C_{p,s}/T)dT$、$\Delta H_f/T_f$、$\Delta H_t/T_t$、$\int_{T_f}^{T_V}(C_{p,l}/T)dT$、$\Delta H_V/T_V$、$\int_{T_V}^{T}(C_{p,g}/T)dT$为固态熵增、晶体相变熵增、熔化熵增、液态熵增、气化熵增和气态熵增，单位为J/K。

【例题 8-1】 在 101 325Pa 和对应沸点温度 188.1K 时，计算 1mol HCl 气体的绝对熵值。给定的有关参数，如表 8-1 所示。

表 8-1 给定的有关参数

相变名称	相变温度（K）	相变热（J/mol）
固态相变	98.4	1189.5
固液相变	158.9	1991.6
液气相变	188.1	16 150.2

利用两种方法进行计算。一种将 HCl 视为实际气体，利用式（8-14）计算；另一种将 HCl 视为理想气体，摩尔热容按定值计算。

按实际气体计算。实测的摩尔热容温度最低到 16K，0～16K 的熵值只能外推求取。

由德拜三次方定律可知：固体定容摩尔热容$C_{V,m}$在极低温度下与绝对温度的三次方成正比。故在16K温度下，设固体定压摩尔热容$C_{p,m}$与T^3成正比，不会引起显著的误差。因为在极低的绝对温度下，$(C_{p,m}-C_{V,m})\to 0$，故$C_{p,m}$计算式为

$$C_{p,m}=\alpha T^3 \tag{8-15}$$

因此，在温度为16K时，实测HCl气体的摩尔热容为$C_{p,m}(T_{16})=3.77\text{J/(mol}\cdot\text{K)}$。其熵值约为$S_m=\int_0^{T_{16}}C_{p,m}\frac{dT}{T}=\int_0^{T_{16}}\alpha T^2dT=\frac{1}{3}\alpha(T_{16})^3=\frac{1}{3}C_{p,m}(T_{16})=1.26\text{J/(mol}\cdot\text{K)}$。利用量热学的方法，计算HCl气体的熵值，如表8-2所示。

表8-2　利用量热学的方法计算的HCl气体熵值

相变名称	熵值[J/(mol·K)]
0～16K外推	1.26
16～98.4K固态熵增$\int C_{p,m}d(\ln T)$，用图解积分	29.54
固态相变熵1189.5/98.4	12.09
98.4～158.9K固态熵增$\int C_{p,m}d(\ln T)$，用图解积分	21.13
熔化熵1991.6/158.9	1253
158.9～188.1K液态熵增$\int C_{p,m}d(\ln T)$，用图解积分	9.87
汽化熵16150.2/188.9	85.86
p=101325Pa，T=188.1K，1molHCl气体总熵值	172.28

按理想气体计算。利用统计学方法计算在101 325Pa、25℃时，HCl理想气体熵的标准值为186.77 J/(mol·K)，则

$$S_m(188.1)=S_m(298.15)+\int_{298.1}^{188.1}C_{p,m}\frac{dT}{T}=186.77+\frac{7R_g}{2}\ln\left(\frac{188.1}{298.1}\right)=173.37\text{J/(mol}\cdot\text{K)}$$

两种方法计算结果的误差约为0.63%。如果将其按实际气体计算所得到的熵值修正到理想气体的熵值，其误差将小于0.63%。

2. 平衡常数的计算

在一定条件下（如温度、压力、溶剂性质、离子强度等已知时），化学反应达到平衡时，反应物的化学势与生成物的化学势相等。此时，反应物和生成物的分压力（或浓度）之间必存在一定的比例关系，该比例关系称为化学反应的平衡常数，用符号K_p表示。根据热力学理论，所有的反应都存在逆反应，即所有的反应都存在着热力学平衡，都有平衡常数。平衡常数越大，反应越彻底。

根据热力学三定律，在已知相关参数的条件，可以确定纯物质的绝对熵。那么，平衡常数可以通过绝对熵和自由焓差进行计算，其计算式为

$$\ln K_p=-\frac{\Delta G^0}{RT} \tag{8-16}$$

式中：ΔG^0为化学反应标准自由焓差，J。

根据吉布斯函数的微分式 $dG=dH-TdS$，得 $\Delta G^0=\Delta H^0-T\Delta S^0$。其中 ΔH^0 为反应热，J；ΔS^0 为化学反应熵变，J/K。

3. $T\to 0$K 时的体积膨胀系数

由麦克斯韦关系式可写成如下形式

$$\left(\frac{\partial V}{\partial T}\right)_p=-\left(\frac{\partial S}{\partial p}\right)_T=-\left(\frac{\partial S}{\partial V}\right)_T\left(\frac{\partial V}{\partial p}\right)_T \tag{8-17}$$

因为 $(\partial V/\partial p)_T\neq 0$，由热力学第三定律得 $\lim\limits_{T\to 0}(\partial S/\partial V)_T=0$，则有

$$\lim_{T\to 0}\left(\frac{\partial V}{\partial T}\right)_p=0 \tag{8-18}$$

即：当 $T\to 0$K 时，任何物质的体积膨胀系数趋于零。

4. $T\to 0$K 时的蒸汽压力

对于纯净物质，由克拉贝龙方程式得

$$\frac{dp}{dT}=\frac{H_2-H_1}{T(V_2-V_1)}=\frac{S_2-S_1}{V_2-V_1} \tag{8-19}$$

由热力学第三定律可知，对有相变过程，则有 $\lim\limits_{T\to 0}(S_2-S_1)=0$。因有相变发生，故有 $\lim\limits_{T\to 0}(V_2-V_1)\neq 0$，则有

$$\lim_{T\to 0}\left(\frac{dp}{dT}\right)_p=0 \tag{8-20}$$

即：当 $T\to 0$K 时，纯净物质蒸汽压力趋于零。西蒙和斯威逊用实验证实式（8-20）的正确性，并得出了固态 ^{4}He 的熔化曲线斜率 dp/dT 趋于零的速率。当 $T<1.6$K 时，$dp/dT=0.425T^7$。

在工程实践中，基于热力学第三定律及推论，通过研究物体在接近绝对零度或超低温过程中材料属性的变化，为工程应用提供特殊材料。如发现了一些物体存在着超导现象，对于降低能耗，减少能源浪费都有着不可估量的意义。而在微观领域也可研究低温环境对于原子产生的影响。比如原子在接近绝对零度时是如何运动的，物体呈现一种什么样的状态，这对于原子物理的发展有巨大的促进作用。

8.4 负开氏温度及负逆温度

热力学第三定律的绝对零度不能达到原理表明：凝聚系的绝对温度 $T>0$，而最低温度为 0K。那么有没有 $T<0$K？即存在负开氏温度或负绝对温度。长久以来，绝对温度一直被认为是从 0～∞K。其实早在 1917 年，爱因斯坦在研究黑体辐射对气体平衡计算时，发现辐射具有两种形式，即自发辐射和受激辐射，从而提出了受激辐射的理论。1928 年，德国的兰登伯在研究氖气色散现象时，发现激发电流超过一定值时，氖气的反常色散效应增强。这个实验实际上间接证实了受激辐射的存在，也直接给出了受激辐射的发生条件是实现粒子数反转。粒子数反转这一思想至关重要，然而在当时人们的心目中，认为这是不可思议的。因为在热平衡条件下，低能级粒子数总要比高能级粒子数多，实现粒子数反转就等于要破坏热平衡。因此，粒子数反转思想未能引起更多人的注意。直到 1951 年，美国物理学家珀塞尔首先提出“负开氏温度”概念，并把粒子数反转称为“负开氏温度”状态。

负绝对温度是描述从零到正无穷的开氏温标所不能描述的状态。在开氏温度达到正无穷后还有温度，即负开氏温度。负开氏温度不是表示比绝对零度还低的温度，而是表示大于正无穷的开氏温度。

那么，它是否违背了绝对零度不可达到原理？通过下面内容的学习，可以得到相应的解答。

8.4.1　负开氏温度

通常所说的温度与原子的运动状态联系在一起。随着温度的升高，原子的能量也升高，运动激烈，无序度增高。在低温时，高能量原子的数目总是少于低能量原子的数目，所以随着温度的升高，高能量原子数目逐渐增多，原子的混乱度也随之增加。

当所有原子的能量无限增大后，高能量原子的数目就会多于低能量原子的数目，随之会出现一个反常的现象，即原子的混乱度会随着温度的继续升高而降低，变无序为有序。

例如：地上有一把摆得很整齐的筷子。当有外力作用时，它们就会混乱起来，有的斜着，有的立着，有的悬在空中。当外力继续作用时，很可能所有的筷子瞬间都立了起来，这时，原来的无序状态就消失了，又变成了有序。此时的状态就是对应着负温度时的状态。

负温度不是描述宏观物体状态的概念，它是描述微观粒子能量反转状态的数学表述。这一温度概念的提出，突破了对温度的原有想象。一直以来，在人类的传统思维中，认为比0K还低的温度，肯定能量更低，也更寒冷。

温度是系统宏观上的一个状态参数。热力学能与熵之间存在一特征函数关系，即$U=U(S, V)$。因热力学能也是状态参数，取全微分，即

$$dU=\left(\frac{\partial U}{\partial S}\right)_V dS+\left(\frac{\partial U}{\partial V}\right)_S dV \tag{8-21}$$

与热力学第一定律微分式比较得

$$T=\left(\frac{\partial U}{\partial S}\right)_V \tag{8-22a}$$

由式（8-22a）可得

$$\left(\frac{\partial S}{\partial U}\right)_V=\frac{1}{T} \tag{8-22b}$$

设系统熵与热力学能和体积的特征函数关系为：$S=S(U, V)$。当体积不变时，熵S只是热力学能U的函数。如果该函数存在一个极大值，就会出现负绝对温度。定容过程系统熵与热力学能关系曲线如图8-4所示。

由图8-4可知：

$U<0.5U_{max}$：$\left(\frac{\partial S}{\partial U}\right)_V=\frac{1}{T}>0$，　$T>0$K。

$U=0.5U_{max}$：$\left(\frac{\partial S}{\partial U}\right)_V=\frac{1}{T}=0$，　$T=\pm\infty$K。

$U>0.5U_{max}$：$\left(\frac{\partial S}{\partial U}\right)_V=\frac{1}{T}<0$，　$T<0$K。

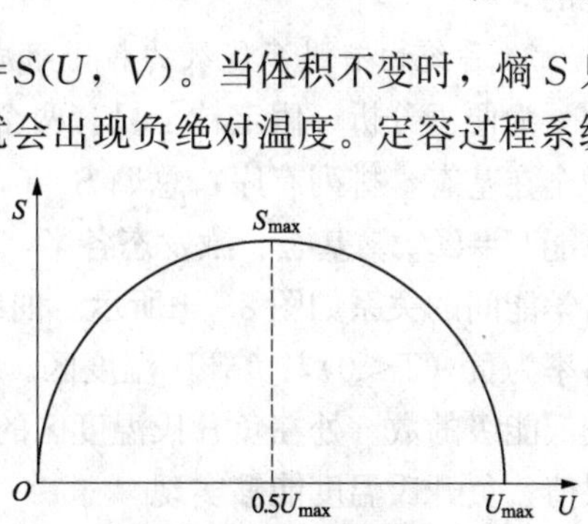

图8-4　定容过程系统熵与热力学能关系曲线

当系统能量增加时，系统通过$+\infty$K，由正开氏温度向负开氏温度变化。因此，负开氏温度并不比正开氏温度低，而是更高。这是因为由有

限的粒子数和能级组成的系统内，存在着高低能级。在一定条件下，通过技术手段（加磁、磁场反转），使低能级的粒子数减小，高能级粒子数增多，以增加系统的能量，此时便出现负开氏温度。在负开氏温度区间，负开氏温度所具有的能量比正开氏温度多，即大于最低能量——真空零点能。因此，负开氏温度所具有的能量比正开氏温度多，同时也违背了绝对零度不可达到原理。

因为 $T=+\infty$K 与 $T=-\infty$K 时，具有相同的能量，所以，$T=+\infty$K 与 $T=-\infty$K 时温度相等。但，$T=-0$K 远高于 $T=+0$K 时的能量，两者相差甚大。若用开氏温度从最冷到最热排序，则有：+0K，…，+273.16K，…，$+\infty$K，$-\infty$K，…，−273.16K，…，−0K。

8.4.2 实现负开尔文温度的条件

由统计热力学可知，将微观粒子的能量从小到大排列，它具有不连续的能级数值 ε_0，ε_1，ε_2，…，ε_i…；粒子处于最低能级的状态称为基态；其他较高的能级状态为激发态。为分析方便，设 $\varepsilon_0=0$。系统是由巨大数量的微观粒子组成的，虽然各个粒子具有各自的能级，又都在不断地变化，但大量粒子的能级都遵循统计平均规律。下面从两方面分析能否实现负开氏温度。

1. 系统由无限多能级的粒子组成

设系统由某一理想气体组成，在一定的宏观平衡条件下，具有较高能级 ε_2 的粒子数 N_2 与较低能级 ε_1 的粒子数 N_1 的比值遵循玻耳兹曼分布规律，即

$$\frac{N_2}{N_1}=\frac{e^{-\varepsilon_2/\kappa T}}{e^{-\varepsilon_1/\kappa T}} \tag{8-23}$$

式中：κ 为玻耳兹曼常数；N_1、N_2 为对应能级上每个量子态的粒子数。

由式（8-23）可知，在正温度时，高能级的粒子数少于低能级的粒子数，即 $N_2<N_1$。随着正开氏温度的升高，高能级的粒子数将逐步接近低能级的粒子数。当 $T=+\infty$K 时，$N_2=N_1$。因为有无限多个能级，故系统有无限大能量。如果达到负开氏温度，即 $T<0$，则 $N_2>N_1$，即高能级的粒子数超过低能级的粒子数，系统具有比无限大更多的能量，但这是不可能的。因此，一个由无限多能级的粒子所组成的系统，负开氏温度是不可能实现的。

2. 系统由有限多能级的粒子组成

为便于分析，假定粒子只有两个能级：$\varepsilon_0=0$ 和 $\varepsilon_1=U$，且系统的粒子总数为 N，则粒子全在基态，排列有序，总熵 $S=0$，总能 $U=0$；粒子全在激发态，排列有序，总熵 $S=0$，总能 $U=U_{max}$。基态、激发态各半，排列最无序，总熵 $S=S_{max}$，总能 $U=0.5U_{max}$。熵和热力学能间的关系如图 8-4 所示。曲线的左半部斜率为正（$T>0$），正开氏温度区；右半部斜率为负（$T<0$），负开氏温度区。其微观特征是系统中具有较高能级的粒子数超过了具有较低能级的数。处在负开氏温度区的系统，由于粒子的能级有限，因此，系统的总能量为有限值，负开氏温度能够实现。

因此，为了达到负开氏温度，实验得到负开氏温度存在的条件如下：

（1）系统内必须达到热平衡。

（2）对系统中所有可能存在的状态，其能量或能级必须有一上限。

（3）必须是一个孤立系统。

1951年，珀色耳和庞德利用核磁共振技术观测 LiF 晶体中^{7}Li和^{19}F核的磁化时，发现了负温度的存在。其实验过程为：将 LiF 晶体放入磁场强度为 0.6376T 的强磁场中，使核自旋磁矩μ_0沿磁场H_0方向顺向排列，在室温 300K，此时，核自旋系统的能量处于最低值，$U=(N_1+N_2)\ \mu_0 H_0$（N_1、N_2分别为低/高能级核磁子数，$N_1>N_2$）；然后，将 LiF 晶体在绝热下转移至磁感应强度为 0.01T 的弱磁场中，由于绝热去磁系统温度降至 5K，此时，突然将磁场倒向，原来与磁场平行的核磁子变成反平行了，原来反平行的变成平行的了，使原来低能级核磁体居多数变为后来高能级核磁居多数，高低能级也反过来了，使得$N_2>N_1$，系统出现负温度。当系统再度转入反向的强磁场－0.637 6T 时，此时核自旋矩μ_0与外磁场H_0方向完全逆向排列，系统能量处于最高值，$U=(N_1+N_2)\ \mu_0 H_0\ (N_2>N_1)$。系统温度达到－350K，此时核处于平衡态，但该平衡维持时间约 300s 后直到自旋晶格相互热作用导致平衡态重新建立，再回到 300K 状态。

与此同时，科学家发明了激光。他们选择合适的材料和条件，使得其中原子只有少数几个能级可供电子跃迁，然后输入能量，将大量原子激发到其中高能激发态，使得处于高能量态的原子数多于基态。这样的原子体系便处于负开氏温度状态。处于激发态的原子步调一致地跃迁回基态时所付出的光子，便成为激光束。

核自旋和激光系统都不是“纯粹”的负开氏温度系统。它们只是在特定的自由度（自旋和原子能级）上实现了负开氏温度，而原子本身所处的还是正开氏温度区。2013 年初，德国物理学家乌尔里克·斯奈德便发布了一项新成就：实现了处于比绝对零度还低的“负开氏温度”状态的气体。他们的突破在于通过调制，把一些经过激光制冷的原子，整体地处于负开氏温度状态，不存在正开氏温度环境。但这样实现的状态非常不稳定，只能保存非常短暂的时间。

8.4.3 负逆温度

由于存在负开氏温度，并且在此状态下，粒子的能量比正开氏温度下粒子的能量多，负开氏温度比正开氏温度高，开氏温度或热力学绝对温度不完全适用。因此，1956 年，喇姆塞（Ramsey）提出一个新的温度θ，即开氏温度的负倒数，称为负逆温度，单位为“°”或“K^{-1}”。其计算式为

$$\theta=-\frac{1}{T} \tag{8-24}$$

按式（8－24）从最冷到最热进行重新排序，则为：$-\infty°$，…，$-0.003\ 661°$，…，$-0°$，$+0°$，…，$+0.003\ 661°$，…，$+\infty°$。

在负逆温度区间，$-0°$和$+0°$是相同的，具有的能量也相等。但负逆温度的不足之处就是常用的正温度都是负的。

8.4.4 负开氏温度与热力学定律

随着科学技术的发展，负开氏温度存在的事实被证实。那么，在正开氏温度区内所有热力学定律是否在负开氏温度区内适用?

热力学第一定律的本质是能量守恒。由表达式$Q=\Delta U+W$的适用条件可知：任何系统、任何过程、与工质的性质无关及系统的宏观动能与位能的变化忽略不计。而处于负热力学温度的系统是孤立系，且符合广义能量守恒，因此，负开氏温度区内，热力学第一定律是适用的。

热力学二定律的孤立系熵增加原理。设有两个热源温度分别为 T_1（低温）和 T_2（高温），与环境绝热后，通过接触将热量 Q 从热源温度 T_2 传向热源温度 T_1，其总熵变为

$$\Delta S = \Delta S_1 + \Delta S_2 = \frac{Q}{T_1} - \frac{Q}{T_2} \tag{8-25}$$

式（8-25）在正开氏温度区，由于 $T_2 > T_1$，因此 $\Delta S > 0$；在负温度区，由于 -100K 高于 -200K，因此 $T_2 = -100$K，$T_1 = -200$K，$T_2 - T_1 > 0$，则 $\Delta S > 0$。因此，熵增加原理在负开氏温度区适用。

克劳修斯说法。在负开氏温度区内，热源温度的绝对值越小，温度越高。故当 $T_2 = -100$K，$T_1 = -200$K 时，热量将从热源 T_2 传递给热源 T_1。这一结论并不违反克劳修斯说法："不可能把热从低温物体传递到高温物体而不引起其他变化"。所以在负开氏温区，克劳修斯说法仍然成立。

开尔文说法。卡诺循环热效率计算式为

$$\eta_C = 1 - \frac{T_1}{T_2} \tag{8-26}$$

在负开氏温区，$|T_2| - |T_1| < 0$，$\eta_C < 0$。这说明从低温热源吸收热量使其一部分转变为功，而另一部分热量传递给高温热源。若将传递给高温热源的这部分热量再返回给低温热源，其循环结果为：在负开氏温度区间，可以从单一热源吸热使其变为功而不发生其他变化。这显然与开尔文说法"不可能从单一热源取出热使其完全变为功，而不发生其他变化"不符。为此，喇姆塞（Ramsey）等人认为应该进行补充和完善，即："不可能从一个正开氏温度区热源取热使之完全转变为功，或将功传给负开氏温度区热源，而不留下其他变化"。

实际上，负开氏温度的实现是从有序性及高能量角度对开尔文温度定义的延拓和完善。

对于热力学第三定律，需注意到热力学温度零度有正负之别。喇姆塞认为应进行如下补充："不可能用任何有限的方法使系统的温度降低到正的开氏零度或升高到负的开氏零度。"

负热力学温度存在于能量（或能级）有上限的热力学平衡体系，且需借助于环境的一定作用。负温度系统是个不稳定的高能系统。

【例题 8-2】 设有温度分别为 T_1 和 T_2 的两个恒温热源，有热量 Q 在两热源间进行传递，试判断热量的传递过程。

解 两热源间能进行热量传递，所引起的总的熵变必须满足克劳修斯不等式，即过程的总熵是增加的，即 $\Delta S > 0$。

若 $T_1 > 0$K，$T_2 > 0$K，总熵变为 $\Delta S = Q\{(T_2 - T_1)/(T_1 T_2)\} > 0$，则热量 Q 从温度为 T_2 的热源传递到温度为 T_1 的热源；正开氏温度区，热量从高温热源传到低温热源。

若 $T_1 > 0$K，$T_2 < 0$K，总熵变为 $\Delta S = Q\{(T_2 - T_1)/(T_1 T_2)\} > 0$，则热量 Q 从温度为 T_2 的热源传递到温度为 T_1 的热源；在正负开氏温度区，表明负的开氏温度高于正的开氏温度。

若 $T_1 < 0$K，$T_2 < 0$K，且 $|T_2| < |T_1|$，总熵变为 $\Delta S = Q\{(T_2 - T_1)/(T_1 T_2)\} > 0$，则热量 Q 从温度为 T_2 的热源传递到温度为 T_1 的热源；在负开氏温度区，表明绝对值小的负开氏温度高于绝对值小大的。

【例题 8-3】 设有恒温热源 1 的温度 $T_1 = -100$K，恒温热源 2 的温度 $T_2 = -300$K，一

台卡诺热机从热源 1 吸收热量 Q_1，向热源 2 放热 Q_2，则热机的热效率是多少？

解　卡诺热机的热效率为

$$\eta_C = 1 - \frac{Q_1}{Q_2} = 1 - \frac{T_1}{T_2} = 1 - \frac{-300}{-100} = -2$$

即

$$\frac{Q_1}{Q_2} = \frac{T_1}{T_2} = \frac{-300}{-100} = 3 \rightarrow Q_2 = 3Q_1$$

在负开氏温度区内，工作的卡诺热机热效率是负的。即每从热源 1 吸取 Q_1 热量时，就会有 $3Q_1$ 的热量传给热源 2。根据能量守恒原理，外界必须输入 $W=2Q_1$ 的功，卡诺热机热变功过程如图 8-5（a）所示。相反，如果向外输出 $W=2Q_1$ 的功，工作在负开氏温度区的卡诺热机，必须从热源 2 吸取 $3Q_1$ 的热量，向热源 1 放 Q_1 的热量。由于负开氏温度区内，热源 1 的温度高于热源 2 的。此时，热源 1 再将热量 Q_1 自发地释放能热源 2，卡诺热机热变功违背开尔文说法如图 8-5（b）所示。那么，最终是热机只从热源 2 吸收 $2Q_1$ 的热量，并完全使之转变成功，没有影响到热源 2（即其他外部），这违背了第二定律的开尔文说法。所以，开尔文说法不适用于负开氏温度区。而喇姆塞等人对热力学第二定律的开尔文说法进行了修正，使之适应于在全开氏温度区内。

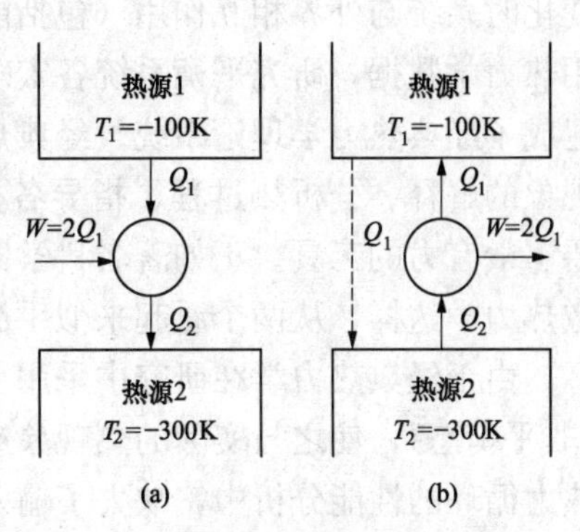

图 8-5　负开氏温度区内卡诺热机热变功过程

（a）卡诺热机热变功过程；
（b）卡诺热机热变功违背开尔文说法

目前，负开氏温度系统的工程实际应用主要在激光系统和微波激射器两个方面。

思考题

1. 热力学第三定律及其本质是什么？作用是什么？
2. 什么是热熵和构型熵？
3. 绝对零度的绝对熵为零吗？为什么？
4. 热力学第三定律有哪些推论？
5. 热力学第一、二、三定律揭示了什么规律？
6. 什么是负开氏温度及负逆温度？
7. 实现负开氏温度的条件是什么？为什么？
8. 负开氏温度区内哪些热力学定律或说法是正确的？哪些需要完善？如何改进？
9. 当 $T=0$K 时，完整晶体即晶态的熵为零，而非晶态的熵不为零，为什么？
10. 负开氏温度与正开氏温度（即开尔文温度）哪个高？为什么？

9 非平衡态热力学基础

热力学是研究热现象中热力系统在平衡时的性质和建立能量的平衡关系，以及状态发生变化时系统与外界相互作用（包括能量传递和转换）的学科。以热力学四个定律为基础，利用热力学数据，研究平衡系统各宏观性质之间的相互关系，揭示变化过程的方向和限度，构建成了经典热力学理论系统。经典热力学理论经过实践的检验，都是正确的。至今，它对热现象的解释、分析热过程、指导各类热力设备设计和热能工程实践，仍然是最基本、最重要、最有力的工具。正如著名科学家爱因斯坦对热力学成果的评价的那样：没有一门学科能像热力学这样，从两个看起来似乎简单的定律出发导出如此丰富多彩的结果。

由于经典热力学在研究中采用了平衡态和可逆过程的两个假设，缺少了时间和空间坐标（非平衡态），使之与实际的热现象或系统存在一定差别。由于这种差别的存在，导致在实际热力循环的性能分析中，缺失了输入和输出的热流率、功率等重要概念和参数，解决不了功率变化与效率的关系；不能对不可逆过程提供更具体的描述；不能对循环内部和边界的不可逆损失影响的程度进行分析和优化。因此，有许多学者投入创新的热力学理论研究中，已在非平衡态热力学中取得许多重要成果。

9.1 非平衡态热力学简介

非平衡态热力学的研究对象、目的及方法都与经典平衡态热力学有明显不同，本节仅对非平衡态热力学做概略介绍。

9.1.1 非平衡态热力系

非平衡态热力系一般是指系统的强度参数在空间上不均匀，且随时间推移而变化的系统。例如，非平衡态单一纯物质热力系的一些强度参数（如压力和温度）在空间上不均匀，这些强度参数对空间坐标的导数不为零，具有一定梯度，即为达到平衡态前的动态或过渡态；非平衡态混合物热力系也存在一些强度参数（如化学势或浓度）在空间上的不均匀，具有一定梯度，且随时间推移而变化。因此，非平衡态可以认为是随时间变化的动态。

非平衡态热力系随时间推移最终达到平衡态。热力系统总体可分有无边界条件两种，即孤立系与非孤立系。孤立系的非平衡态随时间的推移，系统内部各强度参数的梯度为零，达到平衡态；非孤立系的非平衡态热力系，当只有一种稳定边界作用时，非平衡态热力系终极态为平衡态。例如，边界温度是稳定的，随时间推移，系统内各参数的梯度最终为零，系统的温度与边界温度一致。当有数种稳定边界作用时，非平衡态热力系终极态为非平衡稳定态，虽然系统空间状态不均匀，但不随时间而变化。例如，稳定导热问题，随时间推移非平衡系统达到稳定状态时，导热体内的温度分布不再随时间变化。

非平衡稳定状态是非常重要的热力系状态。工程实际中的热力系统，如制冷/热泵、热变功等热力系统都在非平衡稳定状态下运行；系统通过对边界条件的调控和内部构造的优化设计，可以使系统的效率提高。因此，非平衡稳定状态是热力学研究的重要对象，简称定态。

相对于平衡态热力系统而言，非平衡态热力系统是衡量偏离平衡态热力系统的程度，并存在于平衡态热力系统之外的最一般的热力系统。可分为远、近平衡态非平衡热力系统两个分支。由于非平衡态热力系内部的强度参数（简称为“力”）在空间位置的分布不均，会产生“流”，故非平衡态热力学认为“流”都是“力”的函数。而近平衡态非平衡热力系的“流”与“力”满足一定的线性关系，可以采用线性唯象理论描述；对于远平衡态热力系有强烈非线性的关系，“流”与“力”不满足线性关系，要用耗散结构理论解决“流”与“力”之间的关系。

9.1.2　近平衡态的非平衡态热力系

无论是近平衡态或远平衡态的非平衡态系，内部都存在由“力”产生相应的“流”，这些过程为不可逆过程，即“力”产生相应的“流”的过程为不可逆过程。因此，非平衡态系的热力学也称为不可逆过程热力学。工程中的热力设备、制冷设备等的工质工作过程，通常为近平衡态的非平衡态系的热力过程。因此，近平衡态的非平衡态热力学是指不可逆过程热力学。

近平衡态的非平衡态系所具有的特点如下：

（1）各点状态具有在空间不均匀性和随时间变动性。

（2）热力系存在向平衡态变化的自发过程。

（3）系统内因势差存在，必然引起势流。

（4）在流动过程中，由于不可逆因素存在，系统中的熵增加，将会引起能量的贬值，产生能损。

（5）系内部的各种热力学“流”与对应的“力”具有线性关系；逆自发的不可逆过程要消耗外界的能量。

不可逆过程热力学以描述不可逆程度为主线，揭示“流”与“力”的关系。它所研究的内容是定态系的热力状态分布、流率与边界条件间的关系及变化趋势；不可逆过程中的不可逆程度与系统的出力和驱动力的消耗间的关系及变化趋势。不可逆过程热力学的研究目的是在建立满足速率要求和一定材料成本的前提下，通过最大限度减小过程的不可逆度，对系统进行优化；或是在限定的过程不可逆度和一定材料成本的前提下，根据传输能量或输出功率最大化的原则，对系统进行优化；或是在满足速率要求和限定过程消耗有效能比的前提下，对系统进行成本优化。

9.1.3　近平衡态热力系的局部平衡假设

由于非平衡态热力系各点状态的空间不均匀性和随时间的变动性，那么，如何利用平衡态热力参数来描述非平衡态热力系呢？一般认为，只要偏离平衡态程度不大就可以采用假设局部平衡法处理。

假设局部平衡法是将整个系统分成若干子系统或局部系统，而这些子系统应该满足以下条件：

（1）子系统不能太大，以保证子系统内的物性可视为均匀的，内部不存在各种梯度。可以用参数来描述其状态，并避免其界面上因相互作用引起不均匀性。

（2）子系统不能太小，以避免无法用宏观方法处理。

（3）弛豫时间短，即由非平衡态变到平衡态所需的时间要短，即距离平衡态要近。

当满足以上条件时，这些子系统内部就可认为处于平衡状态。这时，对全系统来说虽然是不平衡的，但对局部而言却是平衡的，从而可以将平衡热力学中描述整个系统的方法用于这些子系统。例如，可以用热力参数（如压力、温度、比体积、比热力学能、比焓、比熵以及化学势等）来描述它的状态。此外，平衡态热力学中的许多结论也都能应用于各个子系统。其中包括极为重要的吉布斯方程。由于局部平衡子系统的热力学强度参数都是三维空间(x,y,z)和时间(t)的函数，为了标记方便，把子系统在空间上的位置用下角标序号“i”表示；在时间坐标上用下角标序号“j”表示。例如$T_{i,j}$，$p_{i,j}$。混合物的物系用下角标序号k表示。例如$\mu_{i,j,k}$。子系(i,j)的吉布斯方程可表示为

$$dU_{i,j} = T_{i,j}dS - p_{i,j}dV + \sum_{k}^{r}\mu_k dm_k \tag{9-1}$$

式中：m_k为组分k的质量，kg；μ_k其为混合物的化学势，J/kg。

对于单位质量的吉布斯方程，则有

$$du_{i,j} = T_{i,j}ds - p_{i,j}dv + \sum_{k}^{r}\mu_k dw_k \tag{9-2}$$

式中：w_k为组分k的质量分率。

定态平衡只有在限定条件下，即在规定的边界条件下才能维持。一旦除去边界条件，定态平衡就将转变成为静态平衡。例如，当物体置于两个不同温度的热源之间时，只要这两个热源的温度保持不变，那么由于存在着温度梯度，就将有热流从物体内连续稳定地通过。物体内各点的温度将接近且不随时间而变，这就是定态平衡。一旦将热源移去，温度梯度就会消失，物体内的温度将趋于一致，即变为静态平衡。由于工程上许多设备都处于定态平衡之中，因此假设局部平衡都适用，某一瞬间速度非常快除外（如气体向真空膨胀、气体燃烧的火焰前锋和冲击波等现象）。

9.2 熵产流率

9.2.1 熵产

熵参数是一种与热量有关的参数。系统与热源（温度为T）在可逆过程中交换的热量δQ与热源温度T的比值为熵变，其定义式为

$$dS = \frac{\delta Q_{rev}}{T} \tag{9-3}$$

因此，熵参数就有了双重性，状态参数和过程量的属性。由式（9-3）可知：系统在温度T时，因为获得或失去热量δQ而引起系统的熵参数的变化量即熵变dS。因此，熵变实际上是反映过程的变化。如果忽略可逆过程的限定条件，通过摩擦由功δW向系统转换的热量Q_g（即$\delta Q_g=\delta W$），系统的熵也会发生改变。通过摩擦等耗散效应产生的熵变称为熵产S_g。尽管熵参数是状态参数，是与系统存在的其他状态参数相关，但熵产则为过程量，并只与过程中不可逆因素相关。因此，熵产δS_g被作为衡量过程不可逆程度的参数。

熵产δS_g、熵流δS_f和系统总熵变dS三者之间的关系，由闭口系热力学第二定律得

$$dS = \delta S_f + \delta S_g \tag{9-4}$$

式（9-4）称为闭口系熵方程。其中dS_f为热量带来的熵变量，可正可负，也可为零。

对于孤立系，$\delta S_f=0$。过程可逆时 $\delta S_g=0$，过程不可逆时 $\delta S_g>0$，故孤立系有

$$dS_{iso}\geqslant 0 \tag{9-5}$$

熵产 S_g在孤立系中能够独立表征孤立系的不可逆程度；但在非孤立系的分析时，还要分析熵流及工质进出系统对不可逆性的影响。因此，熵产是分析不可逆过程的基础。

9.2.2 熵产流率

整个非平衡态热力系在单位时间内的熵产量称为熵产流率，用符号 $\dot{S}_g$表示，其单位为功率的单位除以热力学温度，W/K 或 J/(K·s)，表达式为

$$\dot{S}_g=\frac{\delta S_g}{d\tau}\geqslant 0 \tag{9-6}$$

整个非平衡态热力系存在一定的体积空间，因此，单位时间内，在不同的空间位置发生的不可逆过程所产生的熵产是不同。故熵产流率方程变为

$$\dot{S}_g=f(t,x,y,z) \tag{9-7}$$

式中：$\dot{S}_g$为某微元体积 dV 在 τ 时刻的熵产流率，W/K 或 kJ/(K·s)。

在分析、计算中所提到的熵产流率，通常为整体熵产流率 $\dot{S}_g$。它可以从系统边界的熵方程求得。

【例题 9-1】 一维导热引起的熵产流率问题。设有一截面为 A 的铜棒，一维热流和熵流如图 9-1 所示。棒的两端分别和温度为 T_1 和 T_2 的热源相连接进行传热。外表面有绝热层，认为是绝热，求熵产流率。

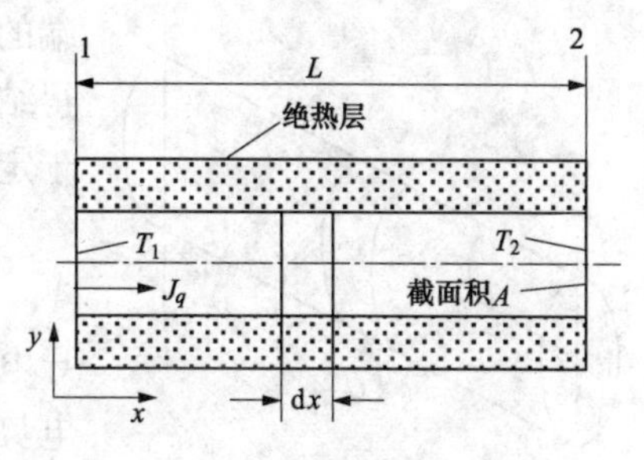

图 9-1 一维热流和熵流

解 1 将两个热源和铜棒所组成的系统为分析对象，以边界接触的熵流率的变化计算整个系统的熵产流率，即采用系统边界熵方程分析法。假设高温热源 T_1传递给铜棒的热流率为 $\dot{Q}_1$（W 或 kJ/s）；高温热源 T_1减少的熵流率为 $\dot{S}_1=\dot{Q}_1/T_1$；低温热源接受铜棒的热流率为 $\dot{Q}_2$（W 或 kJ/s），增加的熵流率为 $\dot{S}_2=\dot{Q}_2/T_2$。在两热源温度不变时，即铜棒达到稳定工况，$\dot{Q}_1=\dot{Q}_2=\dot{Q}$，但各处的热流率的温度不同，熵流率也不同。整个系统在单位时间内的熵产流率等于铜棒两端熵流率的差值，即熵产流率 $\dot{S}_g$为

$$\dot{S}_g=\dot{S}_2-\dot{S}_1=\dot{Q}\left(\frac{1}{T_2}-\frac{1}{T_1}\right) \tag{9-8}$$

因 $T_1>T_2$，$\dot{S}_g>0$，整个系统熵增加，符合热力学二定律，结果正确。式（9-8）为定态传热过程系统熵产流率方程，$1/T_2-1/T_1$为熵增强度势。

解 2 以铜棒为分析对象，即采用熵产流率分析法。高温热源输出熵流，低温热源接受熵流。由于是不可逆过程，铜棒中产生熵产，此时，单位时间内通过铜棒内长度任意截面处的单位面积热流密度 J_q（W/m³）由傅里叶定律得

$$J_q=\frac{\dot{Q}}{A}=-\lambda_t\frac{dT}{dx} \tag{9-9}$$

式中：A 为截面积，m³；λ_t为铜棒导热系数，W/(K·m)。

当λ_t为常数时，则有 $J_q=\lambda_t(T_1-T_2)/L$。通过相同截面的熵流强度 J_s(W·K⁻¹·m⁻²) 为

$$J_s = \frac{J_q}{T} = -\lambda_t \frac{1}{T} \frac{dT}{dx} \tag{9-10}$$

因熵流不守恒，由式（9-10）得在 x 截面处，微元长度 dx 的微元体的熵产流率表达式为

$$\begin{aligned} \frac{\delta S_g}{d\tau} &= A(J_{s,x+dx} - J_{s,x}) = AJ_q\left[\left(\frac{1}{T}\right)_{x+dx} - \left(\frac{1}{T}\right)_x\right] \\ &= AJ_q \frac{d(1/T)}{dx}dx = J_q \frac{d(1/T)}{dx}dV \end{aligned} \tag{9-11}$$

由式（9-11）得单位体积的熵产流率（$W \cdot K^{-1} \cdot m^{-3}$）的表达式为

$$\frac{\delta \dot{S}_g}{dV} = -J_q \frac{1}{T^2} \frac{dT}{dx} \quad (dT > 0) \tag{9-12}$$

那么，由式（9-9）、式（9-10）得整个铜棒的总熵产流率 $\dot{S}_g$（$W \cdot K^{-1} \cdot s^{-1}$）的表达式为

$$\dot{S}_g = -A\int_{T_1}^{T_2} J_q \frac{dT}{T^2} = A(J_{s,2} - J_{s,1}) = \dot{Q}\frac{T_1 - T_2}{T_1 T_2} \tag{9-13}$$

因 $T_1 > T_2$，$\dot{S}_g > 0$，铜棒内导热为不可逆过程。对于整个热力系统的铜棒，当铜棒两端的温度恒定时，已成为定态问题。因此，两种分析方法所得结果是一致的。相比较而言，系统边界熵方程分析法，对于定态系统更为简单。

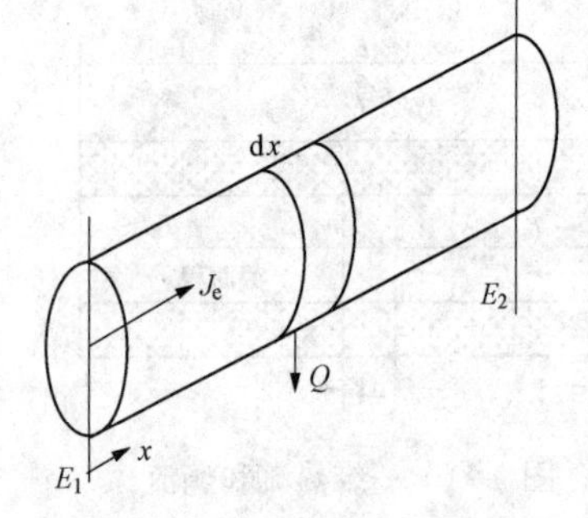

图 9-2 一维铜棒导电示意图

【例题 9-2】 一维导电过程中的熵产流率。设截面积为 A、长度为 L 的铜棒，裸露在温度为 T_0 的环境中，一维铜棒导电示意图如图 9-2 所示。对流换热系数为 h_α，棒两端的电势差为 $\Delta E = E_1 - E_2$。当电流通过时，将消耗部分电能，并转成热通量 $\dot{Q}$ 散入环境。根据欧姆定律，棒内单位面积所通过的电流为

$$\bar{J}_e = \frac{I}{A} = -k_e \frac{dE}{dx} \tag{9-14}$$

式中：$\bar{J}_e$ 为电流密度，A/m^2；I 为电流强度，A；k_e 为电导率，$1/(\Omega \cdot m)$；dE/dx 为电势梯度，V/m。

在单位时间，棒内任意处微元段所耗散的电能称为电能耗散率，单位为 W，记为 $\delta\dot{Q}$。其表达式为 $\delta\dot{Q} = -I(dE/dx)dx = -\bar{J}_e A dE$。故在微元体积 Adx 内的熵产流率为微元体积内电能耗散率与平均温度之比值，即

$$\frac{\delta \dot{S}_g}{Adx} = \frac{\delta \dot{Q}}{TAdx} = -\frac{\bar{J}_e}{T}\frac{dE}{dx} \tag{9-15}$$

导电过程中，导体内微元体积的熵产流率是一种电流密度 $\bar{J}_e$ 与电势梯度 dE/dx 的乘积再除以局部系统的温度 T 的值。导电系统的熵产流率是单位时间内电流克服电阻所消耗电能而产生的熵产。因此整个铜棒的熵产流率由式（9-13）得其计算式为

$$\dot{S}_g = -A\int_{E_1}^{E_2} \bar{J}_e \frac{dE}{T} = \frac{A\bar{J}_e}{T}(E_1 - E_2) \tag{9-16}$$

在定态下，假设铜棒内部温度均匀，则温度 T 由整个通电铜棒的消耗电能与表面对流换热的能量方程求得，即能量守恒方程为 $Ak_e(E_1-E_2)^2/L=2\sqrt{A\pi}L\,h_\alpha(T-T_0)$，则解得铜棒内温度 T 为 $T=T_0+k_e\sqrt{A}(E_1-E_2)^2/(2\sqrt{\pi}h_\alpha L^2)$。

9.3 熵产流率的一般式、热力学的“流”与“力”

一维不可逆过程简图如图 9-3 所示。Ⅰ与Ⅱ部分被隔离时都各自处于平衡状态，但它们相互之间并不平衡。若使之接触将发生相互作用。若将 M 区段插入它们之间，且与两者分别相连接，则在 M 区段就会发生不可逆过程。

在该过程中，M 区段将处于非平衡态。Ⅰ与Ⅱ区段在突然被 M 区段隔离时，仍能处于平衡状态。为保证该短暂的平衡态成立，Ⅰ与Ⅱ区段各部分的传导性必很好。如在Ⅰ区段中必须能均匀地感受到 M 区段与Ⅱ区段作用时对它产生的影响，反之亦然。此时，则Ⅰ、Ⅱ区段内的热力学参数就可以确定。在 M 区段利用局部平衡法，分别进行局部隔离，就可以确定其中的各种强度参数值。设 M 区段内的一点 A 位于其中某一小区 a 内，其大小可由强度参数确定。将 a 区隔离，达到平衡后就可测得 a 区的一个强度参数为 R。点 A 处的强度参数 R_A 定义为 $R_A \equiv \lim\limits_{a\to 0} R_a$。

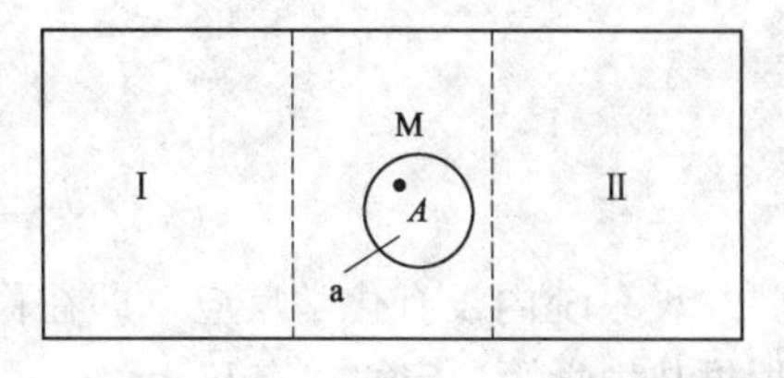

图 9-3 一维不可逆过程简图

如果 M 区段内的过程不可逆，则Ⅰ和Ⅱ区段内存在熵的变化。在所有均匀部分区间，包括Ⅰ、Ⅱ区段和 M 区段内任何小到可以适用局部平衡的部分，其所有局部子系统的熵的变化，可由简单系统平衡态的吉布斯方程除以温度 T 得到，即

$$dS=\frac{1}{T}dU+\frac{p}{T}dV-\sum_{i}^{r}\frac{\mu_i}{T}dm_i \tag{9-17}$$

式中：$1/T$、p/T 和 μ_i/T 分别为系统热力学能、体积能和化学能的强度参数，可以理解为对应能量的“熵产强度势”。

要使一个简单系统内的两个部分处于平衡，必须使它们的强度参数值相等。因此，在Ⅰ与Ⅱ区段之间，只要 $1/T$、p/T 和 μ_i/T 值不同就将产生自发的变化。每一个“势”和与它相配对的广延参数被称作是共轭的，如 $1/T$、p/T 和 μ_i/T 相对应的广延参数分别是 U、V 和 m_i。

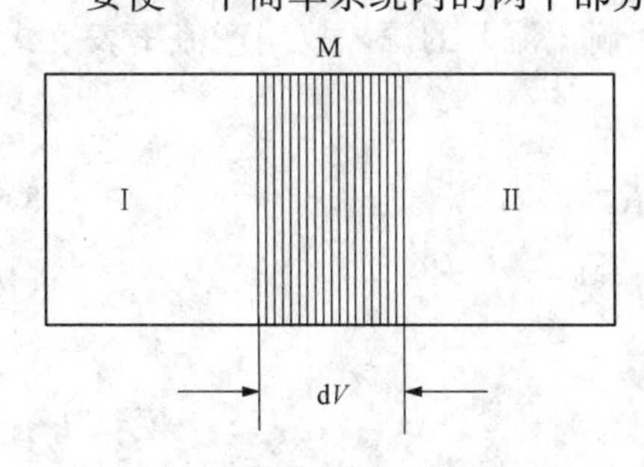

图 9-4 M 区薄层熵产流率

将 M 区段沿竖直方向分成若干薄层，设这些薄层表面上的所有强度参数都是均匀的，M 区薄层熵产流率，如图 9-4 所示。如果将平衡区Ⅰ与Ⅱ放到其中任一层的两侧，那么，只要平衡区的强度参数和薄层表面上的数值相同，就不会改变薄层内的过程。只要 M 区段的参数不随时间而变，即处于定态，此时，若用Ⅰ、Ⅱ区段来置换 M 区段中薄层的相邻部分则易于理解。如果Ⅰ、Ⅱ区强度参数不相同，将自发产生不可逆过程。因为 M 区段薄层有进、出流之差别，即有熵产产生。

通过吉布斯方程［见式（9-17）］，用Ⅰ、Ⅱ平衡区流率的数值来表示 M 区薄层的熵产

流率为

$$\frac{\delta S_{g(M)}}{d\tau}=\frac{\dot{U}_{\mathrm{I}}}{T}+\frac{p}{T}\dot{V}_{\mathrm{I}}-\sum_{i}^{r}\frac{\mu_i}{T}\dot{m}_{i\mathrm{I}}+\left[\frac{1}{T}+d\left(\frac{1}{T}\right)\right]\dot{U}_{\mathrm{II}}$$
$$+\left[\frac{p}{T}+d\left(\frac{p}{T}\right)\right]\dot{V}_{\mathrm{II}}-\sum_{i}^{r}\left[\frac{\mu_i}{T}+d\left(\frac{\mu_i}{T}\right)\right]\dot{m}_{i\mathrm{II}} \tag{9-18}$$

式中：$\dot{U}$、$\dot{V}$和 $\dot{m}$ 分别为热力学能流率（kJ/s）、体积流率（m^3/s）和质量流率（kg/s），并用于Ⅰ、Ⅱ平衡区。符号上方加的“·”表示随时间的变化率。

因此，单位面积上这些广延参数随时间的变化率就是前面所说的“流”或“通量”，用 J 表示。若Ⅰ、Ⅱ区段的体积固定不变，则没有体积流，而有

$$J_{u,\mathrm{I}}=-\frac{\dot{U}_{\mathrm{I}}}{A},J_{u,\mathrm{II}}=\frac{\dot{U}_{\mathrm{II}}}{A} \tag{9-19}$$

$$J_{m_i,\mathrm{I}}=-\frac{\dot{m}_{i,\mathrm{I}}}{A},J_{m_i,\mathrm{II}}=\frac{\dot{m}_{i,\mathrm{II}}}{A} \tag{9-20}$$

设系统内没有化学反应，即在稳定条件下化学组分不变，则由质量守恒得$J_{m_i,\mathrm{I}}=J_{m_i,\mathrm{II}}$。根据热力学第一定律，有$J_{u,\mathrm{I}}=J_{u,\mathrm{II}}$。由此，式（9-18）可改写为

$$\frac{\delta\dot{S}_g}{A}=\frac{\delta S_g}{A dt}=J_u d\left(\frac{1}{T}\right)+\sum_{i}^{r}J_{m_i}d\left(-\frac{\mu_i}{T}\right) \tag{9-21}$$

式（9-18）与式（9-21）所定义的“流”的一般式，可写成

$$J_k=\frac{\dot{K}}{A} \tag{9-22}$$

式中：$\dot{K}$ 为单位时间内位于薄层表面的准静态区内任意一个所描述“流量”的变化率；A 为J_k流入的面的面积，m^2。如果 K 表示组分的质量，那么，J_k为物料流。同样地，如果 K 代表能量，那么，J_k为能流。

对于孤立系中，在稳定条件下，广延量保持守恒。例如质量与能量等。在不平衡区 M（见图 9-4）的两个外表面上的“流”就必须相等。但对于不守恒的参数，则在这两个面上相应的“流”就可能不相等。如熵“流”。如果过程不可逆，则离开 M 区段的外表面的熵流数值将大于进入表面处的值。因此，M 区段就成为一个熵“流”的源。故熵产流率表达式[式（9-21）]若用单位面积表示，可写为

$$\frac{\delta\dot{S}_g}{A}=\frac{\delta S_g}{A d\tau}=\sum J_k dR_k \tag{9-23}$$

式中：R_k为势或强度参数对温度的商，可以理解为“熵产势”。

因此，可以得到在微元体积内的熵产流率为

$$\frac{\delta\dot{S}_g}{A dx}=\sum J_k\frac{dR_k}{dx} \tag{9-24}$$

式中：dx 为Ⅰ、Ⅱ两区之间的距离，m。

势或强度参数的梯度称为“广义力”，而 dR_k/dx 为势或强度参数梯度对温度的商，故称之为“熵产力”。J_k与 dR_k/dx 为一对共轭的“流”与“力”。因此，微元体积内的熵产流率为过程中所有产生不可逆性的各对共轭“流”与“力”的积之总和。量纲要满足 $W\cdot K^{-1}\cdot m^{-3}$。

以上只考虑了一维过程。至于三维过程，方法类似。单位体积内的熵产流率仍为“流”与“力”的乘积。系统内存在势差，相应的广延量参数就会发生变化，趋向于势差减小直至消失为零。

9.4 线性唯象方程与昂萨格倒易关系

各种传输过程中的“流”是由某种力所驱动的，即由某种强度参数的势差所造成的。它们之间的关系已经被实验报证实。

9.4.1 “流”与“力”的唯象方程

只考虑一维方向，则在导热过程中，由傅里叶定律得

$$J_q = \dot{q} = -\lambda_t \frac{\partial T}{\partial x} \tag{9-25}$$

式中：λ_t为导热系数，W/(K·m)；J_q为单位时间单位面积传导的热量或称热流密度，kJ/(m^2·s)。

在质量扩散过程中，由斐克定律可知，只有浓度梯度时，组分 j 向组分 k 的质量扩散流 $J_{m,j}$和摩尔流扩散流 $J_{M,j}$方程分别为

$$\left.\begin{aligned} J_{m,j} &= \frac{\dot{m}_{m,j}}{A} = -D_j \frac{\partial \rho_j}{\partial x} \\ J_{M,j} &= \frac{\dot{n}_{M,j}}{A} = -D_j \frac{\partial C_j}{\partial x} \end{aligned}\right\} \tag{9-26}$$

式中：$J_{m,j}$为单位时间单位面积质量扩散率，kg/(m^2·s)；$J_{M,j}$为单位时间单位面积摩尔扩散率，kmol/(m^2·s)；D_j为物质 j 对物质 k 的扩散系数，m^2/s。

在导电过程中，由欧姆定律得

$$J_e = \dot{i} = -\dot{k}_e \frac{\partial E}{\partial x} \tag{9-27}$$

式中：J_e为单位时间内通过单位面积电流强度，A/(m^2·s)；$\dot{k}_e$为电导率，1/(Ω·m·s)；$\partial E/\partial x$ 为电势梯度，V/m。

式（9-25）～式（9-27）中 λ_t、D_j和 k_e都是系数，由物性函数决定。因此，流与它的共轭力之间存在的线性关系称为线性唯象关系式，即

$$J = LX \tag{9-28}$$

式中：L 为常数，称为唯象系数；X 为产生流 J 的“力”，称为“广义力”。

实际中，由于唯象系数 L 主要与物性有关，因此，$L>0$。当系统内的推动力不止一个时，产生的“流”也不止一个。因为自然界中有许多现象是相互联系的，产生某种“流”的不一定只有它的共轭力，有时还有其他的“力”。如导线或金属棒内同时存在着电势差、温度差、电流和热流，则导线的熵产流率由两部分组成：电势差与电流的乘积再除以温度和热流引起的熵产。此时，导线的热流将与相同温度差、纯传导的热流不同，电流也与相同电势差纯导电的电流不同。此时为多个“力”影响同一个流，称为干涉或耦合。当不可逆过程中的某一种“流”受多种“力”支配时，它们之间的关系式可以写为

$$J_j = \sum L_{j,k} X_k \tag{9-29}$$

式中：J_j为序号j的某一种流；X_k为产生J_j的所有各种“力”，又称为“广义力”；$L_{j,k}$为由第k种力所产生的第j种的唯象系数（或称干涉系数）。如$L_{j,j}$或$L_{k,k}$为共轭流与力之间系数，称为自唯象系数（或本征系数）；$L_{j,k}(j \neq k)$为联系耦合关系的互唯象系数。

式（9-28）称为线性唯象方程，适用于近平衡态系统。

在应用线性唯象方程时，首先需要了解系统中存在的那些“力”与“流”是否会相互干涉。若某些现象之间不存在联系，那么它们的“流”与“力”就不能耦合。即互唯象系数为零。

可以相互干涉或耦合的应符合哪些条件？由居里（Curie）定理在物理学上的对称性原理可知：在各向同性的介质中，宏观原因总比由它所产生的效应具有较少的对称元素，即“因”比“果”有较少的对称性。普利高津（Prigogine）把居里定理延伸到热力学系统，则理解为：系统中的热力学的“力”是过程的宏观原因，热力学的“流”是宏观原因所产生的效应，热力学“力”不能比与之耦合的热力学“流”有更强的对称性。同时普里高津认为，在非平衡系统各向同性的介质中，不同对称性的“流”和“力”之间不存在耦合。把这一结论称为居里-普利高津原理。

因此，符合上述说法的一些现象，可以认为相互干涉或耦合。但它仅适用于各向同性介质，而非各向同性介质，允许不同特性的“力”与“流”之间耦合。

9.4.2 昂萨格倒易关系

“流”和“力”常用来说明不可逆过程。在扩散过程中的物质流密度，热传导中的热流密度，化学反应中的反应速度等都称为“流”，用J_j（$j=1$，2，…，n）表示。引起“流”的相应“力”为浓度梯度、温度梯度、化学亲合力等，用X_k（$k=1$，2，…，n）表示。在线性区它们的关系唯象地写成式（9-28）的形式。昂萨格通过证明线性唯象定律关系式中的唯象系数张量是对称的，得到互唯象系数间满足“倒易关系”，即

$$L_{j,k} = L_{k,j} \tag{9-30}$$

式（9-30）称为昂萨格（Onsager）倒易关系或定理。它表明了相互干扰的不可逆过程中干涉现象之间的关系。同时表明：若第j种“流”受第k种“力”的影响，则第k种“流”也会受到第j种“力”的影响，而且这两种影响的唯象系数相等。

昂萨格倒易关系是描述不可逆热力学过程的线性唯象方程中各系数间的倒易关系。它是粒子微观运动方程的时间反演不变性在宏观尺度上的反映。这个关系的存在不依赖于具体物质或具体过程，在线性不可逆过程中具有普遍意义，因而成为线性区非平衡热力学的主要基础之一。昂萨格倒易关系理论并不独立于热力学第二定律，而是对后者的补充。

9.4.3 唯象系数的确定

流与一个共轭的力或几个力以及系统物料的唯象系数有关，参见式（9-28）。其中的自唯象系数$L_{j,j}$或$L_{k,k}$较易得到，一般可以通过实验方法来测定。例如在导热过程中的导热系数λ_t和导电过程中的电导率k_e。但要测定互唯象系数$L_{j,k}$却非常困难。因为实验中严格地把其他各种因素的影响隔离开来是十分不易的。现假设在某一不可逆过程中两种“力”存在，因此，有两种与之相应的共轭流，并可能相互产生干涉，于是，式（9-28）可写成

$$\left.\begin{aligned} J_1 &= L_{1,1}X_1 + L_{1,2}X_2 \\ J_2 &= L_{2,1}X_1 + L_{2,2}X_2 \end{aligned}\right\} \tag{9-31}$$

式（9-31）中，$L_{1,1}$与$L_{2,2}$为自唯象系数，$L_{1,2}$与$L_{2,1}$为互唯象系数。$L_{1,1}$与$L_{2,2}$两个自

象系数可以根据共轭力与流的特定关系式求出。即在其他为定值的条件下求出，最为简便方法是保持其他的“力”和“流”为零的状况。如导热系数 λ_t 可由傅里叶导热方程［式(9-25)］求出；电导率可根据欧姆定律［式（9-27）］求出。有几个“力”对一个流作用时，其自唯象系数与单独“力”或单独“流”作用时的数值是不同的。如热电耦合时，热流的自唯象系数 $L_{q,q}$ 与导热系数 λ_t 的值不同。互唯象系数 $L_{1,2}$ 或 $L_{2,1}$ 因为力 X_1 与 X_2 的量纲不相同，而又要使，$L_{1,1}X_1$ 或 $L_{2,2}X_2$ 与 $L_{1,2}X_1$ 或 $L_{2,1}X_2$ 的量纲与流 J_1 或 J_2 的量纲相同。因此，$L_{1,1}$ 或 $L_{2,2}$ 量纲是不同于 $L_{1,2}$ 或 $L_{2,1}$ 量纲的。具体确定互唯象系数的方法参见相关文献。

9.5　熵产流率的应用

9.5.1　不可逆过程求解步骤

（1）列出熵产流率的计算式，通式为 $\dot{S}_g = \sum_k^n J_k X_k$；

（2）确定热力学的“流”和“力”，并注意单位，使两者的乘积与熵产流率单位一致；

（3）确定可以耦合的“流”和“力”，并得到线性唯象方程；

（4）利用昂萨格倒易关系及其他相应的关系，导出自唯象和互唯象系数，并作进一步分析研究。

9.5.2　热电现象的应用

设在导线中同时存在电流和温度差，那么单位体积内的熵产流率分别为温度差和电势差产生的熵产流率的和，即为

$$\frac{\delta\dot{S}_g}{dV} = -\frac{J_q}{T^2}\frac{dT}{dx} - \frac{J_e}{T}\frac{dE}{dx} \tag{9-32}$$

熵流引起的熵变是由于温度不变，而热流变化引起的，故选取式（9-32）引起单位体积熵产流率变化的“流”与“力”为

$$J_q = \dot{q}, \quad X_q = -\frac{1}{T^2}\frac{dT}{dx} \tag{9-33}$$

$$J_e = \dot{i}, \quad X_e = -\frac{1}{T}\frac{dE}{dx} \tag{9-34}$$

故热流与电流的唯象方程式为

$$\left.\begin{aligned} J_q &= -L_{q,q}\frac{dT}{T^2 dx} - L_{q,e}\frac{dE}{T dx} \\ J_e &= -L_{e,q}\frac{dT}{T^2 dx} - L_{e,e}\frac{dE}{T dx} \end{aligned}\right\} \tag{9-35}$$

式中：$L_{q,q}$、$L_{e,e}$ 为热流与电流自唯象系数；$L_{q,e}$、$L_{e,q}$ 为热流与电流互唯象系数。

若为纯导热或纯导电时，则式（9-35）变为

$$\left.\begin{aligned} J_q &= -L_{q,q}\frac{dT}{T^2 dx} = -\lambda_t\frac{dT}{dx} \\ J_e &= -L_{e,e}\frac{dE}{T dx} = -\dot{k}_e\frac{dE}{dx} \end{aligned}\right\} \tag{9-36}$$

纯导热或纯导电时，导热与导电系数与唯象系数的关系为

$$\left.\begin{aligned}\lambda_t &= \frac{L_{q,q}}{T^2} \\ \dot{k}_e &= \frac{L_{e,e}}{T}\end{aligned}\right\} \tag{9-37}$$

导体中的热电现象可分三种情况，即：①没有电流但有电势存在；②由两种导体连接而成；③热流和电流同时存在，并有热量散入环境。

(1) 没有电流但有电势存在。当电流密度 $J_e=0$ 时，则由式（9-36）得

$$\frac{L_{e,q}}{TL_{e,e}} = -\left(\frac{\mathrm{d}E/\mathrm{d}x}{\mathrm{d}T/\mathrm{d}x}\right)_{J_e=0} = -\left(\frac{\mathrm{d}E}{\mathrm{d}T}\right)_{J_e=0} \tag{9-38}$$

对于某些导电体，当有温度梯度存在时，即使电流为零，但电势仍然存在，这种现象被称为塞贝克（Seebeck）效应。若因温差而引起的电势称为导体的热电势或塞贝克系数，用ε表示，其定义式为

$$\varepsilon = -\left(\frac{\mathrm{d}E}{\mathrm{d}T}\right)_{J_e=0} = \frac{L_{e,q}}{TL_{e,e}} \tag{9-39}$$

热电势是容易用实验测定的物理量，热电偶就是利用该效应制作的。由式（9-38）、式（9-39）得电流互唯象系数计算式为

$$L_{e,q} = \varepsilon T L_{e,e} = \varepsilon \dot{k}_e T^2 \tag{9-40}$$

由式（9-38）得

$$\left(\frac{\mathrm{d}E}{\mathrm{d}x}\right)_{J_e=0} = -\frac{L_{e,q}}{TL_{e,e}}\left(\frac{\mathrm{d}T}{\mathrm{d}x}\right)_{J_e=0} \tag{9-41}$$

由式（9-35）、式（9-41）及昂萨格倒易关系 $L_{q,e}=L_{e,q}$ 得 $J_e=0$ 时，导体内的热流的计算式为

$$J_q = \frac{-L_{e,e}L_{q,q}+L_{e,q}^2}{T^2L_{e,e}}\frac{\mathrm{d}T}{\mathrm{d}x} = -\lambda_{q,e}\frac{\mathrm{d}T}{\mathrm{d}x} \tag{9-42}$$

因此，热电耦合系统的等效导热系数 $\lambda_{q,e}$ 的计算式为

$$\lambda_{q,e} = \frac{L_{e,e}L_{q,q}-L_{e,q}^2}{T^2L_{e,e}} = \frac{L_{q,q}-\varepsilon^2T^2L_{e,e}}{T^2} \tag{9-43}$$

定温的时，由式（9-36）得 $L_{e,e}=T\dot{k}_e$。再由 $L_{e,e}$、$L_{e,q}$ 及 $\lambda_{q,e}$ 得 $L_{q,q}=T^2\lambda_{q,e}+\varepsilon^2T^3k_e$。由于有干涉流存在，那么等效导热系数 $\lambda_{q,e}$ 与纯导热系数 λ_t 间的关系为 $\lambda_t=L_{q,q}/T^2=\lambda_{q,e}+\varepsilon^2Tk_e$。可见两个系数的值不相同。电流密度为零时，纯导热系数 λ_t 大于等效导热系数 $\lambda_{q,e}$。

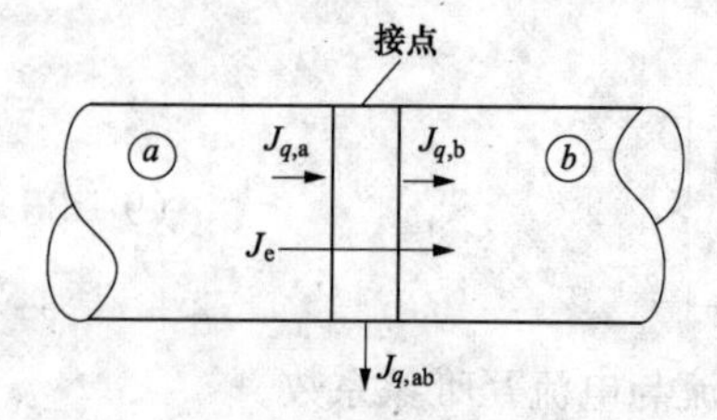

图 9-5 帕尔帖效应

(2) 由两种导体连接而成。由两种导电材料连接而成的导体存在着连接点。当电流密度 $J_e\neq0$ 通过连接点时，存在电能耗散，所产生的热量放入环境，即帕尔帖效应如图 9-5 所示。将 $L_{q,q}$、$L_{e,e}$ 及 $L_{e,q}$（$L_{e,q}=L_{q,e}$）表达式代入式（9-35）得热流与电流的唯象方程式为

$$\left.\begin{aligned}J_q &= -(\lambda_{q,e}+\varepsilon^2\dot{k}_eT)\frac{\mathrm{d}T}{\mathrm{d}x}-\varepsilon T\dot{k}_e\frac{\mathrm{d}E}{\mathrm{d}x} \\ J_e &= -\varepsilon\dot{k}_e\frac{\mathrm{d}T}{\mathrm{d}x}-\dot{k}_e\frac{\mathrm{d}E}{\mathrm{d}x}\end{aligned}\right\} \tag{9-44}$$

帕尔帖效应由式（9-43）消去电势梯度 $\mathrm{d}E/\mathrm{d}x$ 得热流计算式为

$$J_q = -\lambda_{q,\mathrm{e}}\frac{\mathrm{d}T}{\mathrm{d}x} + \varepsilon T J_{\mathrm{e}} \tag{9-45}$$

当温度不变时，通过两个导体的热流计算式分别为

$$\left.\begin{aligned} J_{q,\mathrm{a}} &= \varepsilon_{\mathrm{a}} T J_{\mathrm{e}} \\ J_{q,\mathrm{b}} &= \varepsilon_{\mathrm{b}} T J_{\mathrm{e}} \end{aligned}\right\} \tag{9-46}$$

接点与环境进行的热交换量计算式为

$$J_{q,\mathrm{ab}} = J_{q,\mathrm{a}} - J_{q,\mathrm{b}} = T(\varepsilon_{\mathrm{a}} - \varepsilon_{\mathrm{b}})J_{\mathrm{e}} = \pi_{\mathrm{ab}} J_{\mathrm{e}} \tag{9-47}$$

式中：π 为帕尔帖系数。

热流 $J_{q,\mathrm{ab}}$ 并不是由于电流密度 $J_{\mathrm{e}} \neq 0$ 所引起的，而是由于导体 a 与导体 b 是两种不同材料且存在接触点所致，这种现象被称为帕尔帖效应。目前被广泛地应用于热电制冷技术。

（3）热、电流及散热共存。这种为最一般情况，热、电流通过同一导体，它们之间相互影响，并有热量散入环境，汤姆逊效应如图 9-6 所示。此时，通过导体的总能流 J_E 的计算式为

$$J_E = J_q + EJ_{\mathrm{e}} = -\lambda_{q,\mathrm{e}}\frac{\mathrm{d}T}{\mathrm{d}x} + (\varepsilon T + E)J_{\mathrm{e}} \tag{9-48}$$

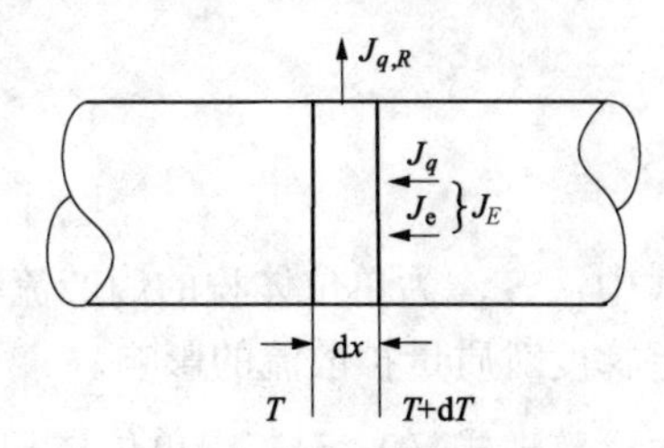

图 9-6　汤姆逊效应

总能流的梯度引起的与环境的热交换量 $J_{q,R}$ 的计算式为

$$J_{q,R} = -\frac{\mathrm{d}J_E}{\mathrm{d}x}\mathrm{d}x \tag{9-49}$$

由式（9-48）、式（9-49）得热交换量 $J_{q,R}$ 的计算式为

$$J_{q,R} = -\frac{\mathrm{d}}{\mathrm{d}x}\left[-\lambda_{q,\mathrm{e}}\frac{\mathrm{d}T}{\mathrm{d}x} + (\varepsilon T + E)J_{\mathrm{e}}\right]\mathrm{d}x \tag{9-50}$$

当没有电流通过且没有热量散入环境，导体温度为线性分布时，有

$$-\frac{\mathrm{d}}{\mathrm{d}x}\left[-\lambda_{q,\mathrm{e}}\frac{\mathrm{d}T}{\mathrm{d}x}\right]\mathrm{d}x = 0 \tag{9-51}$$

将欧姆定律式（9-27）及式（9-51）代入式（9-50）得

$$\frac{J_{q,R}}{\mathrm{d}x} = -TJ_{\mathrm{e}}\frac{\mathrm{d}\varepsilon}{\mathrm{d}x} + \frac{J_{\mathrm{e}}^2}{\dot{k}_{\mathrm{e}}} \tag{9-52}$$

可见，在此特殊条件下，散入环境的热量并不等于电流引起的焦尔热 $J_{\mathrm{e}}^2/\dot{k}_{\mathrm{e}}$。所超出的部分叫汤姆逊热。这种现象叫汤姆逊效应。汤姆逊热的计算式为

$$(J_q)_{\mathrm{Thom}} = -TJ_{\mathrm{e}}\frac{\mathrm{d}\varepsilon}{\mathrm{d}x} = -TJ_{\mathrm{e}}\frac{\mathrm{d}\varepsilon}{\mathrm{d}T}\frac{\mathrm{d}T}{\mathrm{d}x} = -\omega J_{\mathrm{e}}\frac{\mathrm{d}T}{\mathrm{d}x} \tag{9-53}$$

式中：ω 为汤姆逊系数，表达式为 $\omega = T\mathrm{d}\varepsilon/\mathrm{d}T$。

9.6　最小熵产流率原理和定态的稳定性

最小熵产流率原理是指系统在接近平衡条件下，处于与外界的限制条件相适应的非平衡定态时，熵产流率具有最小值。其实质是某种外界限制条件下，系统达到非平衡定态的判

据。非平衡态熵产流率所具有的特征有：

(1) 一般非平衡态，$\dot{S}_{g}>0$，系统的强度参数空间分布随时间变化，熵产流率大于零；

(2) 非平衡定态，$\dot{S}_{g}/d\tau=0$，系统的强度参数空间分布不随时间变化，熵产流率等于零；

(3) 偏离定态，$\dot{S}_{g}/d\tau<0$，系统需要得到外部能量，使强度参数空间分布发生变化。

非平衡定态最小熵产流率原理的证明：设系统两端维持恒定温差，故存在热扩散和浓度差。此时系统同时存在热流 J_q 和其推动力 X_q、质量扩散流 J_m 和其推动力 X_m。因温差恒定，热流 J_q 和其推动力 X_q 不随时间变化。但质量扩散流 J_m 和其推动力 X_m 可随时间变化，最终使系统达到定态。此时，质量扩散推动力 X_m 不存在，其对应的流 $J_m=0$。但热流 J_q 和其推动力 X_q 依然存在。这一过程的方程描述为

$$\left.\begin{aligned}\dot{S}_{g,V}&=J_qX_q+J_mX_m\\J_q&=L_{q,q}X_q+L_{q,m}X_m\\J_m&=L_{m,q}X_q+L_{m,m}X_m\end{aligned}\right\}\tag{9-54}$$

式中：$\dot{S}_{g,V}$ 为单位体积的熵产流率，$W/(K\cdot m^3)$；$L_{q,m}$ 为浓度梯度对热流的影响；$L_{m,q}$ 为温差梯度对质量扩散流的影响。

整理式 (9-54) 得单位体积熵产流率 $\dot{S}_{g,V}$ 计算式为

$$\dot{S}_{g,V}=L_{q,q}X_q^2+(L_{q,m}+L_{m,q})X_qX_m+L_{m,m}X_m^2\tag{9-55}$$

由于最终达到定态，因此 $\dot{S}_{g,V}\geqslant0$。式 (9-55) 的系数矩阵式为

$$\begin{vmatrix}L_{q,q}&L_{q,m}\\L_{m,q}&L_{m,m}\end{vmatrix}=L_{q,q}L_{m,m}-L_{q,m}L_{m,q}>0\tag{9-56}$$

使式 (9-55) 即单位体积熵产流率 $\dot{S}_{g,V}$ 方程为正定的充要条件为

$$\left.\begin{aligned}&L_{q,q}>0,\quad L_{m,m}>0\\&L_{q,m}L_{m,q}=L_{q,m}^2=L_{m,q}^2<L_{q,q}L_{m,m}\end{aligned}\right\}\tag{9-57}$$

实际中，自唯象系数总是正的，而互唯象系数可正可负，因倒易关系 $L_{q,m}=L_{m,q}$，故式 (9-57) 成立。

由于系统两端温差恒定，热流推动力 X_q 不变，因此 $\dot{S}_{g,V}$ 对质量扩散推动力 X_m 求偏微商得

$$\frac{\partial(\dot{S}_{g,V})}{\partial X_m}=2L_{q,m}X_q+2L_{m,m}X_m=2J_m\tag{9-58}$$

当 X_q 为常数，系统达到定态时，质量扩散流 $J_m=0$，则式 (9-58) 变为

$$\left[\frac{\partial(\dot{S}_{g,V})}{\partial X_m}\right]_{J_m=0}=0\tag{9-59}$$

单位体积熵产流率 $\dot{S}_{g,V}$ 函数，在系统达到非平衡定态时，对质量扩散推动力的一阶导数为零，表明此时熵产流率存在极值。取二阶微分商，即对式 (9-58) 两边 X_m 求偏微商，则有

$$\frac{\partial^2(\dot{S}_{g,V})}{\partial X_m^2}=2L_{m,m}>0\tag{9-60}$$

由于单位体积熵产流率函数的一阶导数为零，二阶导数大于零，因此，此时的非平衡定态的单位体积熵产流率为最小值，即系统的熵产流率最小。因此，最小熵产流率原理为：系统所处线性非平衡态随着时间而变化，但总是朝着熵产生减少的方向进行，直至定态后，系统熵产流率不再随时间变化，并且具有最小值。

最小熵产流率原理的物理解释：非平衡定态是一种稳定态，只存在与边界强加的势所对应的流；该系统在边界恒定势作用下，与未达到定态过程的熵产流率相比，非平衡定态具有最小熵产流率；不同的外界强加的限制条件或不同系统构造，系统定态的最小熵产流率都不相同。

最小熵产流率原理反映了非平衡定态的一种“惰性”行为。当边界条件阻止系统达平衡态时，系统将选择一个最小耗散的态，而平衡态是定态的一个特例，即熵产流率为零或零耗散的态。

熵产流率最小原理在热传导器件的构形设计，换热器优化，热力和制冷系统优化等领域有广泛的应用。

9.7　煅耗散极值原理

9.7.1　煅概念

热量传递是不可逆过程，属于非平衡态热力学的范畴。煅作为传热学中一个新物理量，它具有势能意义。煅理论最早可追溯到21世纪初，过增元院士等在讨论热量传递过程不可逆程度时，基于导热与导电过程的比拟，将物体定容存储的热容量与温度乘积的一半来描述热量传递能力的参数称为煅。煅体现物体热传递能力，用E_h表示，单位为J·K或kJ·K。其定义式为

$$E_h = \frac{1}{2}Q_{vh}T = \frac{1}{2}mc_V T^2 \tag{9-61}$$

式中：Q_{vh}为物体定容存储的热容量，kJ；T为物体温度，K；m为物体质量，kg；c_V为物体的比定容热容，kJ/(kg·K)。

设对温度为T，比定容热容为c_V的物体进行准静态加热。物体煅的增量dE_h为物体的热容量Q_{vh}与热势（温度）微分dT的乘积，即

$$dE_h = Q_{vh}dT \tag{9-62}$$

若以绝对零度作为基准时，物体的煅为

$$E_h = \int_0^T Q_{vh}dT \tag{9-63}$$

煅的物理意义：相对于0K环境，物体热量传递的总能力。煅参数仅在传热过程中体现。因此，没有必要区分其是状态量还是过程量。

9.7.2　煅耗散极值原理

热量传递过程中传递能力的损失或耗散了“热势能”称为煅耗散。以非稳态、有内热源、不可压缩流体且定容对流换热过程的系统为例，控制体导热对流换热如图9-7所示。系统能量平衡方程为

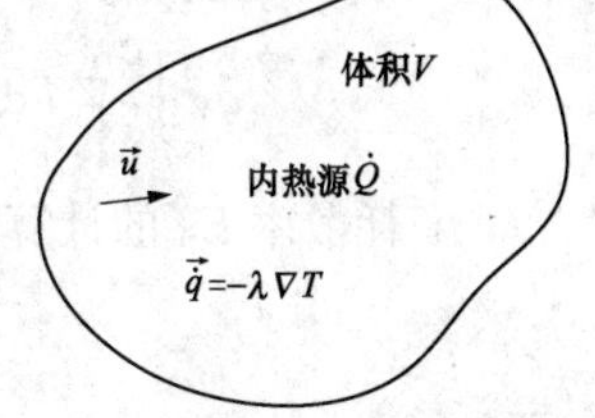

图9-7　控制体导热对流换热

$$\rho c_V \frac{\partial T}{\partial \tau} = -\rho c_V \vec{\dot{\mu}} \cdot \nabla T - \nabla \cdot \vec{\dot{q}} + \dot{Q} \tag{9-64}$$

式中：$\dot{q}$ 为导热热流，$\mathrm{W/m^2}$；$\dot{Q}$为内热源，$\mathrm{W/m^3}$；$\vec{u}$为流体速度矢量，m/s。

将式（9-64）两边同时乘以 T 并整理得烟微分平衡方程为

$$\rho c_V T \frac{\partial T}{\partial \tau} = \vec{\dot{q}} \cdot \nabla T - \nabla \cdot \left(\frac{1}{2}\rho c_V \vec{u} T^2 - \vec{\dot{q}} T\right) + T\dot{Q} \tag{9-65}$$

式（9-64）中等号左边为微元体中烟随时间的变化量；等号右边第二、三项为净流出微元体边界（由流体运动携带的 $0.5\rho c_V \vec{u} T^2$ 和边界处导热热流携带的 $\vec{\dot{q}}\,T$ 烟流组成）和内热源输入的烟流率，用 $\mathrm{d}\dot{E}_{\mathrm{f}}$表示，单位为 $\mathrm{W \cdot K/m^3}$，则微元体烟流率 $\mathrm{d}\dot{E}_{\mathrm{f}}$的计算式为

$$\mathrm{d}\dot{E}_{\mathrm{f}} = -\nabla \cdot \left(\frac{1}{2}\rho c_V \vec{u} T^2 - \vec{\dot{q}} T\right) + T\dot{Q} \tag{9-66}$$

式（9-64）中等号右边第一项为烟的耗散率项，称为烟的耗散函数，用$\mathrm{d}\dot{E}_V$表示，单位为 $\mathrm{W \cdot K/m^3}$。结合傅里叶定律 $\vec{\dot{q}} = -\lambda_{\mathrm{t}} \nabla T$，则微元体烟的耗散率$\mathrm{d}\dot{E}_V$的计算式为

$$\mathrm{d}\dot{E}_V = \vec{\dot{q}} \cdot \nabla T = -\lambda_{\mathrm{t}} (\nabla T)^2 \tag{9-67}$$

烟耗散率永远恒为负，表明不可逆传热过程总是使得热量的传递能力下降。烟耗散率的绝对值越大，不可逆程度越强，反之亦然。

式（9-65）烟微分平衡方程可变为

$$\mathrm{d}\dot{E}_{\mathrm{h}} = \mathrm{d}\dot{E}_{\mathrm{f}} + \mathrm{d}\dot{E}_V \tag{9-68}$$

可见，系统的烟是由两部分组成：一部分是由边界和内热源所产生的烟流率$\mathrm{d}\dot{E}_{\mathrm{f}}$，使系统的烟增加；一部分是内部产生的烟耗散率 $\mathrm{d}\dot{E}_V$，使系统的烟下降。

对式（9-65）在整个控制体积分，则烟平衡方程变为

$$\int_V \left(\rho c_V T \frac{\partial T}{\partial \tau}\right) \mathrm{d}V = \int_v (\vec{\dot{q}} \cdot \nabla T) \mathrm{d}V - \oint_l \nabla \cdot \left(\frac{1}{2}\rho c_V \vec{u} T^2 - \vec{\dot{q}} T\right) \mathrm{d}l + \int_v (T\dot{Q}) \mathrm{d}V \tag{9-69}$$

对式（9-66）在整个控制体积分，则烟流率 $\dot{E}_{\mathrm{f}}$(W·K）的计算式为

$$\dot{E}_{\mathrm{f}} = -\oint_l \nabla \cdot \left(\frac{1}{2}\rho c_V \vec{u} T^2 - \vec{\dot{q}} T\right) \mathrm{d}l + \int_v (T\dot{Q}) \mathrm{d}V \tag{9-70}$$

对式（9-67）在整个控制体积分，则烟耗散率 $\dot{E}_V$(W·K）计算式为

$$\dot{E}_V = \int_v (\dot{q} \cdot \nabla T) \mathrm{d}V \tag{9-71}$$

以一维稳态铜棒导热为例，计算烟耗散率 $\dot{E}_V$。铜棒长为 L，两端温度分别为 $T_1(x=0)$、$T_2(x=L)$，且 $T_1 > T_2$，边界上总热流量为 $\dot{q}_V$(kJ/s)，则由式（9-69）得烟方程式为

$$\dot{q}_V \int_0^L \nabla T \mathrm{d}x = \dot{q}_V \int_{T_1}^{T_2} \mathrm{d}T = \dot{q}_V (T_2 - T_1) = \int_0^L (\dot{q}_V \cdot \nabla T) \mathrm{d}x \tag{9-72}$$

则烟耗散率 $\dot{E}_V$的计算式为

$$\dot{E}_V = \int_0^L (\dot{q}_V \cdot \nabla T) \mathrm{d}x = \dot{q}_V (T_2 - T_1) \tag{9-73}$$

可见，一维稳态导热过程的烟耗散率 $\dot{E}_V$为热流量与导热温差的乘积。

自然界发生的任意热量传递过程，均不可避免地带来煅的耗散。而煅在自然发生的传热过程中只减不增。因此，基于煅耗散的理念得到了煅耗散极值原理和最小热阻原理。煅耗散极值原理为在外界给定的条件下，热量传递系统达到稳态时煅耗散存在极值。即两个给定条件：

（1）在给定传热量及系统达到稳态时，最小传热温差对应最小煅耗散；

（2）在给定传热温差及系统达到稳态时，最大传热量对应最大煅耗散。

煅耗散极值原理的本质就是最小热阻原理。一维导热时，过增元定义了煅耗散 E_V 与热阻 R_h（单位：K/W）的关系式为

$$R_h = \frac{(\Delta T)^2}{\dot{E}_V} \tag{9-74}$$

$$R_h = \frac{\dot{E}_V}{\dot{q}_V^2} \tag{9-75}$$

式（9-74）为定温差条件，当煅耗散最大时意味着等效热阻最小；式（9-75）为定热流条件，当煅耗散最小时意味着等效热阻最小。传热学里的热阻只能在一维情况下得到定义。在二维或三维情况下，一般只能取系统最高温和最低温之差除以传热量来定义一个特征热阻（也有其他定义办法，但一般都不是系统整体热阻）。但用煅耗散除以传热量平方所定义的热阻可视为系统整体热阻。因此，导热过程的优化问题就归纳为：在一定的外界条件下，使其热阻最小，而热阻的数值取决于煅耗散是否为极值。

思　考　题

1. 什么非平衡态热力系统？如何区分远、近平衡态非平衡热力系统？

2. 近平衡态非平衡热力系统的特点是什么？

3. 近平衡态局部平衡的条件是什么？

4. 不可逆过程热力学的研究目的是什么？

5. 熵源强度、熵产流率的物理意义是什么？并简述不可逆热力学求解的步骤。

6. 什么是昂萨格倒易关系？

7. 煅和煅耗散的概念及物理意义。

8. 说明最小熵产流率原理、煅耗散极值原理的物理意义和异同点。讨论不可逆度的表征方法和物理意义。

9. 说明熵与煅的区别与联系。

参 考 文 献

[1] 童钧耕．工程热力学 [M]．北京：高等教育出版社，2007.
[2] 曹建明，李跟宝．高等工程热力学 [M]．北京：北京大学出版社，2010.
[3] 武淑萍．工程热力学 [M]．重庆：重庆大学出版社，2006.
[4] 王竹溪．热力学 [M]．2 版．北京：北京大学出版社．2005.
[5] 邢修三．物理熵、信息熵及其演化方程 [J]．中国科学：A 辑，2001，31 (1)：8.
[6] 霍尔曼 J P. 热力学 [M]．曹黎明，译．北京：科学出版社．1986.
[7] 刘宗修．理想气体熵的公式的讨论 [J]．宝鸡文理学院学报（自然科学版），1991，(2)：1-4.
[8] 杨思文，金六一，孔庆煦，等．高等工程热力学 [M]．北京：高等教育出版社，1988.
[9] 刘桂玉，刘志刚，阴建民，等．工程热力学 [M]．北京：高等教育出版社，1988.
[10] HATSOPOULOUS G N，KEENAN J H. Principles of general thermodynamics [M]．New York：R. E. Krieger Publishing Cop.，1981.
[11] 曾丹苓，敖越，张新铭，等．工程热力学 [M]．北京：高等教育出版社，1980.
[12] 胡英．流体的分子热力学 [M]．北京：高等教育出版社，1982.
[13] 沈维道，童钧耕．工程热力学 [M]．北京：高等教育出版社，2010.
[14] 陈宏芳，杜建华．高等工程热力学 [M]．北京：清华大学出版社，2000.
[15] 王永珍，陈贵堂．高等工程热力学 [M]．北京：清华大学出版社，2013.
[16] 陈则韶．高等工程热力学 [M]．合肥：中国科学技术大学出版社，2014.
[17] 吴沛宜，马元．变质量系统热力学及其应用 [M]．北京：高等教育出版社，1983.
[18] 普里高京 L. 不可逆过程热力学导论 [M]．北京：科学出版社，1960.
[19] 苏长荪，谭连城，刘桂玉．高等工程热力学 [M]．北京：高等教育出版社，1987.
[20] 谢锐生．热力学原理 [M]．关德相，李荫亭，杨岑，译．北京：人民教育出版社，1980.
[21] 曹建明，李跟宝．高等工程热力学 [M]．北京：北京大学出版社，2010.
[22] MICHAEL J M，HOWARD N S，DAISIE D B，et al. Fundamentals of engineering thermodynamics [M]．8th. New York：John Wiley & Sons，Inc.
[23] 朱明善，陈宏芳．热力学分析 [M]．北京：高等教育出版社，1992.
[24] 吴存真，张诗针，孙志坚．热力过程㶲分析基础 [M]．杭州：浙江大学出版社，2004.
[25] 王加璇，张树芳．㶲方法及其在火电厂中的应用 [M]．北京：水利电力出版社，1993.
[26] 项新耀．工程㶲分析方法 [M]．北京：石油工业出版社，1990.
[27] 杨思文，金六一，孔庆煦．高等工程热力学 [M]．北京：高等教育出版社，1988.
[28] 沈维道，蒋智敏，童钧耕．工程热力学 [M]．3 版．北京：高等教育出版社，2001.
[29] 毕明树，周一卉．工程热力学学习指导 [M]．北京：化学工业出版社，2005.
[30] 谭羽非，吴家正，朱彤．工程热力学 [M]．6 版．北京：中国建筑工业出版社，2016.
[31] 马溥．通往绝对零度的道路——趣味低温科学技术史 [M]．北京：知识产权出版社，2015.
[32] 门德尔松 K. 绝对零度的探索：低温物理趣谈 [M]. 北京：科学普及出版社，1987.
[33] 祁学永，毕言峰．浅谈热力学第三定律的建立和规定熵的求算 [J]．齐鲁师范学院学报，2003，18 (6)：97-98，102.
[34] 童景山，李敬．流体热物理性质计算方法 [M]．北京：清华大学出版社，1982.
[35] 陈则韶，胡芃，莫松平，等．非平衡态辐射场能量状态参数的表征 [J]．工程热物理学报，2012，33

(6)：4.

[36] 陈则韶，莫松平，胡芃，等．辐射传热中的熵流，熵产和有效能流［J］．工程热物理学报，2010，31(10)：1621-1626.

[37] 莫松平，陈则韶，江守利，等．太阳电池中光电转换的有效能［J］．工程热物理学报，2008，29(11)：5.

[38] 苏长荪，谭连城，刘桂玉．高等工程热力学［M］．北京：高等教育出版社，1987.

[39] 过增元，梁新刚，朱宏晔．烬——描述物体传递热量能力的物理量［J］．自然科学进展，2006，16(10)：9.

[40] 胡帼杰，过增元．系统的烬与可用烬［C］// 中国工程热物理学会．中国工程热物理学会，2010.